软科学研究

山东省软科学办公室／编

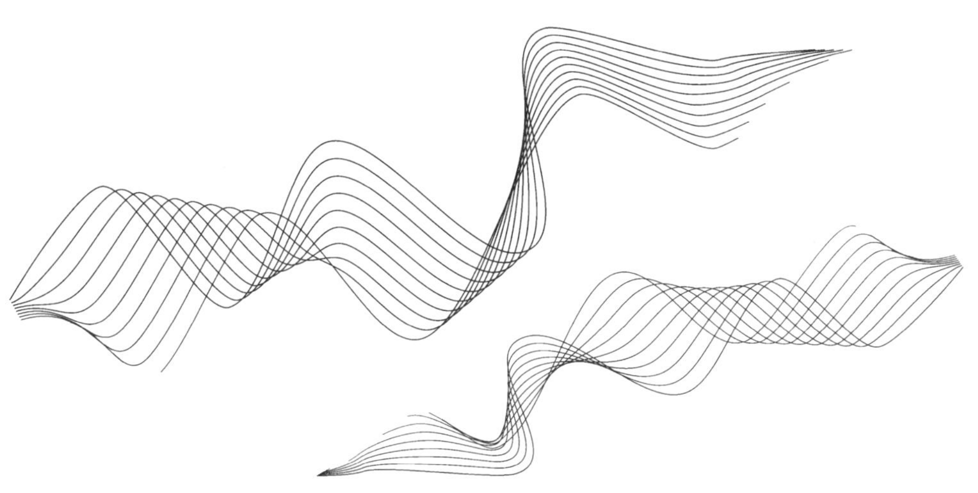

山东人民出版社·济南
国家一级出版社 全国百佳图书出版单位

图书在版编目（CIP）数据

软科学研究 / 山东省软科学办公室编. -- 济南：
山东人民出版社，2020.5
ISBN 978-7-209-12064-7

Ⅰ.①软… Ⅱ.①山… Ⅲ.①软科学—山东—文集
Ⅳ.①G322.752-53

中国版本图书馆 CIP 数据核字(2019)第 148764 号

软科学研究

RUANKEXUE YANJIU

山东省软科学办公室　编

主管单位　山东出版传媒股份有限公司
出版发行　山东人民出版社
出 版 人　胡长青
社　　址　济南市英雄山路 165 号
邮　　编　250002
电　　话　总编室（0531）82098914
　　　　　市场部（0531）82098027
网　　址　http：//www. sd-book. com. cn
印　　装　三河市华东印刷有限公司
经　　销　新华书店

规　　格　16 开（169mm ×239mm）
印　　张　31
字　　数　523 千字
版　　次　2020 年 5 月第 1 版
印　　次　2020 年 5 月第 1 次
ISBN 978-7-209-12064-7
定　　价　68.00 元

编委会

序

软科学是自然科学与哲学社会科学互为交叉的科学，针对决策和管理实践中存在的复杂性、系统性问题，综合运用多学科科学方法进行研究，提出可供选择的各种途径、方案、措施和对策，为决策提供支撑依据。软科学与自然科学、社会科学不同，不具有专业学科的属性，其本身不创造生产力，却可以让生产力发挥最大效能。

软科学的概念起源于英国的科学学研究领域，1939 年贝尔纳《科学的社会功能》论著，开启了软科学研究的序幕。第二次世界大战后，伴随着军事谋略和经济发展决策的需求，软科学在美国获得极大的发展空间。1970 年 5 月，日本科学技术厅举办了“软科学讨论会”，日本学者从电子计算机软件的涵义中引申出来，正式提出“软科学”的称谓。

我国开展软科学研究始于 20 世纪 80 年代中期，1986 年 7 月 31 日，时任国务院代总理的万里同志在首届全国软科学研究座谈会上发表了《决策民主化、科学化是政治体制改革的一个重要课题》的著名讲话，为我国软科学奠定了良好的基础。1994 年 12 月经国务院批准召开了全国软科学工作会议，江泽民同志接见会议代表，并作了重要讲话，充分体现了党中央、国务院在建设有中国特色的社会主义进程中对发展软科学事业，增强民主科学决策能力的重视，推动我国软科学研究进入了全面发展的新阶段。特别是党的十八大以来，以习近平同志为核心的党中央高度重视中国特色新型智库建设，提出了一系列新论断，做出了一系列决策部署，明确提出建立科学决策和执行程序，实现决策民主化、科学化、法制化，为以服务决策为根本使命的软科学研究提供了前所未有的重大机遇，有力地推进了软科学研究向纵深发展。我省的软科学研究开始于 20 世纪 80 年代中期，在省委、省政府的高度重视下，采取了一系列重要政策措施支持软科学发展，1985 年起开始实施软科学研究计划，1987 年 5

月成立山东省软科学办公室，大力加强了软科学队伍建设、软科学成果奖励制度建设等基础性工作，逐步加大了软科学研究经费投入，推动山东软科学发展走在了全国前列。三十多年来，软科学工作围绕我省科技进步和经济社会发展重大问题开展研究，取得了一大批科研成果，培养集聚了一批决策咨询专家人才和创新团队，促进了自然科学与哲学社会科学融合创新发展，为服务各级各部门的决策提供了支撑依据，做出了重要贡献。

当前，我国经济正处于爬坡过坎、闯关夺隘的关键时期，提高经济社会发展的质量成为重中之重。决策背景的全球化、市场化使各级各部门对决策依据的需求增多，要求提高，软科学要研究的问题不仅多，而且要求高、时间紧，软科学工作面临着新的机遇与挑战。

新形势下要进一步重视和加强软科学工作。要坚持以习近平新时代中国特色社会主义思想和党的十九大精神为指引，按照习近平总书记提出的“抓战略、抓规划、抓政策、抓服务”的总体要求，围绕省委、省政府重大决策及科技创新工作积极组织开展软科学研究，努力发挥智库的参谋助手作用。第一，要明确目标功能定位。始终把服务各级各类决策特别是省委、省政府决策作为软科学研究的根本任务，充分发挥软科学研究在中国特色新型智库建设中的重要作用，为推进决策民主化、科学化、法制化做出贡献。第二，要创新管理方式。软科学工作要由研发管理向创新服务转变，以机制创新促进科研创新，坚持目标导向、问题导向，主动了解软科学研究需求，及时发现我省科技经济社会发展过程中具有前瞻性、预见性和基础性的重大问题，开展软科学研究。第三，要聚焦重点工作。软科学研究要聚焦科技创新及创新要素的释放，重点围绕实施创新驱动战略，在加快新旧动能转换、海洋强省建设和乡村振兴战略以及科技制度创新等方面组织研究，对标先进省区市，提出创新性的对策建议。第四，要提高软科学创新能力。促进自然科学与哲学社会科学融合创新，重视各领域的新理论、新方法、新模型与新工具的研究借鉴与应用，提高大数据应用分析、系统仿真实验和案例研究、社会统计和实地调查等科学方法应用水平和能力，开展系统性、定量性的软科学研究。建立软科学研究数据库、模型库，加强软科学理论、模型与方法的培训和交流，提高软科学研究方法创新能力。软科学基础研究注重学术创新，产生具有科学性和适用性的新理论、新方法；软科学应用研究注重成果应用，强调理论基础正确，方案可行、可用，为决策提供充分的科学依据。第五，要强化软科学研究队伍建设。要在不同领域发现、培养一批软科学研究领军人才和创新型科研人才，培育一批在基础应用研究领域研发能力强、特色专长突出的中青年研究团队。要支持协同创新。支持研究团队与政府部门合作开展研究，在数据共享和指导实践等方面形成优势互补；支持重大课题跨部门、跨领域、跨学科、多单位或团队联合攻关；支持创新项目组织形式，吸收、引进省外优秀科研人员参与我省软科学研究。要加大软科学成果供给侧结构性改革力度，增加有效和中高端供给，发挥软科学研究在全省重大决策中的战略性、前瞻性作用。

希望在不久的将来，我省软科学发展多元化投入体系基本建立，软科学管理、创新体系趋于完善，软科学研究能力显著增强，领军人才和团队脱颖而出，研究基地布局合理，智库建设成熟稳定，形成软科学研究创新活力日益增强、高质量成果持续涌现、更多成果进入决策应用层面的良好局面。

展望未来，软科学研究任重道远，前途光明。

山东省科技厅厅长

目　录

CONTENTS

四、企业与产业篇

五、科技金融篇

六、乡村振兴篇

七、评价指标篇

八、对外合作篇

九、社会发展篇

一、成果转化篇

山东省技术交易促进经济发展情况分析报告*

（2014 年第 3 期总第 3 期　2014 年 5 月 8 日）

内容摘要：技术交易作为科技与经济有机结合的纽带，对优化科技资源配置，加速科技成果资本化、产业化，促进经济结构调整和区域经济发展发挥了重要作用。为提高对技术市场功能的认识，强化技术转移工作，（本课题）采用比较研究、计量经济学等多种研究方法，对山东省技术交易促进经济发展情况进行了研究分析，并针对有关问题提出了对策建议。

一、技术市场促进区域科技经济发展的作用机理

技术市场是一个国家和地区科技与经济有机结合的纽带，是技术创新和管理创新的平台。在区域创新体系建设过程中，技术市场的主要功能是创新成果扩散。建立起以企业为主体、市场为导向、产学研结合的技术创新体系，充分发挥技术市场对于科技与经济结合的桥梁和纽带作用，对促进区域经济发展意义重大。

1. 技术市场促进技术成果的转化和应用

技术市场的发展，影响技术成果的转化，直接决定技术研发与商品生产之间的关联度。技术市场发展程度越高，运行机制越完善，越有利于技术交易的有效进行和技术成果的转化应用，进而促进技术更快、更高效地由潜在生产力转变为现实生产力，加速经济发展。

2. 技术市场加速技术与资本、劳动力等生产要素的融合

市场体系是由各类市场和市场要素组成的有机整体，包括产品市场和生产要素市场。一个健全的市场体系不仅要求各类市场齐全，而且需要各种相关要

* 该文为《山东省技术交易与区域经济发展关系研究》课题的阶段性研究成果。拟申报 2014 年山东省软科学计划重大项目。

素市场协调配套。随着科技进步对经济和社会发展的推动作用日渐增强，技术市场的重要性日益突出。作为生产要素，技术参与流通和实现交易的目的是实现转化，而技术的转化需要资本、劳动力等其他生产要素的介入，因为技术市场的形成与发展也必然要求其他要素市场同其进行良好互动，比如，技术产权交易市场就是技术市场与资本市场相结合形成的。从这点上来说，技术市场的发展客观上也加速了技术与其他生产要素的融合。

3. 优化创新链结构，提升创新链整体绩效

创新链是一种以不同创新活动为节点，以活动间知识流注入、传输和转换关系为连接边的一种网络形态结构。各环节创新活动既可以完全置于一个组织内部，也可以布局于组织之间，组织内部各创新活动受组织规范和组织权力系统制约，组织外部各创新活动的连接和延伸则是通过市场交易契约来约束的。基于企业创新战略的创新活动链的配置方式受到技术市场效率因素的影响，企业可以选择将创新链源头置于企业内部的原始创新模式，可以将技术研发环节外包，实行“消化—吸收—再创新”模式；也可以直接将技术购入，同技术咨询、技术服务组织合作，实行合作创新模式。有效率的技术交易市场扩展了企业创新模式的选择，促进了创新链网络结构的复杂演进，有利于提升创新链整体绩效。技术交易促进经济增长的机理如图 1 所示。

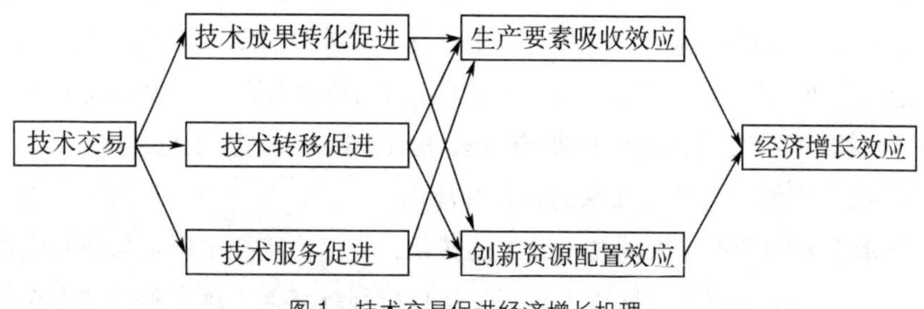

图 1　技术交易促进经济增长机理

二、技术市场促进经济增长的计量分析

1. 基于柯布 - 道格拉斯生产函数的技术对经济影响的模型构建

柯布 - 道格拉斯生产函数（Cobb-Douglas Production Function，简称为 C - D 生产函数）由美国数学家柯布（C. W. Cobb）和经济学家道格拉斯（Paul H. Douglas）于 20 世纪 30 年代共同提出，是经济学中使用最为广泛的生产函数。它可测定科技进步、资本增长、劳动增长对产出增长的影响性和贡献率，基本形式为：

$$Y = A\ (t)\ K^{\alpha}L^{\beta}\mu$$

其中，Y 指总产出，$A\ (t)$ 代表技术水平，L 为劳动力投入，K 为资本投入。α 为劳动力产出的弹性系数，β 为资本产出的弹性系数，($0<\alpha$，$\beta<1$)，μ 表示其他影响因素。

将科技资源从其他影响因素中分离出来，C－D 生产函数的结构转变为：

$$Y = A\ (t)\ K^{\alpha}L^{\beta}I^{\gamma}\mu$$

方程两边同时取对数，则得到其线性形式：

$$\ln Y = \ln A\ (t)\ + \alpha \ln K + \beta \ln L + \gamma \ln TI + \xi$$

TI 为科技投入，ξ 为其他影响因素。经济产出的影响因素作用关系可表达为科技进步、资本增长、劳动增长的线性形式。

2. 技术交易对经济增长的模型构建

根据技术交易对经济的作用机理的分析，可以得出：技术交易同区域经济间存在三大效应，即间接的经济增长促进效应、直接的生产要素吸收效应和创新资源配置效应。以 C－D 模型为基础，建立 GDP 对固定资产投资、劳动力投入和创新投入的短期线性数量模型如下：

$$CDP_{it} = c + aFC_{it} + bLB_{it} + dTI_{it} + u_{it} \quad (1)$$

其中，i 表示地区，t 表示时点，下同。

方程（2）—（4）描述技术交易对固定资产投资、劳动力投入和创新投入等要素的影响关系：

$$FC_{it} = c + aTT_{it} + u_{it} \quad (2)$$

$$LB_{it} = c + aTT_{it} + u_{it} \quad (3)$$

$$TI_{it} = c + aTT_{it} + u_{it} \quad (4)$$

FC 为固定资产投资，LB 为劳动力投入，TI 为创新投入，实证分析中以 R&D 代表，TT 为技术交易量。

结合方程（1）—（4），可得经济增长短期数量分析模型：

$$GDP_{it} = c + aTT_{it} + u_{it} \quad (5)$$

方程（2）—（5）的系数 a 分别描述经济增长的促进效应、生产要素的吸收效应和创新资源的配置效应，表示当技术交易量变动 1 个单位，显影对 GDP、生产要素和创新资源的带动数量。

三、技术交易对经济发展促进作用的研究

本部分我们引入了一元回归、面板数据回归模型，对技术交易与经济发展

的关联进行了实证研究。

1. 技术交易对宏观经济的作用的研究

从GDP与技术交易量的趋势线（图2）可以看出，山东省2006—2012年GDP与技术交易量有相似的变动趋势：GDP具有较为平滑的增长趋势，技术交易量的变动存在一定波动性，但二者总体具有较为一致的增长变动趋势。为了进一步研究技术交易对GDP增长的内在促进关系，我们建立技术交易对GDP影响作用模型如下：

$$[\ GDP_{it} = c + aTT_{it} + u_{it}\ ]$$

其中 TT 为技术交易量，u 为残差项，i 为市，t 为时间，采用2007—2012年山东省各市技术交易和GDP面板数据进行模型拟合（模型检验通过，T值为6.25，R^2 为0.91）。

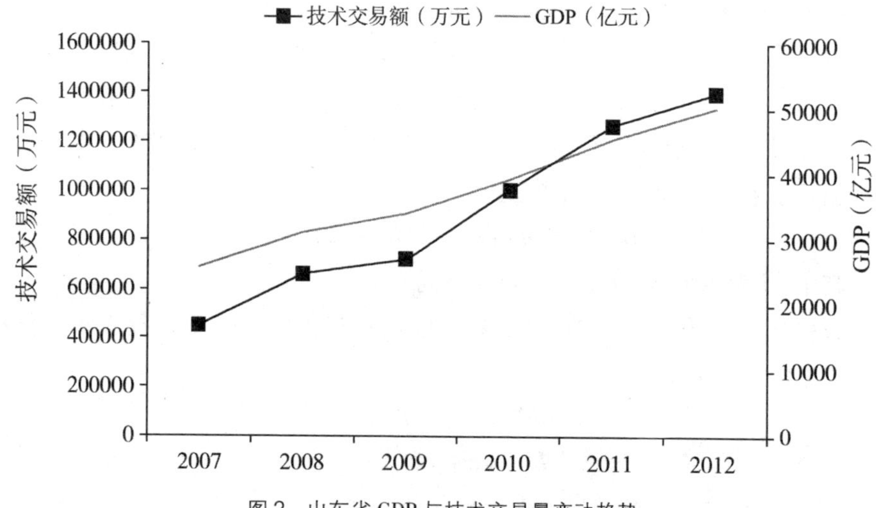

图2 山东省GDP与技术交易量变动趋势

注：图中横坐标标示年份，左纵坐标表示年度交易量、右纵坐标表示对应区域的年度GDP。

研究结果表明，2007—2012年，我省技术交易量对经济增长的平均直接效应为57.2，即技术交易量每增加1元带动同期GDP增加57.2元，技术交易对GDP具有明显的正向促进作用。

2. 技术交易对区域经济发展的作用的研究

对2007—2012年全省各市面板数据进行回归（模型检验通过，F为33.6，R^2 为0.94），非标准化系数表示短期效应，标准化系数表示长期效应。结果显示，各市的技术交易量对GDP促进效应的区域特征明显（图3）。

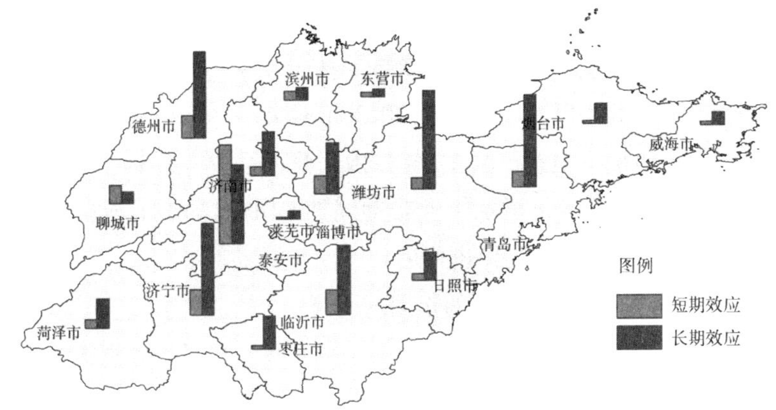

图3　各市技术交易对经济增长的短期效应和长期效应

其中，济南、青岛等市的技术交易对经济增长的短期和长期效应都较为显著。山东半岛蓝色经济区及“一圈一带”地区效应显著。青岛“涉海”技术和潍坊农业技术交易活跃，一定程度显示了蓝色经济区科技创新的带动作用。济南都市圈和西部经济隆起带正处于经济快速发展期，辖区大多体现出了对于技术交易活动依赖性较强的特征。

以青岛市为例，从图4可以得出：青岛作为我省蓝色经济区的龙头，技术交易活跃，其科技创新能力也十分突出。从GDP与技术交易量的数据看，两者存在明显的同步上升趋势。

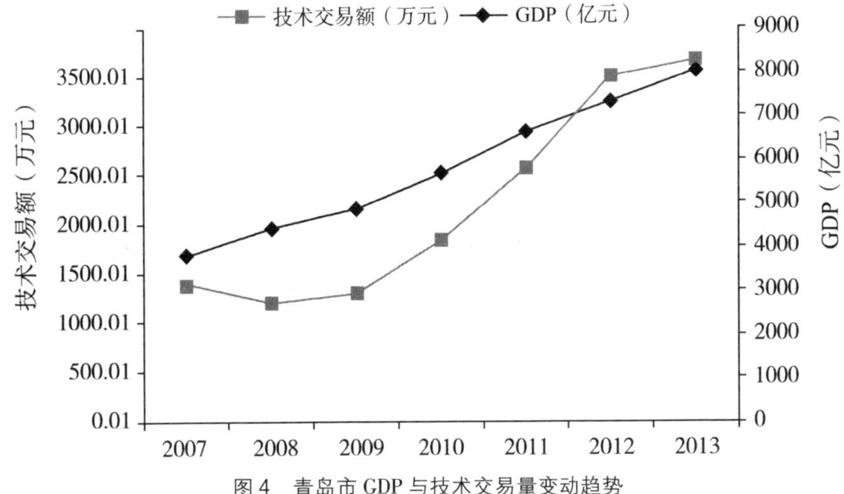

图4　青岛市GDP与技术交易量变动趋势

注：图中横坐标标示年份；左纵坐标表示青岛市的年度交易量，右纵坐标表示区域的年度GDP。

经模型（系数通过检验，T 值为 5.19）分析，得到青岛市技术交易额对经济增长的促进效应为 0.1583，即青岛市技术交易量每增加 1 元带动同期 GDP 增加 158 元。由此预测，青岛市 2013 年 GDP 为 7536.3 亿元，实际检验误差为 5.87%。假设将误差控制在 5% 以内，修正系数为 1.81，即可得到以下结论：青岛市技术交易量每增加 1 元带动同期 GDP 增加 181 元，表明技术交易对区域经济具有明显的正向促进作用。

3. 技术交易对高新技术产业的作用的研究

为了分析技术交易与高新技术产业的关系，我们选择代表高新技术产业规模的“高新技术产业产值”（用 Y 表示）作为被解释变量，选择代表技术市场水平的“技术交易额”（用 X 表示）作为解释变量，建立回归模型如下：

$$[\,Y_t = \alpha + \beta_1 X_t + u_t\,]$$

其中 Y 为高新技术产业产值，X 为技术交易额，t 为时间，α、β 为系数，u 为残差项。采用 2006—2013 年的数据对模型进行参数估计，Y 与 X 大体呈现出正向变动趋势（图 5）。

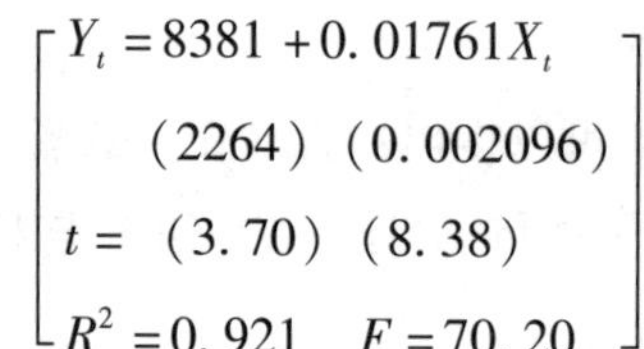

$$\begin{bmatrix} Y_t = 8381 + 0.01761 X_t \\ \quad (2264)\ (0.002096) \\ t = \ (3.70)\ (8.38) \\ R^2 = 0.921 \quad F = 70.20 \end{bmatrix}$$

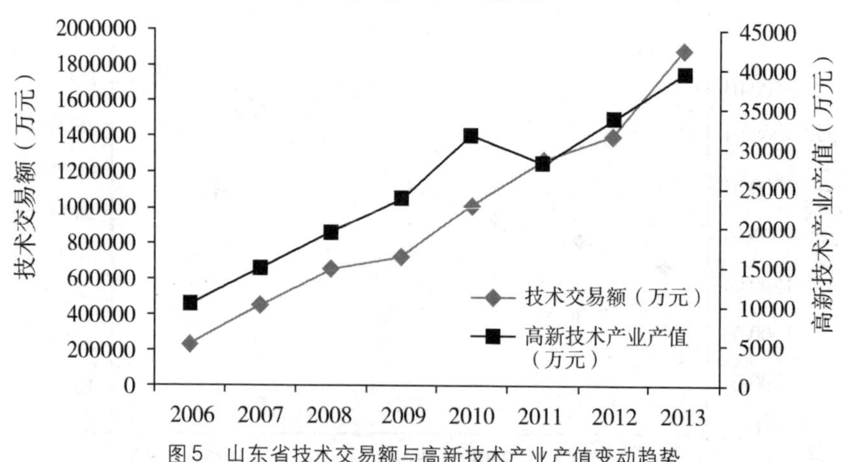

图5　山东省技术交易额与高新技术产业产值变动趋势

注：图中横坐标标示年份；左纵坐标表示我省高新区的年度技术交易量，右纵坐标表示高新区的年度 GDP。

计算结果表明，技术交易量每增加 1 元带动高新技术产业产值增加 176 元，表明技术交易对高新技术产业具有显著的正向促进作用。

4. 技术交易的活跃度与产业发展关联关系的分析

从山东省 2013 年的技术交易额来看，战略新兴产业发展迅速，电子信息、先进制造、新能源、生物医药等领域技术交易日趋活跃，占我省总技术交易额的 70% 以上（图 6）。

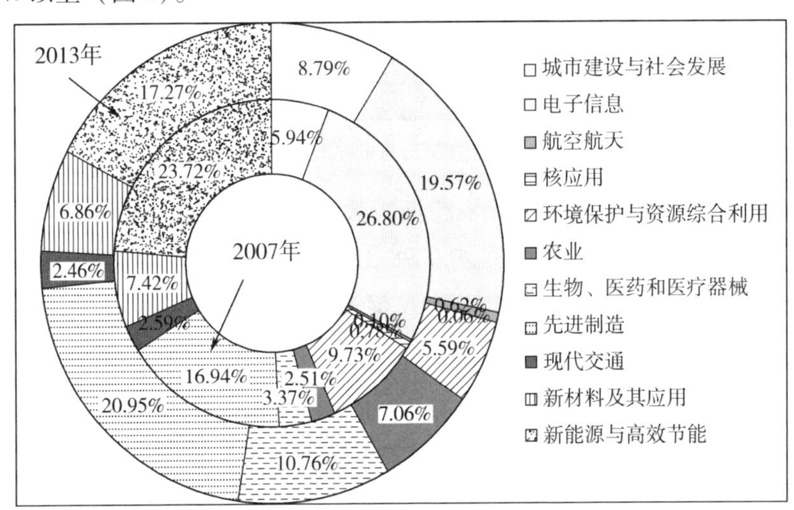

图 6　2007 年和 2013 年山东省各领域技术交易额占比情况

我省是制造业大省，制造业增加值占工业增加值的 90% 以上，传统产业改造升级的任务很重，对信息、先进制造方面的技术需求旺盛；相应地反映在技术市场上，先进制造和电子信息领域的技术交易最为活跃，2013 年分别占全省技术交易总量的 20. 95% 和 19. 57%。研究结果可以解释为：从技术交易数据可透析产业变化规律，在一定程度上能预测出区域产业结构的变化趋势。

四、存在的问题

1. 我省技术交易对经济的长期促进效应稳定性不强

与京、津、沪、苏、浙、粤相比，山东省技术交易成交额最低，只占到全国的 2. 4%，比北京低 38 个百分点（图 7），这与我省的宏观经济规模在全国的地位相比，存在较大差距。

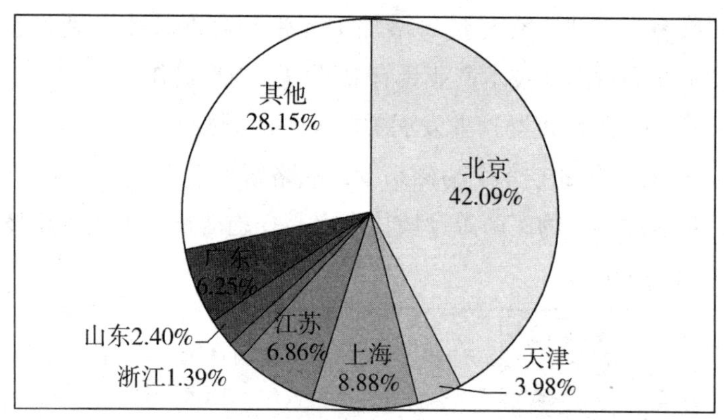

图7　2012年我国部分省市技术交易额的占比

对2006—2012年全国30个省份面板数据进行回归，并进行归一化处理，模型通过检验，F值为47.9，R^2 为0.98（表1）。研究发现，我省技术交易对GDP影响作用的波动性大，对经济增长促进效应的长期内在稳定性同先进省市存在差距，仅为北京的20%。

表1　　山东与先进省市技术交易对经济增长的短期效应和长期效应系数

	山东	北京	天津	上海	广东	江苏	浙江
短期效应	0.4251	0.0121	0.1053	0.085	0.2713	0.1862	1
长期效应	0.1942	1	0.7011	0.6777	0.5661	0.438	0.7259

2. 部分城市技术交易促进经济增长的作用较弱

对2007—2012年全省各市面板数据进行回归，模型通过检验，F值为33.6，R^2 为0.94（表2）。研究发现，烟台、威海、东营、莱芜和枣庄短期促进效应较低，其中莱芜约为山东省平均促进效应的1/4，不足青岛的1/5；烟台、威海、日照、东营、滨州、聊城、莱芜、枣庄和菏泽的长期促进效应较低，其中，东营、聊城、滨州等不足平均效应的1/3，不足青岛的15%。

表2　　全省各市技术交易经济增长促进效应系数分布

地市	短期效应	长期效应	地市	短期效应	长期效应
济南	0.0076	2.44	德州	0.0200	4.85
青岛	0.0139	5.17	济宁	0.0227	5.12
烟台	0.0022	1.11	聊城	0.0160	0.64

续表

地市	短期效应	长期效应	地市	短期效应	长期效应
威海	0.0030	0.69	临沂	0.0217	3.85
日照	0.0057	1.57	莱芜	0.0014	0.45
东营	0.0038	0.44	枣庄	0.0031	1.84
泰安	0.0878	4.41	淄博	0.0156	2.82
潍坊	0.0097	5.54	菏泽	0.0078	1.65
滨州	0.0076	0.69			

3. 少数产业技术交易活跃程度偏低

按产业对我省2013年的技术交易额进行分析得出：我省在航空航天、核应用等带动力强、辐射面广、产品附加值高的战略性产业上技术交易活跃程度过低，所占比例均不足1%；现代交通、城市建设与社会发展、环境保护和资源利用等涉及民生的领域，技术交易活跃程度也不高，所占比例均在10%以下，特别是现代交通产业，占比仅有2.46%，与我省交通大省地位相差较大（图8）。

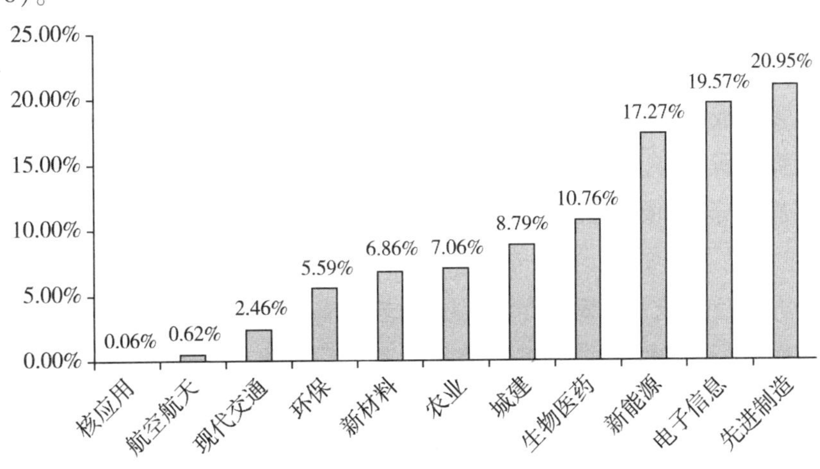

图8　2013年山东省各领域技术交易额占比情况

五、加强技术市场工作的思考与建议

目前，我省技术交易方面的数据采集不够齐全，数据更新也不及时，不能对现有技术交易数据进行实时监测、深度挖掘，也就无法对全省技术交易市场对区域经济发展的促进作用做更深入的分析。为更好发挥技术市场作用，特提出以下建议：

1. 政府主导打造山东技术交易大数据监测预警系统

建议省科技主管部门牵头、有关部门参加，调动各方面的积极性，共同打造一个基于技术市场大数据的全省技术交易智能分析和监测预警系统，对全省技术交易情况实时监测，实现对技术交易总量、分布、模式等方面的动态调控，准确定位和科学预测全省区域经济和产业发展中的重大、共性和急迫的技术需求，为充分发挥技术交易调控作用、促进经济增长提供便捷的决策信息和咨询服务。

2. 发挥技术市场对科技创新的导向作用

对我省科技成果进入技术市场的情况进行评价，识别区域、产业科技创新的薄弱环节；通过分析企业对技术市场的需求，研究发挥技术市场对技术研发方向、路线选择、要素价格的指引和调控机制，为科技创新资源向不同区域、不同产业流动提供基础性市场服务体系的支撑。

3. 改进全省技术交易统计分析工作

发挥省科技成果转化服务平台的网络作用，在全省各市科技局、高新区、技术交易密集县市区及重点行业、典型企业设立技术交易信息采集点，实时更新技术交易和行业、区域经济发展数据库，完善技术交易统计指标体系。依托省科技发展战略研究所，联合省内相关高校和科研院所、科技服务企业，组建一支研究分析团队，成立省技术交易统计分析中心，做好技术交易大数据的挖掘、整理、分析和研究工作，为我省科技经济发展提供有效服务。

（山东省科技发展战略研究所丁华；山东省技术市场管理办公室廉荣；山东省科技统计分析研究中心李惠玲等）

2014年全省技术交易情况分析

内容摘要：2014年，我省技术交易取得重要突破，全省共登记合同17474项，成交金额达269.03亿元，全年69.2亿的技术输出增加额带动GDP增长约3682.1亿元。技术市场在更大范围集聚、优化配置各类创新资源，加速了知识流动和技术转移，促进了科技成果转化，激励了企业技术创新，对推动科技与经济结合、提高产业创新发展能力等发挥了积极作用。本报告将从技术市场的交易情况、存在的问题和下一步的打算三个方面对2014年的技术交易情况进行详细分析。

一、基本情况及特点分析

1. 技术交易规模增长超预期，技术转让合同额大幅提升

2014年，全省共登记技术合同17474项，成交金额269.03亿元，同比增长42.62%，年增长率高出预期近14个百分点。四类技术合同中，技术开发和转让合同共登记11818项，成交金额204.04亿元，同比增长41%，科技创新活力持续加强；技术咨询和服务合同共登记5656项，成交金额65亿元，同比增长48%，科技服务业呈加快发展趋势。（图1）

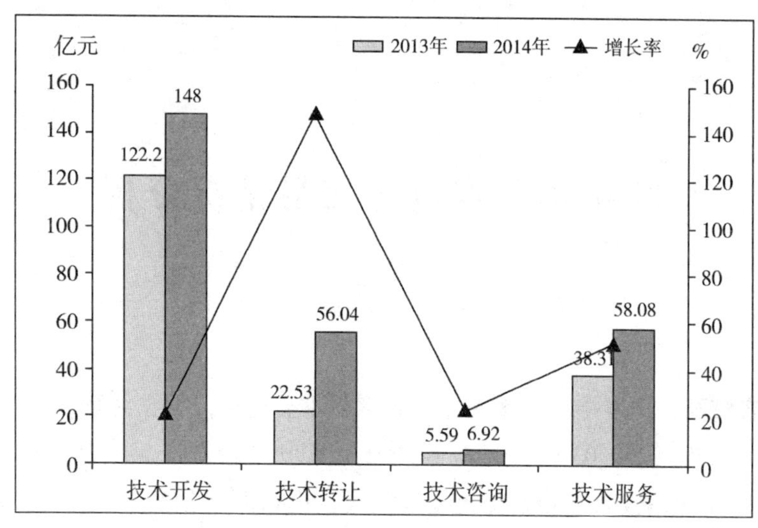

图 1 2014 年四类技术合同交易情况

2. 产业间技术资源的优化配置促进新经济增长点的出现

现代交通、农业和环保领域保持了前三季度的快速增长趋势，成为 2014 年增长幅度最大的三个技术领域，分别比上年增长 374.72%、133.25% 和 131.16%，促进了城市社会和现代农业的发展，其中农业领域技术交易额占比跃居第 3 位，成为今年我省技术市场的新亮点。先进制造、电子信息、新材料等领域增长态势良好，为我省产业转型提供了有力支撑。航空航天、核应用等高技术领域仍是我省技术交易市场的短板，参与的研发机构数量相对较少，增长缓慢甚至出现负增长。(图 2)

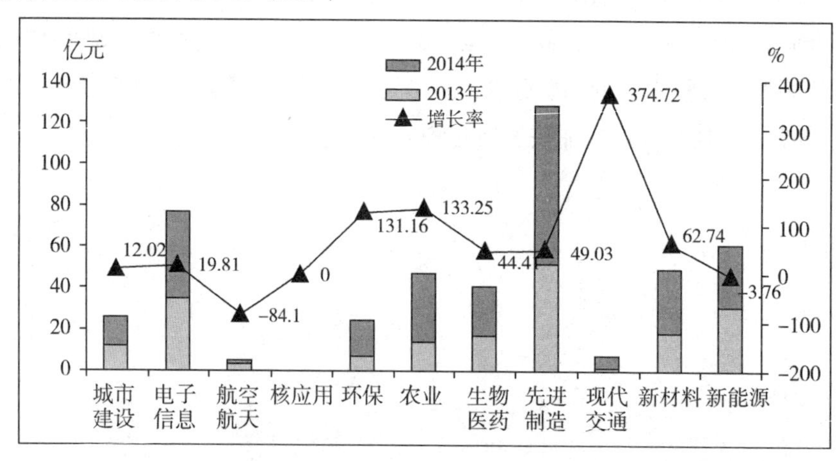

图 2 2013 年、2014 年各领域成交额情况

3. 企业技术输出能力逐年增长，高校与科研院所的发展潜力较大

2006年以来，企业技术输出交易额占比从66.5%逐渐增加到2014年的76.2%，交易额达190亿元，同比增长39.7%。企业在区域整合科技资源、推动产业化发展中起到了举足轻重的作用（表1）。

表1　　各类技术输出主体交易情况

	2010年			2011年			2012年			2013年			2014年		
	企业	科研机构	高等院校	企业	科研机构	高等院校	企业	科研机构	高等院校	企业	科研机构	高等院校	企业	科研机构	高等院校
交易额（亿元）	76	10	9	96	5	12	106	3	12	136	5	12	190	10	10
占比（%）	75.4	10.2	8.9	75.7	3.7	9.5	75.5	2.5	8.3	75.5	2.6	6.6	76.2	4.2	4.1

总体来看，自2006年以来，科研机构与高等院校技术交易额实际值有较大幅度增长，但是占比在逐年下降，2014年两者占比仅为8.3%。科研机构和高校作为先进技术的主要来源之一，在技术市场中的发展速度相对滞后，需要深入挖掘其潜力（图3）。

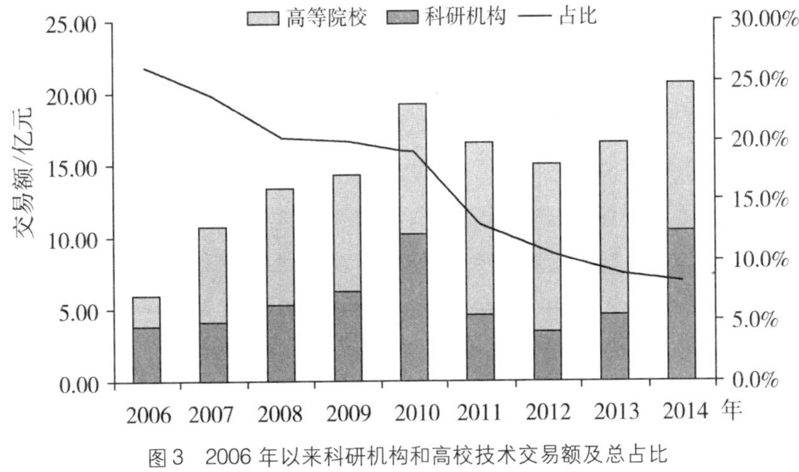

图3　2006年以来科研机构和高校技术交易额及总占比

4. 科技需求旺盛，对外技术辐射能力有所增强

2014年，技术吸纳仍是现阶段我省的主要技术流向，成交额达到403亿元，比上年增长近47%（图4）。吸纳主要来源仍是国内其他省份，且本省内

部交易比重不断提高，主要集中于现代制造、新能源和电子信息产业。

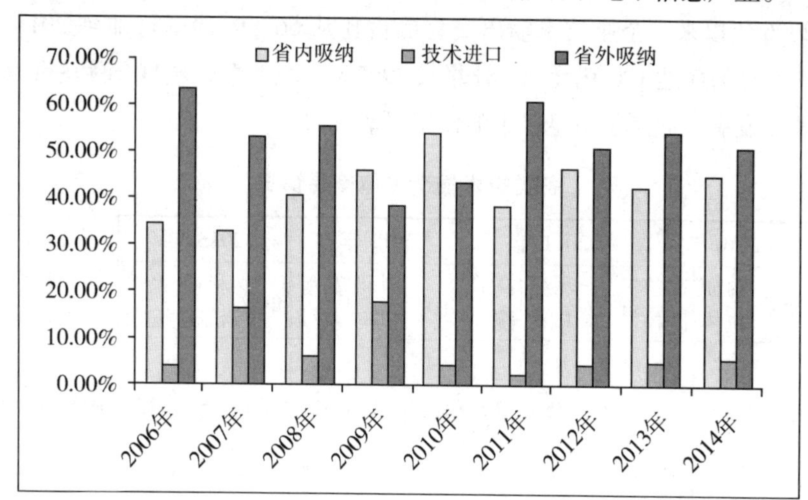

图4　2006 年以来山东技术吸纳来源情况

2014 年技术输出成交额达到 248.88 亿元，比上年增长 38.5%，本省交易为主，技术出口下降趋势明显。(图 5)

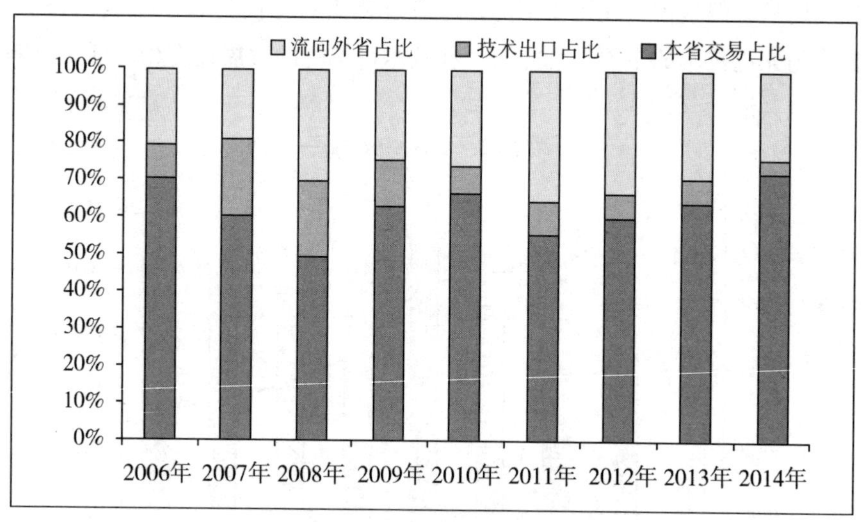

图5　2006 年以来山东技术输出流向情况

二、问题分析

1. 技术转移服务水平亟待进一步提高

目前，我省技术市场从合同类型构成看仍以技术开发为主，历年占比都在

50%以上，且以传统的4种交易类型为主，交易品种、服务模式和管理模式的创新性不高。有利于新技术、新业务开发和推广应用的外部条件还不成熟，尚不能提供符合产业链需要的科技服务，技术市场发展和成熟的程度受到严重制约，促进科技成果转化的功能未得到充分发挥。

2. 市场规模有待进一步扩大

近几年来，我省技术合同交易额以及增长率不断提高，但相对经济总量迅速增长而言，其作用的发挥还非常有限。2014年山东省技术交易额占GDP的比重为0.45%，尽管比去年提高0.11个百分点，但是与广东（0.86%）、江苏（0.99%）、北京（12%）等地区相比还有较大差距，与我省经济总量不相匹配。

3. 市场体系有待完善

我省技术市场发展长期缺乏投入，基础建设和人才队伍建设严重滞后，科技咨询、科技评估和技术经纪人制度体系还不完善。我省科技中介组织总体上处于发展的初级阶段，一方面表现在数量少，现有国家技术转移示范机构32家，各市培训的技术经纪人不足400名，不足江苏的1/5；另一方面表现在尚未真正形成与技术创新的互动机制，缺乏与金融市场的有效结合，停留在牵线搭桥、提供信息等低层次服务上，不能为科技成果产业化、资本化形成有效的全方位、高质量的服务。

4. 科技成果转化服务平台的作用尚未充分彰显

虽然网上技术交易平台自试运行以来逐步完善、逐步提高，截止到2014年底，运行10个月，通过平台成交合同189项，成交金额1.7亿元。但是总体来看交易规模还是相对较小，交易模式有待加强创新，整合全省科技资源、加快科技资源高效流转的作用尚未充分彰显。

三、下一步工作打算

1. 加快完善技术交易政策保障机制

我们要通过财政、税收、金融等方面的优惠政策，以及加强知识产权保护，努力营造更好的技术市场环境，更大程度地发挥技术市场在优化配置科技创新资源上的决定性作用；加强各类科技计划与技术产权交易市场的衔接，积极引导技术市场参与自主创新与成果转化类项目的全过程管理，计划项目验收后取得的科技成果，纳入科技成果转化平台进行发布和追踪评价，将技术市场对计划项目科技成果的认可和接受程度作为项目实施效果评估的重要指标；拓宽资金渠道，引导社会资本参与技术产权交易，利用省科技信贷风险补偿金，鼓励引导金融和风险投资机构加大对依托技术产权交易市场进行技术成果转化的企业的扶持力度，支持各类融资担保、科技保险机构创新服务模式和产品，加大对交易成果转化融资的保险保证，降低交易成果转化的融资风险。

2. 创新交易方式、拓展交易渠道、活跃技术交易

我们要鼓励全省网上技术产权交易平台和各类实体技术产权交易机构开展科技成果转让、合作开发、委托开发、技术入股、人才参股、企业股权（产权）转让、企业增资扩股、专利技术许可、专有技术及技术产权出让等各类合法交易。积极加强企业与科技、金融双对接，充分激发中小企业特别是科技型企业创新活力，进一步形成全省技术交易和服务信息开放、流通和共享的格局；积极推动企业、高校院所、工程技术研究中心、重点实验室、新型研发组织等各类技术供需主体参加技术产权交易市场活动，提高技术产权交易市场供需总量；充分利用山东科技成果转化平台和中国创新驿站各站点，发挥技术产权交易市场的桥梁纽带和组织协调作用，整合全省技术转移和创新服务资源，实现创新要素的集聚与扩散、价值发现、资源配置及规范交易。

3. 推进现代技术市场体系建设

我们要健全全省统一的网上技术产权交易平台体系，建立技术供需、融资服务、知识产权、政策法规、中介服务、专家人才等基础数据平台，实现信息审核、统计分析、诚信监督、信息安全等后台管理服务功能，提升科技成果转化服务平台的服务能力和水平；巩固扩大多层次的实体技术产权交易体系，在技术需求旺盛、技术供给能力强大、科技中介服务较为完善的区域重点建立综合性技术产权交易机构，布局建设 10 家专业性较强的行业技术转移中心，构建区域性与行业性纵横交错的技术转移组织体系，培育和扶持技术交易聚集区；鼓励发展多种中介服务机构，加快培育一批从事技术咨询、评估、检验检测、成果转化及中试基地建设、知识产权代理、科技金融等专业服务的技术产权交易中介服务机构，探索建立服务完善，技术、资本、人才等各类科技资源高效配置的新型技术产权交易中介服务体系。

4. 完善技术市场交易制度

我们要发展第三方参与技术产权交易模式，充分发挥技术评价、代理、融资及市场调查等各类中介服务机构的作用；评估各项优惠政策执行情况和效

果，落实现有的财税优惠政策，提高技术合同减免税的兑现水平；完善技术产权交易主体信用信息数据库，建立技术产权交易市场信用体系，规范技术产权交易行为；鼓励开展技术产权交易市场政策、环境和工作模式的创新，扶持和培育一批先进典型，进行经验和做法的示范推广；通过报纸、电视、网络等媒体，加大对技术产权交易市场的宣传力度。

（山东省科技发展战略研究所副研究员姜向荣；山东省技术市场管理服务中心助理研究员杨兵）

浙江、江苏与陕西科技成果管理与转化工作调研报告*

内容摘要：为尽快实现科技成果处工作重心由科技奖励向科技成果转化与应用工作转变，学习借鉴兄弟省市在科技成果管理和转化等方面的先进经验，推进我省科技成果管理和转化工作水平，省科技厅与省科学院组成调研组，于7月6日至11日前往浙江、江苏与陕西省（以下简称三省）进行座谈和实地调研，现将三省的共性做法和特色经验等调研情况汇报如下。

一、三省科技成果管理与转化工作做法及成效

（一）浙江省、陕西省科技成果转化公共服务平台建设非常有特色

浙江省浙江网上技术市场形成以省级市场为中心，外加11个市级市场、94个县分市场和29个专业市场构成的体系架构，网上技术吸纳的成交金额从2002年44.1亿元增长到2013年143.4亿元。2013年，浙江举办了技术成果拍卖交易会，共有174项技术成果成功拍卖，参拍企业近500家，成交额2.68亿元。浙江省财政通过科技经费补贴补助等方式给予网上技术市场建设资助扶持。如对通过网上技术市场交易并实现转化、产业化的项目，市、县（区）经审核可按技术合同成交额的10%—20%给予产业化经费补助，省科技厅从成果转化等专项资金中按成果交易实际支付总额的10%给予补助；同时，市、县（区）财政根据财力可以对本地从事评估、交易的科技中介服务机构给予费用补贴，引导科技中介服务机构从事网上技术交易。浙江省目前正着力打造科技成果转化专业服务队伍，计划到2017年培育重点技术中介服务机构1200

* 本报告是山东省软科学研究计划重大课题“促进科技成果转化对策研究”（2014RZC01004）、“完善科技成果评价机制研究”（2014RZC01005）阶段性成果之一。

家以上，其中省级综合市场中介机构100家以上，各设区市市级市场中介机构各100家以上；培养专业技术经纪人5000名以上，其中省级2000名。

陕西省技术市场合同交易额以每年近30%的速度增长，其中2010年103亿元（列全国第9位），2011年215亿元，2012年334亿元，2013年533亿元（列全国第5位）。尤其需要关注的是西安科技大市场，该市场是技术创新和成果转化的加速器、科技产业发展的助推器、科技资源统筹利用的聚变器。西安科技大市场将政府引导、市场配置、模式创新、政策支撑、政策服务集成“五措并举”，致力于打造立足西安、服务关天、辐射全国、连通国际的科技资源集聚中心和科技服务创新平台。

西安科技大市场由科技大市场网和科技大市场服务大厅“一网一厅”构成。科技大市场网汇集了西安高校院所、军工单位、科技企业、科技中介服务机构的人才、设备、技术、成果、资金等科技资源；科技大市场服务大厅位于高新区都市之门B座二层，建设面积4000平方米，设有成果展示、项目发布、技术交易、科技服务等功能分区。

科技大市场将重点发挥“交易、共享、服务、交流”四位一体的功能：“交易”功能——通过线上线下、网内网外的有机融合，依托政策引导和市场交易，促进技术转移和成果转化。“共享”功能——通过技术平台、仪器设备、科技文献、专家人才等资源的共享，实现科技资源的开放整合与高效利用。“服务”功能——通过人才创业、政策落实、知识产权、科技中介、联合创新等专业化和集成化服务，推动科技创新创业，实现科技资源与产业的有效对接。“交流”功能——通过举办科技大集市和各种专业论坛，开展科技宣传、咨询、培训等活动，推动科技成果的商品化、产业化与国际化。

（二）科技成果转化政策体系健全、导向性强

三省份均围绕科技成果转化与管理出台了一系列针对性强的政策措施，聚集创新资源于成果转化与产业化，发挥了政策导向作用，促进了地方科技成果的转化。在江苏省，科技成果转化专项扶持成为其工作的一大亮点。该省出台了《江苏省科技成果转化专项资金管理办法》，围绕江苏产业发展的重大需求，重点支持中试转化环节的二次研发创新。江苏省在科技金融融合方面勇于创新，全国领先。为进一步建立健全科技投融资体系，缓解初创期科技型小微企业融资难，该省出台了《江苏省天使投资引导资金管理暂行办法》。为补偿协作银行在支持科技型小企业具有自主知识产权的科技成果产业化过程中所发

生的贷款损失，该省设立了“江苏省科技成果转化风险补偿专项资金”，并出台了《江苏省科技成果转化风险补偿专项资金暂行管理办法》。

浙江省紧跟国家政策，着力促进政策落实配套工作。2014 年 4 月，该省印发了《关于省级事业单位科技成果处置权收益权改革有关问题的通知》，探索破解制约科技成果转化的使用权、处置权和收益权等关键性瓶颈问题。浙江省历经 10 余年培育打造了全国首个网上技术市场信息平台，并形成了品牌效应。2013 年，该省颁布了《培育技术市场和促进技术成果交易专项行动五年计划（2013—2017 年）》《浙江省技术中介服务机构和技术经纪人评价暂行办法》《关于进一步培育和规范浙江网上技术市场的若干意见》等规划、办法、意见，为技术市场建设提供了良好的政策环境，推动了科技成果转化服务机构与队伍的建设，促进了科技成果的转移转化。

陕西省紧密结合国家战略布局，发挥“三线”建设时期的军工科技优势，聚全省之力打造建设了科技资源统筹中心平台，与西安市共建了“西安科技大市场”。该省以贯彻落实 2009 年国务院颁布的《关中—天水经济区发展规划》为契机，提出了“建设以西安为中心的统筹科技资源改革示范基地”的目标要求，建成了陕西省科技资源统筹中心，整合科技资源建设服务平台，开展科技资源开放共享服务，搭建区域科技资源大市场，向社会提供科技资源公益性服务。陕西省科技成果转化配套政策及时有序、到位有力。该省出台了《陕西省技术转移示范机构管理办法》及评价指标体系，进一步规范了技术转移机构的发展；设立了“技术转移项目计划”，固定经费支持渠道，支持技术转移机构的能力建设等；省政府对技术交易绩效考核排名前 3 位的设区市和交易额排名前列的单位给予表彰奖励，对省级示范机构升级为国家级的，给予 20 万元奖励。

（三）科技成果转化资金专项配置优化、成效显著

三省份都设立了科技成果转化专项经费，着力围绕科技成果转移转化、科技中介服务、大院大所产学研合作三大方面发挥政府财政科技经费“四两拨千斤”的引导作用，引导和带动金融资本、民间资本和各市财政共同加大科技成果转化投入。“陕西省重大科技成果转化引导专项”，资金总额度为 7000 万，其中安排 5000 万元用于支持技术入股（对陕西省高校和科研院所的科技成果 3 年内以技术入股注册金额的 30% 予以补助）、吸纳成果（对签订技术合同的成果吸纳方进行 20% 且不多于 300 万元的补助）、获奖成果再转化（对获

得国家和省二等奖以上的获奖成果再开发新产品的予以补助），安排 2000 万元重点支持技术转移机构和技术合同登记管理机构。2013 年，陕西省科技资源统筹中心完成全省技术合同登记额的 45%，获得资助 320 万，作为技术市场工作的补助和奖励；技术交易绩效考核排名前 3 位的西安市获得奖励 100 万，宝鸡、咸阳各获得奖励 50 万，并受到省政府给予的表彰。

浙江省科技厅管理的科技经费总额为 22 亿元，除自然科学基金、科技惠民专项外，80% 科技专项资金用于企业牵头的科技创新和成果转化活动。其中产学研合作与科技成果转化相关经费 3 亿元，具体为网上技术市场经费 1 亿元（主要用于技术交易后补助、技术市场平台建设、技术中介服务机构奖励等），大院大所落户浙江的建设和引进经费 1 亿元，青山湖未来科技城建设 1 亿元。该省坚持“投贷结合、科金联动”，鼓励创业风险投资公司投资其 1000 万元以上的重大科技成果转化项目，合力推进重大项目研发攻关。另外，设立 3 亿元科技型中小企业培育省级专项资金，鼓励有条件的市、县（市、区）、高新区和科技企业孵化器设立种子资金、科技成果转化引导资金、天使投资引导基金等，国家级和省级高新区都要设立种子资金，每个不少于 500 万元，以培植未来产业、战略新兴产业和新的经济增长点。

江苏省科技厅管理的科技经费为 36 亿元。自 2004 年开始，在全国率先设立的“江苏省科技成果转化专项”资金规模已由最初的 3 亿元扩大到 12.5 亿元，重点支持处于国内领先或国际先进、产品附加值高、市场容量大、产业带动性强的重大科技成果转化和产业化。该省财政科技经费形式多样，充分调动了全社会的金融资本，逐步形成了政府投入为引导、企业自筹为主体、金融资金为辅助的多元化资金投入体系，充分发挥了政府财政资金的引导作用。如设立 2 亿元天使投资引导资金和 3 亿元贷款风险补偿资金，通过科技专项和各种财政资金引导银行贷款 460 亿元，占项目新增总投入的 35%，吸引风投总额达 35 亿元。

（四）省级科技奖励设置及评审日趋完善，国家奖成果难度加大

江苏省设立科技奖励 200 项，一、二、三等奖数分别为 20、60、120 项，建立了国家科技奖匹配奖励制度。浙江省今年把单设的成果转化奖纳入科学技术奖励范畴，科技奖励总数由 280 项增加到 300 项。陕西省科技奖励不分奖种，总数为 260 项，其中一、二、三等奖分别占 15%、40%、45%，去年获得国家奖 35 项，今年获国家奖 18 项，国家奖出现大幅下滑的局面。

（五）科技成果管理机构设置合理、职能到位

三省份科技成果管理机构工作人员编制较多，职责主要定位在科技成果专项、科技奖励和技术市场等三大业务管理工作。主要从事科技奖励工作的人员只有3人，其他同志均以成果转化和技术市场管理为主。江苏省科技厅科技成果与技术市场处，编制8人，实有7人，主要工作包括省科技成果转化专项资金管理、科技奖励管理、技术市场指导和管理等三部分。浙江省科技厅产学研合作与成果转化处，现有7人，主要工作包括国内科技合作与成果引进转化计划管理、全省技术市场和科技中介服务机构培育和管理、科学技术奖励三方面。陕西省科技厅科技成果与技术市场处，现有5人，主要工作包括三部分：科技成果转化引导专项、科技奖励和技术市场。

三省份科技成果管理和转化工作的具体事务工作均由厅属事业单位承接。江苏省生产力促进中心承担省科技成果转化专项资金项目受理和咨询工作。浙江省科技信息研究院负责网上技术市场建设和科技成果竞价（拍卖）线下对接事务工作。陕西省技术转移中心负责开展全省技术合同认定登记、科技成果登记及技术市场统计分析；搭建陕西省技术转移公共服务平台，实现技术转移工作网络化、一站式便捷服务等工作。

二、三省科技成果转化工作经验与启示

一是三省省委、省政府都高度重视科技成果转化工作。时任江苏省委书记、现任国家副主席李源潮，江苏省省长李学勇；时任浙江省委书记、现任中央纪委副书记赵洪祝；时任陕西省委书记、现任中组部部长赵乐际，陕西省省长娄勤俭等主要领导都非常重视科技工作。如李源潮副主席在担任江苏省委书记期间将省经信委管理的成果转化资金整合到省科技厅管理的科技成果转化专项资金；赵洪祝书记在浙江时鼎力支持青山湖未来科技城建设，现在仍然经常过问这项工作进展；赵乐际部长到西安科技大市场考察并作出肯定批示，娄勤俭省长全力推动科技资源统筹中心建设。陕西省委省政府从2011年起，将“研究与试验发展经费绝对值”和“技术市场交易额”纳入全省目标责任考核指标，对引导市县加大科技投入、促进科技成果转化发挥了积极作用。

二是三省科技主管部门都认识到科技成果转化是一个非常复杂的系统工程。科技成果转化，不仅仅是科技部门的事情，涉及发改委、经信委、财税、工商、知识产权和教育等部门，要想有所作为，必须有强有力的组织、协调，

因此由省委省政府牵头组织更能推动其顺利进行。如江苏省成立由省政府分管领导任组长的科技成果转化专项资金管理协调小组，联合了 11 个省政府部门。

三是科技成果转化政策体系健全，配套措施到位有力。每个省份围绕科技成果转化都出台了 3 份以上的政策文件，及时有力地配套了相关经费资源，发挥了财政资金“四两拨千斤”的杠杆作用，有效促进了科技金融的融合。调研发现，三省科技成果管理处室都组织实施了科技成果转化专项，并将技术市场作为工作切入点。如浙江省仅网上技术市场专项就 1 亿元；2004—2013 年江苏省科技成果转化资金累计安排省财政专项经费 106.7 亿元，2014 年经费高达 12.5 亿元；陕西省在 7 亿元科技经费中，拿出 7000 万元设立了重大科技成果转化引导专项、200 万元的科技成果转化推广计划。

四是科技成果转化平台体系建设高效显著，科技成果转化工作方向明确、力量聚焦准确。如江苏省科技工作主要围绕营造一个环境（以政策、制度、改革为突破口，优化创新环境），利用两个支撑（科技投入和科技人才），构建三个体系（产学研结合体系、科技金融体系、科技服务体系），坚持四个落脚点（以科技服务经济社会发展为根本落脚点，坚持主体是企业、方向在产业、重心下基层、服务于民生）。江苏省科技成果与转化工作主要围绕方向在产业，主体在企业，主阵地在园区展开。苏州工业园管理委员会更是提出科技成果落地转化的最好方式是成果研究团队连同科技成果一起落地。浙江省提出的“浙江的科技经费全国用，全国的智力资源浙江用”的创新思路打破了地域的限制，为集聚国内外创新资源、激活各类创新要素指明了方向。浙江省充分发挥浙江民营经济实力雄厚、投资灵活快捷和浙商敢创、敢为的特点，着力开展全国高校院所创新资源与浙江产业发展的深度合作，吸引全国大院大所联合在浙建立转化基地，如清华大学、香港大学、中科院等均已在浙江建立研发机构。陕西省结合陕西高校资源丰富和军工技术优势，大力加强科技成果转化中试环节工作。一是实施重大科技成果转化中试工程，加快科技成果转化和产业化步伐；二是建设省级科技成果中试基地，依托重点科研机构、高等学校、科技型企业有计划、有重点地建设一批省级科技成果中试基地。

五是技术市场推动科技成果转化工作创新方面各有特色。浙江省充分将信息化网络技术应用在技术市场交易平台建设中，经过 10 年努力，将网上技术市场建设得颇具品牌效应和平台规模；陕西省充分结合科教资源丰富的优势，将全省科技创新资源管理服务体系予以顶层设计，统筹规划，整合打造了全省、全国有重大影响的科技公共服务平台。如浙江省浙江网上技术市场，2013年举办了技术成果拍卖交易会，共有174项技术成果成功拍卖，参拍企业近500家，成交额2.68亿元。江苏省将技术合同登记下放到市级，省里负责政策制定、机构培育、人才培训和绩效考核，对成绩显著的予以奖励；2013年江苏技术合同交易额为527亿元，居全国第5位。

虽然三省在科技奖励、科技成果转化和技术市场建设方面取得了较大成绩，但也存在科学研究缺乏成果转化考核指标、利益分配机制；知识产权保护不利；与科研人员职称评定不挂钩，科技人员缺少成果转化的动力；一些好的科技成果不上市场交易，存在私下交易现象，而差的技术卖不出去，造成技术转让成果有效供给严重不足；技术交易形式发生变化，技术开发成为主要交易方式，而管理和服务工作没有跟上变化等问题，需要在今后工作中加以重点研究。

三、我省科技成果管理与转化工作的建议

（一）加强科技成果管理与转化工作衔接

我们需要实现“体制设计、统筹规划、有序推进、突出队伍”这一成果管理与转化工作新思路的转变。一是将科技成果工作由科技奖励为主向科技成果转化服务体系建设为主转变；取消科技成果鉴定后，探索新的发现、了解和培育科技成果的方法。加强与我厅科技成果管理与转化相关处室的协同合作，提前介入了解成果进展情况，培育国家奖备选项目。二是逐步推进我省科技成果转化的组织管理队伍体系建设，加强省市之间的上下联动，引导地方科技主管部门加大科技成果管理与转化工作队伍的建设力度，抓住科研机构改革的机遇，依托科研单位、高等院校、科技服务机构建立科技成果转化服务机构，逐步建立省、市、县（区）三级科技成果转化服务队伍。三是加强科技成果转化与管理工作的战略研究，不断为其发展提供决策咨询与支撑。

（二）开展科技成果转化示范工作

我们需要探索破解科技成果转化难的有效方法，以市场需求为出发点，在成果的不同阶段，制定引导政策，扶持各类转化机构，通过试点、示范，寻求科技成果转化的规律和机制。从科技成果转化的瓶颈环节、科技成果供给、科技成果转化渠道、科技成果需求等方面，大力开展中试基地平台建设、高校院所技术转移机构体系建设、科技中介服务体系建设、企业科技成果转化专题行动计划建设等方面工作。如鼓励支持认定一批中试基地、高校院所技术转移示

范机构、科技成果转化中介服务示范机构、科技成果转化示范企业等。

（三）创新科技成果转化管理方式

我们需要实施科技成果登记制度，要求财政科技经费支持的科技计划项目必须进行科技成果登记，建议不登记的不予结题验收。积极推动科技成果转化的前置化。协同有关处室将科技计划项目的科技成果转化情况纳入科技计划项目的立项前置条件中，进一步强化科技成果转化的重要性。实施重大科技成果转化跟踪管理机制，对获得省级科技奖励二等奖以上的重大科技成果、登记的省自主创新及成果转化专项进行跟踪管理。

（四）大力推动科技成果转化平台体系建设

我们需要以山东省科技成果转化服务平台为核心支撑，探索商业化运营机制，不断创新科技成果转化平台管理模式。充分发挥信息技术不受时间、地域、场所限制的特性，实现线上线下合作交易的常态化、制度化。统一标准、统一数据库、统筹规划、规范流程，协助有条件和积极性高的市建设区域网络平台，打造覆盖全省的科技成果转化服务网络体系。以各市产业（工业）技术研究院，如鲁南工程研究院、黄河三角洲可持续发展研究院、临沂市科学和技术合作研究院、泰山科学研究院等为地市科技成果转化有机载体，联合我省大院大所组织开展专题科技成果转化对接活动，进一步加大国家、省、市科技成果转化合作力度，吸引科技成果转化落地、开花、结果。

（五）探索科技成果转化引导基金新模式

我们需要依托省科技项目资源，探索科技成果转化资金的基金化运作机制，尝试建立“财政科技经费＋企业自筹经费＋天使风投＋科技银行”多种金融主体交互融合的科技成果转化引导基金新模式。财政科技经费发挥研发引导、风险补偿、贷款贴息作用，发挥杠杆作用；企业自筹体现企业创新决策、实施和应用主体的角色。根据成果研究、转移、中试和产业化不同阶段，探索引入天使基金、风险投资、科技担保、银行贷款和私募基金以及其他金融资本的介入时机、程序和退出机制，并为投资机构提供科技成果评估、技术作价、知识产权保护和技术交易优惠政策落实等服务，充分发挥市场导向和利益驱动在科技成果转化中的决定性作用。

（山东省科技发展战略研究所副研究员李海波；山东省科技厅处长郝君良；山东省科学院研究员、总工李星洲）

从科技成果登记看山东省科技成果转化情况

——基于2015年度科技成果登记情况

（2016年8月9日）

内容摘要：加快科技成果转化，对推进供给侧结构性改革，实施创新驱动发展战略具有重要意义。据2015年度科技成果登记情况，本文客观分析了我省科技成果转化的现状及在资金、市场、管理、政策因素等方面制约我省科技成果转化的主要因素。分析认为，解决我省科技成果转化问题需要重点抓好科技成果转化环节的投入、政产学研合作、构建创新管理服务模式、健全成果转化投融资体系、建立科技成果转化年度报告制度等五方面的工作，系统推进科技成果转化工作。

当前，山东正处于经济转型升级和创新驱动发展的关键时期，加快科技成果转化是促进科技与经济紧密结合、实现创新驱动发展战略的关键环节，也是推动山东经济转型升级的最直接、最有效的途径。从目前我省科技成果转化总体来看，我省科技成果资源丰富，科技成果转化有待进一步加强。

一、我省科技成果转化的现状

科技成果能否迅速转化为现实生产力，是衡量检验科技能否为本地经济社会发展做出贡献的重要标志，根据我省2015年科技成果登记情况，现分析我省科技成果转化现状如下：

（一）科技成果分布情况

“十二五”期间我省累计登记各类科技成果13070项，平均每年为2614项。2015年全省共登记科技成果3011项，比上年增长1.9%。按成果类型划分，应用技术类成果共登记2708项，占成果总数的89.9%；基础理论成果262项，占成果总数的8.7%；软科学成果41项，占成果总数的1.4%（图1）。

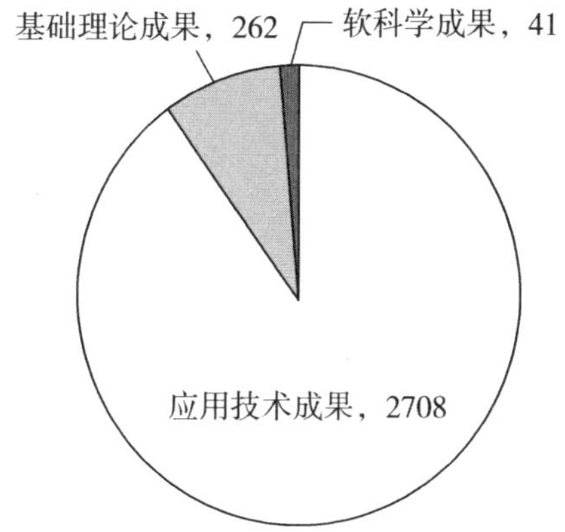

图1　2015年全省科技成果按类别分（单位：项）

应用技术类成果中达到国际先进水平及以上的成果967项，占比35.7%；达到国内领先和国内先进水平的成果共1212项，占比44.8%。可见我省科技成果资源较为丰富，国内先进水平及以上的成果占比高达80%以上；成熟应用技术类成果较多，这为我省科技成果转化的实施提供了良好的项目源。

（二）科技成果应用及转化情况

2015年全省登记的2708项应用技术类成果中，实现产业化应用项目1340项，占应用技术类成果总数的49.5%；小批量或小范围应用项目945项，占应用技术类成果总数的34.9%；试用项目298项，占应用技术类成果总数的11.0%；由于资金问题、技术问题、市场问题、管理问题及政策因素等原因未应用及应用后又停用的项目共125项，占应用技术类成果总数的4.6%。（图2）

从转化方式来看，2708项应用技术类科技成果登记中，通过自我转化、合作转化及技术转让与许可等方式进行转化的项目共有681项，科技成果转化率①达25.1%，占全省应用技术类科技成果登记的四分之一。

① 关于科技成果转化率，据《中国科学报》（2014-01-09第4版综合）报道：对于我国“科技成果转化率”是多少、如何计算等问题，不少专家都表示“没有统一的计算口径”。本文所述科技成果转化率均为当年已经转化的成果与当年全部成果之比的百分数。

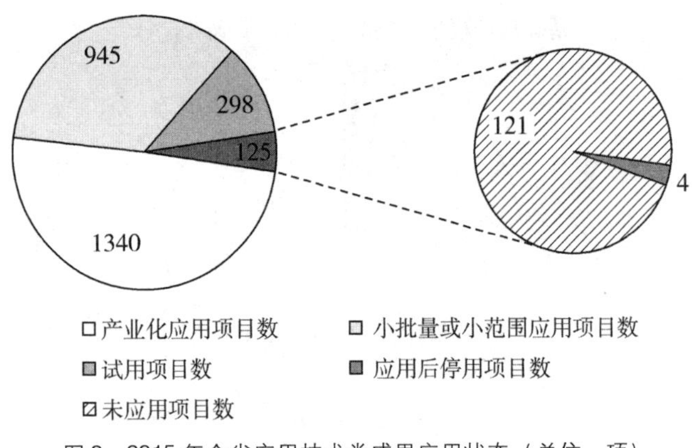

图2　2015 年全省应用技术类成果应用状态（单位：项）

2015 年，全省技术市场交易中共签订技术合同 20651 项；成交金额 339.7 亿元，占我省国内生产总值（GDP）的 0.54%。其中，最能体现技术转移与扩散能力的技术转让合同有 1798 项，成交金额 57.2 亿元，分别占全省技术市场成交合同数及成交金额的 8.7%、16.8%。可见，我省科技成果转移与扩散能力仍然处于较低水平。

（三）不同创新主体的科技成果评价情况

2015 年，企业完成的科技成果共 1384 项，占全部科技成果登记的 46.0%；在我省国家科技计划成果中，企业完成的科技成果仅为 33.0%。比较各类不同创新主体的科技成果，大专院校与独立科研机构完成的应用类技术成果达到国际先进水平以上的分别占 44.7%、42.9%，企业为 41.4%。可见，大专院校与独立科研机构是高水平、源头性技术成果的重要供给源。

已转化的 681 项应用技术类科技成果中，586 项为企业转化，34 项为大专院校转化，33 项为科研机构转化，三类不同主体科技成果转化率分别为 42.53%、13.33%、14.16%。（图 3）可见，企业科技成果转化率远高于大专院校及独立科研机构。

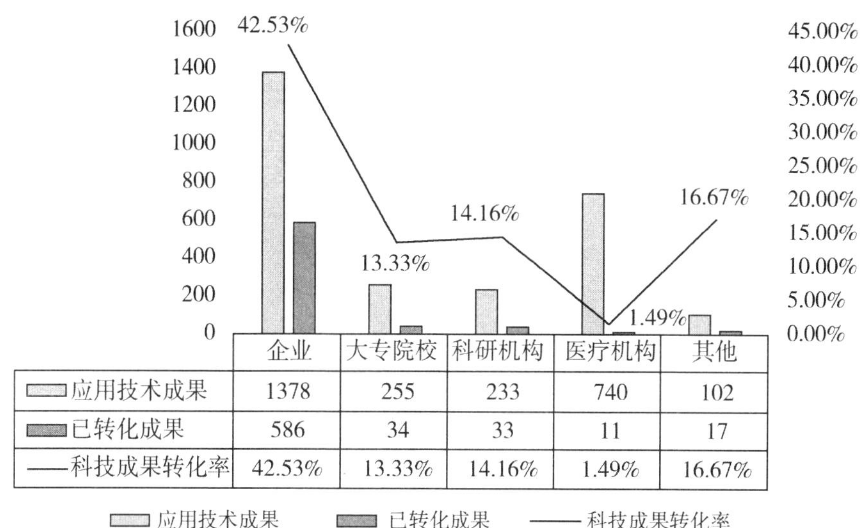

	企业	大专院校	科研机构	医疗机构	其他
应用技术成果	1378	255	233	740	102
已转化成果	586	34	33	11	17
——科技成果转化率	42.53%	13.33%	14.16%	1.49%	16.67%

图 3　2015 年不同创新主体应用技术类成果及转化项目数（单位：项）

二、我省科技成果转化的主要制约因素

从我省科技成果转化现状来看，资金问题、市场问题、管理问题及政策因素是造成科技成果未应用或者停用的主要原因，结合 2015 年科技成果登记反映的实际情况，分析我省科技成果转化的主要制约因素如下：

（一）科技成果转化资金投入不足

资金是制约科技成果转化的关键问题，在适宜技术成果转化却未应用或停用的应用技术类科技成果中，资金问题高居首位，占比达 31. 7%。一般而言，某项科技成果进入到最终转化需要经历三个阶段：即科研阶段、成果转化中间阶段以及产业化阶段。每个阶段需要不同的科技资源配置。而现阶段，我省及我国各类科技计划经费投入存在一个现象，即各类科技计划经费投入主要集中在科技成果的研发阶段，而对科技成果进入市场的中间环节投入明显不足，且缺乏相应的投入机制与之匹配。这种情况难以带动社会资金的注入，无法满足科技成果转化的需要。

（二）科技成果转化市场流通不畅

市场流通是影响科技成果转化的重要一环，在适合技术成果转化却未应用或停用的应用技术类成果中，有 26 项是由于市场问题导致项目未应用或停用，其中大专院校有 12 项，占比 46. 2%。由此可以看出，大专院校面临的市场问题相比企业与独立科研机构更为突出。在我省，大专院校主要从事基础研究和应用研究，其与企业、独立科研机构间缺乏有效沟通，这就导致大专院校市场信息渠道不畅，对终端市场信号不敏感，使得大专院校许多原始创新成果不能及时有效地转化为生产力，从而造成科技成果在转化过程中落后于市场变化，不能满足市场要求。

（三）科技成果转化管理体制机制存在障碍

在适宜技术成果转化却未应用或停用的应用技术类成果中，管理上存在的问题是主要原因之一的，占比达 13.5%。科技成果转化中的管理体制机制障碍，主要表现在促进科技成果转化的激励机制缺失，一是现有体制中，缺乏科技成果转化的新产品服务市场“激活”政策，市场难以持续；二是不少大专院校、独立科研机构对职称的评定，只注重科研人员的项目数、专著数、论文发表数、获奖证书数等，而针对科技人员研发出的科技成果所带来的经济效益和社会效益缺乏相应的激励机制。

（四）科技成果转化缺乏相应的配套政策

在适宜技术成果转化却未应用或停用的应用技术类成果中，由于金融信贷政策、技术政策、产业政策等政策因素造成的，占比达 8.7%。科技成果转化是一项由多方主体共同参与的系统工程，涉及多个部门，牵涉多个利益主体，因而不仅需要有配套的科技、产业、金融信贷以及其他各项政策的支持等，还需要辅之以必要的法律及经济手段，并且需要政府进行强有力的组织协调。此外，中央和地方已经出台的一系列有关的政策法规也仍存在着一些亟待解决的问题，部分现有政策法规有待修订、完善，同时需要出台新的政策法规，如政府采购、风险投资机制等方面。

三、加快我省科技成果转化的对策建议

为加速科技成果转化产业化，实现科技成果真正同国家需要、人民要求、市场需求相结合，让科技真正受惠于民，让科技成果转化落到实处，结合我省科技成果转化现状及转化过程中存在的短板，现提出以下加快我省科技成果转化的对策建议：

（一）优化政府科技资源配置，加大对科技成果转化环节的投入力度

在国家科技计划资源配置中，合理分配科研阶段、成果转化中间阶段以及产业化阶段等三个不同阶段的资金投入，增加对科技成果转化环节的投入力

度。在创新投入方式上，采取后补贴资金、无偿资助、贴息贷款和创业风险补贴等多种方式扩大科技成果转化资金投入力度，逐步建立起以政府投入为引导，带动金融与其他社会资本注入，带动企业和科研机构利益机制转变，提高科技成果产出质量与效率的整套机制。会同财政部门进一步做好“国家科技成果转化引导基金”的相关工作，支持由财政资金投入所形成的科技成果转化项目。

（二）建立符合市场经济规律的科技成果转化体制，加强政产学研合作

政产学研合作主要是指政（政府）、产（企业）、学（大专院校）、研（独立科研机构）以市场为依据，充分利用多种资源优势，最终实现以共赢为目的的科技创新机制。实践证明，大专院校及独立科研机构的成果转化工作一定要与当地的经济发展紧密结合，针对地方经济发展的需要研究开发科技项目，切实筛选出优秀的项目，有效地开展科技攻关和成果转化。在攻关和成果转化的过程中，政府把工作重心更多转到创新服务上来，更好地为大专院校、独立科研机构及企业松绑减负、清障搭台、营造环境，得到政府的有力支持，是当前科技成果转化的有效途径。

（三）构建有利于科技成果转化的创新管理服务模式，推动科技成果转化

管理部门在整合项目人员、方向，打破地域限制，集思广益，实现资源共享的基础上，做好各种创新要素的有效组合，以此来推动科技成果的转化。一方面，确立符合国际标准的科技成果绩效评价机制。同时，建立健全科学的成果转化奖励机制，兼顾成果创造者的收益，更加注重为后续研究提供保障。另一方面，构建好线上与线下相结合的技术交易网络平台，在网络化的基础上建立起科技成果转化的信息化建设，鼓励区域性、行业性技术市场发展，加速科技成果的转化，为科技成果的转化提供必要的技术支撑。

（四）完善科技投资体制，建立风险投资机制，健全成果转化投融资体系

风险投资是发达国家发展高科技、实现产业化的重要手段。在美国，有90%以上的高新技术企业在发展过程中都得到过风险投资的帮助。目前，在我国政府资金投入不足的情况下，想要拓宽大专院校及独立科研机构的经费来源、实现科技成果转化，完善风险投资机制就不失为一个有效的途径。由此可见，风险投资是发展高新技术产业的必然选择。我们可以通过政府出资的方

式，逐步吸引社会资本投资，设立创业投资引导资金，引导民间资本、企业资本和金融资本更多地投资于科技成果转化。对已介入高校科技成果转化的风险投资企业，要给予税收、土地、融资、人才等方面的政策优惠和倾斜。

（五）建立科技成果转化年度报告制度，做好不同创新主体的科技成果登记

为进一步加大科技成果转化的质量和效率，建立科技成果转化年度报告制度，针对大专院校、独立科研机构及企业等单位加强统计监测，使各不同创新主体按规定将上一年度科技成果转化情况（包括获得的科技成果情况、科技成果转化情况、收入及分配情况等）及时准确地向单位主管部门报告；单位主管部门也应做好相应的科技成果登记工作，以便更好地了解和分析各不同创新主体科技成果转化的具体情况，为领导决策提供服务。

（山东省科技统计分析研究中心武秀杰、王雪霁、宫明永）

我省推进科技成果转化政策落实的成效、问题及对策研究*

（2017 年 6 月 13 日）

内容摘要：当前，我省科技成果转化政策环境逐步优化，全省科技创新能力进一步增强，为加快创新型省份建设和实行新旧动能转换提供了支撑。同时，在贯彻落实科技成果转化有关政策，推进科技成果转化的过程中也存有一些问题亟待解决。本文在总结分析我省当前科技成果转化工作成效与存在问题的基础上，提出了一些对策建议，以期推进我省科技成果转化工作能够适应新旧动能转换的要求。

当前，我省正处在通过新旧动能转换实现经济转型升级的关键时期，加快科技成果转化，对于促进科技创新工作更好适应新旧动能转换需要具有重要意义。

一、推进科技成果转化政策落实的主要做法与成效

近几年来，我省围绕贯彻落实新修订的《国家促进科技成果转化法》，加强统筹谋划、科学施策，相继出台多项重大政策措施，特别是 2016 年省政府出台了《关于深化科技体制改革加快创新发展的实施意见》，全面深化科技体制改革，加快推动创新驱动发展，全面推进科技成果向现实生产力转化，全省科技成果转化工作取得显著成效，为我省适应新旧动能转换和产业转型升级提供了有利条件。

（一）科技成果转化法制政策环境不断优化

2015 年以来，在高度重视加强学习宣传《国家促进科技成果转化法》，积

* 本文是山东省软科学研究项目（编号：2016RZC01002）的阶段性成果。

极营造有利于法律实施的良好舆论氛围的基础上，我省围绕促进科技创新创业、整合各类科技服务资源、加速科技成果转移转化出台了一系列具体的配套政策措施，其中包括《关于加快全省技术产权交易市场发展的意见》《山东省科技型小微企业知识产权质押融资暂行办法》《关于深化科技体制改革加快创新发展的实施意见》《关于深化人才发展体制机制改革的实施意见》《山东省科技成果转化贷款风险补偿资金管理暂行办法》《山东省企业研究开发财政补助资金管理暂行办法》等，为全面促进科技成果转化提供了重要的政策保障。省内各市也相应出台了具体的贯彻落实措施。如济南市制定出台了《推进区域性科技创新中心建设若干政策》，明确打造科技成果转化产业化策源地的目标，提出了十一条具有创新和突破性的政策措施，鼓励科技人员创新创业，加快科技成果转化。又如青岛市提出将成果转化作为职称评审和岗位考核的重要依据、横向与纵向课题指标要求同等对待、推进国家科技成果标准化评价试点工作、鼓励科技成果在技术交易市场公开挂牌交易等措施；同时出台了《促进科技成果转化技术转移后补助资金管理办法》，以后补助的方式激活科技中介市场，大大提高了科技成果转化效率。

（二）科技成果转化能力基础日益坚实

根据科技部区域科技创新能力监测报告，2016 年我省创新能力继续保持全国第六位，为推进科技成果转化奠定了良好的能力基础：一是科技创新人才基础进一步加强。我省围绕健全科技人才管理体系，服务成果转化工作，大力实施科技人才推进计划，构建了创新创业人才、青年人才、杰出青年人才、拔尖人才和领军人才等相互衔接的多层次、全方位的科技人才计划体系。二是科技创新成果基础进一步加强。2016 年，全省研发投入占生产总值的比重达 2.33%；发明专利授权量突破 1.9 万件，增长 15%，万人有效发明专利 6.33 件；登记技术合同交易额 419.7 亿元，增长 24%；获得国家科学技术奖 31 项，其中国家科技进步一等奖 1 项。高新技术产业占规模以上工业总产值的比重达到 33% 以上，高新技术企业总数达到 4692 家。三是科技创新区域基础进一步加强。我省加强了创新驱动战略区域实施，为科技成果转化提供了广阔的区域空间。如围绕“山东半岛蓝色经济区”国家级区域战略建设，聚焦高水平建设山东半岛国家自主创新示范区，以青岛海洋国家实验室为核心，加快建设国际一流的海洋科学中心，加快建设青岛、烟台、威海国家级海洋科研成果转化基地，全力打造海洋科技产业集聚区，推动以蓝色经济引领全省经济发展。又如围绕“黄河三角洲高效生态经济区”建设，充分发挥我省农业科技创新优势，积极推进国家级黄三角农高区各项工作，扎实推进“渤海粮仓”科技示范工程，构建省级农业科技园—省级农高区—国家农业科技园—国家级农高区四级联动、梯次升级的农业科技创新平台体系，加快推进农业科技成果转化，推动了我省高效生态农业的全面健康发展。

（三）企业科技成果转化主体作用不断增强

我省强化企业科技成果转化主体地位和作用取得了明显进展，一是引导企业拓宽科技成果转化融资渠道。设立了省科技成果转化引导基金、省级天使投资引导基金、知识产权质押融资风险补偿基金、科技成果转化贷款风险补偿资金、省级政府引导基金科技投资风险资金等，综合运用设立创业投资子基金、银行贷款风险补偿等手段，以及鼓励地方采用后补助、贷款贴息、发放科技创新券等方式，对以企业为主体的市场导向类技术创新和科技成果转化活动给予支持。2016 年“创新券”使用量达 15773 次，补助资金 4720 万元。二是推进企业与高校院所全方位、多层次产学研合作。积极创新企业与高校院所产学研合作模式，通过联合开展关键共性技术攻关、共同组建创新平台及新型研发机构、产业技术创新战略联盟等方式，加强企业与高校院所产学研协同创新及成果转移转化。如西王集团与中科院金属所建立了以股权为纽带的全面产学研合作关系，创造出了产学研合作的“西王模式”。我省以技术转化为重点，全面深化与中科院合作，共建了 124 个科技创新平台，推动了 1500 多项科技成果在全省转化实施。我省还推动与中科院共同实施中科院科技服务网络（STS）计划，联合开展现代农业领域关键技术攻关。目前全省共布局建设省级院士工作站 367 个，吸引 359 位院士及其团队与我省企业开展产学研合作，取得了显著的经济与社会效益。省科技厅、济南市政府和山东大学三方共同成立山东工业技术研究院，推动高校、企业、科研机构等产学研结合和成果转移转化，为济南以及全省实体经济发展和工业转型升级提供支撑。三是以企业为主导，汇集全球资源推动科技成果转化。我省积极拓展全球科技合作交流渠道，建设科技合作与交流服务平台，通过“项目—人才—基地”的一体化建设，有效推进了高质量成果的转化和落地。如淄博市在海外建设了淄博瀚海硅谷生命科学园、淄博瀚海慕尼黑科技园，在我国台湾建设了台湾齐鲁科技园，实现了成果在国外、在海峡对岸的创新孵化和在国内、在大陆的加速转化。威海市通过建立国家级国际科技合作基地、企业建立境外研发中心等方式，有力促进了国际科技合作水平的提升和技术成果的转移转化。青岛市加快集聚国际高端创新要素，初步构建形成国际产业转移和承接平台，加快了成熟技术走出去和海外先进技术引进来的步伐。

（四）高校、科研院所科技成果转化机制逐步完善

2015年度全省高校、科研院所共计取得科技成果4856项，转化科技成果622项，通过转化成果直接收入31069万元。近年来，我省不断完善科技成果转化机制，先后制定出台系列政策文件推进科技成果“三权”改革，强化创新激励引导，有效调动了科技人员的创新积极性。省内一些高校、科研院所针对推进科技成果“三权”改革，积极出台有关政策，激励科研人员开展科技成果转化。如省科学院、省农科院等制定了规范科技成果使用处置和收益管理，促进科技成果转化实施的具体管理办法，为进一步增强科技人员创新创业和科技成果转化的积极性提供了重要保证。

（五）科技成果转化载体建设成效显著

从全省来看，科技成果转化载体建设不断加快，创新创业服务能力不断提升。全省积极推进山东半岛国家自主创新示范区、青岛海洋科学与技术国家实验室、黄河三角洲农业高新技术产业示范区建设，打造引领山东海洋科技、半岛蓝色经济和高效生态农业发展的科技成果转移转化示范基地。全省大力推进科技创新平台建设，国家工程技术研究中心和企业国家重点实验室分别达到36家和17家，均居全国各省市首位；省级重点实验室和省级示范工程技术研究中心分别达到244家和266家。我省科技成果转移转化平台建设显著增强，省科技成果转化服务平台功能不断完善，目前平台已拥有会员2032家，科技专家和技术经纪人6754人，2016年发布技术供给和需求信息4385项，累计成交合同295项，成交金额2.71亿元。从各市来看，大家也十分重视科技成果转化的平台载体建设：济南市积极推进泉城科创交易大平台建设，目前已经完成选址和规划建设工作；德州市设立了“山东技术交易中心”，为进一步对接京津冀和山东省科技成果的双向转化提供了平台支撑；青岛市积极发挥“海洋科技城”优势，通过市场专业化、机构专业化、队伍专业化和服务专业化的模式，全力打造海洋科技成果转化技术转移集聚区；东营市建成国家级科技企业孵化器4家，围绕有色金属、橡胶轮胎、石油装备等传统优势产业，构建了12家产业技术研究院，成为提升全市行业整体创新能力的重要载体。

全省大力扶持科技成果转移转化机构发展，出台《山东省支持培育科技

成果转移转化服务机构补助资金管理暂行办法》，对科技成果转化服务及技术转移机构建设予以支持。目前运行良好的省级服务机构144家，其中社会化机构75家，高校院所等法人机构44家、内设机构25家；培育国家技术转移示范机构32家；试点建设省级科技成果转化中试基地4家。全省大力加强科技企业孵化器和众创空间建设，各级各类科技企业孵化器总数达180多家，经认定的省级以上科技企业孵化器79家，其中国家级55家，数量列全国第二位。全省106家众创空间、3家专业化众创空间进入国家级序列，众创空间和专业化众创空间新备案数量均居全国第一位。全省知识产权代理服务业加快发展，被列入国家知识产权局促进专利代理行业加快发展试点省份，专利代理机构总数达46家、分支机构达55个、执业代理人达403人、拥有专利代理资格的人达到1200余人。

（六）科技成果转化资金支持力度进一步加大

我省大力发展科技金融，积极拓宽科技型小微企业融资渠道。为加快科技金融深度融合发展，更好地发挥财政资金的引导放大作用，我省先后出台了《山东省科技成果转化先导资金管理暂行办法》《山东省科技成果转化引导基金管理实施细则》等系列政策，设立科技成果转化引导基金、天使投资引导基金、知识产权质押融资风险补偿基金、科技成果转化贷款风险补偿资金等各类基金支持科技成果转移转化。2015年，全省187家小微企业获得知识产权质押融资19亿元，为帮助科技型小微企业解决融资难题发挥了重要作用。青岛市搭建科技金融超市，通过不断开发创新金融产品、创新财政科技投入方式支持成果转化，还组建了全国第一个专项用于海洋科技成果转化的基金，以“做市商”的方式活跃技术市场交易，首期规模2000万元，引导社会资金投资1.2亿元。

二、科技成果转化政策落实中存在的问题分析

我省虽然高度重视科技成果转化政策的贯彻落实，但仍然存在一些制约成果转化的问题，主要包括以下几个方面：

（一）科技成果转化政策体系不够健全

一是缺乏具体落实细则。各地在科技成果转化政策贯彻落实过程中，缺乏统一、规范的考量标准和有效的约束，有的存在政策“撞车”现象。二是科技成果转化资金支持专业化体系尚未建立。目前成果转化资金支持多以财政引

导为主，社会力量参与还较少；地区科技投入不均衡，有的县区科技支出很少甚至虚拟虚设，用于科技成果转化的资金更是少之又少。三是成果转化收益分配对科技创新人员的激励作用尚未充分发挥。科技成果转化人才评价体系亟待建立完善，虽然各级政府在不断完善科技成果转化的相关政策，但各地各单位关于科技成果“三权”改革的具体政策出台及落实力度仍显不够，往往缺少更加细致、切实可行的具体实施意见或管理办法做支撑，制约了广大科技人员创新及成果转化的积极性。

（二）企业科技创新和成果转化的主体地位不够明显

一是企业创新与成果转化投入不足。一些地方在科技成果推广、转化方面主要依赖政府和企业争取参与上级给予的科技项目，严重滞后于科技成果转化的需求。二是企业科技成果产业化承载能力不强。科技成果转化的主要载体在于中小微企业，但生存压力促使大多数中小微企业决策者追求短期行为，转化新成果能力有限，这给新的科技成果推广转化带来了障碍。

（三）区域协同创新体系有待进一步完善

目前，各地大多数骨干企业虽然与高校院所建立了各种形式的产学研合作关系，但广泛而紧密的产学研协同创新态势仍未形成。主要原因是企业与高校院所缺乏沟通，其中既有企业思想保守、开展产学研合作意识不强的问题，也有高校院所科技成果不“接地气”，与市场需求结合不够紧密等因素。

（四）高校科研院所科技成果转化体制机制不够顺畅

一是专业性成果转化组织缺乏。目前，我省大部分高校院所未设立独立的科技成果转移转化机构，科技人员在进行成果转化时各自为战，缺乏相关部门协调和相应的配套制度。二是产业化导向不强。多数高校、科研院所等开展创新活动的产业化导向不甚清楚，科研人员的考核制度依旧没有大的改变。三是缺乏合理的人才流动机制。当前高校院所与企业之间人才合理流动仍然缺乏有效保障。

（五）科技成果专业转化服务能力有待进一步提升

一是成果转移转化服务体系尚不健全。科技中介服务机构和科技成果转化人才队伍建设滞后于市场需求，服务成果转移转化能力仍较薄弱。二是尚未形成有效的科技成果转化市场体系。科技成果价值评估、风险投资、技术经纪、技术权益保护、技术市场基础设施建设等方面缺乏力度和集成。同时，政府部门间尚未形成健全的成果转化推动协调机制，影响了现有成果转化政策的实施效果，限制了市场配置资源决定性作用的发挥。

三、进一步推进我省科技成果转化工作的对策建议

为了充分发挥科技创新在实施新旧动能转换重大工程中的重要支撑作用，进一步强化我省科技成果转化工作，特提出以下建议：

（一）加强政策法规体系的完善和监督落实

一是加强政策供给的协调性。科技成果转化是一项涉及多主体、多方面、多领域的系统工程，需要政府各部门之间加强协调和衔接，在科技成果转化政策体系建设中形成合力，研究制定出台与国家层面政策相衔接的相关配套政策，提高政策的综合效能。二是落实好科技优惠政策。加强对企业关注的科技创新税收优惠政策的落实和督查力度，鼓励国内外科技创新成果、高新技术产品在我省落地转化、形成产业。三是加快科技成果使用处置和收益管理改革。切实把科技成果使用、处置和收益权下放到高校和科研院所等单位，充分调动激发科技人员的成果转化积极性。研究制定出台事业单位科技人员创新创业的实施细则以及事业单位科技成果使用、处置和转化收入管理办法，激发科技人员创新创业的积极性。四是强化科技成果转化成效的量化考核。将科技成果转化相关政策落实的情况纳入对各级领导班子、各部门领导的政绩考核。

（二）进一步提升科技成果管理水平

一是建议研究出台支持重大科技成果转化的相关配套政策。对获得国家、省级科技奖励的重大科技成果，支持其进一步产业化，提高企业和科研院所对科技成果培育的重视度和积极性。二是加强科技成果的信息汇集交流。建立健全各市、各部门科技成果信息汇集交流工作机制，畅通科技成果信息收集渠道。三是优化完善科技成果项目库。完善我省科技成果项目库入库机制、科技成果信息共享机制，做好项目库与科技成果转化服务平台的有效衔接，建立对项目库中重大科技成果转化项目的动态跟踪机制，加强各类成果转化基金对入库重点项目的资金支持，促进市场前景好、可转化的项目实现落地转化。

（三）强化科技成果转化评价体系建设

一是建立完善科技成果评价体系。在全省范围内进一步引导标准化评价向规范化、专业化、市场化的方向发展。研究出台《山东省科技成果标准化评价机构管理办法》，建立和完善科技成果评价程序、评价方法和指标体系等，建立完善新的科技成果评价管理机制和责任机制。二是推进评价机构社会化。

组织实施全省科技成果标准化评价机构认定工作，积极推进第三方检验检测，加快建立科技成果分类评价的模式，提升评价机构评价业务的专业化水平。三是建立科技成果评价人才队伍。在全省范围内打造一支“专业化、职业化”的科技评估师队伍，在科技成果评价中引入领域行业专家咨询制度，强化科技成果标准化评价专家库建设。

（四）健全多元化的科技成果转化投入机制

一是建立财政引导、社会参与的科技成果转化投入机制。发挥省科技成果转化引导基金等的杠杆作用，采取设立子基金、贷款风险补偿等方式，带动引导金融资本、民间资本等社会资本加大对科技成果转化的投入。二是进一步完善风险投资机制。培育发展天使投资人和创投机构，加大对初创期科技型企业和科技成果转化项目的支持力度。调整优化政府风险投资领域，扩大支持科技成果转化投资的比例，重点用于成果熟化环节的投入。三是推进科技与金融紧密结合。充分利用众筹等互联网金融平台，为中小微企业转移转化科技成果拓展融资渠道。支持银行探索股权投资与信贷投放相结合的模式，为科技成果转移转化提供组合金融服务。

（五）全力打造科技成果转移转化品牌

一是组织开展优秀科技成果转化项目、优秀科技成果转移转化服务机构评选。充分发挥国家、省技术市场科技金桥奖对全省科技成果转移转化的激励引导作用，组织开展对转化特色鲜明、成效显著、具有典型示范意义的优秀项目以及社会化、市场化、专业化水平高的优秀科技中介服务机构的遴选，同时采取税收减免、资金补助、政府采购服务、后补助奖励等方式对重大科技成果转化及产业化项目、优秀专业技术转移转化机构给予资金支持，突出其在成果转移转化方面的示范带动。二是做强一批产业技术创新战略联盟、区域技术转移联盟品牌。在我省重点产业领域构建一批由行业龙头企业、科技型中小微企业、高校、科研院所、科技服务机构等广泛参与的产业技术创新战略联盟，推动创新链与产业链双向融合；围绕优化区域科技成果转化布局，做强西部经济隆起带技术转移联盟、济南都市圈技术转移联盟等区域技术转移联盟品牌，提升全省区域科技成果转化、技术转移的服务支撑与辐射带动能力。三是建立定期举办科技成果转化活动的常态机制，形成一批有影响力的科技成果转化对接活动品牌。通过定期组织开展科技交流和重大科技成果转移转化合作活动，以重大科技成果转化项目推介会、科技成果产业化论坛等多种形式，推动科技成果供需双方的有效对接，促进科技成果的转化应用。

（六）积极争创国家科技成果转移转化示范区

按照科技部总体部署与要求，推进我省积极争创国家级科技成果转移转化示范区。通过创建国家级科技成果转移转化示范区，加强各项政策先行先试，形成山东特色的可复制、可推广的成果转移转化经验和模式，打造全省创新驱动发展的新引擎，为地方转方式调结构及产业转型升级提供有效支撑。一是成立专门的省科技成果转移转化工作领导小组。领导小组办公室设在省科技厅，建立省部、省市协同推进示范区建设工作机制，定期研究解决示范区建设中的重大问题。二是加强示范区建设的顶层设计与统筹协调。突出我省产业优势与特色，做好示范区建设方案制定、方案申报、方案推进与建设的各个环节的工作。三是建立示范区建设分类管理机制。建立推进示范区建设的考核评价体系，确保示范区各项建设任务可分解、可考核。四是强化地方示范区建设作用。将示范区建设的主要任务完成情况纳入地方政府及相关部门绩效考评的重要内容，充分调动各地参与示范区建设的积极性。

（七）建立健全科技成果转移转化服务体系

一是抓好科技成果转移转化核心载体建设。结合我省绿色农业和蓝色海洋两大特色领域优势，重点抓好山东技术转移转化中心、山东农业科技成果转移转化中心和寿光山东果蔬种权交易中心、青岛国家海洋技术转移中心等一批科技成果转移转化重要载体建设，培育壮大一批区域性技术产权交易市场，构建覆盖全省的区域性科技成果转移转化核心支撑体系。二是进一步健全全省技术转移网络体系。结合我省“两区一圈一带”等区域重大战略布局，以山东技术转移转化中心等我省科技成果转移转化核心载体为支撑，加强不同层级、不同领域技术交易的有机衔接，构建覆盖全省域的跨区域技术转移与辐射网络。三是充分发挥科技成果转化载体作用。依托山东技术转移转化中心、山东农业科技成果转移转化中心、国家海洋技术转移中心等重要科技成果转化平台载体，建设一批技术转移人才培养基地，推动专业化技术经纪人队伍建设，加快培养科技成果转移转化领军人才，打造一支高水平的科技成果转移转化人才队伍，为成果转移转化提供专业化人才支撑。

（山东省科技发展战略研究所汝绪伟、李海波、李钊、陈娜、高婷）

军民融合知识产权转移转化机制研究*

内容摘要：本文通过对军民融合知识产权转移转化存在问题的分析研究，结合项目组成员十多年在军队和地方从事军民融合的经验，提出了在军民融合背景下军民知识产权转移转化运营的模式、方法和途径，力求为军、地各级制定相关政策法规提供依据。

一、我国军民融合知识产权转移转化存在的问题及现状分析

进入21世纪，随着国家大力发展经济，尤其是国家创新驱动发展战略的强力推进，知识产权转移转化也取得了明显成效，初步形成了多渠道、多方式共同推动科技成果转化的局面。但是科技成果转化是一项系统工程，需要综合施策，尤其在国防知识产权转移转化领域，我们的法律法规、机构建设管理、利益分配、评估评价和激励机制等方面还有很多问题，具体表现在以下几个方面：

一是专利数量庞大但转化率低。2017年我国发明专利申请量达到138.2万件，同比增长14.2%，连续7年位居世界首位。但我国科技成果转化率仅为10%左右，真正实现产业化的还不足5%，与发达国家40%的转化水平相比，我国科技成果转化率和转化速度明显过低。

二是知识产权转移转化资本参与度低。一方面，知识产权转移转化过程漫长，从研发到工程化、产业化，少则几年，多则数十年，投资回报慢，而金融投资本身具有趋利性和短视性，因此投资机构不愿花费大量资金在这方面。另一方面，政府引导支持的范围、额度小，社会参与积极性不高，因而资本运作风险大，导致动能不足、效果不佳；大部分高校及科研机构也仅仅是设立知识

* 本文为软科学研究计划重点项目（编号：2016RZA01001）研究成果。

产权行政性机构，缺乏知识产权转化运营资金投入。这需要国家进行统一筹划、长远布局。

三是国防知识产权运营专业服务机构和从业人员少。目前，国家知识产权局认定的国防知识产权代理机构共 34 家，国防知识产权运营正在进行试点先行。要全面落实习近平主席有关“军转民、民参军”的指示精神，需要一大批专业的知识产权运营机构，尤其是面向社会和军工企业、科研机构，开展技术扩散、成果转化、技术评估、创新资源配置、创新决策和管理咨询等业务的专业服务机构。我国知识产权从业人员数量相对较少，专业素质较弱。北京大学每年约有 300 件专利要申请，但只有两个人从事专利行政管理和许可转让。美国康奈尔大学每年有 300 件发明，评估后约 150 件会申请专利，而其知识产权转移转化机构却有 30 多人，其中复合型专业人才就有 20 人。对比之下可以看出，提高知识产权从业人员数量和素质对于我们推广专业化运作、加速科技成果转化有多么重要。

四是国防知识产权转化率不高。从运营流程上来看，“重定密、轻解密”的特点突出，很大程度上影响了国防专利技术“军转民”，其原因是国防知识产权解密要求高，解密门槛较高，申请解密要经过层层严格审批，许多创新主体不敢触碰保密红线，不能确定哪些国防专利成果可以解密。习近平主席形象地指出，要“唤醒 9 万睡美人”，加快国防专利的转移转化。据统计，我国国防科研项目成果中有 5% 申请了专利，在申请的专利技术中仅有 10%—20% 最终转化到商业生产，远低于世界发达国家 50%—60% 的转化率。仅 2014 年，全军系统申请国防专利总量就超过 4 万件，而国防知识产权主管部门从 2015 年起，对已授权国防专利开展密级审核工作，并于 2017 年开始通过全军武器装备采购信息网进行解密发布，目前解密两批 7000 余件，这是国防专利制度实施 30 多年来的首次公开集中发布。

五是缺乏信息流通平台。技术供给和技术需求二者之间信息不对称，技术供给方大部分是高校和科研机构，技术需求方为企业，两者之间缺乏一个信息共享的平台；而高校的科技服务机构又多为行政性机构，从业人员少，且不具备相应的素质，这就导致了一方面企业对技术嗷嗷待哺，另一方面好的科技成果躺在摇篮里，无法转化。江苏某信息集团几年前决定开发温室气体排放监测软件，但在算法研究上遇到了困难。该集团领导首先想到的是和国内高校合作，但是无论从网络中搜索，还是靠人脉介绍，都无法找到相关的技术成果和专家，最后只得花费千万从国外购得技术。软件推出后不久，公司的技术总监在一次学术交流会上得知，某大学教授3年前就已经研究出此成果了。从中我们不难看出构建专业技术转移转化平台的重要性和紧迫性。

在知识产权发达国家，转移转化运营机制的突出特点是：法律制度比较完善；产品与知识产权权利的利益分配比较均衡；资本注入程度高、回报大；转化应用平台作用突出；形成了法律体系完备、运营机构齐全、运行机制科学的运作体系。这值得我们在国防知识产权运营机制建设上借鉴。

二、军民融合知识产权转移转化机制创新的要求

知识产权转移转化对于军民融合发展战略和创新驱动发展战略的推动作用毋庸置疑，其所带来的国防和经济价值增量也毋庸置疑，其未来必将是一片蓝海市场前景。笔者经过两年多理论和实践探索，加之对知识产权转移转化进行了广泛深入的调研，认为我们可以按照“互联网+军民融合+知识产权+科技服务”模式创新军民融合知识产权转移转化机制，建立军民融合知识产权转移转化平台。

平台搭建按照“互联网+”的方式，整合各方资源，调整各方利益，在“融”字上做文章，实现各种资源无缝对接。平台为O2O线上线下相结合的模式，突出“互联网+军民融合”的运营理念，集聚军队与地方的政策、技术、专利、项目、条件、资本、服务和产品等各类供需信息，是一个全业务链的生态模式。目的是实现海量信息轻松掌控，跨界资源轻松整合，以技术为核心，知识产权做保护，金融投资做护航，乘坐互联网这趟快车，加快技术对接速度，缩短资金流通周期，提高知识产权转移转化效率。该创新机制必须符合以下要求。

一是全要素覆盖。就融合的资源形式而言，技术、人才、服务、资本、信息、管理和标准等要素，都要在平台上涵盖，并实现共享共用、渗透兼容。通过全要素融合、覆盖，整合军地资源，最大限度地实现军民资源互通互用、兼容共享，使各种所有制经济、各类经济主体的各种优势资源和全部要素都实现全面对接、深度融合。促进军民技术双向转移转化、“民参军”一站式服务和军地知识产权运营。在此基础上，进一步将政府和军队的指导作用及相关配套服务直接融进来，实现全要素覆盖、全链条服务、全方位保障和市场化运行。

二是多方顺畅对接。当前，军地各部门和企业之间缺乏合理的体制连接，各融合领域之间缺乏深入的统筹协调，这些问题导致军民融合过程中“多头提需求、分散搞对接、各自抓建设”的现象严重。平台要打破传统一对一的对接方式，将科研院所、军工和民营企业、金融机构、科技服务机构、各类中介机构等全部融到平台上，不断拓宽军民融合的领域和范围，让每一个需要军民融合服务的对象，无须像以前那样花费精力和成本逐个部门办理业务、低效率地寻求合作，只要在平台内就可以很便捷地找到想要的技术、得到专业的知识产权服务、找到资金支持、办理资质和手续及找到其他相关主管机构。

三是线上线下结合。在线上，一方面通过互联网，运用B2B、O2O等新的市场方式和电子商务手段，打破地域、时间、行业等条件限制，加之专业、全面、便捷的服务，让平台成为高点击率、高对接率、高交易率、高评价度的活跃大平台；另一方面，运用互联网手段和互联网思维，发挥信息平台与网络技术优势，引导用户更好地参与到产品的设计、研发、试用和评价环节中，对各环节进行柔性化改造，提高产品的功能质量，同时积极发展军民通用产品的个性化定制，满足军地用户的多样化需求。在线下，由国家指定牵头部门作为主导，相关部门积极协调配合，建设两支队伍——一是权责明确、高效协同的军地部门指导和保障队伍，明确界定相关职责范围，实现平台建设归口管理；二是懂市场、会经营、实力强的专业化市场运作队伍——并实现两支队伍紧密配合，保障平台运行稳健高效。

三、军民融合知识产权转移转化机制各要素功能内涵

本文提出的“互联网+军民融合+知识产权+科技服务”运营机制，为军民融合知识产权转移转化实现了海量信息轻松掌握，跨界资源轻松整合，军地发展共赢共生，以运营平台模式展现各要素功能。该平台叫“军地网”（www.ejmrh.com），平台下设6个版块，分别是军民科技融合网、民参军服务网、军地专利创新网、军地双创汇、军民融合金融服务网、军民融合资讯网，运营模式中的诸多要素和信息，在平台上都有充分体现，用户对应查找，用起来方便快捷。

（一）“技术”是转移转化的核心

技术项目门类众多，专业性强，搜索查找起来非常困难，军民科技融合网建立了一个技术数据库，将所有的技术进行整理、分类、归档、存储，具体分

类如下：技术成熟度分析（实验室、小试、中试、产业化），风险评估（低、中、高），市场前景预估（广阔、不明朗），与同类技术的比较，综合打分。通过分类，优秀技术进行落地转化，将不足之处反馈给技术持有者，进行二次开发与进一步完善。在分析评估后，系统集成将一个行业的技术按照上下游产业链的形式组成一个技术系统，邀请企业、高校和科研机构等组建行业技术联盟，共同研发新技术。有效推介是技术与市场需求相结合，进行精准推送，线上设立了技术项目找落地、技术项目找资金、企业找技术等版块；线下组织技术、企业、资本三方对接会，力争做到把最好的技术推送给最需要的企业，让最好的资本找到最好的技术。

（二）"知识产权"是转移转化的保证

从五个方面进行规范：（1）专利可行性分析。分析专利参与军民融合的可行性，确定其军民融合的基本方向，结合专利进入军工市场的运作经验，平台初步判定该专利是否具有进入军工市场的潜力。（2）专利评估。通过平台进行专利检索、专利分析、专利评估和专利申请等，对专利技术价值进行科学合理评估。（3）军转民，民参军。国防专利持有者通过平台对接地方企业，转化国防专利。民间专利通过平台对接部队，寻找相关部队专家来进一步评估该技术是否能进入军工市场；帮助专利持有者了解与其专利技术相匹配的不同方向的军方需求，比如科研、军工配套和军队保障等方面。（4）运营专利技术项目。平台搭建专利技术和投资机构双向通道，专利持有者可通过平台找到投资、达成合作，运营专利技术项目。专利持有者亦可通过平台找到专业权威的代理机构对专利技术项目进行专利预警、专利分析等全方位的服务。平台亦可通过开展专利许可、专利转让和专利申请服务来构建专利池及项目申报专利导航。（5）专利技术落地。国防专利持有者通过平台对接地方企业，找到产学研合作对象，实现专利技术更进一步的研发以及产品的生产与试验，促成项目落地，产品进入军方市场，实现合作双方共赢。

（三）"科技金融"是项目落地的有效支撑

离开金融资本，再好的知识产权转移转化也是一句空话。科技与金融相结合才能整合资源，汇聚力量，把知识产权产品落地，进而实现产业化。科技金融服务领域涵盖项目交易、技术交易、知识产权交易、项目入驻产业园、政府PPP项目，以及不同发展阶段的科技企业股权、债权融资等。工作流程如下：项目公司提出申请并上传材料→项目初评→军民融合路径规划→启动项目调查

→投资方案设计→投委会评审→签署合同。这些举措的实施既保障了投资资金的安全，也将为平台引来更多“源头活水”。

（四）“互联网+”是转移转化的助推器

在“互联网+”时代，知识产权与互联网的融合，创造了一种全新的运营模式——互联网知识产权金融，即借助互联网的网络信贷平台提供的相关理财等金融服务，解决知识产权权利人的资金需求和投资人的投资渠道等问题，形成了以互联网平台为工具的，有别于传统的，可实操、低门槛、大众参与的新型互联网知识产权金融模式。2015年10月，国家知识产权局、财政部、人力资源和社会保障部、中华全国总工会、共青团中央联合制定印发的《关于进一步加强知识产权运用和保护助力创新创业的意见》中提出：支持互联网知识产权金融发展，鼓励金融机构为创新创业者提供知识产权资产证券化、专利保险等新型金融产品和服务。支持符合条件的省份设立重点产业知识产权运营基金，扶持重点领域知识产权联盟建设，通过加强知识产权协同运用助推创业成功。互联网知识产权金融的时代已经到来，凭借国家军民融合政策的持续利好和政府主管部门的大力支持，企业依托中国强大的网络平台资源优势和大数据、移动互联等技术，军民融合知识产权转移转化就有可能步入快车道，真正开创知识产权经济新时代。

四、军民融合知识产权转移转化要走市场化运作之路

军民融合既有“军转民”，也就是军事技术在民间的使用；还包括“民参军”，即民营主体参与军工市场。军民融合服务平台，关键在“融”字，即搭上“互联网+”的快车，在国家和军队主导的前提下，引入第三方市场化运作。采取第三方市场化运作是军民深度融合发展的基本原则和客观要求，政府和军队虽然居于主导地位，但不能事无巨细、大包大揽；通过分析政府很多公共服务平台网站成为“僵尸”网站的原因，我们知道，只有采取市场化运作的方式，才能保证平台运行的生机和活力。

一是坚持国家（政府）和军队主导。军民融合是国家战略，关乎国家安全和发展全局。国家采取必要的管控也是军民融合综合服务平台有序、高效运转的基本保障。平台无论是建设还是运营，都要坚持国家主导，国家既要利用平台为军民融合知识产权转移转化服好务，更要将平台管理好、监督好；国家要负责制定平台规划建设方案、平台运行管理制度等相关政策措

施，还要对平台的信息资源做好征集、汇总和审核。此外，国家在资金扶持、交易运行、保密管理和国防知识产权等方面，要加强监督管控，防止过度市场化导致不利因素的产生。

二是引入第三方机构承办、协办。现实中，很多地区、企业的好技术，想参加到军队建设当中去，却没有渠道；军队高新尖的科技成果，想实现“军转民”，却无处着手，这就需要有第三方机构来发挥“桥”和“船”的作用。服务平台也需要第三方机构来承办、协办，该机构是独立于政府和企业之外的第三方社会组织，可以是一个地方的互联网平台，也可以是一个地方的其他专业机构，可以是一家，也可以是多家，但是必须要具备两个条件：一是具备军民融合的特色优势，既懂得地方的技术，也知道军队建设的需求，既明白地方市场的运营模式，也清楚军队保密、管理等特殊要求；二是不能有利益站位的“山头倾向”，更不能有行业保护色彩。引入第三方机构，就是引入了公开、公平和竞争的市场机制，这有利于加强军民融合市场化运作；有利于减轻国家和军队负担，把一些繁杂的事务性工作从政府、军队机关中解脱出来；有利于打破利益格局和制度藩篱；有利于有效地整合社会、军队资源，达到降低行政成本、提高办事效率的目的。

三是推行“政府采购服务＋市场化运营”。军民融合知识产权转移转化平台，在满足平台公共服务功能的前提下，要倡导和指导各地建立区域信息二级平台，通过建立军品科研生产需求、能力建设需求、军工技术转化需求等信息收集、发布机制，以及民口前沿、先进技术和优质产品资源信息收集和推荐机制，推动军工和民口通过线上信息对接，把市场能做好的事项放手交给市场，实现线下合作共赢。平台的运营项目可以包括为区域内政府提供军民融合服务，主要是民参军服务产品、技术信息交流与转移转化等，采用政府购买服务方式运营；为企业、科研机构和资本等服务，主要是科研、专利技术等，按照市场规律运营；为军队和军工企业服务，主要是装备、后勤保障等，采用政策扶持与市场规则相结合的方式运营。

通过对军民融合知识产权转移转化机制研究，结合调研和实践检验，得出如下结论：

第一，军民融合知识产权转移转化机制的建立是一项系统工程，必须整体设计、全面打造，确保科学有效。机制建立涉及国家、企业、当地政府，要素上连着技术、资金、知识产权、互联网生态，必须精心设计、全面打造。要坚持政府引导，争取设立专项基金、引导基金等，促进知识产权转移转化；要坚持纵横联动，充分发挥中央与地方、行业上下、军民之间的联动，在资源配置、任务部署等方面形成合力；要坚持机制创新，围绕技术、专利、人才、资本等要素，设置知识产权转移转化机制研究相关子课题，分工协作和深入研究，形成系列机制创新成果。

第二，要发挥市场在知识产权转移转化中的推动作用，加强军民融合知识产权转移转化服务机制建设。尤其要突出“军转民用”这个重点，要逐步改变以往“军转民用”主要依靠行政指令的方式，整合军队、国防科工、院校、科研机构、企业、金融机构等多方资源，建立上下通畅、多方联动、利益分配合理的知识产权运营机构，同时在确保军事秘密安全的前提下尽量减少政府干预、简化行政审批环节。要发挥企业在知识产权转移转化中的主导作用，以创新型企业、高新技术企业、科技型中小企业为重点，支持企业与高校、科研院所联合设立研发机构或技术转移机构，共同开展研究开发、成果应用与推广、标准研究与制定等。要围绕“互联网＋”战略开展企业技术难题竞标等“研发众包”模式探索，引导科技人员、高校和科研院所承接企业项目的委托和难题招标，聚众智推进开放式创新。市场导向明确的科技计划项目要由企业牵头组织实施。要完善技术成果向企业转移扩散的机制，支持企业引进国内外先进适用技术，开展技术革新与改造升级。要坚持政府搭台、企业唱戏。

第三，知识产权转移转化机制是动态的、不断变化的，必须与国家发展战略保持高度一致，与经济发展环境相适应。一是要建立评估机制。知识产权的价值受市场等要素影响较多，并非一成不变，建立国防知识产权的评估评价机制，必须与现行的国家知识产权评估评价机制相衔接，制定相应的标准体系，使军地双方评估评价方法和流程逐步一致。目前，我国的知识产权评估制度正处于形成阶段，应将解决评估中的技术问题、提高评估的可操作性作为当前的工作重点。二是要加强组织领导。目前，国家和军队体制改革即将完成，军地双方对国防知识产权管理领导部门的职责也将明确，必须尽快理顺关系，明确职能，从法规制度、资金投入、人才队伍和评价管理等方面出台政策，切实加强知识产权转移转化工作的组织领导。三是要加快推进国防知识产权法规建设。针对当前装备科研、生产、采购、维修及保障等管理法规中知识产权要素缺项和标准要求不高等问题，应加大国防知识产权立法力度，采取修订现有法规与出台新法规相结合的方式，有计划、有步骤地实施国防知识产权法规建设工程，尽快构建涉及国防知识产权战略实施各个领域、覆盖工作各个层面的国防知识产权法规体系。

（山东军地信息技术集团有限公司董事长、高级大数据师李俊杰；山东军地信息技术集团有限公司政策研究室主任、高级工程师李昌胜）

二、区域发展篇

山东省区域创新能力比较分析与对策建议*

——基于《中国区域创新能力监测数据》

（2015年12月2日）

内容摘要：科技部发布的中国区域创新能力监测及评价指标，已成为衡量创新驱动发展水平的重要指标体系，为深入贯彻落实省委十届十二次全委会精神，进一步认清全省创新驱动发展面临的形势，我们参照区域创新能力监测评价体系，选取我省区域内相关数据指标，在进行对比分析的基础上，就加快实施创新驱动发展战略，促进山东科技进步提出对策建议。

一、从区域创新能力主要指标看我省的进步

《中国区域创新能力报告2014》显示：全国创新格局保持基本稳定，山东省区域创新能力总体排名连续6年居全国第6位。《2014中国区域创新能力监测数据》相关指标表明，我省与创新型省份的差距进一步缩小，突出表现在创新资源总量稳定增长、企业创新占据主体地位、创新产出略有提升、创新绩效较大改善等方面。

（一）创新资源总量稳定增长

科技研发活动（简称R&D）是创新活动中最核心的内容。R&D经费投入和参与人员是重要的创新资源，这一指标反映了区域创新活动的投入力度和创新人才资源的储备情况。从2011年始，我省的R&D经费投入呈现持续增长态势，由当年的844.4亿元增长到2014年的1304.1亿元，年均增长15.59%；其中2014年R&D经费投入占GDP比重达到2.19%，基本接近国家“十二五”科技规划

* 本报告是山东省软科学研究计划重大项目“山东省高新区科技型小微企业创新绩效评价指标体系研究”（2015RZB02003）阶段性研究成果之一。

中该指标的发展目标2.20%，预计2015年将达到或略超此指标。（图1）

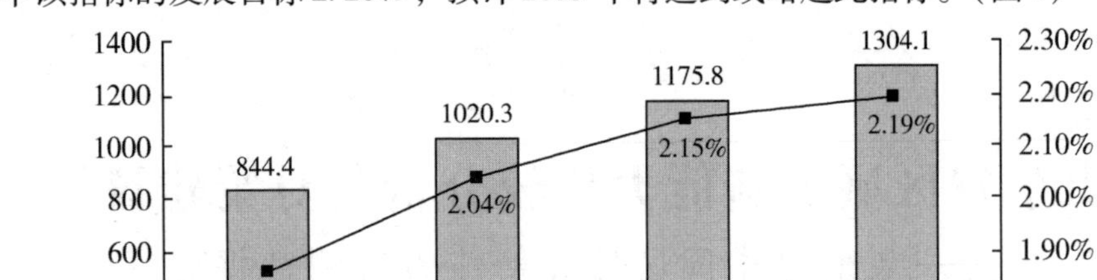

图1　2011—2014年全省R&D经费投入及R&D/GDP比重

R&D人员折合全时当量①是通用的比较科技人力投入的可比指标。我省R&D人员折合全时当量由2011年的22.86万人年增长到2014年的28.64万人年，年均增长7.74%。虽然R&D人员折合全时当量不断扩大，但同比增长速度趋缓，由2011年的20.12%下降到2014年的2.51%。（图2）其主要原因是我省科技人力投入主体是企业，约占全部科技人力投入的85%左右，2011—2014年我省企业科技人力投入增速趋缓，由2011年的24.20%下降到2014年的1.42%，由此导致全省的科技人力投入水平整体下降。

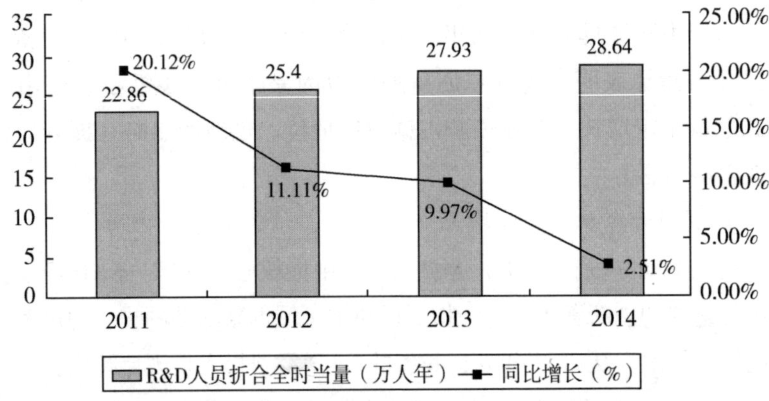

图2　2011—2014年全省R&D人员投入及同比增长速度

① 指全时人员数加非全时人员按工作量折算为全时人员数的总和。例如：有两个全时人员和三个非全时人员（工作时间分别为20%、30%和70%），则全时当量为2+0.2+0.3+0.7=3.2人年，为国际上比较科技人力投入而制定的可比指标。

从全国来看，2011 年开始，我省 R&D 经费、R&D 经费与 GDP 比值以及 R&D 人员 3 个指标连续 3 年全国排名居第 4 位、第 7 位及第 4 位。（图 3、4、5）

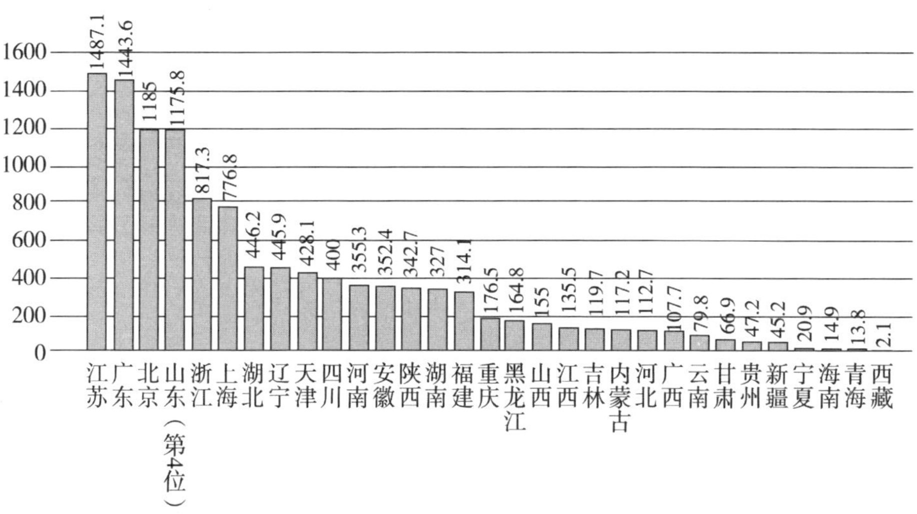

图 3　2013 年 R&D 经费（亿元）

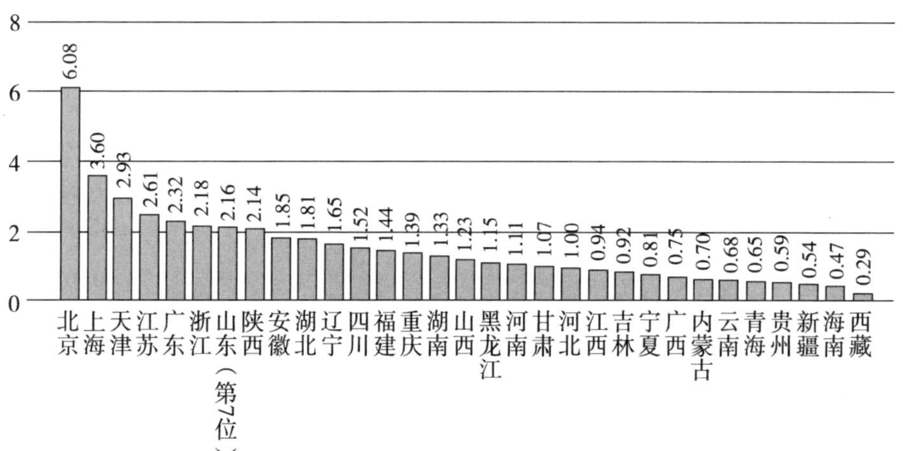

图 4　2013 年研究与发展（R&D）经费支出与地区生产总值（GDP）比值（%）

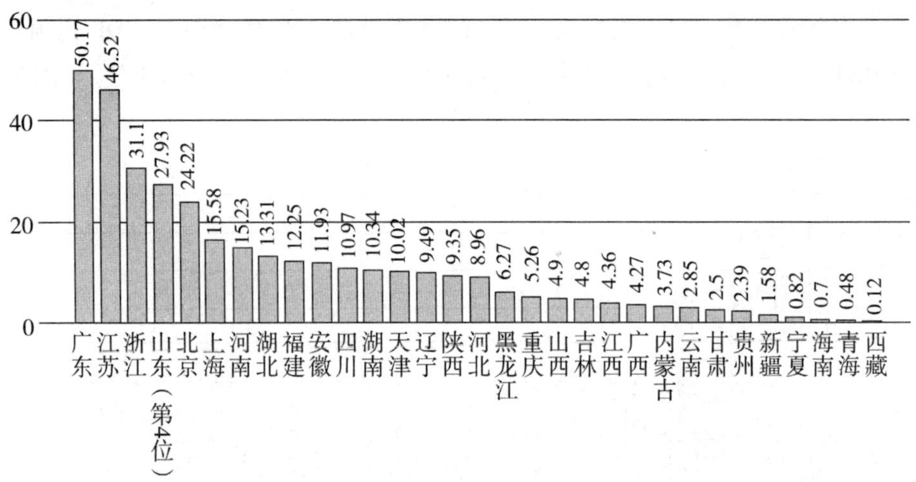

图5　2013 年 R&D 人员全时当量（万人年）

总体来看，“十二五”期间我省 R&D 经费投入和参与人员的持续增长，有力促进了全省创新实力的提升，我省已逐步成为国内基础条件较好、人才集聚较多、创新资源较丰富的省份之一。

（二）企业创新占据主体地位

企业是开展创新活动的主体，也是创新体系的重要组成部分。企业创新的规模和质量，在很大程度上代表着区域创新能力与发展水平。

2011 年，我省企业 R&D 经费投入 743.1 亿元，占全省 R&D 经费比重达 88.01%；2014 年，企业 R&D 经费投入增加到 1175.5 亿元，占全省 R&D 经费比重达 90.14%（图 6）。

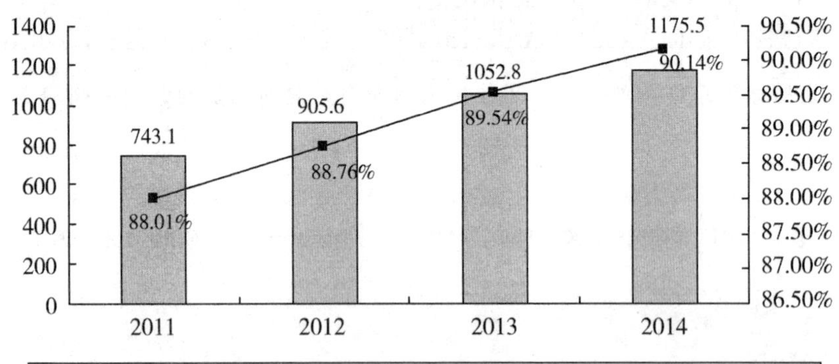

图6　2011—2014 年全省规模以上工业企业 R&D 经费投入情况

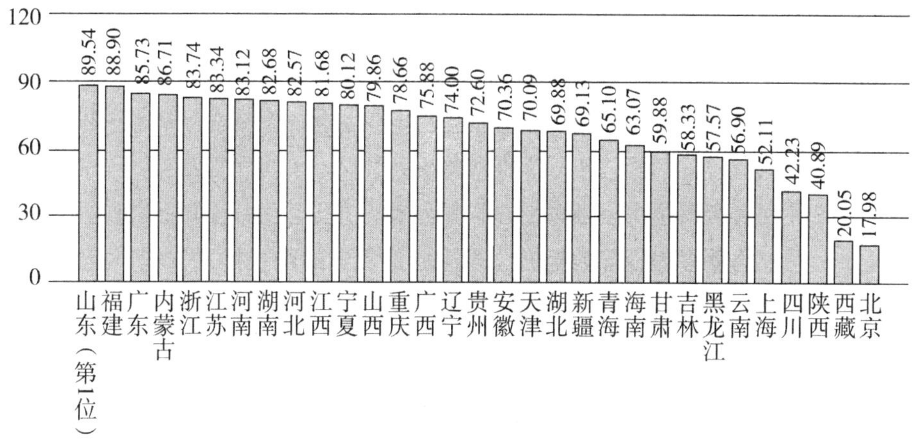

图7　2013 年企业 R&D 经费支出占 R&D 经费支出比重（%）

（三）创新产出略有提升

较高的知识产出与扩散应用能力是创新能力的主要特征。知识产出作为创新活动的中间成果，是创新水平和能力的重要体现，其中的万人发明专利申请数、授权数以及万人发明专利拥有量作为测度知识产出水平的重要指标，反映了区域原始创新能力、创新活跃程度和技术创新水平。

2011 年，我省万人发明专利申请数从 2.66 件上升至 2014 年的 7.90 件，年均增长 43.74%；万人发明专利授权数从 2011 年的 0.61 件上升至 2014 年的 1.08 件，年均增长 20.98%；万人发明专利拥有量从 2011 年的 1.64 件上升至 2014 年的 3.59 件，年均增长 29.84%，已经超过国家“十二五”科技规划中该指标的发展目标 3.3 件。上述指标表明，我省区域创新能力、创新活跃度和技术创新水平呈现健康发展态势（图 8）。

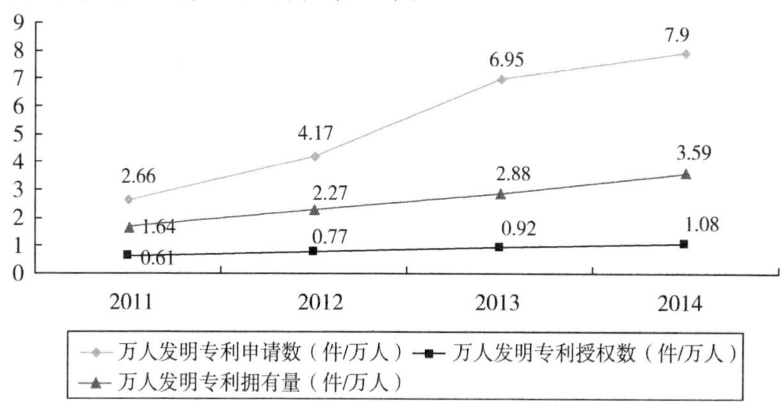

图8　2011—2014 年全省万人发明专利申请数/授权数/拥有量

从《2014 中国区域创新能力监测数据》来看，在反映社会创新意识及创新产出水平的万人发明专利申请数、万人发明专利授权数及万人发明专利拥有量这三个关键性指标上，我省分别排在全国第 7、8、10 位。（图 9、10、11）按照全国 31 个省市（港、澳、台数据此处未纳入），每十个省市一个阶梯来划分，我省创新产出位次逐渐升至全国第一梯队中，走在全国前列，这表明我省对知识产权的重视程度显著提升，省里已经实施的加快推进知识产权发展的相关政策作用得到充分发挥，并带来了新的创新产出，因此此方面扶持政策还应继续坚持下去。

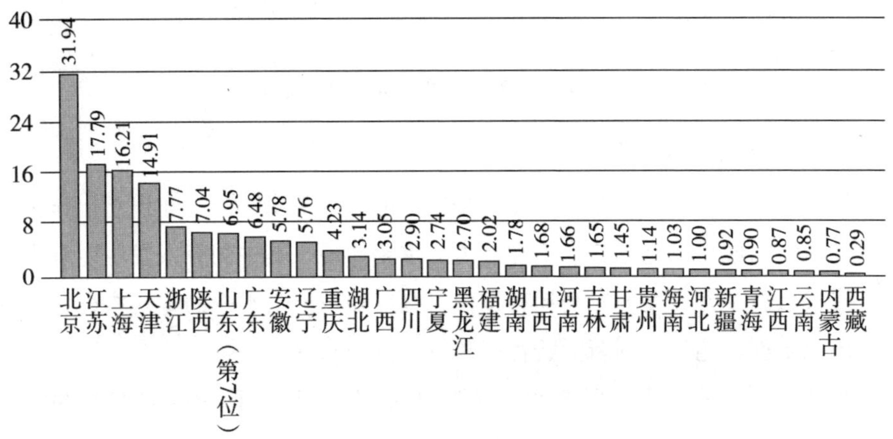

图 9　2013 年万人发明专利申请数（件/万人）

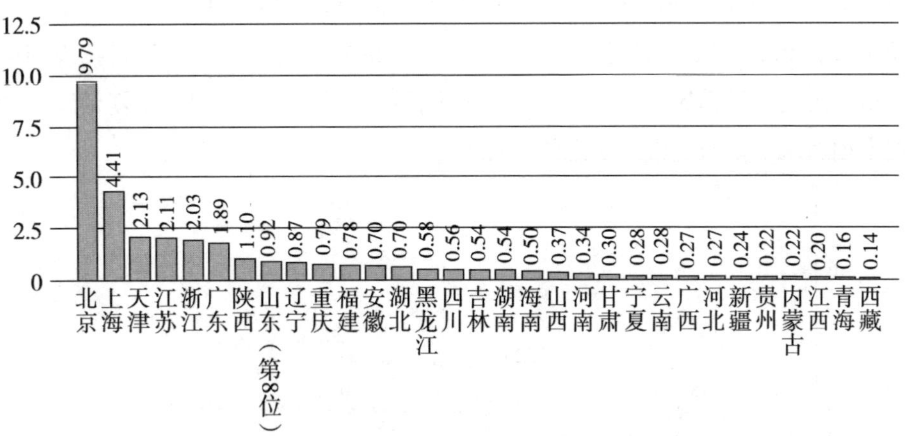

图 10　2013 年万人发明专利授权数（件/万人）

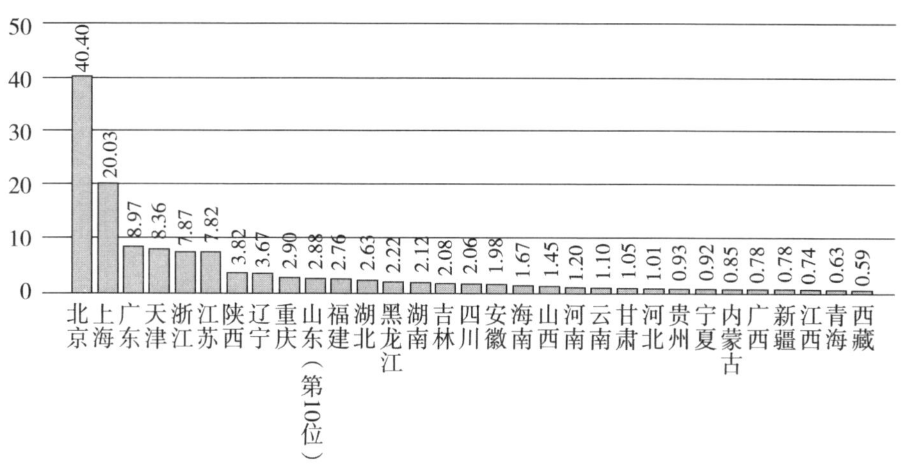

图 11　2013 年万人发明专利拥有量（件/万人）

（四）创新绩效较大改善

创新的最终目标是促进经济社会发展。创新活动提高了资本和劳动对经济发展的促进能力，有助于经济发展方式的转变。在反映水资源质量及污水减排水平的重要指标方面，我省废水中化学需氧量排放降低率由 2012 年的 3.09% 提升至 2013 年的 3.93%，全国排名从第 12 位上升至第 5 位；废水中氨氮排放降低率从 2012 年的 2.52% 提升至 2013 年的 4.19%，全国排名从第 19 位上升至第 4 位。在衡量空气质量及废气减排水平的重要指标方面，我省二氧化硫排放降低率从 2012 年的 4.30% 提升至 2013 年的 5.94%，排名从第 15 位上升至第 3 位。（图 12、13、14）上述环保指标的改善以及在全国排名位次的大幅提升，说明我省在发展经济的同时更加重视环境的保护，更加重视技术创新驱动转型发展。

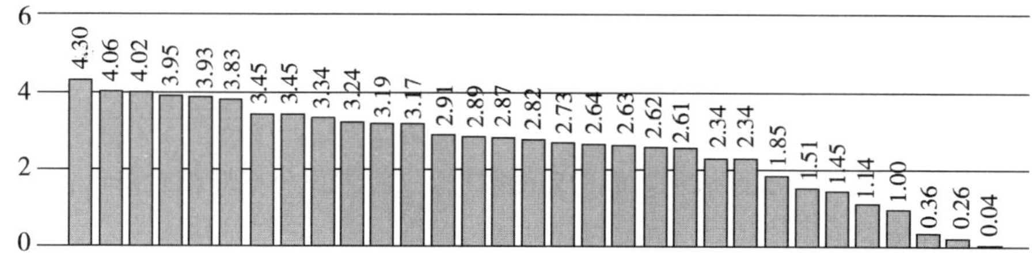

图 12　2013 年废水中化学需氧量排放降低率（%）

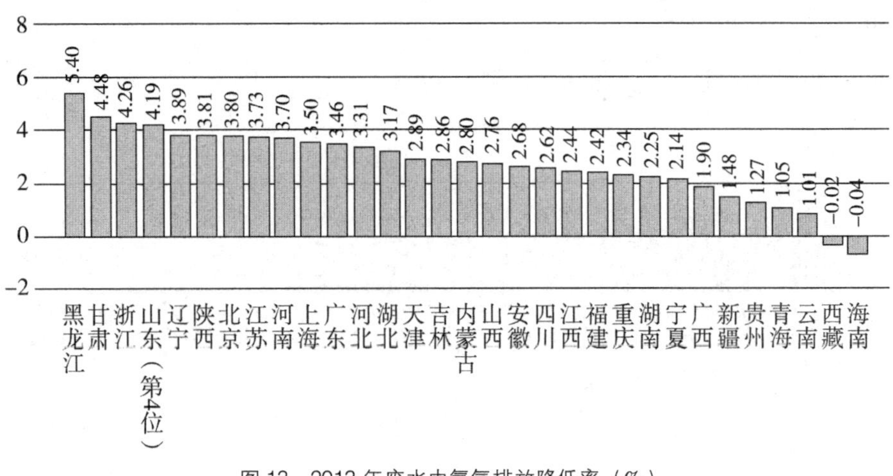

图 13　2013 年废水中氨氮排放降低率（%）

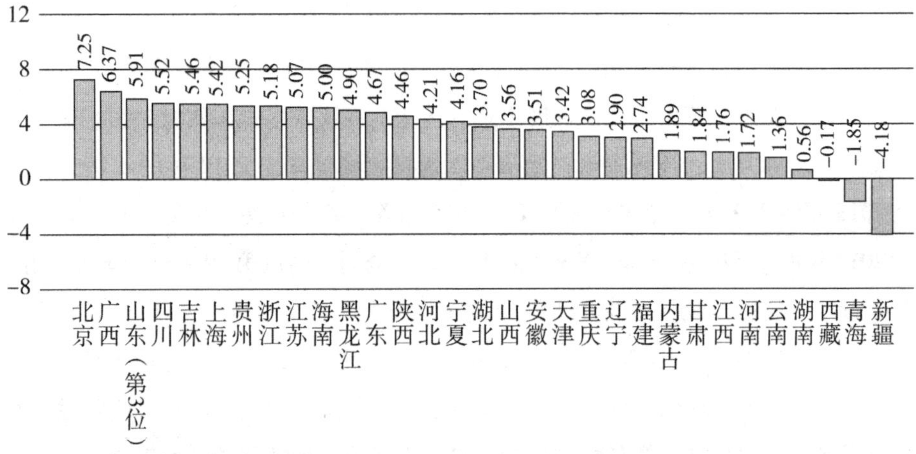

图 14　2013 年二氧化硫排放降低率（%）

二、我省在区域创新能力方面存在的差距

分析《2014 中国区域创新能力监测数据》，我省部分指标相对落后，有关数据分析如下：

（一）企业自主创新能力有待加强

1. 企业技术获取能力明显偏低

虽然我省企业 R&D 经费投入持续增加，企业 R&D 经费投入占 R&D 经费投入的比重排名也居于全国首位，但与上海、江苏、北京等自主创新能力较强的省市相比，我省在衡量企业创新能力和创新投入水平的重要指标——企业技

术获取和技术改造经费支出占主营业务收入的比重上明显偏低。2011—2014年，我省这一指标持续下降。（图 15）

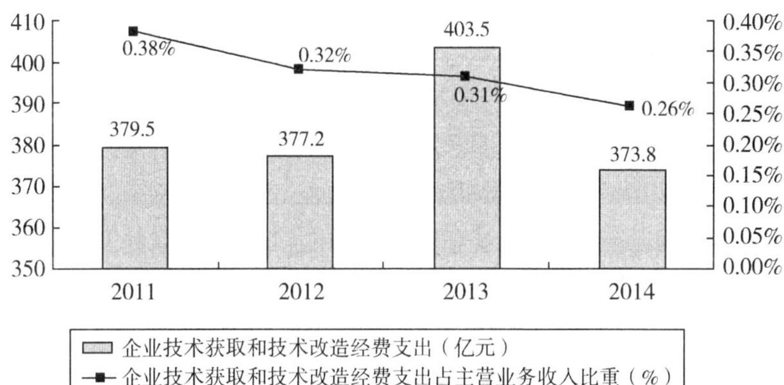

图 15　2011—2014 年全省规模以上工业企业技术获取和技术改造经费情况

在全国范围来衡量，我省企业技术获取和技术改造经费支出占主营业务收入的比重 2012 年居全国第 24 位，2013 年下滑为全国第 26 位。（图 16）

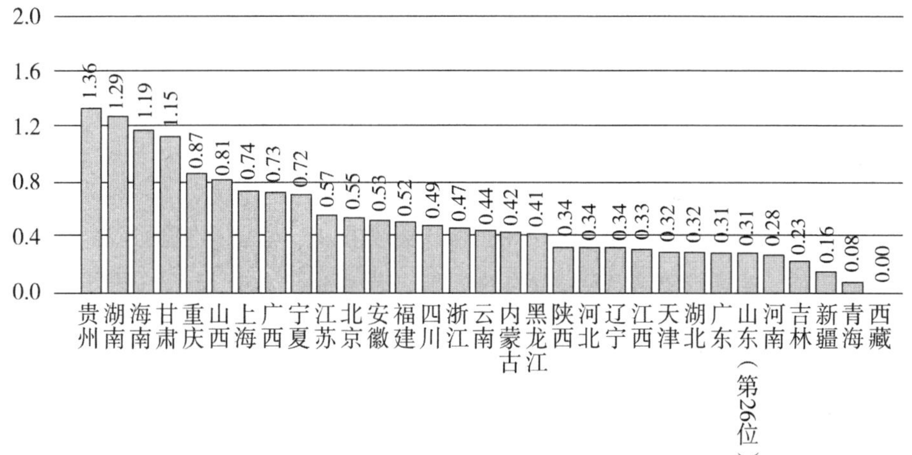

图 16　2013 年企业技术获取和技术改造经费支出占主营业务收入比重（%）

在企业平均吸纳技术成交额方面，2012 年国家平均水平为 187.25 万元，我省为 48.52 万元，为全国平均水平的 26%；2013 年国家平均水平为 202.01 万元，我省上升至 61.72 万元，为全国平均水平的 30%，2012、2013 年均居全国第 29 位。（图 17）

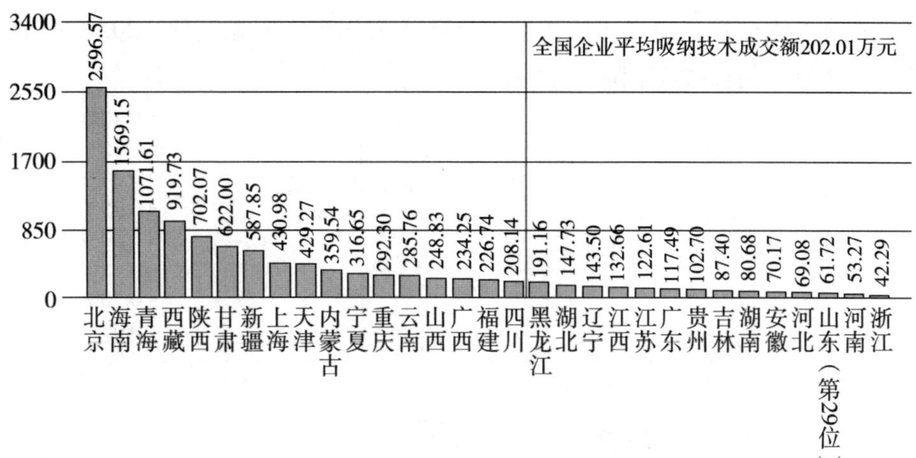

图 17　2013 年企业平均吸纳技术成交额（万元）

企业技术获取和技术改造经费支出占主营业务收入比重与企业平均吸纳技术成交额两项指标值远低于国家平均水平，这在一定程度上说明，我省企业创新投入不足，企业技术获取能力偏低；这也从另外一个侧面说明，我省企业在研发投入总量较大的情况下，更加注重先进设备的引进，而对技术自主创新、技术获取方面投入不足，最终导致企业难以支撑工业技术进步的需要，承担科技成果转化能力不强，增长后劲不足。

2. 企业产学研合作创新力度有待加大

企业面向科研机构、高等学校的 R&D 经费投入，从一个侧面反映了企业与科研机构、高等学校等外部机构的创新合作程度。数据显示，2011—2014 年我省企业与科研机构、高等学校的研发合作规模有小幅调整。2011 年企业给予科研机构、高等学校的 R&D 经费投入为 8. 88 亿元，2012 年首次突破 10 亿元，2013 年持续上升，2014 年一度出现下降形势（图 18）。其原因是高等学校、科研院所等对于横向经费监管更加严格，造成了 2014 年度科研机构、高等学校接受企业的 R&D 经费投入下降。与之相对应的科研机构、高等学校研发经费中企业投入占比四年来呈现波动态势。这在一定程度上表明，企业与科研机构、高等学校之间缺乏有效稳定的产学研联合机制，且产学研合作创新力度不大，难以形成科技与企业发展相结合的整体效应，不利于产学研的结合。

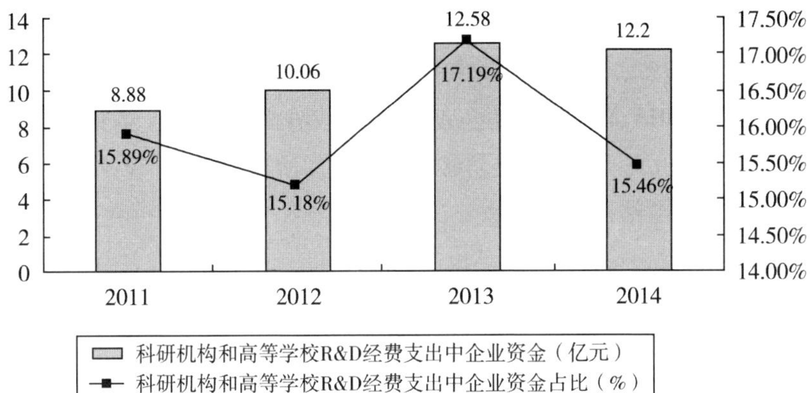

图 18　2011—2014 年全省科研机构和高等学校 R&D 经费情况

但从全国范围来看，我省该指标排名比较靠前，相比较而言，在产学研协同方面我省具备基础，若在此方面从政策上加以引导，其形势的转变是可能的。（图 19）

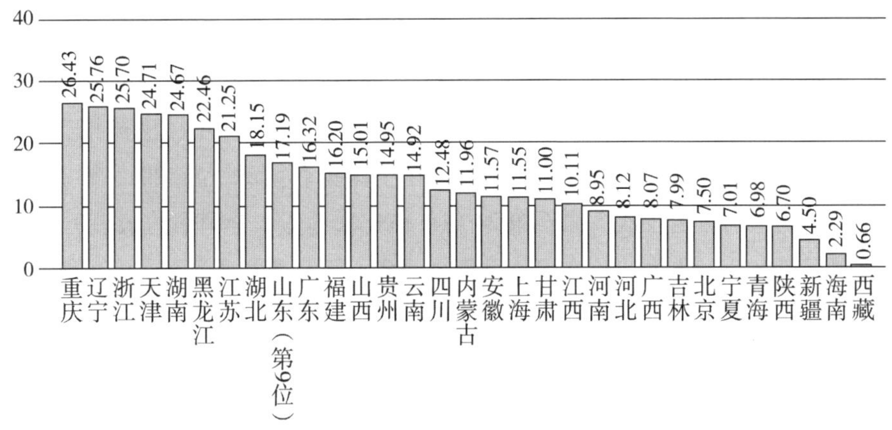

图 19　2013 年科研机构和高等学校 R&D 经费支出中企业资金占比（%）

（二）高技术产业优势不明显

高技术产业是国民经济的战略性先导产业，对产业结构调整和经济发展方式转变发挥着重要作用，已成为世界各国综合国力竞争的制高点，我省高技术产业发展空间仍很大，需要进一步下气力推动。

1. 高技术产业发展力度亟待增强

2013 年，我省高技术产业总产值 9053.48 亿元，位于全国第 3 位，低于广东和江苏两省，占全国的 7.66%。指标表明我省高技术产业有一定基础和区位优势，但从高技术产业总产值占工业总产值比重来看，国家平均水平由

2012 年的 11.09% 上升至 2013 年的 11.34%；我省则由 2012 年的 6.69% 增长到 2013 年的 6.87%，仍远低于国家平均水平，在全国的排名，在从 2012 年的第 15 位下滑至 2013 年的第 16 位。这反映出我省高技术产业发展滞后，亟待加大力度，同时也表明了我省经济转方式的方向所在。

2. 高技术产品结构需要调整

从商品出口额来看，我省商品出口额占 GDP 比值在全国排名由 2012 年的第 9 位上升至 2013 年的第 8 位，而高技术产品出口额占商品出口额的比重从 2012 年的第 17 位下滑至 2013 年的第 19 位。高技术产品出口额占商品出口额比重在全国的排名落后于商品出口额与 GDP 比值在全国的排名，说明我省在高新技术产品出口方面处于劣势，出口商品的科技含量较低，高技术产品出口还未形成规模，与先进省市差距较大；同时，这也印证了我省高技术产业发展的不足。

（三）科技投入体制亟待优化

1. 地方财政科技投入力度不足

从科技政策机制分析，我省财政科技投入尤其是市级支持科技创新的投入强度还不够，导向还不明显。2011—2013 年我省地方财政科技支出总量位于全国第 6 位，但占 GDP 比重相对落后。2011 年，我省地方财政科技支出与 GDP 比值为 0.24%；2012 年为 0.25%，在全国排名第 21 位；2013 年上升至 0.27%，在全国排名位次下滑至第 24 位，该比重远低于全国平均水平 0.48%，不仅落后于北京、上海、广东等创新能力强省，而且落后于新疆、青海、甘肃等省（图 20）；2014 年该指标又降低至 0.25%。

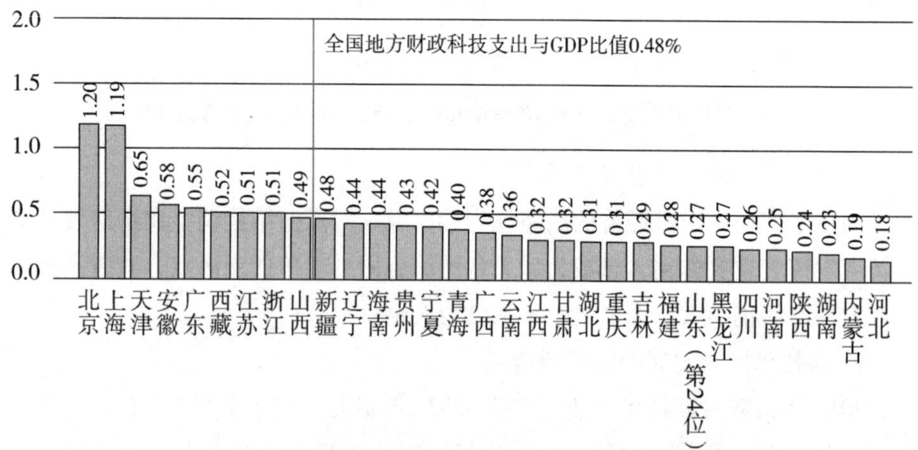

图 20　2013 年地方财政科技支出与 GDP 比值（%）

对我省地方财政科技支出在我省公共财政预算中的排名进行分析，可以看出，我省地方财政科技支出不仅占 GDP 的比重较小，而且绝对数值也较小，支出数额常年位于全省公共财政预算十大项目的倒数第二位，仅高于文化体育与传媒项目支出。（表 1）

表 1　　2010—2014 年全省公共财政预算支出

（单位：万元）

类别	2010	2011	2012	2013	2014
公共财政预算支出	41450320	50020701	59045188	66888000	71773136
一般公共服务	5443095	6184774	7055140	7499609	7253340
公共安全	2440277	2746937	3173784	3418333	3805743
教育	7704472	10478987	13118009	13996715	14610483
科学技术	843643	1086163	1249751	1491372	1470572
文化体育与传媒	740270	915667	1142709	1275325	1277473
社会保障和就业	4167672	5015394	5964793	6819826	7635304
医疗卫生	2507742	3603575	4229136	4858614	6056673
城乡社区事务	3884029	4016987	4680867	6184955	7779249
农业水事务	4659775	5640015	6738161	7481384	7728411
交通运输	2304993	2949121	3229315	3711490	3991400

数据来源：《山东统计年鉴 2015》。

2011—2014 年，地方财政科技支出占地方财政支出比重维持在 2.10% 左右（图 21），比重较低，起不到政府应有的战略引导作用和经济杠杆作用，财政科技投入与经济发展程度不匹配，在相关省份逐年增加财政对科技投入的形势下，我省如不采取措施，同其他省份的差距就会越来越大。

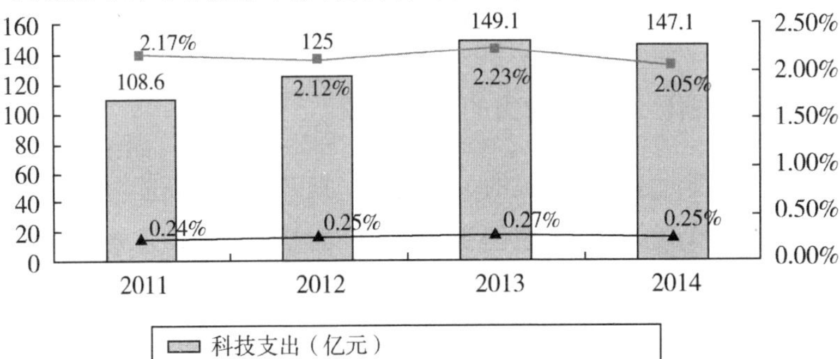

图 21　2011—2014 年全省地方财政科技支出情况

2. 国家创新基金与R&D经费支出比值指标落后

国家创新基金，于1999年经国务院批准设立，由科技部主管、财政部监管，通过无偿资助、贷款贴息和资本金投入三种方式，支持各省市种子期及初创期企业的技术创新项目、中小企业公共技术服务机构项目和创业投资引导基金项目。国家创新基金与R&D经费支出的比值可以反映国家创新基金对地区科技型中小企业创新的支持力度。我省立项资助项目获国家创新基金由2012年的2.55亿元上升至2013年的3.53亿元，排名由全国第6位上升为第2位，仅落后于江苏省；其与R&D经费支出比值由2012年0.25%提升至2013年的0.30%，排名由全国第30位上升为第27位（图22），纵观全国，江苏、北京、广东等R&D经费较大的省市排名还落后于我省，我们可以这样认为，我省立项资助项目获国家创新基金力度并非不大，只是相对于较大的R&D经费总量来说，该指标落后。

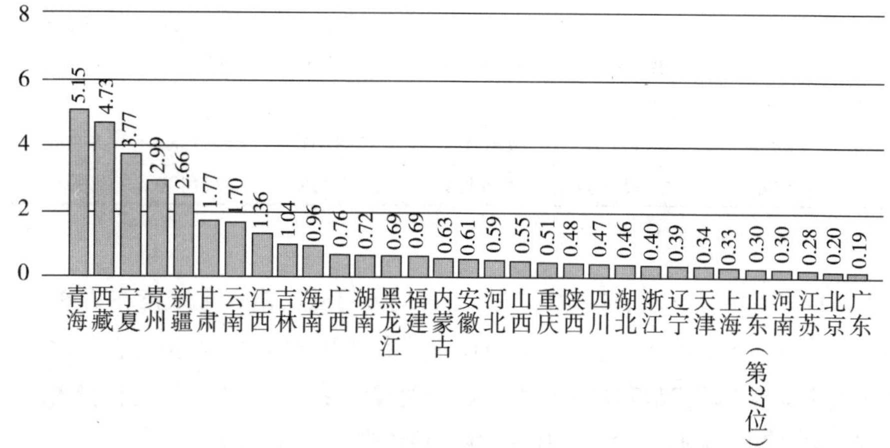

图22　2013年国家创新基金与R&D经费支出比值（%）

三、提升我省区域创新能力的对策建议

目前，我省正处于转型升级的关键时期，提升区域创新能力是我省面对的重要问题。针对当前全省在科技创新方面存在的差距，我们需要按照国家区域创新体系建设的总体部署，进一步确立创新在区域发展中的核心位置，着力完善以下方面的应对措施。

（一）健全高新技术企业培育体系，加快高新技术产业发展步伐

实施创新驱动发展，加快高新技术产业发展是重要抓手。针对当前全省高

技术产业现状，一方面要加大力度促进现有产业的转型升级，调整产业结构，布局新的产业领域，提升产品核心技术含量，积极开拓国内国际两个市场，扩大高技术产业产值，延长产业链条；另一方面，要迅速建立并完善创新企业培育机制，建立“创业孵化、创新支撑、融资服务”的科技中小微企业抚育体系，重视以科技创新为核心的创新创业活动，进一步扩大由政府实施的面对中小微企业的普惠性扶持政策内容，高度重视科技型中小微企业的成长，将其作为区域经济新的增长点加以重点培育，支持科技中小微企业升级高新技术企业，充分发挥中小企业在技术创新、商业模式创新和管理创新方面的生力军作用，激发中小企业创新活力，推动面广量大的中小企业向高成长、新模式与新业态转型，使其加速成长为行业内有影响力的高新技术企业。

（二）加强重点区域扶持力度，发挥好辐射带动作用

在实施创新驱动战略过程中，对于自主创新基础较好、经济发展水平相对较高的高新区、经开区、“蓝黄”经济区等重点区域，各级政府应当鼓励其进行原始创新，发展自主品牌，形成自有的知识产权，努力实现关键领域的重点突破，把上述重点区域打造成产业聚集区和技术创新核心区，使其成为引领支撑创新型经济发展的产业高地、人才高地、创新高地。要探索重点区域的创新发展新模式和辐射带动周边区域的新机制，以加快重点区域创新发展为核心，鼓励和支持创新要素分阶段逐步向周边辐射，尤其是向科技资源和创新要素比较密集、高新技术产业和现代服务业比较集聚的区域扩散。特别是随着国家自主创新示范区的建立运行，区内在创新政策方面应有新的突破，需要加大在创新方面的指导力度，使其真正成为未来全省经济发展的新高地、创新驱动的新引擎。同时，要尽快出台加快国家级高新区发展的意见措施，有别于行政区域，走差异化发展之路，已成为全省高新区的必然选题，各级政府要在这方面给予支持引导。

（三）增强企业研发投入力度，强化企业创新主体地位

企业研发投入占主营业务收入的比重要维持在一定标准，这样企业才能有效开展创新活动，这是企业发展应遵循的规律，我们在这方面应加以重视。

1. 政府引导企业强化技术创新

为进一步引导企业加大研发投入力度，建议建立企业研发投入监测指标体系，加强统计监测，定期发布企业研发投入情况报告。根据经核实的企业研发投入情况，首先在国家自主创新示范区、国家级高新区内试点，运用财政补助

机制对具有带动示范作用、在全省处于重要地位的高技术大型骨干企业、中小科技型企业给予鼓励支持，引导企业有计划、持续地增加研发投入。对以企业为依托组建的国家级研发平台也要给予支持。重点支持产品技术含量高、附加值高、竞争力强的企业发展壮大。

2. 增强企业开展技术创新的自觉

企业是区域创新的主体，我们要切实推动企业从“要我创新”向“我要创新”转变。要注重企业自身加大研发投入，加强企业的人力资源培训和开发，提高科研成果转化的速度和效率，加强技术创新。要结合市场需求，有针对性地研发与市场和消费者需求紧密结合的科技产品，通过缩短产品从概念到产业化的时间来提高生产效率，加快产品生产和服务更新的速度，提高创新效率；要增强企业技术集成和产业化的水平，激励知识创新，进一步建立和完善知识产权的交易制度，开发拥有自主知识产权的关键核心技术，逐渐克服企业依赖引进的盲目短视行为。

（四）加强产学研合作，构建适应新形势的科技成果转化后补助机制

要强化产学研合作，一是充分发挥省内高校及科研院所的作用，调动其为区域创新服务的积极性。要围绕全省产业技术创新，以项目研发投入为杠杆，鼓励支持高校与科研院所围绕全省产业技术需求开展深度研发，实现关键技术的突破。二是充分挖掘省内高校及科研院所的科技资源，加强同企业的合作研发。三者之间可以建立长期稳定的合作关系，围绕企业发展中的技术需求，联合攻关并实现技术成果的转化，以此来推动优秀尖端科技成果的实现。三是充分推动政府主导创新体系的作用，激发产学研各方合作的积极性，针对本地经济发展情况和社会需求，构建适应新形势的产学研合作新机制，对于实现科技成果创新与转化的高校及科研院所，经第三方评估后，对其中研发应用效果好的项目，针对不同层次的成果转化额，实行后补助扶持。

（五）促进科技金融紧密结合，完善财政科技投入体制

要整合各类科技金融专项资金，完善财政科技投入扶持机制和使用方式，充分发挥政府财政资金的引导和示范作用，通过财政直接投入、税收优惠等多种财政投入方式，引导金融资本、创投资金、社会资本积极投向创新产业，形成与先进省市接轨的多元化科技投融资体系。要推进科技金融服务创新，重点加大对科技型中小企业自主创新的扶持力度，推动中小企业走进创业板市场，解决中小企业科技创新的资金问题。要建立中小企业信用管理制度，跟踪分析

企业信用风险，继续完善中小企业信用担保体系和金融服务体系。此外，还应加大财政科技投入，大幅增加 R&D 经费投入，优化 R&D 经费投入结构，使企业、高校、科研院所三者的比例配置更加合理，重点提升基础研究和应用研究在 R&D 经费中的比重。

（六）培养引进人才，补齐创新综合能力的短板

实现创新驱动发展，不仅需要规模宏大、层次较高的创新创业人才队伍，而且需要一支专业技术人才和技能型人才队伍。高层次人才带来的是行业技术领域的领先，基础性技能人才则是这些先进技术在进行大量市场化过程中的推动者。目前，山东正深入实施泰山学者工程，充分发挥创新人才集聚的体制机制优势，营造培育人才的良好环境和社会氛围，打造高端人才密集区、创新创业人才首选区，着力引进和使用海内外高层次创新领军人才、拔尖人才和创新型紧缺型人才，充分调动创新人才的积极性和创造性。此外，我们还需要大力培育具有创新能力和创新激情的大学生科技创新人才和创新团队，鼓励普通本科高校培养应用技术型人才，加快建立需求导向的应用型学科专业设置机制。要支持企业与高校、科研院所、职业院校或者培训机构联合建立实习、实训基地，培养专业技术人才和技能型人才，鼓励青年科技人才积极投身科技成果转化。在做好人才培养引进工作的同时，要切实转变观念，要由人才唯引进转向人才唯有用。要将人才与项目相挂钩，通常情况下引进人才要有研发项目或转化成果，更重要的是要有企业对此需求，不能再走唯人才数量而忽视人才作用发挥的旧路子。

（山东省科技统计分析研究中心武秀杰、王雪霁、杨焱明）

（数据来源：《中国科技统计年鉴》《山东统计年鉴》《山东省知识产权局网站》《2014 中国区域创新能力监测数据》《中国区域创新监测数据 2013》）

山东半岛国家自主创新示范区科技金融体系建设研究

（2016年6月22日）

内容摘要：山东半岛国家自主创新示范区的建设为山东实施创新驱动发展提供了良好契机。本研究明确了山东半岛自主创新示范区技术创新的主体，描述了科技企业技术创新过程，明晰了激励企业进行技术创新的关键要素。基于复杂适应系统（Complex Adaptive System，CAS）理论提出示范区科技金融体系的理论支撑与架构基点。借鉴北京中关村、天津滨海和武汉东湖等其他国家自主创新示范区的创建经验，构造了有山东半岛特色的科技金融体系框架，为提出支持山东半岛国家自主创新示范区科技金融体系建设的政策措施提供理论指导。

2016年3月30日，山东半岛国家自主创新示范区（以下简称“示范区”）正式获批，为山东省全面实施创新驱动发展战略提供了良好的机遇。示范区的设立有利于推动山东创新创业发展，有利于实现山东产业结构调整和升级，有利于助推山东经济腾飞。科技金融体系是推动示范区建设的重要引擎，但是如何建设完善并使其真正起到示范带动作用，是摆在我们面前的急迫任务。

一、示范区科技金融体系建设的意义

科技和金融服务是推动国家自主创新示范区发展、支撑创新型国家建设的最活跃、最具革命性的因素。科技金融正向多要素、多层面、多维度的科技金融系统演变；科技金融体系已覆盖到创业风险投资、科技贷款、科技保险、多层次资本市场、科技金融中介平台等多个领域。科技金融有利于优化创新创业环境，有利于自主创新能力建设，有利于创新型企业和产业的培育与发展，对自主创新能力提升、科技成果转化、高新技术产业发展具有积极的促进作用。通过科技金融体系建设推动示范区发展，能够充分发挥示范区的创新资源集聚优势，激发各类创新主体活力，着力培育良好的创新创业环境，全面提升区域创新体系整体效能，打造具有全球影响力的海洋科技创新中心，努力把山东半岛国家自主创新示范区建设成为经济转型升级样板区、创新创业生态示范区、体制机制创新先行区、双向融入“一带一路”试验区。因此，研究示范区科技金融体系建设具有较高的理论和现实意义。

二、示范区科技金融体系的理论支撑与架构基点

科技金融作为激活、集聚、整合科技创新创业的要素，能够促进科技成果转移转化，孵化、抚育科技创业企业，培育发展战略性新兴产业，孕育催生先导性产业，提升区域创新活力、能力与产业竞争力，切实发挥科技引领经济社会转型升级的支撑作用。科技金融是庞大繁复的系统工程，渗透于现代科技创新体系的诸方面。科技金融体系涉及政策体系、资源集聚、服务能力三个层面以及区域创新环境、创新主体、技术创新链条、投融资链条、服务体系五个子系统。科技金融的实施，需要形成政府引导、市场机制推动的多维交叉网络。因此，科技金融体系属于复杂系统问题，可借鉴复杂系统（CAS）理论作为其理论支撑。

（一）示范区科技金融体系的理论支撑

1. 基于 CAS 理论的科技金融系统特征阐释

示范区科技金融体系属于区域科技金融生态的范畴，是特定区域范围内科技金融与其环境之间相互关系的总和，具体阐释如下：

（1）科技金融体系主体的主动适应性。与一般的自然生态系统不同，科技金融系统由许多社会组织和社会关系组成，科技金融体系的各个要素和子系统都由活动着的主体或者主体活动的积淀组成。“人”是整个科技金融体系的核心，可随环境与意愿变化而调整。

（2）科技金融体系的多层次性。目前，山东省已初步形成科技、财政、银行、担保、创投、券商联动的科技领域投融资机制，债权、股权等多样化融资方式不断增多，科技金融体系呈现多层次、多方位的立体发展趋势，统筹各层次的资源，提高融资效率，最大程度服务科技企业是建立科技金融体系的重要任务。

（3）科技金融体系的开放性。开放性是系统的主要特征，是指系统与其环境发生的物质、能量和信息交换的性能。在科技金融生态中，物质循环相应表现为资金循环，推动资金循环的动力则是信用。科技金融生态的运动过程中同样充满了信息传递。信息具有知识的秉性，是科技金融生态协调的基础之一，它通过引导信用流动而实现资金的有序循环。科技金融生态的运行机制实际就是通过各主体对信息的反馈而实现资源的合理分配。

（4）科技金融体系主体的共同演化性。复杂系统中具有适应性的主体根据反馈来延续自己的变化的机会，从而实现演化。但科技金融体系中的适应性主体不仅只是演化，而且是共同演化。共同演化产生了无数完美的相互适应，并能够适应于其生存环境的适应性主体。

2. 基于CAS理论的科技金融体系功能结构

基于CAS理论的系统分析，从功能角度将示范区科技金融体系分为主体系统、循环系统、动力系统和支撑系统，四者相互协调、有机结合，共同构成示范区科技金融体系的系统范畴并实现其功能。（图1）

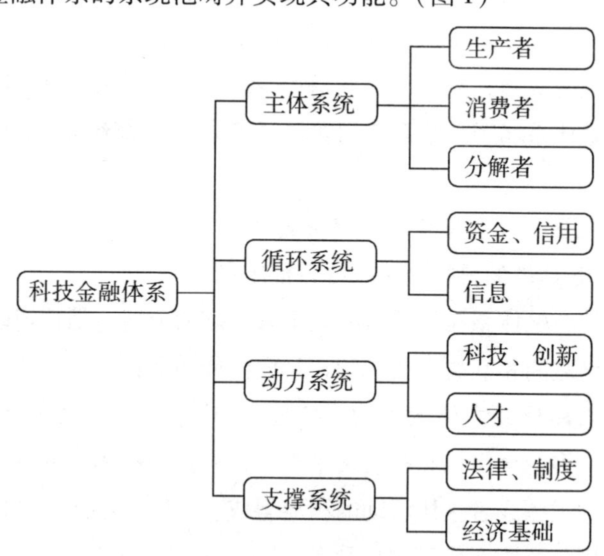

图1　示范区科技金融体系的功能结构

（二）示范区科技金融体系的架构基点

示范区建设从科技创新链、企业资金链和中介服务链等方面对科技金融提出了更高的要求，示范区需要构建基于科技创新全过程链条的科技金融支撑体系。（图2）

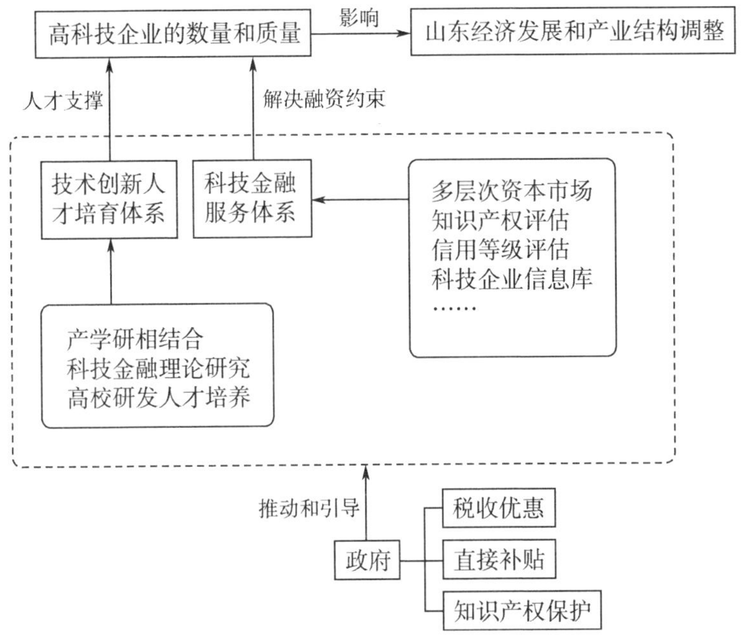

图2　科技金融体系的架构基点

示范区的创新主体是科技型企业，其资源配置是实现技术创新的关键点。资源配置包括对技术创新所需人力、财力和物力三要素的有效配置，而其中人力和财力是最重要的两个因素。科技型企业是技术创新、科技产业化的生力军，而科技型企业大都面临着资金问题。

科技创新对金融支持的需求具有阶段性特征。在技术研发阶段，科技金融的支持更多地体现在财政投入引导上；在中试阶段，科技金融的支持方式以财政补贴、风险投资和创业投资等为主；在规模化生产阶段，银行信贷、企业债券和资本市场是科技金融支持的主要方式。

示范区需要科技金融中介服务的支撑。科技创新的活跃离不开知识产权估值机构、科技项目评估机构、咨询服务机构、法律与财务服务机构等中介机构的支持。以科技创新为内核的自主创新示范区建设需要建立集估价、咨询、法律、财务等功能为一体的、区域性科技金融中介服务平台。

首先，在人力要素方面，要解决山东地区创新人才的培养，需要依托企业和高校。高校通过开展创新创业的教育，培育高校人才的创新创业意识。企业与高校合作，通过为高校学生提供实践基地，提升高校人才的创新创业的实践能力。

其次，财力要素是阻碍技术创新活动开展的根本因素。高科技企业大多规模较小，内部现金流少，需要依赖外部资源。但是因为高科技企业普遍具有可抵押的有形资产较少、没有形成可追溯的信用记录、财务信息不透明、未来经营不确定性高、信息不对称程度高等特点，因此在向资本市场融资时常常面临约束。建设科技金融服务体系有利于缓解企业技术创新过程中的融资约束问题，融资约束问题的解决有利于激励企业将创新动力转化为技术创新行为。

高科技创新型企业的数量和质量以及为创新服务的金融体系的建设是推动国家自主创新示范区发展、支撑创新型国家建设的最活跃、最具革命性的因素。多要素、多层面、多维度的科技金融服务体系的建设对于转化科技成果、发展高新技术创业、鼓励创新创业是至关重要的。通过科技金融体系的建立健全，打造创新创业环境、创新主体、技术创新链条、投融资链条、服务体系五大系统，形成创新创业的生态环境，才能成功发挥山东半岛国家自主创新示范区的示范效应。

最后，需要政府引导和推动科技金融体系建设和创新人才培育。在示范区建立健全过程中，需要发挥政府的服务和引导功能。例如，政府可积极推动多层次资本市场的建立健全，引导多层次资本市场的作用发挥。再如，建立政府科技金融风险补偿机制，发挥财政补贴的作用。政府可加大对创业孵化和创新重点领域的支持力度。此外，政府还需构建科技金融组织保障体系，保证科技金融体系各部分积极发挥作用，全面推动技术创新发展，支持和激励企业技术创新。总之，政府应当从宏观和微观两个方面制定政策，发挥引导、激励、协调、管理等作用，全力打造山东创新创业生态环境。

三、示范区科技金融体系的借鉴经验

从已有的建设经验看，所有的示范区均将科技金融体系建设作为一项先行先试的重大任务。科技金融体系是示范区建设的重要保障；科技金融体系建设的总体目标是引导和支持金融资本与产业技术有效对接，形成技术创新和金融创新“两轮”驱动的发展模式；主要任务是建立健全多层次、多类型的科技金融体系，推进科技金融产品创新和科技金融服务创新，优化科技与金融紧密结合的政策环境。（表1）

表 1　　国家自主创新示范区科技金融试点内容

试点内容	主要文件	政策内容
股权激励和科技成果转化	《中关村国家自主创新示范区企业股权和分红激励实施办法》	对国有及国有控股的院所转制企业、高校和科研院所以科技成果作价入股的企业、民营企业等的技术人员和企业经营管理人员，明确股权奖励、绩效奖励和增值权奖励等，调动创新创业积极性
科技金融改革创新	《深圳市科技研发资金投入方式改革方案》	建立政府引导、市场化运作的区域性信用体系和中小企业开展融资担保体系；对试点企业的信用评级费用补贴，鼓励金融机构为科技型中小企业开展融资服务
政府采购自主创新产品	《东湖国家自主创新示范区开展政府采购自主创新产品细则》	政府采购、重大工程采购等财政性资金采购中优先购买，支持首创型产品顺利进入市场
鼓励创新创业财税政策	《支持东湖国家自主创新示范区建设的意见》	对技术先进型服务企业减征企业所得税，服务外包业务收入免征营业税；职工教育经费税前扣除，支持技术先进型服务企业创新
市场主体准入	《中关村国家自主创新示范区支持企业改制上市资助资金管理办法》	放宽出资限制，允许以专利、标准等知识产权作价出资，允许以研发技能、管理经验等人力资本作价出资，鼓励科技人员创办他业
组织申报国家科技重大专项	《徐汇区关于加快推进高新技术产业发展的扶持意见（试行）》	产学研联盟优先承接国家重大科技专项，奖励科技企业国家重大科技专项和国家级战略联盟、省级战略联盟的牵头企业，鼓励企业开展创新活动
高层次人才引进和培养试点	《关于在东湖高新区建设人才特区的若干意见》	对高级人才按其上一年度所缴工薪个人所得税省、市、区三级地方留成部分100%的标准予以奖励，鼓励各类高级人才在示范区创业和工作

（一）中关村的借鉴经验

中关村作为首个国家自主创新示范区，发展较为成熟，因此可借鉴性高。中关村通过聚集科技金融服务资源、深化科技金融创新试点、构建技术和资本高效对接的机制，成为创新资本聚集中心、要素市场中心、互联网金融创新中心，它强化金融对建设具有全球影响力的科技创新中心的支撑作用，促进了科技创新和金融创新的紧密结合。

1. 加快业态调整，拓宽承载空间

加快中关村西区业态调整，对重点楼宇进行业态调整，并由海淀区政府给予一定的资金补贴，吸引各类创新性金融机构和科技中介机构入驻。拓展中关村承载空间，研究推进将中央财经大学等高校的部分用地纳入中关村科学城整体规划，支持中关村玉渊潭科技商务区安排一定的空间，重点吸引集团公司的金融总部入驻，形成协同效应。

2. 鼓励机构聚集，形成资源聚集效应

加大资源整合力度，力争聚集一批优质的银行、投资、证券、保险、融资租赁等金融机构的总部和互联网金融领域的行业领军企业以及会计师、律师、资产评估、知识产权代理等各类科技中介服务机构。实施对入驻金融机构的房租补贴政策，加强对入驻金融机构的综合服务，形成资源聚集效应。

3. 深化科技金融创新，激发金融机构市场活力

加强信用体系建设，建立科技企业信用信息数据库和企业信用评价体系。规范发展互联网金融，打造中国互联网金融创新中心。巩固股权投资发展优势，打造创新资本中心。鼓励金融服务机构开展金融产品和服务创新。推进知识产权与技术交易市场建设，完善知识产权投融资体系。

4. 加强公共服务，完善组织保障

建立融资信息发布机制，完善企业和金融机构的沟通机制，提升中关村企业融资能力和金融机构的服务能力。发挥行业协会作用，鼓励行业自律。健全完善科技金融创新人才吸引、培养、使用、流动和激励机制，引进培养科技金融创新人才。加强宣传引导，提升品牌效应。

（二）天津的借鉴经验

天津作为第六个国家自主创新示范区，逐步形成了“一区十二园的格局”，充分发挥其地理位置优势，吸引人才。

1. 在界定服务对象的方面，明确企业是技术创新的主体。天津市首先设立标准界定科技型创新企业和“科技小巨人”，在此基础上，通过构建新技术（互联网）、新力量（第三方）、新事物（市级高企）、新平台（综合服务）、新制度（透明化）的高企认定“五新”生态链，着力打造高科技企业、科技型中小企业、科技小巨人共生共荣生态圈。

2. 在建设人才支撑体系方面，天津市制定优惠政策，完善创业环境，提供创业平台，支持和帮助海内外人才来津创办企业。鼓励高校教师携带科研成果创

办科技型中小企业，加速科技成果转化和产业化。鼓励大专院校、科研院所与企业合作，组建科技型中小企业，为企业输入高智力人才和技术研发成果。

3. 在解决创新企业融资约束方面，天津市着重围绕企业生命周期，构建“创业苗圃—孵化器—加速器”三位一体的全链条孵化服务体系。更加注重创新企业的初创期、成长期和发展期。降低创新创业门槛，放宽企业注册资本登记条件，高校毕业生创办企业首次出资额允许为零。统筹发挥社会资本、政府引导基金、财政资金等多元资本的力量，完善天使投资、风险投资、股权投资等全链条科技金融服务。支持小额贷款公司发展，大力发展融资租赁、股权质押融资，加快建设中小企业信用体系试验区。建立多层次资本市场体系，为创新创业企业提供多方位融资渠道。

（三）武汉东湖的借鉴经验

武汉东湖国家自主创新示范区根据自身区域性行业特色，在着力打造“光谷”示范区的基础上，全力支持科技型企业的发展。具体而言，东湖示范区试图在以下三个发展方向上建立完善的科技金融体系。

1. 多元化的科技金融体系

完善的科技金融体系应该是一个多元化的体系。在这个体系中，既有大型商业银行，也有中小型商业银行，还有小额贷款公司等贷款机构；既有大型的产业投资基金，也有各类风险投资基金，还有小型的私募投资计划、信托投资计划；既有全国性的资本市场，也有区域性的资本市场，如场外股权交易市场、地方性的产权市场等，还有知识产权市场、技术交易市场等要素市场；还要有为企业融资服务的各类中介机构。这些机构、市场、中介等要素构成各层次的结点，形成一个立体的科技金融体系。

2. 网络化的科技金融体系

科技金融体系中的各个结点不是独立存在的，节点间的有机联系便构成科技金融的运行机制。科技企业的收益高、发展前景好，但同时也具备风险大、抵质押品较少的特点，科技金融体系中单个结点对科技企业进行融资支持的难度较大，而运行机制中多个结点相互合作，发挥各自的优势，则有利于各个结点分担风险、获取利益，更重要的是有利于科技金融体系形成网状结构，更加稳定地支撑优质科技企业的成长。

3. 专业化的科技金融体系

由于科技企业的特殊性，科技企业融资也具有较强的专业性。完善的科技金融体系应该包括专业化的科技金融服务机构、专业化的科技金融产品，还包含专业化的科技金融运转流程及为科技企业融资服务的中介机构。总之，科技金融体系将结合科技企业的特点，越来越走向专业化。

四、示范区科技金融体系建设的政策框架

示范区科技金融体系的形成不可能一蹴而就，它需要有效的市场运行机制作为基础，而有效的市场运行机制的建立需要各金融市场主体的积极努力，还需要政府、金融机构和相关部门的大力协调配合。中关村、天津和武汉等示范区的发展措施对山东示范区的建设有借鉴意义，但是山东示范区更要结合自身的实际，推陈出新，发挥科技金融的支持和引领作用，以本区的特色产业为带动点，全面提升示范区的创新示范和带动效应，实现以点带面，加快山东产业升级和产业结构调整。示范区科技金融体系的建设需要政策先行、市场推动、创新主体积极参与，因此，明确科技金融体系的政策框架（图3）是当前的重要任务。

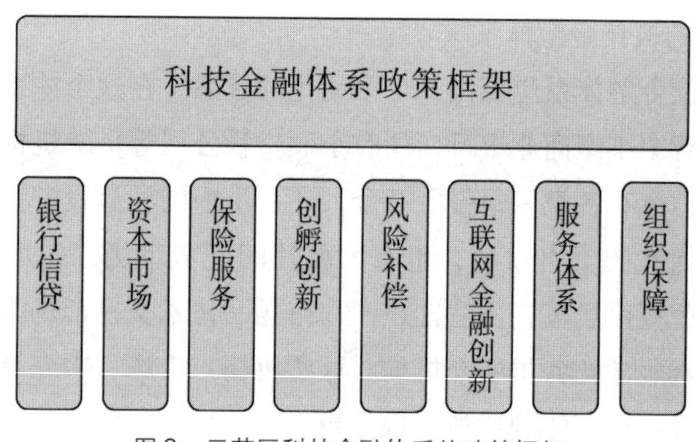

图3　示范区科技金融体系的政策框架

（一）推动信贷服务与产品创新，发挥银行信贷的作用

要鼓励现有机构进一步拓展科技融资功能，加强对商业银行设立的科技金融专营机构的改造和重建。创新科技金融信贷产品和服务模式，鼓励发展中小企业集合信贷，积极提供适合科技企业的外汇服务。要加快发展创新型科技融资机构，引导和促进民间资本参与高新区内小额贷款公司的设立，制定相关政策对大力支持科技型中小企业的小额贷款公司给予奖励。

（二）重视区域资本市场，高效利用多层次资本市场

要鼓励企业利用多层次资本市场融资。政府和相关部门要鼓励有条件的科

技企业改制，为企业改制、上市培训和上市提供全方位的综合配套服务，加快培育科技企业上市资源。重点推动科技企业在新三板挂牌，在创业板上市，建立推动企业挂牌、上市的政策支持体系。要鼓励企业在企业债券市场和银行间市场融资。积极鼓励企业开展并购重组，发挥产权交易市场的平台作用，促进上市公司与非上市公司、非上市公司之间的并购重组。

（三）增强保险服务科技创新的功能

要将保险服务拓展到示范区科技企业成长的各个阶段，在企业自主创业、融资、并购以及战略性新型产业供应链等方面提供保险支持，不断扩大科技保险覆盖面。建立保险公司、科研机构、中介机构和科技企业共同参与的科技保险产品创新机制。加大保险和信贷结合的产品创新，试行专利权保险、著作权保险、应收账款信用保险、融资信用保险等新的保险品种，实现保贷联动、以保险促信用、以信用促融资功能。

（四）加大创孵的支持力度

要加大扶持力度，推动创业孵化基地发展。孵化基地建设应遵循“政府引导、市场运作、统筹规划、示范引领”的基本原则，加强部门间协调配合，统筹资源，共同推进。

（五）加强科技金融风险补偿

要建立完善科技金融风险补偿机制，增强科技金融的信用基础。通过制定《山东省科技成果转化风险补偿资金管理办法》，鼓励引导银行加大对科技型中小微企业放贷力度。通过设立省级科技融资租赁补偿资金，制定《山东省科技融资租赁补偿资金管理办法》《山东省科技保险补偿资金管理办法》进一步完善科技风险补偿机制。

（六）重视互联网金融创新

要鼓励和引导相关金融机构依托互联网技术，进行互联网与金融深度融合与创新，实现传统金融业务与服务的转型升级，发挥互联网金融在科技创新中的支持作用。鼓励核准的股权众筹融资机构搭建互联网平台开展公开小额股权融资业务，支持各类股权融资模式创新和业务范围拓展，鼓励科技企业利用股权众筹融资机构的互联网平台公开募集股本，拓宽科技企业融资渠道。

（七）完善科技金融服务体系

要构建一站式“山东科技金融综合服务平台”，汇聚财政资助、政府服务、金融服务、股权托管交易服务、中介服务以及行业协会服务，推进资源间无缝对接。联合深圳证券交易所在山东半岛布局建设特色路演中心。培育科技金融中介服务体系。

（八）构建组织保障体系

政府及其相关部门，要通过建立联席会议、开展定期和非定期联谊和合作活动等形式，联合银行、证券、保险、信托、租赁、各类股权投资、担保等融资服务机构，营造相互合作机制，加强信息共享和实质性合作。要建立科技金融工作协调机制，组建山东省科技金融联盟，集聚科技金融领域各种创新要素，探索科技资源、金融资源、中介服务资源对接的新机制，促进科技金融资源的有效对接。要完善人才保障体系，培育高水平的科技金融人才。

（齐鲁工业大学金融学院、山东省科技金融研究中心徐如志、郭强、张晓）

加快黄河三角洲高效生态经济区建设政策研究*

（2016 年 10 月 25 日）

内容摘要： 本课题的主要任务是跟踪研究黄河三角洲高效生态建设政策。近期，课题组在实地调研的基础上，通过召开座谈会研讨等方式，对已出台的黄河三角洲高效生态经济区建设政策落实情况进行了梳理，并提出了相关建议。

一、各级各有关部门狠抓政策落实，有力促进了黄河三角洲高效生态经济区发展

省委、省政府高度重视《黄河三角洲高效生态经济区发展规划》（以下简称《规划》）的实施，各级各有关部门认真贯彻落实国家《规划》和省里确定的重大政策，黄河三角洲高效生态经济区建设取得可喜成绩，基本完成阶段性发展目标。2015 年，实现地区生产总值 8741.2 亿元，比规划基期 2009 年增长 74.3%，年均增长 10.5%；固定资产投资完成 6873.8 亿元，是 2009 年的 1.5 倍，年均增长 13.1%；实现公共财政预算收入 671.2 亿元，是 2009 年的 1.9 倍，年均增长 14.1%；规模以上工业实现主营业务收入 28120.5 亿元，是 2009 年的 1.6 倍，年均增长 13.2%；实现进出口总值 300.3 亿美元，是 2009 年的 1.7 倍，年均增长 13.5%；地区人均财力达到 22.3 万元，比 2009 年提高了 1.5 倍。核心保护区面积、城市污水集中处理率、总供水能力、农业灌溉水有效利用系数、城镇居民人均可支配收入、农民人均纯收入、林木覆盖率、城镇化水平、万元工业增加值用水量等 9 项指标，已完成并超过《规划》中的

* 本文为山东省软科学项目（项目编号：2014RBB390001）的研究成果。

2015 年目标。这其中，下列落实较好的政策发挥了重要作用，建议进一步加大力度。

（一）专项资金扶持政策

自 2011 年开始，国家和省财政每年安排专项资金，支持黄河三角洲高效经济开发区规划范围内的公共基础设施、重大科技创新平台及科技示范推广项目，以及具有引领带动作用的重点产业项目。据对潍坊市的调研，到 2015 年底，共有 56 个项目获得省专项资金 5.22 亿元，有效破解了企业融资难题，降低了企业融资成本，发挥了专项资金的杠杆效应，引导了社会资金投入，推进了重点项目建设。特别是提高了生态环保和节能减排领域项目的综合效益这一点，对促进社会资本投向公益性生态环保和节能减排领域产生了明显的导向作用，带来了较好的经济社会效益和生态环境效益。

（二）未利用地开发政策

1. 开展未利用地开发管理改革试点。2011 年，国土资源部与省政府签订“部省合作协议”，协议明确“国土资源部同意东营市和滨州市开展未利用地开发管理改革探索”。2012 年 8 月，东营市被列为低丘、缓坡、荒滩等未利用地开发利用试点市，试点批复东营市实施规模 4.5 万亩。目前，试点区域内共安排用地 11805 亩，并优先安排生物、医药、新材料、新能源等项目，在促进全市经济社会发展的同时，拓展了建设用地空间。

2. 实行土地利用计划差别化管理。按照计划指标差别化管理的原则，新增建设用地计划优先用于保障民生、市县重点项目及新兴产业项目用地，严禁投向近期政策明令禁止的项目，对使用未利用地建设的项目给予重点计划支持，保障了一大批省市重点建设项目用地需求。据对东营市的调研，自规划批复以来，共安排使用新增建设用地计划 21.4 万亩，其中未利用地 12 万亩，保障占用未利用地建设的项目用地需求。潍坊市已启动未利用地开发项目 26 个，总投资 17.7 亿元，开发面积 7 万亩，其中已完成项目 24 个，新增建设用地 1.5 万亩，新增农业用地 1 万亩。

3. 有计划地对荒碱地进行开发治理及改造中低产田。本着“先易后难、分期分批、稳步推进、高效开发”的原则，积极推进宜农未利用地的综合开发利用。据对东营市的调研，全市实施未利用地开发项目 9 个，总规模 19.75 万亩，设计新增耕地 8.04 万亩，预算投资 11 亿元；新筛选项目 10 个，面积 27.5 万亩，预计投资 26.8 亿元，预计新增耕地 10.3 万亩。

4. 新增耕地在保证规划确定的耕地保有量和基本农田保护面积不减少的前提下，在省域内用于占补平衡。到 2015 年，东营市与烟台、青岛（黄岛、胶州）等市异地交易耕地占补平衡指标 5.65 万亩，交易额 21.98 亿元，为全省占补平衡做出了贡献。

（三）产业驱动创新政策

1. 在东营设立国家石油装备工程技术研发中心。这是东营市首家国家级工程技术研究中心。目前，该中心已实施高端井下工具、高端抽油杆、新型高效抽油机等 3 个技术合作项目，以及多个技术研发及产业化项目；各项建设成效显著，已被授权专利 26 项，其中发明专利 1 项；新获得国家或行业标准的制定修订计划 4 项；获得省机械工业科技进步奖一等奖 2 项；成功参与国际标准化组织，实现了东营市参与国际标准工作组零的突破。

2. 支持在黄河三角洲地区设立地方性银行，条件成熟后适时上市。2011 年 11 月，东营市商业银行获批，更名为“东营银行”。2011 年至 2013 年，东营银行先后 4 次增资扩股，注册资本由成立初期的 56280.616 万元，增加至 178379.99 万元，资本实力进一步增强。目前，东营银行设立市外分行 4 家，营业网点共计 52 个，拟于 2017 年在证券市场挂牌。

3. 支持符合条件的企业上市和发行债券。东营市加快企业上市步伐，出台了加快企业利用资本市场加快发展的工作方案，建立了上市后备资源库，入库企业达到 120 家，形成了“上市一批、培育一批、储备一批”的良好格局，上市工作取得显著成效。自 2000 年华泰股份上市以来，东营市境内上市企业达到 5 家、境外上市企业达到 3 家，新三板挂牌公司总数达到 5 家。东营市还出台了系列政策文件，积极引导企业利用银行间市场进行融资，提高直接融资所占比重。2014 年共有 10 家企业在银行间市场通过发行票据融资 134.4 亿元；2015 年上半年全市共有 6 家企业在银行间市场融资 70 亿元。

4. 支持在流转土地使用权、林权和海域使用权抵押融资方面先行先试。东营市制定了《农村土地承包经营权抵押贷款管理办法》。恒丰银行东营分行率先在全省做成第一笔知识产权质押贷款 800 万元；开展了以企业养殖奶牛作为质押物，申请流动资金贷款；开展了林权抵押贷款，实现林业增效与农民增收。到去年底，全市各类新型抵质押类贷款总额超过 10 亿元，受益中小企业 50 余家，抵质押融资试点工作走在了全省前列。

5. 加快建设中国石油大学国家大学科技园及其生态谷。“生态谷”项目区已完成基建投资5.8亿元，建成面积17.94万平方米，在建面积2.3万平方米。现已入驻研发机构、科技企业220家，入驻机构年上缴税收2000余万元。大学科技园还建立了博士后科研工作站、院士工作站、泰山学者岗、黄河三角洲学者岗和海外人才创新创业基地，吸引高端人才27名、海外创新团队9支；还建设了众创空间和创业苗圃，吸引注册初创企业和创业团队102家，并引进了济南政和生产力促进中心、博士科技、东营科技创业中心等服务机构。大学科技园先后被命名为全国知识产权试点园区、全国产学研合作创新示范基地，被科技部、教育部确定为国家大学科技园服务创新示范单位，连续3年通过财政部、国家税务总局税收减免政策审核。

（四）生态建设政策

1. 支持国家自然保护区建设。《规划》将核心保护区定义为自然保护区、水湿地保护区和海岸线自然保护地带。东营市对自然保护区进行了三期总体规划编制并获国家林业局批准实施，实施了自然保护区检查站点、鸟类救护中心等生态建设配套工程，建设防火隔离带200余公里，实施了自然保护区湿地恢复、鸟类栖息地保护和黄河清八临时防护等重大保护工程项目，组织实施了东方白鹳等珍稀濒危鸟类繁殖地保护工程，开展了湿地恢复和生态补水工程。滨州市根据保护区的实际情况和《规划》中“要结合主题功能区规划编制，调整核定保护区面积”的要求，经国务院批准，将滨州贝壳堤岛与湿地国家级自然保护区面积由120.7万亩调整为65.3万亩，缩减45.9%。

2. 开展泥质海岸防护林封育试点。2009年以来，东营市多次结合中央预算内沿海防护林投资计划实施了泥质海岸防护林封育试点工程，累计完成沿海防护林工程封育任务8万多亩，积极探索了在环渤海泥质海岸区域通过实施封育完成沿海防护林基干林带闭合的经验。在适宜实施基干林带工程的地段通过工程构筑台田的方式实施基干林带建设，垦利县沿拦海大堤建设了9公里长的沿海防护林基干林带，该基干林带的建设模式得到了省林业厅和国家林业局领导的充分肯定，为环渤海地区泥质海岸的防护林建设积累了丰富的经验。

（五）产业园区建设方面

1. 依托东营临港产业区，根据实际业务需要设立保税仓库、出口监管仓库，为设立综合保税区创造条件。2015年5月6日，国务院批复设立东营综合保税区，规划面积3.1平方公里，根据规划将分两期实施。一期规划范围为海滨路以西、东港高速以东、海港路以北、港北一路以南，面积1.67平方公里，主要建设东营综合保税区国际商品展示交易中心、东营综合保税区保税仓库项目、东营综合保税区一期公共服务区及配套项目等。目前，项目区填土已基本完成，正在做施工准备。

2. 支持黄河口生态旅游区、黄河水城、孙子文化旅游区建设，逐步建成国家级旅游区。目前，黄河口生态旅游区创建5A级景区的申报工作已启动，东营市编制了《东营市重点旅游区国家5A级旅游景区创建方案》，实施了黄河口生态旅游区景区提升工程，完成了景区游客中心功能配套设计，进行了智慧景区建设。孙子文化旅游区已着手国家5A级旅游景区的创建工作，孙子文化园一期工程已建成开业，二期正在加快建设，力争2015年底正式营业，实现了旅游区管理标准化；2014年该旅游区还成功引入欢乐海洋游乐场项目，2015年6月已正式开园。黄河水城重点项目揽翠湖温泉度假区按照国家5A级旅游景区标准进行规划建设，今年申报国家4A级景区，温泉中心项目主体已完工。

3. 支持有条件的省级开发区升级为国家级开发区。目前东营市已建成省级以上经济开发区8家，其中东营经济技术开发区2010年3月升级为国家级经济技术开发区，全区规划面积417平方公里。东营市还积极推动广饶经济开发区升级为国家级经济技术开发区，2013年9月已向省政府报送了《关于将广饶经济开发区升级为国家级经济技术开发区的请示》，待国务院重新启动开发区升级工作之后，东营市将积极加强与省有关部门联系，力争推动升级成功。

4. 鼓励开发区创建国家生态工业示范园区。目前，东营经济技术开发区各项指标均已达到《综合类生态工业园区标准》和《东营经济技术开发区国家生态工业示范园区建设规划》的阶段目标，基本建立起政府引导、企业主导、群众参与、国内外先进技术支撑的生态园区建设保障体系，全方位、开放式的生态工业园区格局已经基本形成，已顺利通过了山东省生态工业园区建设领导小组组织开展的技术核查工作。

二、值得关注和解决的是，一些政策落实缓慢甚至不到位，有的需要进行调整和加强

一分部署，九分落实。如果不沉下心来抓落实，再好的目标，再好的蓝图，也只是镜中花、水中月。黄河三角洲高效生态经济区政策在总体上落实不

错，效果明显，但也存在一些不容忽视的问题需要解决。建议进一步协调国家、省有关部门对《规划》确定的政策措施进行细化，加大落实《规划》确定重大政策事项的推进协调力度。

1. 部分重大事项未取得突破性进展。港口、铁路、高速等重大基础设施正在建设之中，承载力依然不足。现代化立体交通体系有待完善，机场和港口建设配套能力不够强，内联外接的高速公路网络需要进一步健全。沿海防潮堤未完全闭合，部分建成段标准低，防潮能力较弱。生态建设和环境保护力度需进一步加大。

2. 在试点推进未利用地开发管理中，缺乏国家、省相关政策和配套制度的支持，未利用地开展建设用地推进不够理想。

3. 探索建立海洋生态补偿机制试点还未取得实质性进展。在争取国家海洋战略性新兴产业发展、新能源产业财税优惠政策方面进展不明显。建设国家耐盐植物和湿地研究中心，要求条件高，程序严格，向上争取困难较大。

4. 需要适度增加黄河口生态用水指标。省黄河河务局在2008年已向黄河水利委员会报送了《关于东营市人民政府要求解决河口生态用水有关问题的请示》，但一直没有得到明确回复，因此工作开展可能性较小。

5. 建立排污权有偿使用制度和排污权交易市场意义不大。从国内形势和已建立排污权交易市场的地区运行情况来看，交易市场几乎没有交易，该政策可以调整。

6. 各市不宜再单设碳排放交易所。东营市在2013年12月成立了东营国际碳排放交易所筹建工作领导小组，但交易所设立面临着很多新变化，国家发改委在2011年10月发布的《关于开展碳排放交易试点工作的通知》中已明确北京等7省市为碳排放交易试点地区，山东不在试点范围。2014年省政府批准设立的山东省能源环境交易中心已开业运营，省发改委、省环保厅已同意在省能源环境交易中心进行碳排放交易。因此，山东省各市不宜再单设碳排放交易所。

三、进一步加快黄河三角洲高效生态经济区建设的政策建议

（一）加大对区域内重大基础设施建设的政策支持，提高承载力

一是将环渤海高等级公路升级为高速公路，该路靠近沿海，可结合防潮堤建设加快推进。该高速公路建成后可将黄三角区域内的四个港口和临港产业区

连为一体，并能连通天津滨海新区、辽宁沿海经济带和山东半岛蓝色经济区。二是加快建设环渤海高速铁路，破解黄河三角洲和环渤海地区融合发展的交通制约瓶颈。三是加大东营港建设支持力度，扩大港口吞吐能力，打造东北亚重要的国际物流港。同时，支持广利港实施防波堤、航道和疏港道路工程；支持将潍坊港扩建、城海轻轨、潍日高速、潍坊机场推进、疏港铁路、济青高铁潍坊枢纽站等重大基础设施项目列入国家或省重点项目；加大对滨州港、疏港铁路、防潮堤等重大基础设施在立项、用地、资金等方面的支持力度。

（二）强化对黄河三角洲高效生态经济区的产业政策支持，布局重大产业基地

一是布局国家级石化盐化一体化生态化工基地。支持建设国家商业石油储备基地，加大环境容量支持力度。二是布局国家级石油装备产业基地。支持东营石油装备制造企业做强做大，打造国际知名的石油装备产业基地。三是优先考虑在黄河三角洲高效生态经济区布局建设战略性新兴产业重大项目，培育一批新的经济增长点。四是研究制定支持黄河三角洲高效生态经济区、临港产业区承接省内产业转移的政策。临港产业区是黄河三角洲高效生态经济区乃至全省新的发展增长空间，省里在谋划全省大的产业布局时，可给予更多关注支持，将其纳入全省总体布局。

（三）加快未利用地开发管理政策探索，创新未利用地开发政策

对全国第二次土地普查中被划入耕地及其他农用地的未利用地和不稳定耕地，争取在国家每年一度的土地变更调差中调整出来，以增加更多未利用地资源。滨州北海经济开发区目前用地规模为 5122 亩，远不能满足借滨州港通航机会大力发展临港经济的需要，建议省里适当增加该区建设用地规模，并在新增年度建设用地计划指标上给予倾斜。要用足用好黄河三角洲农业高新技术产业示范区政策，在相关政策创新方面先行先试，探索土地经营管理新机制。

（四）研究制定科学用海、规范用海、高效用海政策

海域使用证的认可度比较低，目前，规划、建设等部门都以土地证作为审批、确权的依据。建议研究出台海域使用证换土地使用证的规范程序，对黄河三角洲高效生态经济区纳入国家重点建设的项目由国家直接安排用地计划。滨州市试行了“海域直通车制度”，两年多来，审批项目 20 多个，帮助企业抵押贷款 10 多亿元，但仍存在很多局限。潍坊市滨海区根据国家海洋部门批复和支持未利用地开发建设政策，吹填形成了 25 平方公里的建设用地，因土地

利用总体规划新增指标空间严重不足，无法将填海造地形成的陆地纳入土地利用总体规划，海域使用权证无法换发土地使用权证，影响了政策落实效果。建议对这些经国家海洋部门批复的填海造地项目所形成的建设用海，暂时未纳入土地利用总体规划的，不受新增土地指标限制，视为符合土地利用总体规划，可直接作为建设用地管理使用。

（五）参照支持青岛西海岸新区的政策，对黄三角区域内的滨海新区发展给予支持

建议将区域内的国家级开发区视同独立的县级区域管理，建立项目、资金、政策连通渠道。支持区域内具备条件的经济区升级为省级经济开发区。支持潍坊北部沿海及周边区域规划设立“莱州湾南岸经济新区”，争取升级为国家经济新区，与未来潍坊作为交通枢纽的地位相呼应、相匹配。支持潍坊滨海新区利用国家职业教育创新发展实验区政策优势，加快推进海洋科技大学园建设，开展职业教育综合改革试点，打造海洋应用型人才培养基地。

（“加快黄河三角洲高效生态经济区建设政策研究”课题组）

国外特色小镇建设经验及对我省的启示*

（2017年8月2日）

内容摘要：特色小镇建设是国际国内新型城镇化特别是小城镇建设发展的必然趋势，对推进区域发展转型升级和新旧动能转换意义重大。本文着重对国外特色小镇建设的经验做法进行了总结和梳理，并且针对我省特色小镇建设存在的问题提出了启示性的意见和建议。

特色小镇建设是国际国内新型城镇化特别是小城镇建设发展的必然趋势，也是通过融产业、文化、生态、旅游和社区功能等于一体实现区域转型升级和新旧动能转换的现实途径。我国高度重视特色小镇建设，2015年底，习近平总书记曾经在中央财办《浙江特色小镇调研报告》上作了重要批示，对特色小镇建设给予了充分肯定。2016年7月，国家发展改革委、住建部、财政部公布的《关于开展特色小镇培育工作的通知》明确提出："到2020年，我国将培育1000个左右各具特色、富有活力的休闲旅游、商贸物流、现代制造、教育科技、传统文化、美丽宜居等特色小镇。"目前，国家级特色小镇已先后公布两批，总数已达403个。作为小城镇建设走在全国前列的我省，也十分重视特色小镇的发展，特色小镇建设如火如荼，呈现出良好的发展趋势。目前，我省已拥有国家级特色小镇22个，省级特色小镇60个，其中国家级特色小镇数量名列全国前茅。但是，特色小镇建设对于我国我省来讲还是一个新事物，如何推进其健康协调发展是当前特色小镇面临的需要大力实践探索的重要课题。为此，系统考察梳理国外特色小镇建设的发展情况，充分学习借鉴其经验做法，对于我省具有重要的启示意义。

---

* 本文为山东省软科学项目（编号：2016RZB35005）的阶段性研究成果。

一、国外特色小镇建设的基本特点

国外特色小镇建设历史悠久，据有关统计，目前全世界大约有50万个不同类型的小镇，其中发达国家特色小镇占到60%左右，包括一批闻名世界的特色小镇，诸如基金小镇、香水小镇、冲浪小镇、会议小镇、旅游小镇等，这些小镇突出形成了七个方面的鲜明特色：

（一）地标特色：具备独特的精神地标与文化地标

欧美国家的特色小镇几乎都有一个重要的精神和文化地标——教堂，它是体现小镇信仰和精神高度的地方，具有地域性文化标志，往往传承着数百年的历史和大量特别的故事。教堂的尖楼、钟声、活动、传说、设计与维护，既是日常教化民众的重要手段，又是重要文化遗产和精神凝聚点。而教堂附近的广场、市政厅，也常常是社区最重要的议事场所、交流场所、庆典和仪式场所。从历史功能上说，不少小镇还拥有精美坚固、历史悠久、充满传奇色彩并作为政治和军事生活象征的城堡，如法国卢瓦尔河谷的各种城堡小镇等。再如瑞士的达沃斯小镇，小镇的重要文化地标是各式各样的特色博物馆，有基尔西纳美术馆、偶和玩具博物馆、冬季体育运动博物馆及有地方记忆的乡土博物馆等。

（二）产业特色：产业体系主题明显

特色小镇的“特”主要体现在产业特色上，产业链拓展和小镇功能都围绕主题产业发展，小镇从业者大部分与主题产业相关，产业逐步从传统制造业向现代制造业及文化旅游业延伸，实现三大产业间的联动。例如法国格拉斯香水小镇，众多花场每年可采集鲜花700万公斤之多，形成花草种植业；小镇30多间香水工厂处理未经加工的花草原料，形成香水生产业，成为法国香水第一产地，产量占全世界香水出口量的38%，风靡世界的香奈儿5号香水就诞生于此；响应旅游发展热潮，格拉斯还建设了国际香水博物馆、香水作坊、香水实验室，将香水制作过程、工厂历史展现给游客。除此之外，格拉斯还有弗拉戈纳尔美术馆、普罗旺斯艺术历史博物馆等，每年还要举行国际玫瑰博览会和茉莉花节，极大推动了自身旅游业的发展，构建了完善的香水产业链和富民福民的就业体系，仅香水业每年就为小镇创造6亿欧元的收入。格拉斯小镇历经多次产业转型，最终走上以绿色农业为基础（鲜花）、新型工业为主导（香水）、现代服务业为支撑（旅游）的特色香水主题产业体系发展模式。

（三）功能特色：功能构成具有综合性

国外特色小镇的功能综合性强，不仅有企业生产办公功能，还有社区生活、旅游休憩等功能，融合了产业、文化、旅游和社区四大功能，且四大功能紧密围绕小镇的特色产业定位、聚合、发展。例如，美国的好时小镇从事糖果制造已有100多年历史，它从一家巧克力工厂开始，最终发展成为美国著名的巧克力主题旅游城市。小镇核心是3家现代化的巧克力工厂，同时配有好时银行、好时饭店、百货公司、俱乐部、教堂和学校等完善的社区功能。小镇旅游、文化功能也相当完善，拥有演示作坊、巧克力世界博物馆及好时乐园等现代化游乐设施。

（四）空间特色：地域风貌具有强烈的可识别性

特色小镇风貌往往是小镇产业特色的空间映射，其空间风貌具有强烈的可识别性。如英国的海伊旧书小镇是世界上第一个书镇，被称为“天下旧书之都”。这个仅有1300多人的小镇有39家旧书店，平均每34人就开一家；书店的书架排起来长达17公里，迄今为止陈列了100多万册图书，既有大量绝版的珍贵资料与图片，也可以找到较新的书籍。遍布小镇的各种类型的书店、图书馆、图书集市及随处可见的读书场景是小镇给人的空间意象，每家书店各有特色，不论是建筑风貌还是门面装饰和内部陈设均风格独特。有些书店依山而建，书架就镶嵌在山石上；有些书店更将墙壁都改装成书架，形成独特景致；也有户外书店，只设置收钱箱，读者自助取书。

（五）景观特色：田园风光与历史文脉交相呼应

走进国外特色小镇，就如同进入绿色公园，从公共用地到居民私宅，处处植树造林、栽花种草，甚至连住宅阳台都布满鲜花，森林和花园面积能占到小镇总面积的1/3。尤其是德国的特色小镇，远观犹如欣赏一幅巨大的油画：天空澄蓝，大地碧绿；森林环抱，芳草如茵；公共服务，设施齐全；方便静谧，适宜人居。德国还是人文主义思想发源地，这给小镇留下了浓厚的历史氛围。游览德国的特色小镇，包括村落、城镇、房舍、教堂、城堡、宫殿、桥梁，甚至道路和港口等，犹如参观富有历史特色的建筑博物馆，全国分布着尘封已久的古建筑2万多座，浓荫密布的传统园林亦是常见。特色小镇建设既融入现代元素，过上城镇生活；又不忘过去，让历史文明脉络贯通，颇有人文气息。英国曾颁布《历史建筑和古老纪念物保护法》等法律，按照规定，历史达到50年以上的建筑，一般不允许拆除，至今列入官方保护名单的建筑有7.5万个。

（六）经营特色：经营运作以国际市场为目标

国外特色小镇多具有全球性的影响力，其产业定位往往以全球为参照系，通常代表着该行业的顶级水准。如奥地利的瓦腾斯小镇是施华洛世奇公司在全世界仅有的水晶加工厂所在地，现为施华洛世奇公司总部所在地；法国的格拉斯小镇是世界上最著名的香水原料供应地，也是世界香水爱好者的朝圣地，只有打着“Made in Grasse”字样的香水产品才被认可为结合了豪华、优雅和质量；瑞士的朗根塔尔小镇是全球纺织品企业总部所在地，在纺织品行业中也占据着全球中心的地位；瑞士的达沃斯小镇是国际知名的温泉度假、会议举办、户外运动胜地。在全球城镇化背景下，以特色小镇的方式参与全球分工是一种发展的新路径。

（七）路径特色：因地制宜的发展路径

能人返乡创业型。本地能人返乡创业是这类特色小镇的成功之处。如好时小镇创始人米尔顿·好时先生，1900 年在家乡德利郡买下一个农场，创办巧克力工厂，并于 1906 年将其命名为好时镇；如海伊旧书小镇创办人理查德·布斯先生，牛津大学毕业后回乡率先开起二手书店，在他的带领下，小镇陆续出现近 40 家旧书店，成为全球最大的二手书市场，形成了以旧书为主题的特色小镇。

家族传统延续型。这类特色小镇因家族传统工艺的传承与发扬而形成，技艺与传统的独创性，奠定了小镇在全球产业链的中心地位。如奥地利瓦腾斯水晶小镇的发展在于施华洛世奇家族，施华洛世奇企业至今仍保持着家族经营方式，并把水晶制作工艺作为商业秘密代代相传。

名人文化催生型。这种特色小镇，是历史建筑、地域文化、文化名人等各种有形、无形的文化资本催生的结果。例如法国普罗旺斯小镇，历史上不少知名作家、艺术家择居于此，有塞尚、凡·高、莫奈、毕加索、夏卡尔等大画家，也有费兹杰罗、劳伦斯、赫胥黎、尼采等文豪；有 12 世纪时的骑士爱情文化、中世纪的建筑文化，也是戛纳电影节的举办地，这些共同构成了这座“世界浪漫之都”的独特魅力。

企业总部引领型。很多世界 500 强企业总部就设在小镇上，它本身就创造了一个特色小镇。例如沃尔玛总部位于美国阿肯色州北部的小镇本顿维尔，全镇人口只有 2.5 万；美孚石油总部设在美国得克萨斯州达拉斯县的欧文小城；雀巢公司总部位于瑞士日内瓦湖东岸、人口只有 1.8 万的小镇沃韦；全球体育用品产业巨头阿迪达斯、彪马、舍弗勒的总部位于德国赫若拉赫小镇，为当地带来了1.67万个就业岗位。

新型产业契机带动型。这类小镇通过紧抓新型产业发展机遇，如科技、金融、信息等新产业，并形成特色。如美国的格林威治小镇，被誉为对冲基金的“硅谷”，华尔街传奇投资家巴顿·比格斯在对冲基金这类新经济产业发展机遇下，依托小镇得天独厚的区位优势及政府的政策红利，在此创立第一家对冲基金企业。目前，小镇集中了500多家对冲基金，其中Bridge Water一家公司就掌管了1500亿美元的规模；全球350多只管理着10亿美元以上资产的对冲基金中，近半数公司都把总部设在这里，小镇也由住宅卫星城镇转变为对冲基金产业集中地。

文旅产业发展型。欧美发达国家，最令人瞩目的就是文旅特色小镇。比如法国戛纳小镇，不仅拥有度假胜地的综合性优势，还是电影节、世界经济论坛等重要节庆和会议的永久会址，其知名度和客流量也得到大大提高。德国加米施——帕滕基兴壁画主题小镇，以壁画为主，色彩绚烂，特色突出，令全世界游客慕名而至。

二、国外特色小镇建设对我省的启示

当前，我省特色小镇在建设过程中呈现出了一些不容忽视的问题，这些问题也是全国特色小镇建设过程中普遍存在的问题：一是特色小镇建设中地标特色的缺失，单纯考虑产业特色，而忽视了特色小镇的多元化特色。二是特色小镇建设急功近利，忽视新型城镇化发展规律而拔苗助长，甚至使一些地方出现房地产化、项目化、短视化效应。三是特色小镇照抄照搬现象也普遍存在，模仿有余，特色不足，没有遵循因地制宜的本土化原则，容易导致千篇一律的、同质化的特色小镇建设。四是特色小镇建设缺乏一种国际视野，立意、定位、眼光、市场等不够高远和国际化。五是特色小镇建设中超强主题特色产业体系不够完善，产业离散，高精不足。六是特色小镇建设过程中忽视了历史文脉的传承与发扬，甚至使历史文脉的断裂与被破坏，而打造特色小镇的文化动力应是可持续发展的根源。七是特色小镇建设忽视田园风光保护，导致田园风光被破坏，而西方霍华德“田园城市”理论是特色小镇的理论源泉，特色小镇实际就是要打造一种田园综合体。针对上述问题，纵观国外特色小镇建设的经验做法，我们认为可以从中得到一些重要的启示：

（一）特色小镇建设要塑造地标特色

特色小镇不仅是一个经济概念，还是一个文化概念。借鉴国外特色小镇建设经验，我省特色小镇建设应塑造自己的地标特色，包括精神地标、文化地标、地理地标和产业地标等，而不仅仅是发展经济和产业为主的区域生产力格局。地标特色更多地体现本土化、中国式和地方性，具有唯一性、差异化等特征，是小镇的灵魂和魅力所在。小镇的地标特色除了需要有经济支撑和差异性定位概念以外，更需要体现本土文化基因、能为本地生活与生产持续注入活力的“有根的”地方文化，使特色小镇真正成为“富民”“福民”“养心”“续命”的特色区域发展极。

（二）特色小镇建设要遵循城镇化规律

特色小镇是社会发展到一定历史阶段的一种区域空间与要素集聚的发展模式，很多小镇都是经过百十年甚至几百年积累、演变的自然发展历程，才慢慢成长为特色小镇的。特色小镇并不是一个短期推动的建设项目，它遵循了城镇化发展的内在规律，其成长需要历史文化基因、区位条件、产业基础、创业创新土壤、人才机制、政策导向等要素。比如瓦滕斯水晶小镇起源于 1895 年，随着施华洛世奇家族的成长而成长，历经百年历史才成长为成熟的特色小镇。因此，我们在对特色小镇充满期待的同时，更要充满耐心，用培育新生命的心态建设一批真正激发基层发展动力、具有可持续发展活力的特色小镇。在政府政策对特色小镇建设具有周期性影响的情况下，特色小镇建设更要注意产业升级、文化培育、旅游发展引发的长期要求，避免产生新的“形象工程”和“跟风运动”等短期效应现象。

（三）特色小镇建设要因地制宜

借鉴国外特色小镇建设经验，我省特色小镇建设应遵循因地制宜的原则。各个小镇资源禀赋、历史传统各异，在建设过程中应突出地域特色、产业特色、传统手艺、名人文化等，强调不可复制的唯一性价值。特色小镇建设还要因地制宜地选择能人返乡创业、家族传统延续、企业总部引领、名人文化催生、新型产业契机等不同的发展路径，要遵循特色小镇生长发育的特殊历程，不能照抄照搬其他地区特色小镇的发展运营路径，避免造成同质化现象。特色小镇建设需根据地方条件，打造基于我省特色的地域经济结构空间，创造全新的与我省经济社会发展相结合的“山东特色小镇”。正如习近平总书记所倡导的“吃透精神不照搬，因地制宜出特色”，我省的特色小镇建设也应谨记这一宗旨，切不可照葫芦画瓢地简单模仿。

（四）特色小镇建设应具有国际视野

我省特色小镇的打造，尤其是特色产业小镇的打造，要高起点定位，不仅要立足国内，更要放眼全球，越是本土化的特色小镇，越具有世界性。国外特色小镇的建设，一个重要特征是产业定位和影响力往往是立足本国、面向世界的，如国外的香水小镇、达沃斯会议小镇、企业总部基地小镇等。因此，我们也应对我省特色小镇的产业进行国内产业体系、国际产业体系的定位研究，寻找差异化定位空间，创造唯一性价值，使其在全省产业链、全国产业链甚至全球产业链中占有一席之地。

（五）特色小镇建设要打造超强主题特色产业体系

我省特色小镇建设要特别重视研究地域传统工艺、传统文化、优势产业、产业培育和市场前景，构建差异化、精准化、完整的超强主题特色产业体系。特色小镇的核心灵魂是产业，不是旅游，更不是地产。如法国格拉斯香水小镇，小镇从业者大部分与香水产业相关，香水特色主导产业将鲜花种植、鲜花运输、鲜花加工、香水生产、香水销售、旅游服务等产业有机融合，形成三产联动、主题鲜明的特色产业体系。因此，我省特色小镇建设的主流方向应是复合型产业小镇，可集中布局新一代信息技术、海洋新兴产业、新材料、生物医药、新能源和节能环保等山东“十三五”规划中确定的战略性新兴产业中的一个主题产业，或者一个产业中的某一行业，而不是搞同质竞争。特色小镇产业发展一定要占领产业链的高端环节，不能简单定位为仅给中心城市做配套和承接中心城区淘汰的落后产能。

（六）特色小镇建设要注重历史文脉传承与田园风光保护

我省特色小镇的打造本质上是创造可持续的“文化动力因素”，历史文化、建筑风格、特色产业、特色产品、风土人情等都可以成为特色小镇成长的“文化动力因素”。特色小镇建设要珍惜尊重本地居民的历史记忆，用心提炼本地特色并加以保护、挖掘、传承、创新和设计。如奥地利瓦滕斯水晶特色小镇的发展就充分尊重了历史传统，施华洛世奇家族把水晶制作工艺作为商业秘密代代相传，体现了传统文化和现代工艺的完美结合；美国的水码头小镇，其历史可以追溯到1753年华盛顿在此的一系列活动。另外，特色小镇打造还要注重守护农业的自然环境和乡村的田园风光，这是特色小镇保持绿色生命力之源泉。

（七）特色小镇建设要进行全功能打造

我省特色小镇建设要充分策划设计小镇的全功能打造，不仅创造产业高效集聚发展，也创造充分的就业和创业空间；在为社会创造财富的同时，也为地方建立“福民富民”的内在经济文化基因；在打造地域生产力核心的同时，也全力打造十分钟便民服务生活圈和环境优美的生态新区，完善生活配套，提升环境品质。要真正将特色小镇打造成“生产、生活、生态”融合、“宜居、宜游、宜业、宜商”一体的综合区域。

（山东省委党校管理学部课题组张登国）

推进创新城区建设　加快创新驱动发展*

（2018 年 11 月 8 日）

内容摘要：创新城区作为一种新兴的城市空间发展模式，已成为城市创新发展的新空间载体，对我省创新型省份建设具有重大指导意义和示范效应。本文在梳理创新城区的概念、内涵和国内外创新城区建设实践及我省城市（区）创新发展存在问题的基础上，提出了我省创新型城区建设的总体思路、实施路径和保障措施等。

习近平总书记 2016 年春节前夕在江西视察指导工作时强调，“要紧紧扭住创新这个‘牛鼻子’，推进科技创新、产业创新、产品创新、品牌创新，让创新成为驱动发展的新引擎”。创新城区是区域创新发展的新趋势和新模式，对我省贯彻落实创新驱动发展战略和建设创新型省份具有较好的实践意义和示范效应。

一、创新城区已成为城市创新发展的新空间载体

1. 创新城区已成为城市创新发展的重要突破口

传统的创新集聚区，如高新区、大学城等，往往坐落在城市远郊，交通不便，难以兼顾生活品质或工作、家庭的有机融合。近年来，创新城区作为一种新兴城市空间发展模式，以空间的紧凑性、交通的通达性、技术的连接性、生活社区化、生态宜居性等优势，实现了工作与生活的互补，成为区域和城市创新发展的重要突破口。

2014 年 6 月，美国智库布鲁金斯学会提出“创新城区”（Innovation Dis-

* 本文为软科学研究计划重点项目“山东创新城区建设路径与对策”（项目编号：2016RZE30001）研究成果。

trict）概念，将其描述为“汇聚领先的‘锚机构’（Anchor Institutions）、企业集群以及初创企业、企业孵化器和加速器的地理区域”。创新城区居住、办公与服务混合布局，空间结构紧凑，公共交通通达，线上线下网络分享，可以促进人才集聚，有效减轻城市拥堵，推动知识共享与技术合作，提高经济效率。

目前创新城区主要有三种发展模式。一是“支柱核心”模式。这类创新城区位于市区或城镇中心，以支柱性创新机构为核心，与创新商业化、市场化相关的企业、企业家、初创企业等集聚形成大规模的混合功能区域。典型代表有美国的肯戴尔广场、费城大学城等。二是“城市区域再造”模式。这类城区或历史文化积淀深厚，或面临老工业区转型升级，通过与先进研发机构、支柱性企业结合，引进创新创意产业，推动城市复兴。典型代表包括美国波士顿的南岸区域、西班牙巴塞罗那普布诺等。三是“城市化科技园区”模式。这类创新区往往位于郊区，通过提高空间密度，融合零售、酒店等新功能推进城市化水平，为集聚区企业创新提供广阔空间。典型代表有北卡罗来纳州的创新三角园区、亚利桑那大学科技园等。

2. 国内创新城区建设正积极探索

党的十六届五中全会作出了建设创新型国家的重大战略部署，各地政府又相继提出了建设创新型省份和创新型城市的发展目标。2010 年，科技部确定 20 个城市（区）为国家创新型试点城市（区），其中北京海淀区、上海杨浦区、重庆沙坪坝区、天津滨海新区为创新型试点城区。经过几年的探索实践，各地已建设了不同尺度、不同层次的创新型城区，为当地创新发展提供了结构性增量和有益的经验。

北京市海淀区利用浓厚的文化氛围、密集的高素质人才、发达的科技产业、深厚的高等教育资源，发展成为全球瞩目的科技创新和科技产业发展高端要素聚集地。

上海市杨浦区通过“三区”（大学园区、科技园区和城市社区）融合、联动发展，把传统老工业区转变为知识创新型城区，实现了从工业经济向服务经济的转变和经济的持续增长。

重庆沙坪坝区以重庆大学城为核心建设智力高地，做强电子信息产业集群，打造新兴文化产业，已成为西部创业创新的重要基地和研发机构的聚集地。

天津滨海新区打造产业创新链条，以生产性服务业为突破口，带动服务业跨越式发展，成为科技型中小企业的重要集聚地和创新创业高度活跃的地区，科技创新对经济增长贡献率超过 60%。

其他一些城区或园区也进行了创新型城区建设的探索，如上海张江高科技园区，依托支柱性创新企业张江集团提升园区自主创新能力，促进战略性新兴产业发展；上海 1933 老场坊创意产业集聚区，依托遗存的历史建筑，将老厂房转型打造成创意生活体验中心；北京中关村科技园区、深圳高新技术产业园区等经过多年发展，已经成为功能完善、充满活力的新城区。

3. 我省部分创新城区的实践

在创新型城市建设热潮中，我省德州市生态科技城、济宁市任城区、潍坊市奎文区、济南市历下区通过深入贯彻实施创新驱动发展战略，主动适应和引领经济发展新常态，充分依托各自的区位优势、特色产业和资源禀赋，因地制宜、各具特色地规划建设创新城区，探索创新城区建设的模式和体制机制，促进了城区发展从“要素驱动”向“创新驱动”的转变，取得了一定的成效，积累了一定的经验。

奎文区尝试“支柱核心”型的建设模式。该区在创新城区建设中强化创新创业服务新业态，将科技服务业进一步发展成为产业新业态，同时聚焦科技研发、工业设计两大领域，将战略性新兴产业作为先导产业，最终被打造成为潍坊市转型升级的新引擎。通过实施创新主体培育、重点产业提升、创新要素集聚、创新载体搭建、创新人才引育、创新环境优化“六大创新工程”，奎文逐渐成为创新驱动先行区、创新成果转化实验区、创新创业示范区、高端人才集聚区。

任城区创新城区的建设属于较为典型的“城市区域再造”型模式。该区通过优化提升创新功能，着力打造科技创新“四区”战略定位，即创新设计发源区、新兴产业崛起区、高端人才汇聚区、创新文化示范区。任城区在物理空间布局方面初步规划为“一核 N 平台、一带两板块、六园 N 中心”，力求通过实施“新硅谷”建设工程、“互联网 +”工程、企业主体创新工程、创新平台建设工程、创新文化培育工程和重点项目建设工程等六大工程，打造创新任城“四区”目标。

历下区按照“支柱核心”模式建设创新城区。该区积极实施产城融合与创新驱动发展战略，实现产业承载能力、城市发展空间和经济发展活力三大提升，目标就是建设现代泉城引领区、服务经济核心区、创新创业先导区、大美生态魅力区、和谐幸福示范区，努力把全区打造成为济南市的区域性科技创新中心、经济中心、金融中心，实现经济发展“多核”并进的局面。

德州市以生态科技城建设为核心载体，瞄准北京、天津的高校资源和产业承接，有效吸引和集聚科技创新资源。该市以“一核、两区、多园”为空间布局，以高起点规划引领发展，发挥区位交通便利、配套基础设施逐步完善、产业集聚发展态势初显和生态环境良好的优势，探索创新城区建设的“城市化科技园区”模式。“一核”，即以京沪高铁德州东站为核心的高端商务区，重点发展科技、商务、金融等产业；“两区”，即减河生态功能区和马颊岛生态度假区，重点发展教育、医疗、养老、居住、旅游、度假等产业；“多园”，即多个现代产业园区，重点发展新能源、新材料、装备制造、电子信息、生物医药、食品加工、现代物流等产业。

二、我省城市（区）创新发展存在的问题

党的十八届三中全会以来，我省紧抓战略调整、结构布局的机遇期，积极适应新常态，谋划新思路，破解新瓶颈，促进新发展，进入了创新驱动、转型发展的轨道。但在以创新驱动为主轴的发展过程中，仍然存在着一些亟待解决的问题，制约着我省科技创新的进一步加快和经济社会的良性发展。

1. 新城新区建设需要更高水平的融合发展

为疏解人口压力和拓展新发展空间，我省各城市均注重加快推进新城新区的建设。但新城新区建设之初在对土地、空间、建筑、产业功能等硬件进行规划时，主要依据的是过去的城市管理经验和经济发展战略目标，对交通、商业、居住、教育、健康、娱乐等公共服务需求缺乏准确合理的测算，导致建成之后新城新区基础设施和公共服务不能适应创新发展尤其是科技创新、科技产业发展的需要，很大程度上制约了更高水平的融合发展。

2. 高新区迫切需要实现转型发展

我省高新技术开发区已有数十个，其中国家级高新区 12 个。这些高新区在我省经济发展过程中曾经起到较好的辐射带动作用，但随着生产要素成本增加和部分优惠政策弱化或终结，高新区创新能力总体偏低的弊端日益显现。一是高新区数量众多但“有山无峰”“山多峰少”，缺乏体现山东省综合实力的标杆和带动区域协同创新发展的引擎。全国 145 家国家级高新区中，山东 12 家，数量位居第二，仅次于江苏的 15 家。但据科技部火炬高技术产业开发中心发布的 2015 年度国家高新区排名，山东没有一家进入全国前 20 名，排名最高的潍坊高新区仅列第 23 位。二是在高新区基础上建设的创新城区，规划建设模式过于单一，往往形成单一产业孤岛的空间特征，除产业功能外的其他城

市型功能仍发育不完全，其服务配套高度依赖于母城，普遍存在“产城分割、职住分离”问题。

3. 高校聚集区的创新引领作用远未充分发挥

我省各地大学城目前已基本建成“大学功能区”和“教育教学基地”，但科技成果转化率很低，大学科研机构与产业界还远未形成产学研良性互动关系，对我省创新发展起到的辐射带动作用有限。根据软科2017中国最好大学排名，企业科研经费排前200名的大学山东省共有11所，是排名第1的江苏的一半，居全国第6位，低于大学数量占全国第3的排名；11所大学企业科研经费总额约为13.08亿元，占前200名大学的企业科研经费总额的3.9%，位于第9位，不到北京市的1/4。省内单所大学企业科研经费最高的是中国石油大学（华东），排第18位，总额约4.35亿元，仅为排名第1位哈尔滨工业大学的1/4多，11所大学的总额还不如哈尔滨工业大学1所大学高。这说明省内大学城远未发挥创新引领，带动高校成果转化和服务社会的作用。另一方面，由于远离中心城区，创业基础设施、科技服务资源以及交通、居住、生活等基本的创新创业条件欠缺，在大学城周边，创业企业和产业较少，鲜有高科技企业能提供工作岗位，因而我省大学城聚集的高科技人才比较有限。

表1　全国和山东高校科技服务排名

（单位：千元）

全国前10名	学校名称	省市	企业科研经费	山东前10名	学校名称	企业科研经费
1	哈尔滨工业大学	黑龙江	1666191	1	中国石油大学(华东)	435130
2	清华大学	北京	1263428	2	山东大学	287692
3	北京航空航天大学	北京	1184932	3	青岛理工大学	142800
4	西北工业大学	陕西	1155303	4	中国海洋大学	115402
5	浙江大学	浙江	1107921	5	青岛科技大学	63546
6	四川大学	四川	973753	6	山东科技大学	53150
7	上海交通大学	上海	796668	7	山东理工大学	48680
8	北京理工大学	北京	568301	8	青岛农业大学	47158
9	东南大学	江苏	566012	9	济南大学	46285
10	南京航空航天大学	江苏	529794	10	山东农业大学	41104
全国高校前10名合计			9812303	山东高校前10名合计		1280947

数据来源：软科2017中国最好大学排名。

4. 老旧城区改造模式单一，对科技创新的承载力不够

我省在老城区改造方面取得了一定成效，但普遍存在开发模式单一、开发强度较高、不尊重城市文脉的问题，往往过于注重房地产和商业设施开发，促进科技创新、创业培育、产业发展功能的规划和建设则相对弱化。旧城改造过程基本上因破坏旧城原貌而导致改造之后千城一面；同时因改造过程忽视民生，改造结果难以达到城区功能再造、发展新兴业态、改善居民生活的目的，对科技创新人才吸引力不足，对科技创新、产业转型的承载支撑力度不够，对标国内先进城区如上海杨浦区等仍有较大差距。

三、推进创新城区建设的对策建议

（一）总体思路

推进我省创新城区建设，要深入贯彻落实创新驱动发展战略和“创新、协调、绿色、开放、共享”的发展理念，牢牢把握创新创业这一主线，以构建充满活力的区域创新体系为宗旨，将创新城区打造成区域科技创新的重要策源地、新兴特色产业的集聚高地、新型城市建设的示范基地和创新创业文化的空间载体，形成集科教资源、产业发展、城市规划、创新文化于一体的综合性城市空间，成为推动新旧动能转换、区域科技创新和经济高质量发展的重要载体。

（二）建设路径

1. 建设科研创新高地，打造创新城区新标杆

建议制定全省创新城区建设发展规划，在济南市历下区等城区探索实践的基础上，在各市推行创新城区建设试点，并逐步在全省全面推开。以济青烟等重点城市的创新城区为载体，强力实施若干国家级重大科学工程、重大科技计划和重点科研项目，争取在较短时间内成为国家级科学研究中心，建成国内先进、国际知名的科研创新高地和创新城区新标杆。

2. 大力推进新城新区的智慧城市建设

要大力推进智慧城市建设，在智慧政府建设基础上进一步扩展到智慧治理，充分利用大数据和云计算等信息技术手段，获取产业、交通、人口、环境等的精准信息并预测中长期的变化趋势，实现智慧交通、智慧安防、智慧城管、智慧社区、智慧教育、智慧医疗、智慧康养、智慧文娱，提升城区空间、建筑、道路交通、产业布局、公共服务的智慧化水平，彻底解决信息孤岛问题，发挥更大的承载和服务功能。

3. 推动高新区产城融合发展

要从全省层面形成一个总揽全局、指导全面的高新区产城融合发展的思路意见，对全省高新区的空间布局发展重点进行统筹协调，以点带面有序发展。要赋予高新区一定的自主规划权，以便其对产业布局、产城一体进行高起点、高标准、高规格规划，充分留足未来发展空间，提高发展的兼容性。要明确高新区管理主体的行政主体地位和管理体制，探索高新区多元管理体制。要赋予高新区管理主体创新实验权，理顺规划权、财权、用人权、事权，实现权责对等，使其能够从产城融合的角度去谋划高新区的发展，加快高新区向宜居、宜商、宜业的综合型城市创新空间转型。

4. 强化大学城创新辐射引领作用

要推动大学城与科技园区、企业搭建协同创新合作的平台，成立专门的技术转移转化机构，提供成果筛选评估、交易转让、孵化培育、组建企业等一条龙专业服务，解决成果转化“最后一公里”问题。要结合特色小镇建设，在大学城培育发展一批创业小镇，大力发展大学及高职院校核心特长专业，将其技术成果及创意产业化、商品化、市场化，充分发挥大学城的创新创业辐射带动作用。

（三）保障措施

1. 大力推进创新城区体系建设

结合我省四个城区的实践探索，在总结创新城区建设特点和规律的基础上，遵循“规划和政策引导—产业创新—知识协同—社区承载”的理念，建设创新城区的四大体系即创新创业治理体系、产业创新体系、知识创新体系、创新创业生态体系。

（1）创新创业治理体系

通过规划指引、政策保障、资金投入、人才支撑、组织保障与监督考核，构建以政府政策为引导的创新创业治理体系。加强规划指引，优化城区物理空间布局；设置专项资金，用于创新城区建设，吸引高端专业人才，培育创新主体；强化创新政策引导，营造浓厚创新氛围，加大科技投入，逐步完善投融资机制；建立创新型城区建设监督考核机制，推动创新城区建设工作的规范管理、科学运行。

（2）产业创新体系

结合新旧动能转换重大工程，以当地特色优势产业为依托，以企业为主体，联合科技研发机构构建产业创新体系。明确主导产业和重点提升的产业，开展科技型企业培育，合力攻关突破产业技术瓶颈；借助“互联网+”积极促进传统商贸业升级，加快科技研发、电子商务、设计咨询、文化创意等知识经济产业集群发展；建设产业技术创新研发平台，促进企业、科研院所之间形成良性互动，共同提升产业自主创新能力。

（3）知识创新体系

统筹布局各类创新创业平台，以产业企业、大学和科研机构为协同力量，建立产学研联盟或产业技术创新战略联盟等合作联合体，建设协同创新体系，联合开展相关共性关键技术攻关，推动知识创新和产业创新；推进“校企”合作，深化产学研合作力度，搭建成果交易服务平台，探索建立科学的利益分配机制和互信机制，推动技术创新引领，促进成果转移及技术转化。

（4）创新创业生态体系

建设以产业园区为主的载体平台，强化科技和金融服务，完善居住、生活、娱乐、创新创业者培育、创新文化等功能，构建创新城区建设所需的创新创业生态体系。建设新型城市科技园区，拓展众创空间，加强创新孵化，推进创新文化建设，营造鼓励创新创业的浓厚氛围；打造金融商务生态圈，推动科技与金融的有效结合，为创新创业提供资金支持，完善科技服务；完善公共交通、生活服务、教育医疗等配套功能，为创新创业提供综合服务。

2. 完善投融资体制，强化金融扶持

完善支持创业投资发展的政策环境和退出服务机制。加大科技创新和创业支持资金投入，发挥财政资金的引导作用，吸引和推动社会资金开展创新创业投资。大力培育天使投资人，深入研究制定鼓励天使投资的有关政策，鼓励创投机构与科技企业孵化器等开展合作，引导其为孵化项目提供金融服务和创业指导支持。创新知识产权投融资方式，促进科技成果产业化。

3. 制定创新城区建设指标体系，强化评估考核

深入研究山东省创新城区发展路径和发展规律，结合我省创新城区建设的实际，形成具有山东特色的创新城区指标体系，并建立评估考核机制，强化评估考核。定期编制和发布“山东省创新城区发展指数”，及时向国内外展示先进典型的做法与经验，提升全社会对创新发展的认识和关注度，引导高端要素资源集聚。

4. 创新引才引智模式，吸引、留住和激发人才创新创业

完善居住生活、子女教育、医疗健康、文体娱乐等配套服务政策和基础设

施，优化创新城区综合服务功能，吸引海内外优秀人才来创新城区创新创业。加强创新创业型企业家的培训和培养，增强企业家变革、创新的战略意识，拓展企业家的发展思路，提升企业家综合素质。

（山东行政学院孙秀亭、王景强）

我省国家级科技成果转移转化示范区建设研究*

内容摘要： 围绕我国省级层面如何推进科技成果转移转化示范区建设，以山东省科技成果转移转化示范区建设为例，构建基于要素的科技成果转移转化示范区建设基础评价框架模型，并基于该模型建立示范区分类标准体系，促进科学开展示范区建设的定期评估工作。最后提出加快推进山东省科技成果转移转化示范区建设的几点建议，以期为国内其他省份推进科技成果转移转化示范区建设提供借鉴。

一、研究背景

《中华人民共和国促进科技成果转化法》（2015 年修订，以下简称《成果转化法》）自 2015 年 10 月 1 日起正式施行。2016 年国务院先后颁布了《实施〈中华人民共和国促进科技成果转化法〉若干规定》《促进科技成果转移转化行动方案》（以下简称《方案》）等系列政策文件。《方案》中明确提出："支持有条件的地方建设 10 个科技成果转移转化示范区，在科技成果转移转化服务、金融、人才、政策等方面，探索形成一批可复制、可推广的工作经验与模式。"国家科技成果转移转化示范区建设，重点围绕完善科技成果转移转化服务体系、建设科技成果产业化载体、开展政策先行先试等方面开展工作，致力于打造地方创新驱动发展的新引擎，为经济发展转方式、调结构以及产业转型升级提供有效支撑。科技部于 2016 年 10 月启动首批国家科技成果转移转化示范区建设，浙江省宁波市等成为全国首批科技成果转移转化示范区；2016 年 11 月，浙江省获批建设全国首个全省域国家科技成果转移转化示范区。2017

* 本文为软科学研究计划重点项目（编号：2017RZC01001）研究成果。

年10月，科技部正式批复支持山东建设济青烟国家科技成果转移转化示范区，为山东省加快实施新旧动能转换重大工程提供了有力支撑。

通过文献搜集与梳理发现，目前国内学者关于国家科技成果转移转化示范区建设的专题研究较少，仅有少数学者从推进地方科技成果转移转化示范区建设的做法、成效、问题分析和有关建议等角度开展了一定的研究。马荣荣提出，国家科技成果转移转化示范区建设需要从国家层面予以积极引导和扶持，建议在国家科技成果转移转化示范区设立国家科技成果转化引导基金——创业投资子基金，加大中央引导地方科技发展专项资金对科技成果转移转化示范区的支持，开展创业投资个人所得税税收优惠政策试点等；皇甫静则结合浙江省推进国家科技成果转移转化示范区建设，分析了浙江省科技成果产业化体制机制现状、影响科技成果产业化的阻碍因素及体制机制转化的有效实现途径。总的来看，目前还未见有学者从科技成果转移转化示范区建设管理的角度开展研究。因此，本研究将以科技成果转移转化示范区（以下简称示范区）建设管理为切入点，结合山东省示范区建设，开展科技成果转移转化示范区建设研究。

二、科技成果转移转化示范区建设的分类管理机制

当前，在省级区域层面推动建设国家科技成果转移转化示范区，需要构建省、市、县三级联动的科技成果转移转化工作体系及科技成果转化网络体系，实施示范区建设的分类管理与考核，充分调动地方参与示范区建设的积极性、主动性。同时，为了推进国家科技成果转移转化示范区建设，省级层面可开展相应的省级科技成果转移转化示范区培育与建设，形成有机衔接的示范区建设体系。为提高示范区建设的管理水平与总体成效，可考虑建立示范区建设分类管理机制，对省域内参与承建国家科技成果转移转化示范区的相关区域（单位）实施精准化分类管理。本研究认为，可将示范区建设的具体承接区域分为核心区、枢纽区和支点区三类，建立核心区、枢纽区和支点区三级联动建设机制，三类区域分别设定不同的资格标准作为示范区创建申请的最低门槛要求，达到并符合相应条件的区域可申请建设国家科技成果转移转化示范区的核心区、枢纽区或支点区。其中，核心区、枢纽区和支点区也分别代表了在示范区建设中的不同功能定位。核心区为该区域的国家科技成果转移转化示范区的核心支撑区，可对应省级科技成果转移转化示范区中的“优秀”等级，一般

为设县（区）的市；枢纽区为该区域的国家科技成果转移转化示范区的关键支撑区，可对应省级科技成果转移转化示范区中的“良好”等级，一般为设县（区）的市；支点区为该区域的国家科技成果转移转化示范区的重要支撑区，可对应省级科技成果转移转化示范区中的“培育”等级，一般为市（县）、区，省级及以上高新区、经济开发区（表1）。

表1　　国家科技成果转移转化示范区建设的区域分类设计

类别	功能定位	申报区域条件	省级科技成果转移转化示范区对应等级
核心区	国家科技成果转移转化示范区建设的核心支撑区	设县、区的市	省级科技成果转移转化示范区中的“优秀”等级
枢纽区	国家科技成果转移转化示范区建设的关键支撑区	设县、区的市	省级科技成果转移转化示范区中的“良好”等级
支点区	国家科技成果转移转化示范区建设的重要支撑区	市（县）、区或省级以上高新区、经济开发区	重点培育的省级科技成果转移转化示范区

三、科技成果转移转化示范区建设基础评价框架模型构建

为了实现国家科技成果转移转化示范区建设的顺利推进，保障通过示范区建设切实推动科技成果转移转化工作落到实处并取得预期成效，亟须建立示范区建设的考核评估体系，强化示范区建设的引导激励与工作督导。从国家科技成果转移转化示范区建设的目标任务出发，示范区建设基础评价要素模型应包括以下十大方面：（1）示范区建设的组织领导体制机制情况；（2）示范区建设方案制定与试点政策突破情况；（3）促进科技成果转移转化的政策保障情况；（4）科技成果转移转化专项资金、基金支持情况；（5）专业化科技成果转化服务机构与人才队伍建设情况；（6）科技成果转移转化公共服务平台建设情况；（7）科技创新平台载体建设情况；（8）科技成果转移转化技术交易市场建设情况；（9）科技成果转移转化规模与技术合同交易情况；（10）科技成果转移转化带动经济社会效益情况。在综合考虑这十大要素的基础上，形成了科技成果转移转化示范区建设的基础评价框架模型（图1）。

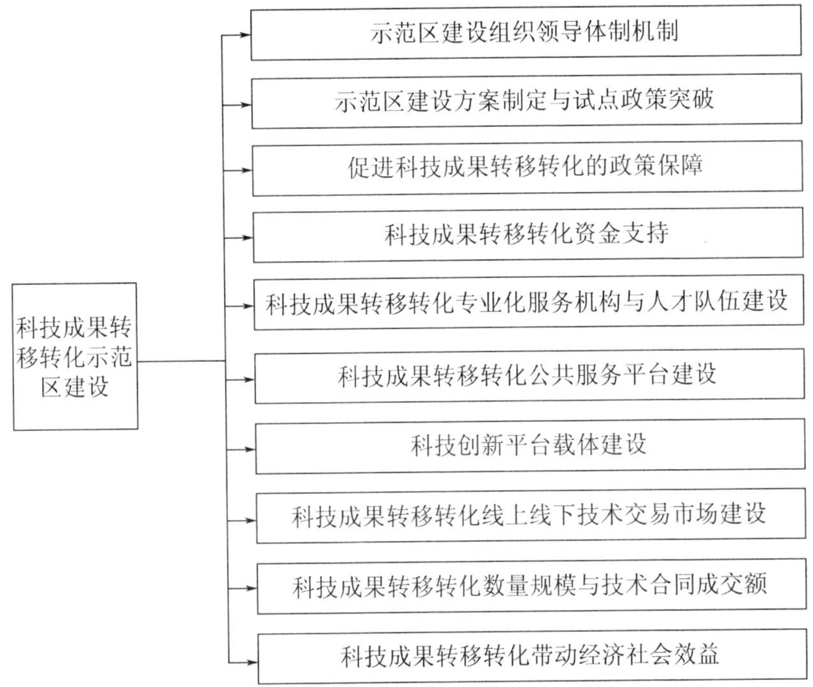

图1　基于要素的科技成果转移转化示范区建设基础评价框架模型

四、科技成果转移转化示范区建设分类管理的标准体系设计

基于上述示范区建设评估框架模型，本研究提出了示范区的分级管理模式，并按照核心区、枢纽区、支点区的不同分类，制订了针对各类示范区的定量与定性相结合的分类基础认定标准体系，作为不同类别示范区建设的认定资格门槛，满足相对应的标准条件即可申请创建成为相应类别的示范区。结合山东省各地科技成果转移转化工作现状，从全省科技成果转移转化工作实际出发，本研究经过充分的调研论证分析，提出了科技成果转移转化示范区的分类基础认定标准（表2）。

表 2　　科技成果转移转化示范区分类基础认定标准

标准/认定资格门槛	核心区	枢纽区	支点区
组织领导体制健全，有明确承担建设的部门，并建立了决策议事与协调推进机制	有市级主要领导担任组长；有科技主管部门作为建设与推进单位；建立了已经运行的决策议事和协调推进的联席会议机制	有市级领导担任组长；有科技主管部门作为建设与推进单位；建立了统筹组织和协调推进的机制	有区级主要领导担任组长；有科技主管部门作为建设与推进单位；建立了统筹组织和协调推进的机制
出台促进科技成果转移转化的政策文件	出台专门的市级促进科技成果转移转化的决定或意见及配套政策	出台高度相关的市级促进科技成果转移转化的决定或意见及配套政策	出台高度相关的县（区）级促进科技成果转移转化的决定或意见及配套政策
设立科技成果转移转化专项资金和拥有若干科技成果转化产业基金	设立科技成果转移转化专项资金且不低于 1000 万元；科技成果转移转化产业基金不低于 5 亿元	设立科技成果转移转化专项资金且不低于 800 万元；科技成果转移转化产业基金不低于 3 亿元	设立科技成果转移转化专项资金且不低于 500 万元；科技成果转移转化产业基金不低于 1 亿元
拥有科技成果转移转化专业服务机构和人才队伍	拥有实体化法人制的科技成果转移转化专业服务机构不少于 15 个，并且拥有技术转移转化示范机构国家级不少于 5 个、省级不少于 10 个；从事科技成果转移转化人员队伍不少于 300 人	拥有实体化法人制的科技成果转移转化专业服务机构不少于 10 个，并且拥有技术转移转化示范机构国家级不少于 3 个、省级不少于 7 个；从事科技成果转移转化人员队伍不少于 200 人	拥有实体化法人制的科技成果转移转化专业服务机构不少于 6 个，并且拥有国家级技术转移转化示范机构不少于 1 个或者省级不少于 3 个；从事科技成果转移转化人员队伍不少于 60 人
建立科技成果转移转化公共服务平台和网上成果转化交易平台	建立科技成果转移转化公共服务平台和网上成果转移转化交易平台，国家级众创空间（孵化器）不少于 5 个、省级中试基地不少于 3 个；建立专门的自有成果转移转化技术交易的网络平台	建立科技成果转移转化公共服务平台和网上成果转移转化交易平台，国家级众创空间（孵化器）不少于 3 个、省级中试基地不少于 1 个；建立有实际成果转移转化技术交易的网络平台	建立科技成果转移转化公共服务平台和网上成果转移转化交易平台，国家级众创空间（孵化器）不少于 1 个、省级中试基地不少于 1 个；拥有成果转移转化技术交易的网络平台

续表

标准/认定资格门槛	核心区	枢纽区	支点区
拥有省级及以上科技创新平台	拥有开展科技成果转移转化的省级及以上科技创新平台，其中国家级平台〔产业技术创新中心、重点（工程）实验室、工程（技术）研究中心、企业技术中心〕不少于20个	拥有开展科技成果转移转化的省级及以上科技创新平台，其中国家级平台〔产业技术创新中心、重点（工程）实验室、工程（技术）研究中心、企业技术中心〕不少于10个	拥有开展科技成果转移转化的省级及以上科技创新平台，其中国家级平台〔产业技术创新中心、重点（工程）实验室、工程（技术）研究中心、企业技术中心〕不少于3个，或省级创新平台不少于10个
拥有实体技术交易市场且定期组织专题科技成果转移转化对接活动	拥有1处以上实体技术交易市场，且场地面积不低于2000m^2；引进国内外知名技术交易（服务）机构入驻不少于3家；每年组织全国性专题科技成果转移转化对接活动不少于2场（次）、全省域5场（次）	拥有1处以上实体技术交易市场，且场地面积不低于1500m^2；引进国内外知名技术交易（服务）机构入驻不少于3家；每年组织全国性专题科技成果转移转化对接活动不少于1场（次）、全省域3场（次）	拥有1处以上实体技术交易市场，且场地面积不低于1000m^2；引进国家级技术交易机构入驻不少于1家；每年组织全省（区、市）专题科技成果转移转化对接活动不少于1场（次）、全省（区、市）1场（次）
有一定的科技成果转移转化数量规模，并拥有一定的技术交易合同额	年度科技成果转移转化协议合同数不低于500项，其中技术交易合同金额100亿元以上，或技术交易合同金额年度增长率不低于20%（50亿—100亿元），或技术交易合同金额年度增长率不低于25%（50亿元以下）	年度科技成果转移转化协议合同数不低于400项，其中技术交易合同金额80亿元以上，或技术交易合同金额年度增长率不低于20%（50亿—100亿元），或技术交易合同金额年度增长率不低于25%（50亿元以下）	年度科技成果转移转化协议合同数不低于100项，其中技术交易合同金额50亿元以上，或技术交易合同金额年度增长率不低于20%（50亿—100亿元），或技术交易合同金额年度增长率不低于25%（50亿元以下）

续表

标准/认定资格门槛	核心区	枢纽区	支点区
科技成果转移转化取得一定的经济社会效益	率先进入国家创新型城市行列，科技成果转移转化支撑产业转型升级成效显著，经济效益达到1000亿元以上	达到国家创新型城市水平，科技成果转移转化支撑产业转型升级成效突出，经济效益达到800亿元以上	科技成果转移转化支撑产业转型升级成效明显，经济效益达到200亿元以上
有建设方案和先行先试试点政策	有实际可行的建设方案，其中有不低于3条先行先试突破性政策，并形成在全国有特色的试点建设经验，开展定期的试点建设评估	有实际可行的建设方案，其中有不低于1条先行先试突破性政策，并形成在全省（区、市）有特色的试点建设经验，开展定期的试点建设评估	有实际可行的建设方案，并形成在全省（区、市）有特色的试点建设经验，开展定期的试点建设评估

五、加强示范区建设与管理的几点建议

科技成果转移转化示范区建设是一项系统性工程，涉及范围广、难度大，需要国家层面、省级层面以及地方加强统筹协调、有机衔接，形成合力推动示范区建设真正落地并取得切实成效，进而使科技成果转移转化为推动区域经济转型升级提供重要支撑。

（一）加强组织领导，建立统筹协调机制

一是在省级层面成立由省级政府领导任组长，省级有关部门主要负责人、各相关地市主要领导任小组成员的示范区建设领导小组，领导小组办公室可设在省级科技主管部门，以加强组织领导和统筹协调，定期研究解决示范区建设中的重大问题。二是建立国家科技成果转移转化示范区建设工作小组，负责示范区建设工作的具体推进。三是建立省部、省市协同推进的示范区建设工作机制，对于重点建设任务，实行由部省会商指导，厅市会商出方案，各部门协调推进、分工负责的工作推进机制，切实推进重点区域间资源共享与优势互补，提升示范区跨区域技术转移与辐射带动水平。

（二）制定专门政策，提升制度措施保障力度

一是认真贯彻落实《成果转化法》以及国家、山东省关于深化科技体制

改革的相关规定，强化各级各部门在科技、财政、投资、税收、人才、产业、金融、政府采购、军民融合、知识产权等方面的政策协同。二是围绕国家科技成果转移转化示范区创建出台示范区建设规划方案和专门的政策文件及其配套政策，不断完善促进科技成果转移转化政策落地的相关配套细则。三是加强各项先行先试改革措施的集成，并抓好具体落实及实施督查，完善有利于科技成果转移转化的政策环境。

（三）设立专项资金，建立全社会参与的投融资体系

一是设立国家级科技成果转移转化示范区专项资金，用于组织实施科技成果转移转化工程、扶持科技成果转移转化服务机构、培育科技成果转移转化人才队伍及相关科技成果转移转化活动等示范区专项建设，以及作为各承担区域（单位）相关省级配套经费。二是加大国家、省级层面科技发展专项资金对科技成果转移转化示范区的支持，积极引导社会资金成立专业性强、产业领域明确的科技成果转移转化相关基金，进一步带动民间资本和金融资本共同参与科技成果转移转化。

（四）强化载体支撑，建立成果转移转化平台体系

一是组织实施省级中试基地、省级技术转移转化示范机构的认定与评估工作，鼓励有条件的企业主动承担省级中试基地、省级技术转移示范机构的建设工作，或鼓励高校院所组建企业法人制的技术转移转化示范机构。二是支持各地市科技局强化科技成果转移转化职能，鼓励明确其业务管理部门，形成与省级科技主管部门相衔接的工作体系。三是组织开展科技成果转移转化专题对接活动认定备案工作和科技成果转移转化年度报告工作，鼓励各地市结合当地优势，组织全国或者省级的科技成果转移转化专题对接活动。

（五）组织评估考核，建立以评促建的推进机制

一是加强顶层设计和整体部署，制定实施示范区建设的行动计划，明确各项工作时间表、路线图、任务书、责任人，确保各项建设任务落实到位、有序推进。二是依托示范区建设监测与评估体系，采取第三方评估方式，加强考核督导，强化各地、各部门的主体责任，形成一级督一级、层层抓落实、全方位督促检查的工作格局，确保各项任务部署顺利完成。三是将示范区建设的主要指标实施情况纳入地方政府及相关部门绩效考评的重要内容。

（六）加大宣传力度，打造成果转化新形象、新品牌

一是加大对示范区建设工作的宣传力度，对可复制、可推广的经验和模式

及时进行总结推广，强化科技工作新形象、新品牌，发挥促进科技成果转移转化的示范带动作用。二是大力表彰在示范区建设工作中成绩突出的单位和个人，发挥其激励引导作用，激发全社会的创新创造活力，营造全员关注、各方支持、积极参与科技成果转移转化的良好社会氛围。

（山东省科技发展战略研究所汝绪伟、李海波）

三、新旧动能转换篇

我省重点实验室现状及改革对策研究

（2014年4月16日）

内容摘要：重点实验室是我省科技创新体系建设的重要组成部分，是提升原始创新能力的重要基地，推动重点实验室建设对于加快创新型省份建设具有重要意义。

一、我省重点实验室基本概况

近年来，在省委、省政府的关心重视下，我省重点实验室建设工作取得了长足进步。截至目前，我省拥有国内唯一正式挂牌试点的国家实验室——青岛海洋科学与技术国家实验室；拥有山东大学晶体材料、微生物技术，山东农业大学作物生物学等3个大学国家重点实验室，以及浪潮、兖矿、鲁南制药、绿叶制药、冠丰种业、海尔、海信、青啤、青岛海化、中石化安全工程等10个企业国家重点实验室。山东农业大学作物生物学重点实验室成为为数不多的依托地方单位建设的国家重点实验室（全国16个），我省（含青岛）作为主管部门建设的企业国家重点实验室数量位居全国各省市第一位。

我省建设省重点实验室215个，总量在辽宁、北京、浙江之后，居全国第4位。其中，依托科研单位、高等学校的129个，依托企业的86个；146个已正式列入省重点实验室序列，69个有待建设期满验收。这些省重点实验室分布在以下8大领域（表1）。

表1　　省重点实验室领域分布情况

序号	领域	总量	高校、科研单位	企业
1	信息通信	20	14	6
2	新材料	27	12	15

续表

序号	领域	总量	高校、科研单位	企业
3	先进制造	31	12	19
4	生物工程	22	16	6
5	化学化工	14	12	2
6	医药卫生	39	24	15
7	能源资源与环境	36	26	10
8	农业高新技术	26	13	13

二、重点实验室发挥了重要引领支撑作用

重点实验室强化重大基础、应用基础和高技术研究，注重科学前沿探索与国家和地方发展目标在战略方向上的统一，注重人才集聚和培养，对解决重大基础性、关键性问题，提高我省自主创新能力，发展战略性新兴产业，带动传统产业升级，实现节能减排，推动转方式、调结构等做出了重要贡献。

1. 重点实验室成为经济社会发展的重要支撑

重点实验室面向国家和省发展目标需求，积极承担重大工程建设中的科技攻关任务，为国民经济、社会发展提供了强有力的科技支撑。近5年来，据不完全统计，129个高校院所建设的省重点实验室累计取得技术开发、技术转让、技术咨询、技术服务等技术性收入24.47亿元，应用成果新增营业总收入1560亿元。以高效能服务器和存储技术重点实验室为龙头，浪潮集团国产服务器国内市场占有率连续十几年第一，其承担的国家“863”计划“超强纠错服务器”项目，获得财政资金支持2.6亿元，为维护国家信息安全做出了重大贡献。建筑材料制备与测试重点实验室（济南大学）先后为省内80多家水泥厂、新型建筑材料厂提供技术服务，其发明的硫铝酸钡（锶）钙系列特种水泥，成功应用于青岛胶州湾跨海大桥、烟威高速金山港大桥，获国家技术发明二等奖；其开发的墙体材料新产品和机械化生产线被国内外30多家企业推广应用，实现经济效益100亿元以上。省眼科学重点实验室（省眼科所）在感染性角膜病、复杂性角膜移植、先天性白内障的诊治方面处于国际领先水平，年接诊国内外眼科患者近20万人次，完成手术1.5万余例，为解除民众眼疾困扰、提高民众生活质量做出了突出贡献。

2012 年首批验收合格的33 个省企业重点实验室建设期内授权专利648 项，其中发明专利（含新品种权）259 项；主持或参与制定国家标准 98 个、行业标准120 个，参与制定国际标准5 项，行业支撑引领作用显著。2013 年底验收的28 个省企业重点实验室创新成果转化应用后，共为依托企业增加销售收入468 亿元，新增利税 53. 13 亿元。以省生物质能源综合利用技术重点实验室为依托，济南圣泉集团股份有限公司年综合利用秸秆 22 万吨，覆盖耕地面积200 万亩、农户 20 余万，直接带动 1000 余农民就业，有力缓解了秸秆焚烧带来的资源浪费和环境污染问题，年节能合约 4 万吨标煤。省干燥过程节能重点实验室（山东天力干燥股份有限公司）重要成果转化 15 项，干燥系统能源利用率提高 20%，技术推广应用后节能合 3000 万吨标煤以上，二氧化碳减排7000 万吨以上。省金属矿产成矿地质过程与资源利用重点实验室（省地质科学研究院）成功发现了单县煤田，勘明可供利用的资源储量近 3 亿吨，实现探矿权转让收益 9. 26 亿元；完成苍山县凤凰山地区铁矿勘探项目，共探明铁矿资源储量 6063 万吨，实现矿业权转让收益 5. 88 亿元，获利 5. 63 亿元。

2. 重点实验室成为承担重大基础、应用基础研究的重要载体

仅 2012 年，129 个高校院所省重点实验室就主持和承担“973”“863”等各类在研课题 6098 项，实际到位经费 14. 68 亿元。其中国家级课题 1865 项，实际到位经费 6. 74 亿元；省部级课题 2242 项，实际到位经费 4. 67 亿元。省部级以上课题经费占实验室全部课题经费的 78%，说明重点实验室成为国家和省重大项目研究的依托基地。山东农业大学作物生物学重点实验室 2007 年承担国家基础研究重大专项“植物授粉细胞识别的分子机理研究及信号通路”，致力于解决植物授粉过程中细胞识别的分子机理及基因调控网络等关键问题，为调控植物的授粉和生殖效率，培育农作物优良品种，提高作物产量提供了理论与技术支持，2012 年因表现优异获得连续资助。以省精细化学品重点实验室为依托，2012 年山东师范大学唐波教授成为“973”计划首席科学家，主持“重大疾病相关的若干重要难检活性小分子细胞内纳米传感研究”项目，获资助经费 2600 万元，该项目将借助于化学成像功能探针，推进肿瘤等重大疾病的细胞检测以及发生、发展机制研究。齐鲁工业大学的省制浆造纸科学与技术重点实验室共获国家科技进步二等奖 3 项、省科技进步一等奖 3 项，“草浆的生物漂白和酶法改性技术”“废纸酶法脱墨及其纤维性能改善”等研究均达到国际先进水平，为相关企业增收节支 7 亿多元、实现利税 30 亿

元。依托青岛科技大学的省橡塑材料重点实验室研发的“橡胶资源化循环利用关键技术与全自动成套设备”（万吨/年级生产线），在中胶橡胶资源再生有限公司得到示范，对研发再生橡胶生产的新工艺方法，实现废橡胶“绿色”循环利用、变废为宝，具有重要的推广价值。山东省特种焊接技术重点实验室在国家“863”重点项目“海洋焊接关键技术”、省自主创新专项“船舶高效自动化焊接关键技术及装备研究”等支撑下，研发出国内第一台4500米深潜器制造用焊接装备；船舶及核电厚板自动化焊接关键技术及装备研究成果已应用于海阳核电安全壳的焊接；自主研发了水下焊缝跟踪及焊接质量控制技术、国内首台水下湿法半自动焊接设备及配套焊接材料，前期形成的技术成果已经在珠港珠澳大桥、胜利油田海上采油平台建设等国家重大工程中试用并获得好评。

3. 重点实验室成为产出原始创新重大成果的重要源头

重点实验室体现我省的基础研究水平，取得了一批具有国际、国内先进水平的科技成果，已经成为我省重大原始性创新的摇篮。2012年，129个院所高校实验室获得或参与获得国家技术发明奖二等奖1项、国家科技进步二等奖3项、省科技最高奖1项、省自然科学奖12项、省技术发明奖7项、省科技进步奖93项，其他省部级科学技术奖90项；在国内外学术期刊上发表被SCI、EI、ISTP检索收录论文3575篇，出版专著157部，申请发明专利648件，授权发明专利626件，获得专有技术255项。晶体材料国家重点实验室成功研发出高品质半绝缘碳化硅单晶，转化实现了衬底材料的规模化生产，取得了我国自主研发生产第三代核心半导体材料的重大突破，体块功能晶体材料的制备技术居于国际前沿水平。省皮肤性病学重点实验室重大原创性成果“麻风病的全基因组关联分析”发表在《新英格兰医学杂志》上，影响因子高达50.017，获得了国际同行的高度认可。省农科院作物遗传改良与生态生理重点实验室“十二五”以来承担国家、省各类科研项目239项，获得科技奖励13项，其中国家科学技术进步二等奖1项，山东省科学技术最高奖1项、一等奖2项，申请专利61项，获得授权专利20项；取得主导品种21个、专有技术18项；制定行业及山东省省级标准30余个，取得软件著作权登记19项，审（认）定作物品种28个。山东科技大学矿山灾害预防控制重点实验室在宋振骐院士带领下，形成了在国内外具有重大影响的“以上覆岩层运动为中心”的实用矿山压力与岩层控制理论体系，获省部级以上科技奖励60余项。

4. 重点实验室成为高层次人才引进集聚的高地

重点实验室吸引、培养和稳定了一大批优秀的科技人才，集中了一支高素质的研究队伍，为高层次人才特别是青年人才的培养提供了条件保障，成为孕育我省科技领军人才的摇篮。截至2012年底，129个依托科研院所、高等学校的省重点实验室，共有固定人员5356人、流动人员1159人。固定人员平均年龄41.21岁，其中，院士27人、国家杰出青年科学基金获得者48人、“973”计划项目首席科学家19人、长江学者27人、“百千万人才工程”国家级人选48人、“新世纪优秀人才支持计划”入选者52人、享受国务院特殊津贴专家216人、泰山学者94人；高级职称人员3459人，占总数的64.6%；博士生导师640人、博士2834人、硕士1020人。省可再生能源建筑应用技术重点实验室（山东建筑大学）2012年获山东省优秀创新团队称号，荣立集体一等功，获国家科技进步二等奖1项、山东省科技进步一等奖2项、教育部科技进步一等奖1项；其研发的地源热泵示范工程等在北京奥林匹克公园、上海世博园及武汉新建火车站等500余项工程中应用，产生直接经济效益20多亿元。省生物聚酯发酵技术重点实验室（瑞星集团股份有限公司）承办了中国工程院院士高层论坛活动，集聚8位院士以及40多位专家学者、20多位企业负责人参加论坛，为探讨适合我国国情的生物质燃料发展模式建言献策。

5. 重点实验室成为先进科研装备的重要基地

依托院所高校的129个省重点实验室科研用房建筑面积48.44万平方米，平均每个实验室3755平方米；仪器设备总数68065台（套），总值34.31亿元，平均每个实验室2660万元。2013年验收的28个企业重点实验室建筑面积达10.63万平方米，平均每个实验室4427平方米；仪器设备3132台（套），总值达到7.5亿元，平均每个实验室3125万元。省大型收获机械与拖拉机关键技术重点实验室（福田雷沃）建设期间投入建设和运行经费1.26亿元，实验室总面积8100平方米，新购置仪器设备26台（套），价值3692.1万元，仪器设备总量达到173台（套）。小分子靶向药物重点实验室（齐鲁制药）实验用房总面积达到7100平方米，仪器设备总量达到120台（套）。

三、我省重点实验室工作存在的问题

重点实验室工作虽然取得了重要成就，但是也存在一些不容忽视的问题，整体建设水平亟待提高。

1. 结构不尽合理

驻鲁单位拥有的国家重点实验室，设在高校院所的少、企业的多，科学界最为看重，也最能体现源头创新能力的高校院所国家重点实验室只有 3 个，居全国各省市的第 17 位。科技创新源头不强，基础研究对应用开发的支撑不足，牵制了全省创新水平的跃升。

2. 与经济社会发展融合度偏低

重点实验室目标定位不准确，有的为研究而研究，尤以高校重点实验室最为突出；有的基础研究、技术创新与区域产业优势和对科学技术的迫切需求脱节；有的缺乏持续、稳定的发展方向，往往以争取到的课题为转移，项目做完就万事大吉，实验室人员始终不能走出“项目—科研—成果—职称—项目”的学术怪圈，可持续发展动力不足。重点实验室亟须聚焦全省经济社会战略需求，瞄准创新链条，强化应用基础研究、高技术和关键共性技术研究，服务于区域战略和产业行业发展。

3. 科研成果转化率低

实验室研发方向偏离全省经济社会发展主战场，加之后续的小试、中试配套不足，必然导致成果转化率低，对延伸拉长全省产业链条、引领行业产业发展作用发挥不够，大量研究止步于论文阶段，大量专利束之高阁、坐等失效，大量成果远嫁他乡。如青岛海洋科技力量雄厚，但 70% 以上的成果去往省外转化，导致墙内开花墙外香。

4. 地域分布不均衡

院所高校重点实验室主要集中在济南、青岛两市，尤以山东大学、省科学院、省农科院等最为集中；企业重点实验室以烟台、威海、潍坊、淄博、济南等东中部发达城市居多，而东营、滨州、菏泽、济宁、莱芜、日照、枣庄等市数量奇少，地区分布过于悬殊；还有，零星分散的重点实验室形不成优势力量的聚焦和集成，难以发挥对行业、产业的引领和辐射带动作用。

5. 创新活力不足

重点实验室定位在创新链的中上游，是科技创新的重要组成部分、源头创新的中坚力量。目前，有的实验室研究方向陈旧，难以契合全省发展战略；有的实验室缺乏领军人物，团队配置不合理，难以承接重大关键研究任务；建在企业的重点实验室，对于如何处理好巩固、强化自身竞争优势与推广关键共性技术、引领行业发展的矛盾，还在不断探索中。内在创新活力不足，制约了实验室的升级和全省创新体系的优化。

6. 宏观管理水平亟待提升

科技部门顶层设计不足，对实验室指导不力，在实验室项目研发与企业承接转化之间没有起到牵线搭桥作用，是导致研究与需求脱节、成果转化率低的重要因素，它们亟须加强调查研究，提高源头创新的应用导向，搭建成果转化的服务平台。

四、加强重点实验室工作对策

只有积极围绕科技体制改革要求，针对存在的问题，不断加强和改进重点实验室管理，才能打造科技引领支撑的标志性创新平台。

（一）遵循规律、明确定位

要遵循科学规律，明确重点实验室是开展基础研究、应用基础研究、高技术研究和关键技术研究，集聚高层次创新人才，开展高水平合作交流，产出高水平科研成果，探索管理体制机制创新，设备仪器先进、开放共享的重要基地。

重点实验室偏重于科学研发链条的中上游，要努力把对科学前沿的探索与国家和省内目标在战略方向上统一起来，着眼于国家和省内需求，为国民经济、社会发展重大基础性、前沿性、关键性问题的解决做出重要贡献。所以应与工程中心等错位发展，更多地解决与科学相关的问题，为科技源头创新提供引领，为全省经济社会发展提供支撑。

重点实验室必须实行“有进有出、优胜劣汰”的流动竞争机制。长期运行状态较差、创新成果少、人才流失较为严重的重点实验室要适时取消资格；研究实力强、成果突出、人才聚集的优秀实验室通过遴选评审，要吸纳到国家重点实验室行列；今后 5 年要淘汰 20% 不合格的实验室。“优胜劣汰”的竞争机制可促使重点实验室不断进取、勇往直前，始终保持在省内较为领先的整体水平。

加强基础研究投入是现代化进程中经济增长方式由要素驱动向知识驱动转变的一条成功经验。在目前，作为基础研究的投入主体，政府对重点实验室要予以超前、稳定和强有力的投入，探索多渠道、多方式对实验室加大投入的机制。特别是要鼓励企业投入基础研究和应用基础研究，以逐步推动企业为主体、市场为导向、产学研相结合的技术创新体系建设取得进展。

（二）统筹规划、顶层设计

要根据我省发展规划和创新性省份建设的总体部署，坚持面向科学前沿、面向战略发展需求，进一步加强实验室体系建设，如加强顶层设计、适度扩大规模、优化学科结构、完善科技布局，推动重点实验室成为我省应用基础研究和高技术前沿研究的中坚力量。

1. 修订完善制度

要尽快修订重点实验室管理办法，制定重点实验室专项经费管理办法，明确重点实验室建设的标准、步骤、考评、支持、退出等相关规定。要发挥重点实验室所依托单位、主管部门的积极性，明确建设各方的义务和责任。

2. 平衡区域布局

要服务“两区一圈一带”区域发展战略，遵循厅市会商导向。东部发达地区已建重点实验室数量较多，以总量控制、提质增效为主；西部及已建数量较少地区要加强调研，根据区域创新优势和产业特色，选准突破口，争取新建设重点实验室，为区域发展战略提供坚实支撑。

3. 平衡学科布局

要瞄准学科发展前沿方向和优势科技资源，立足医药健康、节能减排、现代农业、农产品加工等民生关注的科技领域，围绕拉长产业链条、发展装备制造等先进制造业要求调整布局、建设重点实验室。

4. 深化体制改革

要进一步强化“开放、流动、联合、竞争”的运行机制，指导现有重点实验室积极采取多种有效措施，进一步提高对外开放的层次和质量，强化大型仪器设备的共享共用，吸引国内外、省内外相同领域中高水平研究人员到实验室进行交流合作研究，真正发挥公用实验平台的作用。要坚持固定人员合理流动，吸纳同一依托单位学科互补性强的研究力量充实实验室队伍，做到有进有出，保持动态平衡，特别是要重视对技术支撑人员的培养。要探索高校、科研单位、企业实质性合作建设高水平重点实验室的机制，推动市场需求导向、优势资源集成、成果加速转化等多要素一体化、最优化的联合实验室建设；试点以重点实验室为依托，由科研机构牵头，建设协同创新中心，强化实验室成果向现实生产力的转化，提高实验室服务经济社会发展的能力。

（三）加强管理，提档升级

1. 明确责任，强化管理

这是一个执行力的问题。能否将既定的管理制度执行到位是实验室生存、发展的关键。如何才能有效地提升制度和办法执行力？首先，应明确主管部门、特别是依托单位的责权，做到统筹管理、责权清晰；其次，要提升实验室自身的责权，通过完善实验室绩效评估机制，强化竞争及淘汰功能，建立有进有出、动态平衡机制，切实增强实验室的危机感、责任感，以此提高实验室自身的管理能力；最后，要充分发挥评估结果的应用，通过座谈会、案例教学等方式，加强对实验室的日常管理，培训、督促、检查、总结、促进和激励并用，改变“重上轻管”弊端，提升实验室建设的规范化水平。

2. 重点培育，推动升级

要加快青岛海洋科学与技术国家实验室建设进程，积极探索青岛海洋科学与技术国家实验室运行的体制和机制；要发挥现有 13 个国家重点实验室作用，挖掘有突出战略需求的重点领域、社会公益领域和新兴交叉的前沿领域；要培育和组建特色突出、人才汇聚、管理创新的省重点实验室，逐步形成由科技厅宏观指导、各部门联合推动、多渠道共同支持实验室建设的良好局面。

近期要做好青岛大学“纤维新材料与现代纺织”、齐鲁工业大学“生物基材料与功能制品”实验室申建省部共建国家重点实验室的推进工作；指导、支持潍柴动力股份有限公司筹备申报“内燃机可靠性”、东岳集团筹备申报“含氟功能膜材料”、威海拓展纤维筹备申报“高端碳纤维制备及应用技术”国家重点实验室。

面向“腾笼换鸟、凤凰涅槃”的发展需求和科技体制改革内在要求，重点实验室的建设与发展已经被赋予了新的历史使命，在科技创新体系中肩负着更加重要的责任。重点实验室必须紧跟科技发展的最新动向和趋势，在参与科技竞争中寻找自身持续发展的位置，适应国家和地方发展的迫切需求，使我省的实验室平台建设跃上一个新的台阶。

（省科技厅基础研究与科技条件处）

新旧动能转换关键靠科技创新*

——关于济南区域性科技创新中心建设纳入新旧动能转换重大工程予以支持的建议

（2017年5月23日）

内容摘要：实施新旧动能转换重大工程需要科技创新强力支撑，强化济南“区域性科技创新中心”建设是一条现实途径，其功能定位和目标任务等与实施新旧动能转换重大工程高度契合，且已初步具备支撑服务的现实基础和有利条件，建议纳入实施新旧动能转换重大工程予以支持。

实行新旧动能转换、实施新旧动能转换重大工程是省委、省政府贯彻落实中央有关要求，加快推进我省经济实现转型升级的重大战略决策。新旧动能转换涉及体制、机制等多方面的因素，其中科技创新无疑是最具决定性意义的根本因素。为了积极主动响应和配合省委、省政府的这一战略部署，努力探索我省科技创新支撑新旧动能转换重大工程实施的现实形式和有效途径，在省和济南市有关部门的支持下，省经济管理学会组织山东财经大学等单位的研究力量，围绕新旧动能转换背景下，如何进一步支持济南“区域性科技创新中心”建设，使之在我省实施新旧动能转换重大工程中发挥重要引领作用问题进行了初步的研究。

一、进一步强化支持济南“区域性科技创新中心”建设，对于我省实施新旧动能转换重大工程具有重要实际意义

在今年第一次国务院常务会议研究加快新旧动能转换问题时，李克强总理

* 本文为山东省软科学研究项目（编号：2016RZB09002）的研究成果。

明确指出：实行新旧动能接续转换是“顺应生产力发展新要求”。而科技是第一生产力，是促进经济发展的决定性因素。改革开放以来，特别是近些年党中央、国务院提出建设创新型国家、实施创新驱动战略以来，科技创新在我国我省经济发展中的地位越来越高、作用越来越强。2016 年，我国科技进步贡献率已经达到56.2%，而我省 2015 年就已达到55.1%，科技进步已成为经济发展的主动力。如今，中央提出加快新旧动能接续转换，我们理解，不仅不是要改变依靠科技创新发展经济的成功道路，相反，是要适应国际国内以互联网技术为主要特征的新一次工业、科技革命浪潮以及新经济发展的需要，更加彻底地改变过去主要依靠劳动力、资本、土地这些传统“旧动能”投入的状况，继续转向更多地依靠科技创新这一“新动能”的轨道上来。通过科技创新这一引领经济发展的根本动力和核心引擎加快培育新动能、改造提升传统动能，从而促进经济结构转型和实体经济的升级。近日，省委、省政府深入贯彻落实习近平总书记系列重要讲话精神和对山东工作重要指示批示、李克强总理近期考察山东重要指示，决定在全省实施新旧动能转换重大工程，提出要“把加快新旧动能转换作为统领全省经济发展的重大工程，通过新技术、新产业、新业态、新模式，实现产业智慧化、智慧产业化、跨界融合化、品牌高端化，找准新旧动能转换的契合点”。我们认为，这其中蕴含着极高的技术含量，体现着极强的创新需求。不论是通过“四新”实现“四化”，还是找准“契合点”，都离不开以科技创新为基础，都要靠科技创新来驱动。

基于上述认识，我们认为，我省实行新旧动能转换、实施新旧动能转换重大工程，应当进一步深入实施创新驱动战略，把科技创新驱动作为实现新旧动能转换的发动机、驱动器，作为主要依靠，作为根本手段。因此，如果可行，我们应当积极探索能够实现这一要求、满足这一需要的载体平台、现实基础和根本途径。

从这一要求出发，我们认为，省会济南近些年来着力打造“区域性科技创新中心”的实践探索就非常契合这一发展趋势。长期以来，我省作为全国排第三位的经济大省，一方面产业结构偏重，转型升级任务艰巨；另一方面科技资源丰富却难以整合。除了青岛堪称全国性海洋科技中心以外，我省一直缺乏一个能够实现科技资源共享和辐射带动全省的区域性科技创新中心。正是适应这一要求，济南市委、市政府从发挥省城优势、发展省会经济、强化济南辐射带动作用的历史使命和责任担当出发，从充分发挥驻济高校、科研院所数量全省第一、科技教育资源最为集中丰富的突出特点入手，在2015年6月济南市召开的“解放思想大讨论”务虚会上正式提出的“打造四个中心，建设现代泉城”总体发展战略中，就明确要求要将济南打造成“区域性科技创新中心”；之后的历次市委、市政府重要会议，特别是最近相继召开的济南市第十一次党代会和第十六届人代会，都对此进一步加以强调和部署，并且这一规划也得到了省委、省政府以及省科技、发改等部门的重视和肯定。在省政府颁布的《山东省“十三五”科技创新规划》中明确提出，“十三五”期间，我省将支持济南等建设“具有重要影响的区域科技创新中心”。目前，这一建设已经取得重要的进展，如果能够进一步予以强化和支持，完全有可能成为我省依靠科技创新实施新旧动能转换重大工程的重要载体和现实平台，对于确保我省顺利实现新旧动能转换战略目标将发挥重要作用，产生实际意义。

二、济南“区域性科技创新中心”建设的功能定位及显著进展，初步形成科技创新支撑新旧动能转换重大工程实施的现实基础和有利条件

为了切实推进济南“区域性科技创新中心”的建设和发展，济南市委、市政府在统筹部署“打造四个中心，建设现代泉城”的总体发展战略的同时，还对“区域性科技创新中心”建设做了专门部署，先后出台了《济南市区域性科技创新中心建设指标体系三年行动纲要和2016年目标任务》《济南市推进区域性科技创新中心建设若干政策》等一系列重要措施，突出做到了“五个明确”：一是明确了功能定位。就是立足山东、面向全国，用好省城高校院所、科技人才等创新资源，加快科技研发和成果转化，推动全社会研发投入，将济南打造成为“全国区域性科技创新中心”。二是明确了目标方向。就是坚持创新驱动战略，推动科技与金融融合、科技与产业融合、高校与企业融合、济南与国际融合，加快建设国内重要的科技成果策源地和高新技术产业高地，率先建成国家创新型城市。三是明确了重点任务。就是在产业承载能力、企业创新能力、省会科研体系、科技开放创新、科技惠及民生五个方面取得重大突破。四是明确了实施路径。就是从济南最有条件、最具优势、前景最好的大数据和量子技术两大领域入手，加快“数创公社”建设，推进量子通信技术产业化，努力抢占发展先机、形成规模优势，并且注重强化创新支撑，突出济南高新区主战场地位，发挥济南高新区国家自主创新示范区引领作用，用好驻济高校和科研院所等省会智力资源，推进山东工业技术研究院、驻济高校科技成

果转化基地建设。五是明确了政策措施。围绕“十一个”方面（即：打造重大技术创新服务平台，推动战略性新兴产业发展；引导众创空间专业化发展，激发全社会创新创业活力；引导企业加大研发投入力度，提高企业自主创新能力；大力培育优质市场主体，壮大高新技术企业发展规模；加快科技开放融合，推动企业开展国际科技合作；引导企业研发总部集聚，打造全省产业创新高地；加快建立高效科研体系，推动产学研合作深入开展；加快建设泉城科创交易大平台，推动科技服务业集聚发展；加大技术转移转化扶持力度，推动创新成果落地转化；构建科技金融生态体系，破解科技型中小企业融资难题；深化科技计划和经费管理改革，为科研人员松绑助力）的发展重点制定了相应的政策措施，确保了济南“区域性科技创新中心”建设的有效实施。

经过近两年的实践探索、扎实推进，济南区域性科技创新中心建设势头强劲、进展良好、成效显著。根据有关统计，2016 年，济南市主要创新指标都有大幅度提高，许多指标走在全省前列。11 个主要指标和 8 项重点任务全部完成或超额完成。其中高新技术产业产值占规模以上工业产值比重增长 1. 02 个百分点，达到43. 65%，占比全省第一；规模以上工业企业 R&D（研发）投入增长 8. 35%，超出年度目标 0. 35 个百分点；万人有效发明专利拥有量达到 20. 5 件，继续保持全省首位；专利有效注册总量达 8. 5 万件，国际、国家标准累计总数达到 319 项。目前，济南市已基本形成以企业为主体、市场为导向、产学研相结合的技术创新体系。据不完全统计：全市共建成国家级科技园区 6 个、“863” 成果转化基地 2 个，以及国家火炬计划特色产业基地 12 个；高新技术企业总数达到 514 家，居全省首位，国家火炬计划重点高新技术企业总数 31 家；市级以上创新型（试点）企业总数 328 家（其中国家级 2 家、省级 48 家）；拥有产业技术创新战略示范联盟 33 家（其中国家级 4 家、省级 29 家）；山东信息通信研究院、国家重大新药创制平台、国家超算济南中心、济南云计算中心、山东量子技术研究院等重大源头创新平台建设进展良好，并且先后获批“国家小微企业创业创新基地城市示范”“促进科技和金融结合试点城市”，济南高新区跻身山东半岛国家自主创新示范区。

根据以上济南“区域性科技创新中心”的功能定位及建设进展情况，我们从总体上可以初步做出两个方面的判断：一方面，从济南区域性科技创新中心建设的功能定位、发展方向、目标任务和重点领域等来看，与新旧动能转换重大工程的实施有着内在的、高度的一致性和契合性，等于是济南和我省依靠科技创新引领新旧动能转换的一种超前实践和试验示范；另一方面，从济南区域性科技创新中心建设取得的显著进展看，该项战略举措的提出和实施是科学的、可行的和成功的，它创造性地贯彻了中央和省委、省政府关于创新发展的要求，是实施创新驱动战略的成功范例，具有良好的发展前景。总之，济南区域性科技创新中心的打造已经“成型”，初步形成了全省性科技创新中心的基本雏形和框架体系，基本具备了支撑新旧动能转换重大工程实施的现实基础和有利条件。只要在此基础上对其进一步加强支持、提高层次、赋予职能、强化功能、扩大范围、延展效应，就可以充分发挥其引领示范和辐射带动作用，使之逐步成为我省实施新旧动能转换重大工程，特别是“泛济青烟新旧动能转换综合试验先行区”建设的强力科技创新支撑。

三、济南“区域性科技创新中心”建设亟待强化省里支持，建议纳入新旧动能转换重大工程予以考虑

济南区域性科技创新中心建设虽然取得显著进展，并初步具备作为实施新旧动能转换重大工程科技创新支撑的现实基础和有利条件，但是，由于该创新中心主要是举一市之力建设，其发展也面临着一些制约因素。当然，据了解，在该创新中心建设过程中，省里特别是有关部门给过一些重要的支持，如省科技厅在与济南市联合发起设立我省首支科技型天使投资基金——山东科融天使投资基金、与济南和山东大学三方共建山东工业技术研究院以及支持济南建设国家重大新药创制平台、国家超算济南中心、浪潮高性能计算中心等重大源头创新平台建设等方面都做了大量工作，收到了很好的效果。但是，从总体上来看，从我省亟待打造一个全省性科技创新中心的需要来看，我们认为省里的支持还很不够，突出表现为：

一是对该创新中心整合省城丰富科技资源的协调支持缺乏体制机制保证。省会济南具有丰富的科技资源，这是济南建设区域性科技创新中心的基本前提和独特优势。因此，济南市在建设过程中，首先就着手加强这方面的整合，并且取得较好的进展。但是，由于省城科技资源主要分布在中央驻鲁单位、省属高校、科研院所和国有企业，管理体制上不属于驻地济南，目前济南只能靠与上述单位多头分散联系合作，缺乏省里统一的组织协调和统筹规划措施，影响了科技创新资源整合的广度和深度。

二是对该创新中心缺乏强有力的科技创新投入支持。作为重要的区域性科

技创新中心，它需要大量的科技创新投入作为支撑，当然，这些投入主要要靠加大全社会科技投入和科技金融结合来解决，但是财政给予一定的引导资金也是必要的。据了解，目前该创新中心建设财政投入主要还是靠济南市自身投入。2016 年，济南市仅财政多方筹集资金就达 5.5 亿元，主要用于工业技术研究院、科技金融平台等重大创新平台建设和知识产权、创新型城市奖励、众创空间发展、领军小巨人金种子企业创新研发、科技人才、海外孵化器建设、企业研发投入奖补、浪潮 64 路高端容错计算机等项目，为该创新中心建设“一年有势头”提供了保障。但是，后续要保持建设势头需要进一步加大投入，尤其是需要省里适当予以支持。

三是省、市协同推进有待加强。目前，该创新中心建设主要依靠济南市自身确定和出台的人才、技术、金融、税收和土地等方面的优惠政策措施，但是作为市一级即使是副省级城市，其政策力度和政策效应都是较为有限的，难以保障该创新中心建设顺利发展。所有上述问题，都制约了济南区域性科技创新中心的能力建设，影响和限制了其示范引领和辐射带动作用的发挥。

为了进一步推进济南区域性科技创新中心的建设和发展，使之能够适应和满足科技创新支撑我省实行新旧动能转换工作的需要，我们认为，应该树立新旧动能转换关键靠科技创新的强烈意识，以实施新旧动能转换重大工程为契机，把该创新中心建设纳为我省实施新旧动能转换这一重点工程的应有之义和重要内容。特别是要充分利用济南市被列为“泛济青烟新旧动能转换综合试验先行区”的有利条件，在进一步强化济南自身建设的同时，大力加强省里对该创新中心建设的支持力度，推进其与“泛济青烟新旧动能转换综合试验先行区”一体建设，相互促进，共同发展。为此提出如下建议：

一是确立“省市共建”济南区域性科技创新中心的基本原则。认真贯彻落实《山东省“十三五”科技创新规划》的有关要求，实行“省市共建、济南主建、各市协建、多方促建”的基本原则和建设模式，加快该创新中心建设推进步伐，尽快形成能够示范引领、辐射带动全省科技创新发展和新旧动能转换的重要载体和主要平台。

二是强化省市两个层级的统筹协调，建立协调共建推进机制。根据上述“省市共建”原则，建议将济南区域性科技创新中心建设纳入我省实施新旧动能转换重大工程以及“泛济青烟新旧动能转换综合试验先行区”建设工作的综合协调机制和重要议事日程。在此框架下，建立省市两级统筹协调的济南区域性科技创新中心建设共建推进机制，建议由省政府分管科技工作的领导和济南市政府主要领导共同负责，省科技厅会同省发展改革委为主牵头，组织、编制、经信、人社、教育、财政、土地、金融、税务等部门和济南市相应部门参加，共同研究协调济南区域性科技创新中心建设推进的有关重要问题，并且做到明确分工、强化责任、共同推进。

三是积极鼓励各个城市间的密切合作，探索各地参与支持济南区域性科技创新中心建设的横向协作机制。济南区域性科技创新中心建设的功能定位和主要作用就是示范带动全省科技创新水平的提高，因此必须加强全省十七市之间的相互支持和密切合作才能实现这一目的。建议以“泛济青烟新旧动能转换综合试验先行区”和“省会城市群经济圈”为主要范围，在尊重市场机制和科技成果研发、转化规律的前提下，按照“互惠互利、资源共享”的原则，研究制定鼓励措施，充分调动各市支持参与济南区域性科技创新中心建设的积极性、主动性，畅通省城科技创新成果示范引领和辐射带动全省的主渠道。

四是着力探索科技金融融合实现形式，全面提高济南区域性科技创新中心科技创新投入能力。应把探索推进“科技金融”融合机制作为提高济南区域性科技创新中心科技投入水平的主要途径，在进一步加强包括财政投入在内的全社会科技投入的前提下，突出构建能够适应济南区域性科技创新中心建设需求的科技金融融合体系，破解科技创新研发推广融资难题。应总结完善省科技厅与济南市共建“山东科融天使投资基金”的做法，围绕国家促进科技和金融结合试点城市建设，积极探索科技金融融合的有效形式，重点支持济南打造区域性科技金融大厦，实现科技金融要素集聚。逐步形成“创业投资＋科技支持＋政策性融资担保＋风险补偿金”的科技金融合作新机制，全面提高济南区域性科技创新中心建设的科技创新投入能力。

五是抓紧开展调查研究，制定强化支持济南区域性科技创新中心建设的专门方案和配套政策。应当借鉴和延伸我省支持青岛建设海洋科技中心的成功经验做法，下决心、下气力、下本钱支持济南区域性科技创新中心建设。建议由省科技部门牵头，组织力量抓紧对济南区域性科技创新中心建设进行全面、深入、细致的研究和论证。在此基础上，研究制定省里支持其发展的专门方案和政策措施。特别是要围绕支持济南市发挥高校院所、科技人才集聚优势，加快科技研发和成果转化，建设成为国内重要的科技成果策源地和高新技术产业高地，在新旧动能转换中发挥核心引领作用的要求，在人才、投入、金融、税收和土地等方面研究制定切实可行的政策措施，全面提高济南区域性科技创新中心服务能力，全面推进济南区域性科技创新中心建设速度，使之切实逐步发展成为我省实行新旧动能转换、实施新旧动能转换重大工程的坚实可靠的科技创新支撑。

（山东省经济管理学会课题组）

创新驱动“新四化”建设助推山东新旧动能转换*

（2017 年 6 月 28 日）

内容摘要：推进山东新旧动能转换的关键是实施好创新驱动发展战略，找准经济发展的新着力点和实施路径，为“新四化”建设注入新动力。要努力培育农业农村发展新动能，壮大现代工业发展新动能，挖掘信息发展新动能和释放城镇化发展新动能；还应积极建立与“新四化”战略相匹配的金融服务体系，为助推山东新旧动能转换注入金融活水。

2017 年 4 月，山东省启动了新旧动能转换重大工程，为山东省下一阶段经济结构转型升级指明了方向。新旧动能转换的核心，就是通过发展新技术、新产业、新业态、新模式，实现产业智慧化、智慧产业化、跨界融合化、品牌高端化。在新旧动能转换发展过程中，实施好创新驱动发展战略，找准经济发展的新着力点和实施路径，为“新四化”建设注入新动力，是有效推进山东新旧动能转换的关键。

一、助力农业现代化，培育农业农村发展新动能

2017 年中央 1 号文件明确提出，要推进农业供给侧结构性改革，强化科技创新驱动，引领现代农业加快发展。山东省作为传统农业大省，在农业总体规模、现代化水平、外向型程度等方面均占据优势地位，在促进“新六产”发展方面积累了丰富的经验。2016 年，山东省农业总产值、农林牧渔业总产值和增加值均位于全国首位，全省粮食总产量达到 4700.7 万吨，占全国的

* 本文为山东省软科学项目（编号：2016RZE27005）的阶段性研究成果。

7.6%；农业科技贡献率达到61.8%，高于全国平均水平5个百分点；农业外向型程度较高，2016年全省农产品出口超过1000亿元，出口额占全国的近1/5，连续18年出口总量保持全国第一。与此同时，全省积极培育新型农业经营主体新业态，不断发展农产品加工、仓储、物流、电商等新产业，试点开展休闲农业与乡村旅游示范县和示范点、一村一品示范村镇等新模式，在农业“新六产”方面取得重大进展。2015年以来，山东连续两年成为全国农村一二三产业融合发展试点省，累计获得中央试点资金2亿元。截至2016年底，全省农民合作社发展到17.3万家，比2011年增加47%，规模以上龙头企业9400多家，比2011年增加1280家；全省发展一村一品专业村镇6400多家，其中国家级一村一品示范村镇146个、省级307个；国家级休闲农业与乡村旅游示范县和示范点总共57个，各类省级休闲农业和乡村旅游示范项目200多个。

但是，山东省农业现代化发展过程中，也面临着一些现实的问题和挑战。如品牌农业发展不足，差异化和特色竞争力不强；农业产业链条较短，农产品附加值不高；资源消耗和环境污染较重，土地质量下降，环境压力增大；绿色优质农产品供给较少，农产品生产的有效供给不足，与实际需求、市场供需不匹配；等等。

因此，推动山东农业结构调整和供给侧改革，需要进一步挖掘创新驱动的发展潜力，以创新发展助力农业现代化发展，激发农业农村发展的强势新动能。首先，继续推进农业“新六产”，为新旧动能转换探索新的模式。通过发展农产品精深加工、电子商务、休闲旅游等新业态，延伸农业发展链条，增加产品附加值，提高农民在一、二、三产业融合发展中的收益。其次，加大对品牌农业支持力度，为新旧动能转换增加新途径。要努力发挥山东农业品牌优势，增加绿色优质农产品供给，建立健全农产品质量标准和监管，推动生产要素向优势产区集聚，形成具有区域特色和区域特征的农业主导产品、支柱产品和知名品牌，提升农业竞争优势。再次，深入强化农业科技，为新旧动能转换提供新的动力。继续开展农业科技工程，鼓励农业科技创新，加快农业科技成果转化，积极利用新技术、新科技实现科技农业与传统农业相结合，完善农业科技创新的政策保障措施，打造高效生态农业。

二、推动新型工业化，壮大现代工业发展新动能

近年来，我国立足制造强国、网络强国战略全局，全面实施“中国制造2025”，推动工业转型升级和融合发展。目前，山东省工业经济发展水平相对

比较发达，拥有品类齐全、独立完整的工业制造体系，尤其是在智能制造发展方面具有明显的比较优势，为智能制造、高端制造和新型工业化发展提供了坚实基础。项目立项方面：工信部启动了实施智能制造试点示范专项行动，在国家确认的109个智能制造试点示范项目中，山东省有15家企业的项目名列其中，位居全国前列；自2011年实施国家智能制造专项以来，山东省共有26个智能制造项目获得立项，共获得国家财政资金5亿元。机器人制造方面：根据OFweek行业研究中心数据统计，截至2016年9月，山东省机器人企业298家，列全国第5位。装备制造技术方面：山东省高端装备制造业国家级企业技术中心达到28家，省级企业技术中心254家，创新平台技术支撑能力不断增强。

但是，也应当清醒地认识到，山东省的工业结构依然偏重，重工业、传统产业占比偏高，部分行业产能过剩问题依然突出；企业自主研发能力和科研水平仍有待提高，研发投入水平总体较低。因此，我们要大力推动山东省工业产业转型升级，不断激发自主创新活力，提高国际竞争水平，拓宽市场发展空间。在存量上，要继续推进“三去一降一补”，对传统行业实施技术改造，化解过剩产能，实现“老树发新枝”。在增量上，要通过创新驱动战略，在高端装备制造、电子信息、物流、新材料、节能环保等新兴产业上实现突破，培育经济增长的新动能。具体来看，可以重点从以下几方面加大工作力度。一是发挥龙头企业领军作用，实现行业示范效应。要发挥智能制造龙头企业的带动和帮扶作用，开展智能制造“1+N”带动提升模式，将龙头企业先进的生产模式向全省推广和宣传，带动新一代高新技术在研发设计、生产制造、智能装备、运营管理等领域深度应用，培养创建一批具有核心竞争力的智能车间或智能工厂。二是创建高新技术公共服务平台，提高服务效率。要以山东省工业转型升级和产业发展需求为导向，建立高新技术产业综合服务平台，为企业提供技术攻关、项目申报、成果转化、专利申请、质押融资等方面的综合服务和专业指导，实现企业、高校或科研院所、金融机构等方面资源优势的有机整合。三是加大对新兴产业财政扶持力度，提高技术创新动力。要设立专项财政扶持基金或奖励基金，鼓励企业通过参与科技竞技比赛、专利申请等方式提高技术创新能力。

三、实现产业信息化，挖掘信息发展新动能

以大数据、云计算为代表的信息化产业是连接智能制造和智能产品的桥梁，而互联网+、人工智能（AI）+、物联网、区块链等信息技术为产业创

新发展提供了新动力。目前，山东省部分企业在大数据、云计算领域排名全国前列，如山东省浪潮集团。根据《互联网周刊》公布的云计算市场排名来看，除了阿里云和华为分别在公有云市场和私有云市场排名第一外，在政务云市场中，山东省浪潮集团连续3年位居全国第一，其浪潮服务器连续7年在基础设备市场中保持出货量首位，已成为我国云计算领域的领跑者之一。但是，总体来看，山东省信息化发展水平不高，较部分发达省份仍有较大差距。根据《国家信息化发展评价报告（2016）》测算，山东省信息化发展水平全国排名第7位，位列北京、上海、广东、浙江、江苏、福建之后；在人工智能方面，根据乌镇智库公布的全国人工智能企业数、专利申请数和融资额排名，北京、广东、上海、江苏、浙江5省市3项指标全部进入前10名，而山东人工智能企业数和融资额排名靠后，专利申请数则排在10名以外，这折射出山东省在人工智能技术领域处在相对落后的水平。

因此，山东省更需要抓住新一轮信息化革命浪潮机遇，继续发挥先进产业引领作用，大力推动信息技术与新型工业化等不同产业之间的有效结合，为创新驱动发展注入新的活力。一是整合产业资源，发挥跨界融合优势，在新旧动能转换上聚合力。我们要积极建立工业信息化技术联盟、大数据应用研究协会、人工智能行业协会等行业组织，整合优化现有资源与技术力量配置，增强企业间的技术交流与互动，推动工业和信息化的深度融合。二是增强信息化技术应用力度，延伸产业发展链条，在新旧动能转换上通脉络。我们可充分发挥山东省优势企业的品牌效应，如依托浪潮集团在云计算领域的领先地位，通过定期召开具有国际水准的科技交流大会，促进行业内的对话合作，扩大信息化技术应用领域，打通物流、仓储、人工智能等新兴产业链的使用脉络，促进新旧动能快速转换。

四、推进以人为本的新型城镇化，释放城镇化发展新动能

新型城镇化强调以人为核心、以提高质量为目标，是经济转型升级的平台和载体。新型城镇化集“扩内需、聚产业、促创新”于一体，为农业现代化提供有力支撑，也为工业化和信息化发展提供空间，是新旧动能转化的必由之路。山东是较早提出新型城镇化理念的省份之一，但是目前山东城镇化水平仍落后于粤、苏、浙等发达省份。2016年，全省常住人口城镇化率达到59%，而广东为69%，江苏和浙江均为67%。因此，推进山东省新型城镇化建设已成为当前经济结构调整和转型升级的首要任务。一是以技术创新为核心基础，

提升新型城镇化质量。我们要充分发挥新一代信息技术和高新技术在城镇化建设中的作用，建设智能化、数字化、生态化的“智慧城镇”。要加快实施信息技术基础设施建设，发展共享经济，通过变革城镇生产生活方式，改善城市生活服务管理系统，提升环境质量和政府服务水平，提升居民生活质量和幸福感。二是全面推进“两区一圈一带”区域发展战略，构建城镇化发展新形态。我们要积极完善城市群功能与空间联系，优化区域城镇化的空间格局，合理确定城镇等级、规模、结构，明确城市群内各节点城市的功能定位，发挥核心城市的集聚与辐射功能，提高重点城市的人口吸纳能力，促进城市集约化发展。要创新“飞地经济”合作机制，打破城市行政区划界定，加强城市群内的区域经济一体化建设，带动城镇化新形态的形成。三是以制度创新为保障，引导新型城镇化健康发展。我们要以进一步放开户籍制度约束为契机，鼓励加快各地外来务工人员市民化，实现社会保障体系的全面改革；要逐步完善住房保障制度，做好棚户区改造工作，在土地使用方面着力在城市用地制度和农村集体土地制度上做文章；要加快城乡一体化建设，缩小城乡收入差距，改变“城乡二元化”格局。四是加快推进智库人才培养战略，扩大新型城镇化人力资本。我们要借鉴发达地区的先进经验，积极探索与高校和科研院所合作，培育适应新型城镇化建设的创新型人才、高级管理人才和技能型人才队伍，巩固和扩大新型城镇化建设的人力资本，并在住房、医疗、就业等方面为吸引人才、留住人才提供有利的政策保障。

此外，需要特别指出的是，创新驱动“新四化”建设，助推山东新旧动能转换，还需要建立与“新四化”战略相匹配的金融服务体系，为新旧动能转换注入金融活水。金融服务体系要适应山东产业转型升级和经济结构调整的步伐，不断通过制度创新、业务创新、模式创新，建立与“新四化”发展相匹配的多元化金融结构；要以普惠金融为导线，在依法合规的基础上，鼓励小额贷款公司、P2P 平台、融资担保公司等地方金融组织的发展，发挥其对传统金融的互补作用；要建立完善多层次资本市场，拓宽企业直接融资渠道；要继续优化金融生态环境，加强金融风险管控，为新旧动能转换和山东经济发展保驾护航。

课题主持人：胡金焱（山东大学副校长、教授）
课题组成员：张强（山东大学经济学院金融学博士研究生）
郭峰（中国人民银行济南分行）
孙健（中国人民银行济南分行）

找准支撑我省新旧动能转换的创新发力点*

——基于产业重大关键共性技术遴选问题的研究

（2017 年 11 月 16 日）

内容摘要： 科技创新驱动是新旧动能转换的第一动力，只有抓住创新这个“牛鼻子”，以“四新”促“四化”，着力打造我省充满“新动能”的创新型产业集群，才能真正实现我省新旧动能的存续转换，而打造创新型产业集群的关键就在于产业重大关键共性技术的创新突破。因此，产业重大关键共性技术就成为我省新旧动能转换的创新发力点。本文着重围绕如何科学遴选产业重大关键共性技术的新方法、新模式进行了研究，并结合我省实际情况提出了若干对策建议，以期为我省找准新旧动能转换的创新发力点提供决策参考。

科技创新是实行新旧动能转换的根本支撑，而产业重大关键共性技术则是科技创新推进新旧动能转换的发力点。正如习近平总书记 2016 年 5 月 30 日在全国科技创新大会指出的那样：“推动科技发展，必须准确判断科技突破方向。”因此，如何适应我省实行新旧动能转换、实施新旧动能转换重大工程、以“四新”促“四化”的要求，找准产业重大关键共性技术遴选的方式方法，使之切实成为我省新旧动能转换的创新发力点，就成了当前我省推进新旧动能转换工作的一个十分紧迫和现实的重要问题。围绕这一问题，我们进行了初步研究。

一、国际国内产业重大关键共性技术遴选状况

（一）国际上高度重视产业重大关键共性技术遴选

国内外实践经验表明，产业重大关键共性技术是政府配置创新资源、促进

---

* 本文为山东省软科学项目（编号：2016RZC01006）研究成果。

区域创新发展的着力点，也是企业研发攻关获取巨大市场价值的聚焦点，更是高校、科研机构科技成果转移转化的导向标。世界各国围绕开展技术预见研究制定发布了一系列国家创新战略，明确提出国家重点发展的重大产业领域，引导全社会的力量聚焦产业重大关键共性技术的突破，以此来推动经济繁荣、民生改善和国家安全。

2015年，美国推出了“美国国家创新战略”升级版，确定了精准医疗、脑科学计划、卫生保健、自动驾驶汽车、智慧城市、清洁能源与节能技术、教育技术、空间技术和高性能计算等九大优先发展领域；2016年又发布了《2016—2045年新兴科技趋势报告》，确定了24个新兴科技领域，为美国抢占新一轮竞争制高点、推动经济增长繁荣提供科技创新支撑。2014年，欧盟提出了“地平线2020计划”，优化整合了欧盟所有的科研创新资金等资源，重点支持先进材料、生物科学、电子信息和先进制造等领域，以促进科技创新，推动经济增长，增加就业。还有德国2014年的“新一轮高技术战略”、日本2015年的“日本科技创新综合战略”、法国2015年的“2015—2020国家科技发展战略”等，也都是在积极进行产业重大关键共性技术遴选的基础上制定的。据有关介绍，至今已有79个国家通过开展技术预见工作，遴选了符合本国经济社会发展的产业重大关键共性技术，有力支撑了本国科技战略和科技规划制定，为本国创新驱动发展提供了明晰的产业创新路径。

（二）我国产业重大关键共性技术遴选起步晚、进展快

我国基本在21世纪初才开始系统开展产业重大关键共性技术遴选工作，虽然起步较晚，但是由于国家高度重视，不断加大政府投入，并将产业重大关键技术遴选体系建设纳为实施科技创新战略的重要举措，组织专业力量持续开展研究，成效显著。如2003年中国科学院启动了“中国未来20年技术预见研究”，每年度发布《科学发展报告》《高技术发展报告》，在国家各层面产生了深远的社会影响。自2013年以来，科技部组织开展了新一轮国家技术预见，依托中国工程院作为产业重大关键技术遴选主要力量，动员30000多名来自企业、高校、研究机构、政府的研究人员和管理人员参与其中，就未来5—10年发展的关键技术进行调查，起到了重要的超前决策服务作用。2016年11月发布的《“十三五”国家战略性新兴产业发展规划》、2017年7月发布的《“十三五”国家科技创新规划》，明确提出我国重点发展“新一代信息技术、高端制造、生物、绿色低碳、数字创意等五大支柱产业”，构建现代农业等10大领

域现代产业技术体系和生态环保等 5 大领域民生改善和可持续发展技术体系，以及深空深海深地深蓝发展保障国家安全和战略利益技术体系。

（三）我省产业重大关键共性技术遴选工作有序开展

我省根据国家部署安排，主要通过专家咨询、论证等方式遴选了我省产业重大关键共性技术，发布了各具特色的产业指南、规划计划等。如 2016 年 5 月，省经信委、省财政厅在工业和信息化部《产业关键共性技术发展指南（2015 年）》的基础上，组织有关行业协会、骨干企业、科研单位和专家充分论证，修订了《山东省产业关键共性技术发展指南（2016 年）》，该指南共涉及 22 个行业，涵盖 229 项技术。2016 年 12 月，我省发布了《山东省“十三五”科技创新规划》，遴选出了 12 个超前部署前瞻性技术、7 大高效安全生态的现代农业技术、59 个引领产业中高端发展的高新技术。2017 年 3 月，我省发布了《山东省“十三五”战略性新兴产业规划》，提出了以新技术、新产品、新模式、新业态促进新一代信息技术、生物、高端装备、新材料、现代海洋、绿色低碳、数字创意等 7 大产业为发展重点。这一系列举措，标志着我省产业重大关键共性技术遴选工作有了良好的开端。但是，与北京、上海、广东、浙江等兄弟省市相比，我省这方面工作尚存在一定差距，亟待在专业队伍建设、研发专项支持、遴选平台打造等方面进一步加强，以期适应我省新旧动能转换的迫切需求。

二、高度重视、积极探索产业重大关键共性技术遴选的新方法、新模式

（一）关注产业重大关键共性技术遴选的新方法

从我省制定产业创新战略和政策层面来看，目前主要依靠座谈、调研和调查问卷等评估方式，可发现一些当前制约产业创新发展的重大关键共性技术，而对产业创新中具有战略性、前瞻性的一些重大关键技术把握不够深入。因此，加强产业重大关键共性技术遴选工作，首先就要重视和了解产业重大关键共性技术遴选的方法问题。

目前产业重大关键共性技术遴选的方法主要是以德尔菲法为主的技术预见（即背靠背的专家咨询法）。在信息技术深度发展之前，技术预见大多采用小样本的德尔菲法。德尔菲法的优点是简便易行，然而实证研究发现，基于德尔菲法的技术预见存在一定的局限性，如专家遴选的标准和条件、专家的主观经

验和知识结构等。为了降低德尔菲法的消极影响，提高技术预见的科学性和客观性，在新信息技术尤其是可视化技术的发展支撑下，逐渐形成了以德尔菲法为主，文献计量、专利分析、知识可视化等方法为重要辅助手段的新技术预见方法体系。技术预见中新增的定量方法主要有文献计量学方法、专利计量学方法、知识可视化技术、多元统计分析方法、词频分析方法、社会网络分析方法等。特别是在互联网迅速发展的背景下，一种更为先进和科学的产业重大关键共性技术遴选方法——产业创新监测评估正在引起国际国内的高度重视，这种方法主要是通过大数据分析和科学创新评估理论模型对产业技术创新重大实际需求进行产业创新监测评估，并且结合产业创新战略与政策提出具有针对性、应用性的对策建议，为相关决策提供服务。我省应当发挥后发优势，积极探索和运用这种新的产业重大关键共性技术遴选方法。

（二）探索产业重大关键共性技术遴选的新模式

产业重大关键共性技术归根到底来源于产业创新发展的需求，应该以产业技术创新监测评估作为切入点，同时要有对未来技术发展趋势需求的科学把握（开展侧重科学技术知识的技术预见研究），进而对产业的技术预见与产业的创新评估综合集成，把产业重大关键共性技术挖掘出来，然后结合专家咨询（德尔菲法）和适度的网络舆情分析（面向社会关注的产业创新热点信息开展大数据分析），最终形成产业重大关键共性技术的产业创新路线图，为全省创新资源的优化配置形成区域创新的协同合力，真正解决科技成果的精准转化问题，真正突破产业的转型升级制约瓶颈，真正实现科技与经济的深度融合。

因此，我们认为产业重大关键共性技术遴选的新模式应为“产业创新监测评估—技术预见知识图谱—专家咨询德尔菲法—舆情分析网络抓取”四方协同互动的产业重大关键共性技术遴选体系。一是将技术预见（科学计量学为主方法）作为产业重大关键共性技术遴选的证据数据；二是将产业创新监测评估作为产业重大关键共性技术遴选的关键数据；三是将专家咨询作为产业重大关键共性技术遴选的知识数据；四是将舆情跟踪作为产业技术应用最新趋势的补充数据；最后将四方面的数据进行综合比对、研读、分析，科学精准绘制我省产业创新发展的技术路线图。

一是产业创新监测评估可解决产业重大关键共性技术的需求问题。一方面以省部级及以上的企业创新平台为监测评估对象，该类监测评估对象依托的企业具有创新资源集聚能力强、创新实力水平突出、创新人才团队成规模的特点，可作为产业创新监测评估的固定监测数据；另一方面可以国家级和省级财政科技计划项目为监测评估对象，该类监测评估对象具有覆盖面广、技术实时性强等特点，可作为产业创新监测评估的辅助监测数据。通过对创新平台、创新项目的监测评估，可实现对产业重大关键共性技术需求侧的深度挖掘。

需要注意的是，产业数据贴近企业的急迫现实需求，大多数企业往往不是处在技术创新的最前沿，而是处在解决企业产品服务问题和升级的成熟通用技术中。因此，需要补充可以体现国家技术创新前沿和水平的国家级平台和项目。也就是说，对国家级平台和国家级项目也需要重点关注，并予以单独分析研究。

二是产业技术预见可解决产业重大关键共性技术的供给问题。可采用包括德尔菲专家咨询法、科学计量分析法的综合技术预见策略。基于专家经验知识的德尔菲专家咨询法，依靠专家长期的知识积累和科研经验，对产业创新有一定深度的实践感知。需要注意的是，专家在形成主观认识的过程中，可能受限于研究领域不断细化和学科跨界的影响，过于关注某一子领域而有碍把握全貌，难以研究整个产业总体态势。基于科学文献和专利大数据的科学计量分析法，侧重于科学技术自身发展的学术前沿和热点问题，从知识科学的角度挖掘未来的研究前沿和热点领域，提供全系图谱的科学技术研究成果、专家、机构等资源布局。基于网络大数据的产业社会需求信息跟踪监测，则利用网络抓取技术获取相关技术趋势和产业动态信息，通过文本分析技术挖掘不同领域的技术热点和不同产业的技术热点。

综上所述，我省正处在实施创新驱动发展战略，推进新旧动能转换，率先建成创新型省份的攻坚阶段，迫切需要从以下两个方面同时发力：一是通过开展产业技术预见研究，明晰山东省应该重点围绕哪些产业技术重点领域和方向突破发展、精准发力，同时标识出该产业领域的专家和研究单位等力量的布局，绘制我省新兴产业技术的知识图谱；二是构建产业创新评估体系，开展以创新骨干企业为基点的产业技术创新评估研究，发现、辨识和确定制约我省行业产业发展需要重点突破的重大关键共性技术，理清我省产业创新发展的布局重点，动态挖掘我省产业技术创新的优势所在，绘制我省重点产业技术的创新图谱。最后，结合专家咨询与网络舆情监测辅助支撑，基于面向未来的技术供给（产业知识图谱）和面向现在的创新需求（产业创新图谱），探索形成适合我省产业创新发展的技术路线图和现实模式，基于此提出我省创新驱动发展的战略路径与对策，抢占未来创新发展的制高点。

三、加强我省产业重大关键共性技术遴选工作的建议

（一）打造山东省产业重大关键共性技术遴选平台

要依托我省科技智库力量建立山东省产业重大关键技术研究平台。一是产业重大关键共性技术具有基础性、关联性、系统性、开放性等特点，是能够在多个行业或领域广泛应用，并对产业发展产生重大影响的技术，因此产业重大关键共性技术遴选是一个复杂的系统工程，其难度非常大、周期长、不确定性高、技术变迁快，需要在全省的高度上来全面统筹、总体谋划。二是建议参考中科院模式，依托我省专业科研机构搭建该平台，长期开展基于科技文献大数据和互联网舆情大数据的技术预见研究工作。三是产业发展瞬息万变，市场需求变化极快、技术更新速度更是不可同日而语，因此要持续支持开展长期的、固定的跟踪研究工作。

（二）建立山东省产业重大关键共性技术遴选数据库

将我省财政科技计划项目的数据信息统筹整合集成，建立省科技项目科技成果大数据挖掘平台。如将我省组织实施的重点研发计划、重大专项、国际合作专项、科技成果转化重大专项和山东省重大技术改造项目、高技术产业化项目、技术创新项目以及“两化”融合专项等各类财政支持项目的成果数据进行集成、整合，构建全省产业重大关键共性技术遴选数据库，为产业重大关键共性技术的遴选提供基础数据支撑。

（三）形成“综合组＋若干专业组＋国内大专家”的开放研究新模式

产业重大关键共性技术的遴选是一个涉及全省科技战略规划、科技资源配置和科技计划改革等各个方面的系统工程。一是需要综合性强的专业战略研究机构统筹研究、服务决策。二是需要各个行业研究机构作为专业力量参加，如各行业协会、机械设计研究院、山东化学研究院等专业研究单位；三是需要政府相关主管部门指导，为全省财政科技支持计划成果数据库建设提供支持，并为产业重大关键共性技术遴选的全局把握和总体研判提供指导性意见。因此建议采取大联合团队的方式，集聚全省科技创新研究机构和产业研究单位力量，形成“综合组＋若干专业组＋国内大专家”的开放研究新模式。

（“山东省产业重大关键共性技术遴选模式研究”课题组）

增加山东省科技投入的路径与对策

（2018年8月20日）

内容摘要：到2020年，山东省科技投入强度目标为2.7%，全社会研发经费将从2016年的1566亿元增长到2416亿元左右，增长率接近55%，年均增长11.45%。如何实现这一科技投入目标？省软科学办公室与山东财经大学申亮教授团队组成课题组，以国内外发展和省际科技投入规模、投入结构和投入绩效等方面的对比分析研究，探索通过提高科技水平来推动产业升级，促进新旧动能转换，增加我省科技投入的路径与对策，加快推进创新型省份的建设。

当前，科学技术的进步越来越成为各国经济发展的重要依靠力量，而增加科技投入是世界各国推动科技发展、增强创新能力的普遍做法。山东省是一个经济大省、工业大省，同时也是一个传统产业大省，在新时期发展过程中，尤其需要通过提高科技水平来推动产业升级，促进新旧动能转换，加快推进创新型省份的建设。

2016年，中共中央、国务院颁发的《国家创新驱动发展战略纲要》提出了到2020年全社会研发经费占GDP比重（即科技投入强度）达到2.5%以上的目标，山东省在第十一次党代会上将这一目标进一步提高到了2.7%。按照这一要求，到2020年，山东省将在2016年科技投入强度2.34%的基础上再提升0.36个百分点。按照预计7.5%的年均经济增长速度，到2020年，山东省全社会研发经费将从2016年的1566亿元增长到2416亿元左右，增长率接近55%，年均增长11.45%。

要实现这一科技投入目标并更好地发挥其投入效益，一方面需要我们研究现阶段的科技投入状况，另一方面还需要我们从投入结构和投入绩效几个方面来进行考察，探索增加山东省科技投入的路径与对策。

一、山东省科技投入的现状及存在的问题

（一）科技投入还存在较大增长空间

1. 绝对规模

从绝对规模看，山东省近年来科技投入增长较快，从2010年的672亿元增长到2016年的1566亿元，年均增幅15.14%，高于全国14.21%的平均增长水平。2016年，山东省全社会科技投入位居全国前三名，但比起广东省的2035亿元和江苏省的2026亿元还有不小的差距，分别占广东省和江苏省科技投入的76.95%和77.3%。

研发经费投入要发挥作用，不仅要看当年的投入力度，更要看累计投入。比较2010—2016年的研发经费累计投入（图1），山东省的7年累计投入为8008亿元，总量与北京市（8144亿元）相当，但明显低于江苏省（10179亿元）和广东省（9972亿元），分别是江苏省和广东省的78.67%和80.3%。

2. 相对规模

从相对规模看，山东省科技投入强度从2010年的1.70%增长到2016年的2.34%，R&D经费投入强度比全国平均水平高0.23个百分点，但与北京（5.96%）、上海（3.82%）、天津（4.08%）、江苏（2.66%）等省市相比还存在较大差距。从R&D经费的增长率来看，山东省年均增幅5%，超过全国3.3%的平均增长率。但是，从2012年山东省科技强度达到2%以上后，年均增幅只有2.69%。当然，从2012年后，山东省科技投入突破1000亿大关后，提高科技投入增长速度会越来越难。但要想在2020年实现科技投入强度达到2.7%的目标，从2017年开始，年均增幅得达到3.7%以上。显然，相比较山东省提出的目标，当前科技投入的相对规模增长较为缓慢。

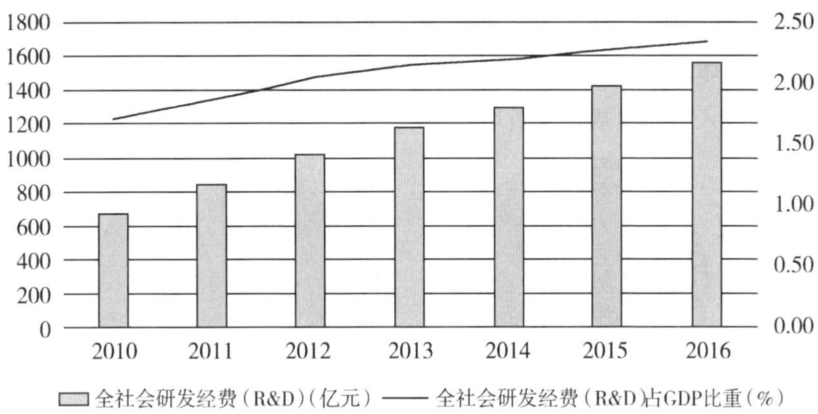

图 1　2010—2016 年山东省全社会研发经费投入情况

（二）山东省科技投入结构不协调

1. R&D 资金分布结构

在 R&D 活动的基础研究、应用研究和试验发展三个阶段中，基础研究和应用研究代表科学研究前沿，是技术创新源头的重要保障，试验发展则与后续企业开发的新产品、新工艺的联系更为紧密。2016 年，山东省 1566 亿元的 R&D 经费中，基础研究和应用研究投入分别只有 36 亿元和 89 亿元，仅占 R&D 支出的 2. 30% 和 5. 68%，而试验发展支出则有 1349 亿元，占 R&D 支出的 91. 89%（图 2）。2010—2016 年，山东省累计基础研究支出只有 168. 84 亿元，占 R&D 累计经费的 2. 11%，累计应用研究支出 467. 6 亿元，占 R&D 累计经费的 5. 84%，而累计试验发展支出则有 7365 亿元，占 R&D 累计经费的 91. 97%。2016 年，山东省基础研究和应用研究占比不仅远低于北京（14. 22% 和 23. 44%）、上海（7. 4% 和 12. 5%）、天津（5. 58% 和 10. 98%）等省市，甚至距离全国平均水平（5. 25% 和 10. 27%）也有不小的差距。

2. R&D 资金来源结构

全社会研发经费主要来自政府资金、企业资金和其他资金。在山东省全部科技投入中，政府投入很少，主要依靠企业投资。2016 年，山东省企业投入占全部科技投入的 90. 9%，达到 1425 亿元；而政府 R&D 投入只有 107 亿元，在全部科技投入中仅占 6. 8%（图 3），不仅远低于北京（54. 06%）、上海（35. 72%）、天津（17. 49%），也低于全国平均水平（20. 03%）。不仅总量低，山东政府 R&D 投入的增长速度也很缓慢，从 2010 年的 58. 8 亿元增长到 2016 年的 107 亿元，年均增幅只有 8. 9%，低于山东全社会研发经费 15. 14%

的增长率。从政府 R&D 投入占全部 R&D 投入的比重方面看，山东从 2010 年到 2016 年基本呈下降趋势，从 8.7% 降到了 6.8%。也就是说，这一时间段，政府 R&D 投入的相对规模是负增长。

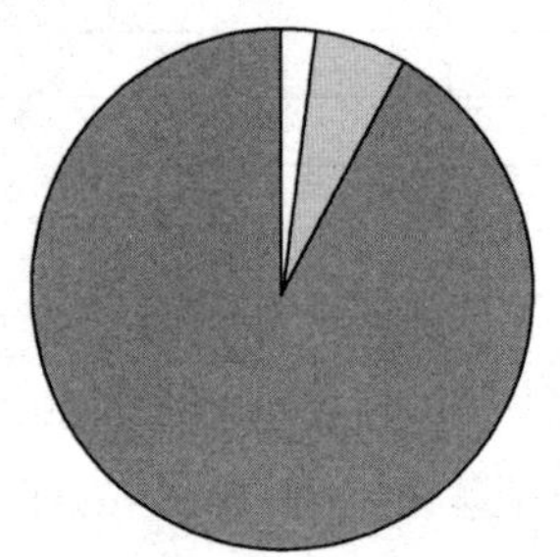

图 2　2016 年山东省 R&D 支出结构图

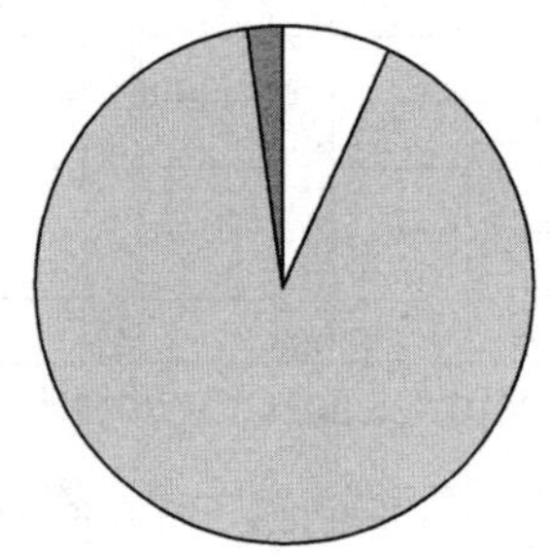

图 3　2016 年山东省 R&D 资金分布图

政府 R&D 投入不足的主要原因在于财政科技投入不足。2016 年，山东省财政科技投入 167 亿元，仅占财政支出的 1.91%，低于广东（8.53%）、上海（4.94%）、北京（4.46%）等省市，也低于全国平均水平 2.22 个百分点。从 2010—2016 年，山东省财政科技支出累计 940.8 亿，与广东、江苏、浙江、上海、北京等省市的财政科技投入还存在较大的差距（图 4），有待提高。

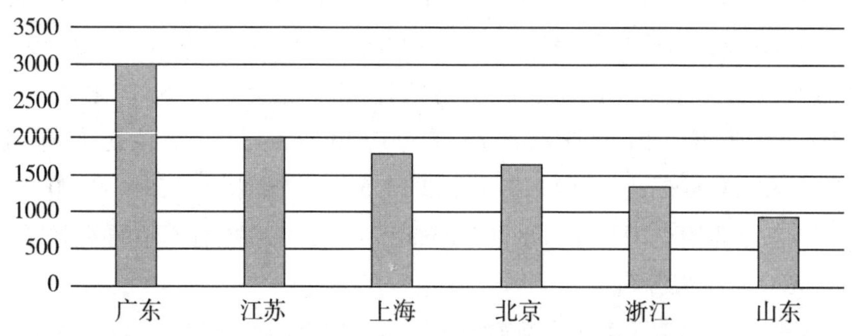

图 4　2010—2016 年山东省和部分省市的累计财政科技支出（亿元）

这种企业高投入、政府低投入的结构表明，政府在科技投入中的作用正在下降，而企业作为科技投入主体的地位日益凸显。此外，由于政府科技投入较少，直接导致山东省近年来 R&D 经费内部支出结构中基础研究和应用研究支出太低，这种支出结构也不利于提高山东省整体科技创新发展水平。

（三）政府 R&D 支出绩效有待提高

政府科技支出不仅对企业的科技投入有积极的影响，而且对提升我国科技创新能力有着不可替代的作用。我们以财政 R&D 支出（即 R&D 支出中的政府资金）作为投入指标，以国外主要检索工具收录我国科技论文数、发明专利申请授权量、技术市场成交额、各类技术合同项目数、各类技术合同成交金额、R&D 人员全时当量、受高等教育人口总数、GDP 增长率为产出指标，对我国 31 个省 2008—2015 年的财政 R&D 支出绩效进行了分析。研究发现，全国财政 R&D 支出绩效平均只有 74%，即存在 26% 的效率损失。山东省的财政 R&D 支出绩效只有 63%，还低于全国平均水平，平均存在 37% 的效率损失。从 2015 年来看，山东省的财政科技投入占全国第六位，但是，支出绩效却只有 65%，排名只占全国第 17 位。

造成这一问题的主要原因有：（1）财政科技资金多头管理。各类科技计划、项目等由多个部门管理，导致资金和资源呈分散状态，影响财政 R&D 支出效率的提升。（2）科技成果转化率较低。根据刘宝田等（2018）测算的数据，山东企业科技成果转化率为 89. 1%，高校科技成果转化率为 25. 7%，科研院所科技成果转化率为 38. 5%。这反映了现阶段科技成果评价的导向并不科学，重研究、轻产出，这种评价的非市场导向使得科技成果难以转化成生产力。（3）技术市场不完善。技术市场是供求双方交易技术商品的场所，在促进科技成果转化和技术进步中发挥着重要的作用。2015 年山东省技术成交额占 GDP 的比重仅为 0. 54%，与北京市的 15. 03%、江苏省的 1. 03% 和广东省的 0. 91% 还有较大的差距。（4）基础研究和应用研究成果不足。国外主要检索工具收录我国科技论文数和发明专利申请授权量较少，而这两项指标主要体现在基础研究或应用研究的成果、自主知识产权技术水平等，山东省需要在这两个产出指标上分别提升 60. 4% 和 50. 3% 才能达到有效率。

二、国际经验及启示

按照联合国对各国工业化发展进程的划分（前阶段、初级阶段、中级阶段和后阶段），目前我国尚处于工业化发展的初级阶段后期。因此，要想借鉴其他国家的有益经验和教训，必须选择同期的先进国家或者发达国家相同时期的科技投入情况来做比较。我们以部分典型发达国家在工业化初级阶段后期时的科技投入情况做参照，它们的成功经验能够给我们以积极的启示。

（一）美国的科技投入规模与结构

美国在工业化初级阶段，从 R&D 经费来源结构来看，属于典型的政府主导型，1964 年政府 R&D 投入占全部 R&D 投入的 66.7%。直到 1980 年以后，美国进入工业化后阶段，政府的 R&D 投入才低于企业投入。到 1990 年，政府 R&D 投入还占到全部投入的 40%。

美国自 1956 年以后基础研究经费的增长一直快于 R&D 经费的增长；20 世纪 60 年代到 80 年代期间其基础研究占比大体在 10%—15%；而在基础研究的经费来源中，联邦政府一直是最重要的资助者。

（二）英法德三国的科技投入与结构

英、法、德三国在 20 世纪 70 年代都处于工业化第二阶段。这一时期，各国的 R&D 强度一般都保持在 2% 以上。从投入结构来看，英国和法国都属于典型的政府主导型，政府 R&D 投入占全部投入比例一般在 50% 以上；而法国和联邦德国对基础研究的投入占全部投入比例都超过了 20%。

进入工业化后阶段，各国的科技投入强度继续提高。从经费来源结构来看，英国和联邦德国的政府科技投入占全部投入的比例逐步降低，企业投入成为主要来源；但法国仍然属于政府主导模式。

（三）日本的科技投入与结构

日本非常重视科技投入带动经济增长。20 世纪 70、80 年代，日本的 R&D 投入强度一直保持强势增长势头，1974 年 R&D 强度首次超过 2%，1988 年达到 3%。但日本政府的科技投入并不高，政府 R&D 投入占 GDP 的比例一直徘徊在 0.5%—0.6%，企业是日本科技投入的主要资金来源。不过，日本政府非常重视对基础研究的投入，基础研究投入中来自政府的比例一直在 15%—20%。

发达国家的经验给我们的启示有：（1）政府高度重视科技投入。尤其在工业化初级阶段，发达国家一般采取科技投入政府主导型模式。（2）政府高度重视基础研究。发达国家政府投入是基础研究的主要资金来源。（3）财政金融政策是科技投入增加的重要助力。各国有力的财政金融优惠政策极大程度地鼓励了企业增加科技投入。

三、增加山东省科技投入的对策建议

（一）加大财政科技投入力度

相比其他经济大省，当前山东省财政科技投入较低，不符合山东省科教大省的地位，也不符合推动新旧动能转换与率先建成创新型省份的需要。今后几年，我省应该加大财政科技投入力度，力争财政科技支出占财政支出的比重达到当前全国4.33%的平均水平，这一项可以为山东省科技支出增加200多亿元。

这就要求建立起财政科技投入的稳定增长机制，切实做到财政科技支出优先增长，把增加科技投入目标任务的完成情况，纳入各级政府、各有关部门年度工作考核指标和领导干部政绩考察内容。

（二）改革财政科技资金管理方式

为解决现行财政科技资金管理分散化、碎片化的问题，建议建立由山东省科技厅牵头，省财政厅、省发改委、省经信委等有关部门参加的科技计划管理厅际联席会议制度，将山东省所有科技计划专项资金归口到科学技术费类进行预算，加大科技管理部门科技经费预算比重。

（三）优化科技支出结构

建议构建以企业为主体、市场为导向、“政产学研金服用”相结合的技术创新体系。支持建立以企业为主体、省（部）属主要科研院所及高等院校参加的新型研究机构。支持建立高水平研发机构、省级以上研发平台，推动省级研发平台升级为国家级研究平台。将财政科技资金向基础研究和应用研究倾斜，支持企业向基础研究和应用研究增加投入，设立“基础研究专项”和“应用研究专项”。力争今后几年将基础研究的投入比例提高到10%左右，将应用研究的投入比例提高到15%左右，为山东省的科技发展提供潜在的动力支持，增强山东省科技发展后劲。

（四）改善财政科技支出绩效评价体系

支持建立科学的财政科技支出评价指标体系，使产业化的目标、持续创新能力的导向成为评价体系的重点，推动科技人员致力于科技成果的转化；还应健全成果转化激励机制，制定明确的科技成果认定标准，激发科研人员的科技成果转化动力。

（五）创新财政金融制度安排，提升科技投入规模

1. 创新财政政策

建议除了采取直接科技拨款的方式外，灵活运用间接投入方式。如运用政府财政补贴降低企业融资成本，引导企业增加科技投入；对研发投入占主营业务收入比例位列全省前列的规模以上工业企业所在地给予一定奖励，由市、县（市、区）对相关企业给予补助。

2. 创新金融政策

要充分运用产业集聚区技术创新平台奖补专项资金、政府引导市场主体技术创新专项资金、天使资金等加大对科技创新的支持力度。要探索建立科技型中小企业贷款风险补偿机制、融资担保损失补偿机制、科技保险费补贴机制等，支持科技型中小企业发展壮大。要推广专利权、商标权质押融资，促进科技企业知识变资本。要鼓励引导科技银行创设，建立风险分担机制，支持银行业金融机构开展科创企业投贷联动试点，鼓励符合条件的银行业金融机构为科技创新创业企业提供股权与债权相结合的新型融资方式。要建立“政府推动+市场运作”的科技保险发展模式，鼓励开发科技创新研发风险的责任保险、高新技术企业出口信用保险等新险种。

青岛高新区“政产学研金服用”北斗七星创新共同体建设的经验

（2018 年 10 月 15 日）

内容摘要：“政产学研金服用”是产学研的重大延伸和拓展，“政产学研金服用”联动，打造出“北斗七星”创新共同体。“北斗七星”创新共同体建设的前提是政府的协调引导，核心是以市场为导向、以产业企业为主体，关键点是“学研金服用”一体化发展。本文以青岛高新区为例，通过实地调研，分析总结了青岛高新区“政产学研金服用”北斗七星创新共同体建设在协调机制、互动融合机制、耦合模式及新兴产业组织发展等方面的经验，对山东省创新共同体建设具有一定的引领和指导作用。

青岛高新区是 1992 年 11 月经国务院批准成立的国家级高新技术产业开发区，由胶州湾北部园区、青岛高科技工业园、市南软件园、黄岛新技术产业开发试验区、市北科技街、蓝色硅谷核心区、海洋科技创新及成果孵化带七大园区构成，是一、二、三次创业的典范，其“新兴产业组织创新示范工程”被国家科技部确定为实施“创业中国”行动纲领计划的示范工程之一，被授予“中国产学研合作促进奖”。近几年来，青岛高新区高度重视“政产学研金服用”北斗七星创新共同体建设，在协调机制、互动融合机制、耦合模式及新兴产业组织发展方面积累了一定经验，对山东省创新共同体建设具有一定的引领和指导作用。

一、“政产学研金服用”北斗七星创新共同体的内涵和发展

“政产学研金服用”是产学研的重大延伸和拓展，“政产学研金服用”联动，打造出“北斗七星”创新共同体。“北斗七星”创新共同体是指依托创新创业平台，引导各类创新要素集聚，促进政府、产业、大学、研究机构、金

融、科技中介服务、应用七个方面牵一动六、协同耦合、联动发展。“北斗七星”创新共同体建设的前提是政府的协调引导，核心是以市场为导向、以产业企业为主体，关键点是“学研金服用”一体化发展。“北斗七星”创新共同体是加快培育新能动的重要载体，能催动“四新”经济发展，实现“四化”产业发展。

二、青岛高新区“北斗七星”创新共同体建设经验

（一）充分发挥政府引导作用，围绕大型企业建立创新共同体

高新区与山东大学、海尔集团签署《青岛高新区与山东大学、海尔集团国家双创示范基地协同创新战略合作协议》，构建政府引导下大企业为主的创新共同体。青岛高新区负责协调配置相关政策和空间资源，山东大学充分发挥高校科研和人才优势，海尔集团负责提供资金和产业化等市场方面支持，创新共同体通过“统筹协调，上下联动”的工作机制，推进产学研创新交互与区域协同发展。

（二）建设“政产学研金服用”互动融合机制，构建创新主体耦合模式

1. 创建“科技研发—项目孵化—成果转化”的产学研互促模式

“北斗七星”带动众创空间发展，形成“科技研发—项目孵化—成果转化”的合作模式。青岛高新区融合海尔集团和山东大学管理资源，以“2025创新创业联盟”为基础，推广“技术合伙人项目”，发展线上和线下全流程配套技术服务，高效对接创客的个性化需求。

位于高新区的青岛市光电工程技术研究院集项目研发、产业孵化、科技成果转移转化和科技服务于一体，助推区域科技型中小微企业的发展。该研究院借力中科院平台和国内外顶尖专家团队的技术预见性和前瞻性，组建由科学家、企业家、投资机构组成的技术咨询委员会，不断探索需求型科技成果生成与转化机制；采用技术预测、市场需求调研、技术产品研发、产业发展结合的联动研发模式，直接对接市场需求进行专利商业化和产品研发；发展开放式创新，与企业共建联合实验室，创建中小微企业研发中心，灵活组建各类创新和孵化平台，为区域科技型企业提供研发支持；打造自主独立的、懂技术、跑市场的研发团队，持续培育研发团队的研发能力、快速市场反应能力和高效动手执行能力（出研发产品的平均周期为 3 个月），加速科技成果落地；通过合同、参股等多种方式，汇集社会各类科技中介服务组织，为用户提供高水平综合技术服务。

2. 打造“产城创”完整生态圈模式

青岛高新区持续构建“苗圃—加速器—产业园—生活配套”双创生态链条，打造出产业发展、智慧城市、创新创业有机融合的海尔“产城创”生态圈模式。建设海尔“海创汇”孵化器，打造创业苗圃，设立海外青岛创新中心和高新区离岸孵化基地，采取“海外预孵化+本地加速孵化”的国际合作新模式；依托海尔“国家双创示范基地”，发展战略新兴产业园；全方位解决创业者办公和生活问题，打造“产城创”智慧社区。

3. 创建全球高端学术技术研究和成果转化基地模式

青岛高新区与山东大学、中科院研究院所等高端学研组织融通创新，全力打造出“中美大学国际科技创新园”、中科院青岛研发基地聚集区等高端学术和应用技术研究基地、高端人才聚集和培养基地、高新技术转化基地，采用“基地”加“基金”的市场化模式，推动政产学研金用深度融合。

4. 发展国际科技创新合作模式

对接全球合作和创新资源，构建科研院所系、高校系、企业系、海外系四大科技创新平台体系，大力引进海外高端人才项目，探索发展“项目—人才—基地”相结合的国际科技合作模式，引导科研院所、高校、创新型企业等机构载体建设国际创新园、国际联合研究中心、国际技术转移中心和示范型国际科技合作基地等不同类型的国家国际科技合作基地，推动国内外技术转移，加速成果转化。

（三）建设新兴产业组织体系，推动创新共同体共生发展

青岛高新区围绕主导产业，发展形成了“事业部+联盟+平台”的集成型新兴产业技术创新组织体系。构建了以十个事业部为核心的“全产业链式”大招商体系和专业化行政服务体系；打造了以产业技术创新战略联盟和产业技术研究院及协同创新中心等多维创新组织为支撑的技术创新体系；形成了以融资、研发、产业化、公共服务以及人才等创新平台和空间载体密切融合的创新共生体。产业技术创新组织体系促进了各组织之间创新功能的深度融合，在创新合作和碰撞中不断衍生出新的合作组织形态，推动创新共同体共生发展。

三、青岛高新区“北斗七星”创新共同体建设存在的问题

（一）产业同质化竞争激烈，创新共同体建设亟待统筹规划

青岛市产业发展定位和布局规划还不是十分明确，省市对高新区的政策没

有特殊倾向，致使各个区（市）产业发展同质化竞争激烈，争抢高新技术企业现象严重，难以聚力打造优势显著的区域协同创新共同体。

（二）学研介力量薄弱，“北斗七星”创新共同体的参与主体发展不充分

青岛高新区高水平大学和科研机构数量不足，难以满足科技创新企业快速发展的技术和人才需要。高层次、专业化、规范化的科技中介服务机构短缺，科技中介市场混乱，难以突破科技成果转化中的关键问题。科技型企业自主创新意识较弱，独角兽企业和“瞪羚企业”缺乏。

（三）创新共同体运行的体制机制不完善，共生共赢共享治理待优化

青岛高新区促进创新共同体持续发展的驱动机制、治理机制和保障机制不完善，“一区多园”的管理体制和目标导向的收益分配机制需升级优化，科技资源开放共享机制不健全，科技创新平台有效市场需求不足、治理机制不完善。

（四）人才不足，创新共同体发展缓慢

青岛高新区缺乏既懂技术、产业和管理，又熟悉法律、金融和知识产权等科技服务操作的复合型人才，科技成果转化难以顺畅进行。现有的体制和编制影响了事业部招聘专业人才的自主权，人才的吸引力度不够。人才不足影响了创新共同体的自主创新能力、成果商业化效能和发展速度。

四、青岛高新区“北斗七星”创新共同体建设对策

（一）完善“政产学研金服用”深度融合的治理机制，优化创新共生圈

探索“政产学研金服用”深度融合的“事业合伙人”先进模式。融合不同主体的力量，共同开展涉及高新区发展规划、运营管理、招商引资等事宜的更深层次的网络化、交互式合作。

优化营商环境。要尊重市场力量，深化放管服改革，营造企业充分竞争和要素自由流动的营商环境。

完善“宽职能、扁平化、开放式、高效率”的治理机制和“一区多园”的管理体制，形成创新主体协同、产业事业部支撑、创新平台载体推进、创新资源优化集成的创新共同体，促进研发平台、产业化平台以及公共服务平台一体化发展，实现产业链、创新链、资金链、政策链的融合跃升。

建立协同创新评价体系。引导组建“政产学研金服用”协同创新工作推进小组，专门研究解决协同创新工作重大问题。完善工作绩效考评制度，建立

以市场需求为导向的协同创新评价机制，重点考核协同创新项目的市场化应用成效及对创新链整体价值贡献，并发布年度“政产学研金服用”协同创新工作白皮书。

（二）加快产学研主体培育，建设示范引领的创新共同体

加强青岛市各区（市）产业规划和布局，以区域协同和共赢共生为导向，明确各区（市）创新共同体建设方向。将青岛高新区建设成为山东省示范引领的创新共同体和培育新动能的集聚地，强化示范区产业支撑，发挥其产业辐射引领作用，带动全市、全省甚至全国的新旧动能转换。

培育壮大科技型企业。实施“小微企业—科技型中小企业—科技小巨人企业—独角兽企业”一体化工程，加强推进“小升高”培育行动计划，着力培育最具潜力和最具成长性的中小型科技创新企业，5 年内重点培育 1—2 家独角兽企业和 3—5 家准独角兽企业。采取共建、托管、股份合作、飞地经济等形式进行优势产业的转移和延伸，把单一产业变成辐射全省甚至全国的产业群，构建完整的产业链。

大力发展市场需求导向的新型研发机构。借鉴广东省建设新型研发机构的经验，大力推广青岛市光电工程技术研究院科技成果转化的经验，建设新型研发机构示范基地。政府出台政策发展新型研发机构，设立专项资金和经费补助等多种方式引导传统研发机构向新型研发机构转型升级，5 年内培育与引进 100 家新型研发机构，突破成果转化和产业发展瓶颈的难题。对新型研发机构实行投管分离的管理机制，解决其发展的自生动力问题。完善新型研发机构考评机制，突出其科技成果转化服务的辐射源和放大源效果，即催生新兴产业、企业和联动创造社会财富的效果，推动研发成果产业化与产业反哺研发良性互动，从源头上解决科研与经济“两张皮”问题。

持续打造科研高地。吸引国内外知名高校和科研院所在高新区设立“青岛研究院”，引进国内著名大学在高新区成立青岛校区。加强高新区与省内外高水平大学和科研机构联盟化发展，主动推动高新区的产业链和创新链与专业化的学科群和人才团队的精准高效对接。

（三）创新金服生态圈建设，助推科技成果商业化

大力发展以互联网金融产业园、产业基金、金融超市和互联网金融服务中心等为代表的多层次的投融资体系。吸引天使投资基金、股权投资机构、投保贷同盟、商业银行在高新区设立分支机构，加快投融资平台建设。健全高新区

产业发展母基金和“1+N”主导产业专项引导基金，设立新动能培育重大专项扶持资金，完善产业关键技术研发和产业化的引导资金机制，集中资金扶持重大关键项目。深化科技金融创新，建设新型“知识银行”。通过风险担保和补偿引导银行对中小科技型企业的支持力度。

建设一批“设计—孵化—生产—运营”一体化的“众创空间+孵化器+加速器+产业园区”的全链条开放型创新平台，发展科技成果转化超市O2O模式，助力科技型企业孵化、成果转化和实体经济转型升级。

优化升级科技中介服务业。实施“技术创新要素供给”工程，规划布局科技研发、创业孵化、技术转移、科技金融、知识产权和科技咨询等“六位一体”的服务体系，强化科技服务标准，规范科技中介市场。发展高层次科技中介服务。借鉴斯坦福大学技术许可办公室模式（OTL）和英国帝国理工学院的“帝国创新”模式，以创新成果商业化为导向，融合多面手技术经理和外部律师、金融财税专家、知识产权专家等力量，科学设置技术服务专业化、精准化、市场化和工程化的发展路径，特事特议，攻克科技成果转化难题，高效实现技术转移、技术交易和创新成果商业化。

（四）深化科技资源共享机制，促进创新要素自由有序流动

完善权责清晰的科技创新平台理事会（管委会）、董事会以及会员制度，深化资源共享机制，扩大科技创新平台的有效市场需求。引导和鼓励企业、科研机构及领先用户间签订平台资源使用协议。完善不同部门间工作衔接和军民融合联动的资源共享平台运行机制，设计研发平台、产业化平台和公共服务平台的共享机制，推行跨组织、跨区域的重大科研平台联席会议制度。完善科技资源开放共享的绩效评估体系，引导创新共同体科技资源对外开放共享。推动跨区（市）科技资源整合与共享，完善科技“创新券”政策，提高“创新券”使用额度，增加受惠中小微企业的数量。

借鉴武汉光谷智慧园区经验，建立基于大数据的动态管理机制，掌握企业经营动态，及时提供精准服务。

（五）加快人才引进和培育，发展人才共享模式

发布青岛高新区“创业指数”“财富指数”，提升青岛高新区在新兴产业发展方面的影响力和知名度，吸引创新要素聚集。有选择地引进和建立相关学科的博士后工作站，引进和培养懂技术、懂产业、懂管理、熟悉科技服务操作的复合型科技服务人才、技术经理和技术经纪人才，加快推进科技成果转化。

持续实施科技特派员政策，帮助企业解决实际问题。

发展“领军人才 + 创新团队 + 优质项目”的引才模式，建设“科技领军人才创新工作室”和首席专家负责制的“新型科技智库”。构建高层次科技人才共享机制，探索异地技术入股、异地搭建创新团队和人才工位等人才共享模式的实践和创新。

地方智库服务科学决策的问题与对策研究

——以山东省为例

（2018 年 10 月 20 日）

内容摘要：［目的/意义］建设新型智库服务科学决策成为社会新热点，而当前地方智库由于缺乏组织引导，缺乏上报通道，缺乏处理反馈机制，缺乏评价激励制度，制约了其有效发挥建言献策、参政议政的作用。［方法/过程］对此，课题组以山东省为例，对新型智库建设问题进行了专项调查，并与省直有关部门和部分高校、科研院所、企业、社会组织负责人进行了座谈研讨。［结果/结论］针对上述问题，提出了建设地方新型智库体系、构建党政部门智库圈、完善智库人才评价与激励制度、健全智库经费管理机制、探索建立决策咨询委员会等对策建议。

新型智库是党和政府科学、民主、依法决策的重要支撑，是十八大以来中央重点推进的新的制度安排。与西方智库和古代智囊最大的区别在于，中国特色新型智库必须坚持党的领导和正确的政治方向，围绕大局和中心工作，服务于党和政府的科学决策。

为贯彻落实中央和山东省委决策部署，“新型智库建设研究”课题组就山东省新型智库建设问题进行了专题调查，调查对象涵盖山东省委党校、山东行政学院、山东社科院、山东省科学院、山东省科协、山东省宏观院、山东省社科规划办、山东省软科学办、山东省财政科学研究所以及山东大学、山东师范大学、山东财经大学、济南大学、鲁商经济研究所和山东省鲁南经济发展研究院等。通过与这些省直有关部门和部分高校、科研院所、企业、社会组织等层面的负责人进行座谈交流和深入研讨，大家认为，山东省地方新型智库建设已实现良好起步，各方面行动积极，但在实际建设中尤其是智库成果进入决策环节还存在一些困难和障碍，应该在下一步工作中重点研究解决，以便让智库在服务决策中实现更大更好的价值。

一、建设新型智库服务科学决策成为社会新热点

2015 年，国家和山东省先后出台《关于加强中国特色新型智库建设的意见》和《关于加强中国特色新型智库建设的实施意见》，对新型智库建设作出统一部署和具体安排。社会各界积极响应，许多企业、高校、科研院所、民间组织纷纷向智库转型，建设新型智库服务党和政府科学决策成为当前社会一个新的热点。

（一）各类研究机构加快向智库转型

智库的职能定位是决策咨询。为此，社会科学研究机构将目标重点转向服务决策。山东社科院提出要打造山东第一智库，实施基础理论研究和应用对策研究双轮驱动发展战略，配套开展“社会科学创新工程”，努力建设成山东省委、省政府的重要“思想库”和“智囊团”。山东省宏观经济研究院（下称山东宏观院）瞄准“山东有地位、全国有影响”智库建设目标，制定实施“精准服务”的 22 条，着力提出“有用管用”的政策建议。科学技术研究机构也开始强化决策咨询功能。山东省科学院实施“科技创新工程”，突出“科技 +”特色，以科技发展战略为核心主线，全力打造高端科技智库。越来越多高校加入决策研究咨询行列。山东大学发展研究院的主要定位就是紧紧围绕山东经济社会发展的实践，当好“思想库”和提供智力支持。2016 年初，山东省委宣传部组织遴选首批省级重点智库试点，全省共有 96 家单位符合条件得以申报，15 家最终入选，还有许多高校、企业和社会组织在积极努力争取达到申报标准。

（二）智库人才队伍加紧建设

智库建设，人才先行。山东省出台《关于加快智库高端人才队伍建设的实施意见》，计划用 3—5 年时间，围绕经济建设、政治建设、文化建设、社会建设、生态文明建设和党的建设 6 大领域，采取“首席专家 + 团队”的开发模式，打造一支熟悉省情民情、善于政策研究、具有专业化素养的智库高端人才队伍。2016 年，山东省首批遴选了 183 名智库高端人才，其中首席专家 17 名，岗位专家 58 名。同时，部分高校、社科院所也加强了智库人才的引进和培养。山东社科院依托“社会科学创新工程”，短短一年左右时间引进高学

历、高水平智库人才19人，成为建院以来人才引进层次和数量最高的一个时期。山东省科学院选聘国内20名顶尖科技政策专家以及国际知名智库专家8名，全力打造国内一流的科技智库专家队伍。山东大学卫生管理与政策研究中心选择若干名政策研究骨干，依托山东大学—瑞典Karolinska大学全球健康研究中心进行重点培养。

（三）智库体制机制加快探索创新

新型智库需要新的体制机制来保障。山东社科院建立“创新单位—创新团体—创新岗位”为主线的科研组织方式，创新人事管理制度，对创新团队与非创新团队人员实行分类管理，实行严格的“准入”“退出”制度，并建立过程报偿与目标报偿相结合的创新报偿制度。山东宏观院先后建立起了内部考核评比制度、专业技术人员绩效考核制度、业绩目标管理和通报制度，把决策应用作为评价业绩的首要指标。鲁商经济研究所通过建立公司化、市场化、专业化的运营体制机制，实现了经费来源、人才激励、成果转化、金融支持、“旋转门”用人等“五个多元化”建设。鲁南经济发展研究院建立了理事会制度，充分发挥了社会团体智库在开展业务、引人用人、财务管理等方面灵活自由的优势，充分激发了智库发展活力。2015年7月，山东社科院发起建立“山东智库联盟”，截至目前已有50余家成员单位，逐渐形成了人才交流、合作发展、服务决策的智库共同体。

（四）智库研究成果加速推出

智库成果成效开始显现。山东社科院注重扩大智库成果影响力，2015年在中央主要媒体发表成果15篇，比2014年增长200%，做到每月都能在中央主要媒体发出“山东声音”；同时还开展省情调研工作，大量调研报告提交省委、省政府领导参阅，2015年获得省级以上批示27项，比2014年增长56%。山东宏观院创立出版了《山东宏观经济研究报告》《山东服务业发展报告》和《山东区域经济发展报告》，定期推出《宏观经济动态》和《研究成果专报》，多份专报直接报送中办、国办，近30份研究报告获得省领导同志重要批示。山东省科协上报《科技工作者建议》43件、《院士建议直通车》5件，共获得省级以上领导批示21件次，多项研究成果进入省委、省政府决策部署。

二、智库有效发挥作用存在的制约和问题

智库的根本价值在于服务科学决策。调研中发现，现实中智库参与党政决策咨询还存在着一些问题制约，使得地方智库作用没有得到充分发挥。

（一）智库研究缺乏有效组织引导

一是新型智库体系建设还不健全。目前，新型智库建设刚刚起步，综合类和专业类智库、官方与民间智库、战略与策略智库如何进一步规划布局和协调发展尚未完全理清，甚至在创新发展、海洋科技等重要领域缺乏高水平智库布局。二是智库研究缺乏有效组织协调。当前，各类智库都有自身优势专长，研究侧重点多有不同，很多智库专家从个人爱好选题，大多数智库各自为战和独力攻关，缺乏协调配合和联合作战，导致各方研究成果要么不深入、要么不全面，同时存在重复研究、资源浪费现象。三是智库研究方向缺乏有效引导。当前，决策部门和智库之间缺乏全方位的沟通交流和供需对接机制，决策部门不了解智库机构能做什么，智库机构难以把握决策部门关注什么，造成智库研究方向聚焦度不够、随意性较强，与政府决策需求相偏离甚至脱节。

（二）智库成果上报缺乏有效通道

除了省委党校、行政学院、省宏观院等少数党委政府直属智库机构外，绝大多数的高校院所、科研机构以及企业和民间团体附属研究中心（院）等智库机构都缺乏直接呈送上报研究成果的顺畅通道。智库研究成果要么通过间接渠道或有关部门来上报呈阅，费尽周折，甚至出现专家建议以信访件的形式向上报送的尴尬情况；要么退而求其次，干脆不上报，转而发表学术论文和出版著作，造成很多优秀智库成果没有进入党委政府决策参考范围，严重制约了地方智库机构发挥应有的决策咨询服务作用。

（三）智库成果处理反馈机制尚未建立

一是缺乏智库成果接收处理的专门机构。目前，党委政府、人大、政协还没有成立专门的接收处理智库成果的相关机构，从而未能对智库成果进行有效筛选、分类和报送。二是缺乏智库成果处理机制。各级领导每天都会收到大量参阅文件和专家建议，数量越来越多。但由于领导精力和时间有限，不可能一一详览细阅和批示回复，加上缺乏相应筛选处理机制，造成大量优秀智库成果没有得到很好处置，甚至被遗漏舍弃。三是尚未建立智库成果反馈机制。智库专家很想了解研究成果有没有进入决策部署、有没有发挥作用、实际效果怎么

样，但经常上报智库成果后，就没有下文了。除了部分智库成果得到领导批示外，多数智库成果上报后没有后续反馈意见，打击了智库专家的积极性。

（四）符合智库特点的经费管理制度尚未建立

目前，智库大多以课题项目委托或者参与招标等形式开展政策咨询，而当前科研经费管理制度却成为制约智库建设的焦点问题。一是经费管理方式行政化，把科研经费管理完全纳入行政经费管理的轨道，不符合智库科研规律和特点，课题经费“难花”“花不出去”问题比较突出。二是经费管理制度教条化，把科研经费变成了单纯的“差旅费”和“印刷费”，从而导致很多科研人员为了报销经费而不断出差和重复调研，而出差调研必须住宿费和交通费同时具备方可报销，缺乏灵活变通。三是经费管理制度保守化，不能充分认识智库专家脑力劳动价值，政府决策咨询课题经费尚未纳入科技成果转化范畴，不能用作专家智力报偿，也缺乏有力的经费绩效激励。智库经费管理制度的缺失严重影响了智库科研人员的积极性。

（五）智库评价激励机制尚未形成

一是缺乏科学合理的智库评价考核体系。当前仍然把论文、项目经费、专利数量和获奖情况等传统指标作为智库人才评价标准，智库成果没有列入评价条件，这与智库功能定位要求严重不匹配。二是缺乏智库成果评选奖励办法。由于尚未制定官方统一的智库成果评选奖励办法，智库参与决策的效果和标准难以确定。个别制定智库成果评选奖励办法的，主要以领导批示作为衡量智库成果应用水平的唯一依据。三是尚未设立优秀智库成果奖。智库人才在决策咨询服务方面做了巨大贡献，但由于缺乏像优秀智库成果奖这样的专项奖励，其成果往往得不到学术界认可，很难获得与其决策咨询价值相匹配的专业技术职称，在评奖、评选、课题立项评审等方面受到限制。

三、更好发挥智库作用的对策建议

为全面贯彻落实省委、省政府《关于加强中国特色新型智库建设的实施意见》，坚持问题导向，着眼于突破地方智库发展障碍，更好发挥智库应有作用，特提出以下对策建议。

（一）统筹建设具有山东特色的新型智库体系

建议制定《山东省新型智库建设整体规划》，紧紧围绕“创新、协调、绿色、开放、共享”发展理念和区域重大发展战略，统筹规划布局，优化资源配置，避免重复建设和无序发展，形成布局合理、特色鲜明、协调发展、支撑有力的山东新型智库体系。一是统筹推进综合智库和专业智库建设。积极推进省委党校、社科院、科学院等综合性试点智库建设，做大做强科技创新智库、蓝色经济智库，加快建设文化智库、民生智库，大力培育绿色发展智库、开放发展智库，为打造山东特色优势提供全面保障。二是统筹推进官方智库和民间智库建设。统筹推进党政部门、社科院、党校、行政学院、高校院所等官方、半官方智库建设，提升它们的参政咨询和决策服务能力；规范和引导企业智库和社会智库健康有序发展，研究制定《山东省民间智库发展办法》，鼓励民间智库利用自身优势和独特身份，参与决策咨询研究和评估论证，支持民间智库为党委政府决策提供多维视角。三是统筹推进战略智库与策略智库建设。战略智库是指对前瞻性、远期性、储备性问题开展持续研究和提供决策咨询的智库机构，其重点任务是产生对中长期发展战略发挥作用的思想性、创新性成果；策略智库是指对当前具体性、短期性、紧迫性问题开展针对性研究和提供决策咨询的智库机构，重点任务是加强对专业领域和区域发展层面的谋划与思考。

（二）建立党政部门为核心，各类智库协调互动的运行新机制

为改变当前智库研究分散孤立局面，建议重点打造“三条主线”，将各类智库组织整合起来，串点成线、连线成面，打通智库建言献策的渠道，切实形成以服务党和政府决策为宗旨，以政策研究咨询为主攻方向的新型智库组织运行机制。一是围绕全局性、战略性、关键性问题，充分发挥省委政研室、省政府研究室（简称“两室”）服务省委、省政府重要决策的中枢作用，建立两室与全省智库联合调研机制和重要任务委派机制，逐步形成以两室为核心，众多战略智库和策略智库有力支撑的重大决策服务智库群。二是围绕职能部门决策领域，以发改、经信、教育、科技、民政、人社等各个政府决策部门为核心，坚持服务中心工作，满足职能部门决策需求，形成一个个以官方智库为主体，多种智库有力支撑的智库圈。各个政府决策部门面向各自决策领域，充分依托自身平台载体、项目计划、渠道机会等资源，加强相关智库的聚拢和整合力度，加强对智库研究的组织引导，加快智库基地建设和人才培养，不断提升专业化高端智库决策咨询服务水平。三是围绕基础性、理论性和长期性问题，充分发挥省社科联、省科协、省智库联盟、研究会、学会、行业协会等各类山东智库群团组织和平台作用，有效组织和引导高校、科研机构、企业和社会智库开展自由探索、持续跟踪、交流融合和联合研究，不断提升决策影响力和公众

影响力，打造地方新型智库共同体。

（三）完善智库人才评价与激励制度

一是出台智库人才评价指导意见。建议建立完善符合智库人才特点的决策部门、社会和行业认可的评价方式。完善智库人才评价标准和办法，克服唯学历、唯职称、唯论文等倾向，对于智库人员的认定更多体现在决策影响力上，例如智库成果获得领导的批示次数、智库人才参与承担政府决策咨询的次数及层次。

二是建立智库人才考核和晋升机制。建议探索建立智库人才聘用、职称评定、薪酬等管理制度，研究制定具体办法，将党委、政府采纳情况作为考核研究人员工作、晋升专业技术职务等的重要依据。加大智库人才服务党政决策的工作任务、影响力和成果在工作量统计、职称评聘、职务晋升、人才工程入围评选和表彰奖励中的评价权重。

三是建立优秀智库成果奖励制度。建议加大省社会科学优秀成果奖、省科学技术奖等对重大决策应用成果的奖励力度，研究设立智库成果奖励专项，对于优秀决策咨询成果进行奖励表彰和后补助经费支持。

四是建立智库人才"旋转门"制度。建议打破户籍、地域、身份、学历、人事关系、年龄等制约，探索建立党政机关、企事业单位、社会各方面人才流动渠道，推动党政机关与智库之间人才有序流动，有计划地推荐智库专家到党政部门挂职任职，支持有研究能力的党政领导干部、国有企业高管离任后经批准到智库从事研究工作。

（四）完善智库经费管理机制

一是加强智库建设经费扶持。建议结合全省事业单位分类改革，省财政根据不同类型智库的性质和特点，对省级重点智库给予一定经费扶持。设立新型智库发展基金，探索建立长期跟踪研究、持续滚动资助、后端奖励的新型科研资助模式。

二是设立智库研究计划项目。建议省哲学社会科学规划项目、省软科学研究计划设立智库研究专项，对省委、省政府亟须解决的重大课题实行重点资助。省委政研室、省政府研究室等部门可以每年通过智库项目委托、招标等形式，对承担项目研究任务的智库给予适当经费资助。

三是完善智库经费管理机制。建议科学合理编制和评估经费预算，规范直接经费支出管理，发挥绩效支出的激励作用。推进省级科研项目经费管理改革，完善间接费用管理，对劳务费不设比例限制，调整劳务费支出范围，将临时聘用人员的社会保险补助纳入劳务费科目中列支。充分尊重和合理评估智库工作者的智力劳动价值，在首批新型智库建设试点中，绩效支出可按不低于项目经费40%核定。纳入“四技”合同范畴的政府委托课题可作为省级试点智库成果转化方式，享受山东省科技成果转化相关奖励政策。

四是制定政府向智库购买决策咨询服务的指导意见。建议凡属智库提供的咨询报告、政策方案、规划设计、调研数据等，均可纳入政府采购范围和政府购买服务指导性目录。建立按需购买、以事定费、公开择优、合同管理的购买机制，依法采用公开招标、邀请招标、竞争性谈判、竞争性磋商、单一来源等多种方式购买。

（五）建立省决策咨询委员会

要站在全省高度，明确省决策咨询委员会的职能定位，它不同于自然科学、社会科学研究机构，而是统筹谋划全省新型智库建设的官方“智库”，是组织推进智库建设的主要抓手，是服务党政决策咨询的组织协调机构，是连接决策部门和各类智库的关键渠道。省决策咨询委员会由省委宣传部、省委政研室、省政府研究室、省发改委等党委政府部门专员组成，下设办公室，负责委员会各项日常工作的组织、协调和服务。省决策咨询具体职责包括：一是加强对新型智库的研究、规划和指导。决策咨询委员会研究和起草新型智库发展的规划、实施意见、管理办法和相关政策文件。定期召开智库发展联席会议，对智库发展中的重大问题进行协商研讨，加强推进新型智库建设的工作部署和指导。二是建立重大决策需求发布机制。建立全省决策咨询类研究课题发布平台，围绕省委、省政府重大决策需求，编制重点调研课题及决策咨询研究计划。强化委员会在政府部门与各类智库之间的中枢纽带作用，由委员会牵头组织重大调研课题，发挥各类智库的特色优势，合作分工、联合攻关。三是建立智库成果直通车制度。搭建山东省智库网络平台，建立全省智库成果收集整理、审核报送、成效反馈制度，汇编《智库直通车》，定期报送省委、省政府和国家有关部委，加大智库成果精准报送，提高成果应用转化效率。四是建立对智库的评估评价机制。加强对智库机构的评价督导，建立智库研究成果评价机制，成立智库成果评审委员会，设立智库成果评审专家库，对在服务科学决策、推进改革发展中做出重要贡献的智库给予重点支持和奖励。

（李钊、李海波、马羽、汝绪伟、陈娜）

四、企业与产业篇

我省规模以上工业企业技术创新基本情况分析及与粤、苏、浙比较研究*

内容摘要：工业企业是支撑技术创新、产业发展的重要力量，其技术创新能力对我省技术创新体系建设、产业转型升级都具有举足轻重的作用。本报告选取部分代表性指标，采用中国统计年鉴、工业企业科技活动统计年鉴以及四省统计年鉴数据，利用统计比较、计量等方法，对我省与广东、江苏、浙江三省规模以上工业企业的技术创新情况进行了对比分析，并就发现的问题提出了相应建议。

一、规模以上工业企业技术创新基本情况比较

（一）R&D 经费投入情况

R&D 经费投入水平是衡量企业创新能力的重要指标。从投入总量分析，我省 2012 年规模以上工业企业 R&D 经费支出①为 906 亿元，在四省中位居第 3；其中江苏为 1080.3 亿元，广东为 1077.9 亿元，浙江为 588.6 亿元。再看规模以上工业企业 R&D 经费支出平均值，如图 1 所示，广东、江苏、浙江分列第 1、3、4 位；我省居第 2 位，与江苏相差不多。

R&D 经费支出额占主营业务收入的比重代表企业研发投入的强度。由图 1 可知，广东在 2011 年、2012 年两年中该值均最高，其中 2012 年达到 1.15%；浙江居第 2 位，2012 年达到 1.02%；江苏居第 3，2012 年达到 0.91%；我省

* 本文为山东省软科学重点项目“山东省科技成果转化动力机制研究”（编号：2013RZC01001）的研究成果之一。

① 规模以上工业企业 R&D 经费支出来源包括：政府资金、企业资金、国外资金和其他资金。

2012 年仅为 0.77%，位居四省末位。另外，与 2011 年相比，2012 年其他三省该指标都得到了较大幅度提高，尤其是浙江省提高了 0.15 个百分点；我省仅增长了 0.03 个百分点，增幅最小。

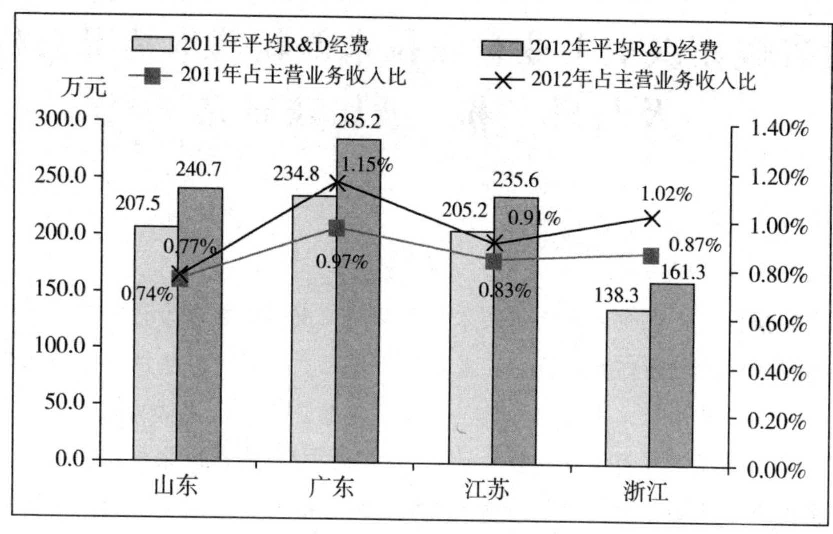

图 1　2011、2012 年四省规模以上工业企业 R&D 投入情况

数据来源：《中国统计年鉴》。

（二）技术创新成果产出情况

专利是衡量企业技术创新能力的指标，而有效发明专利更是反映企业技术创新实力的代表性指标。根据统计数据，我们分别计算了四省规模以上工业企业平均专利申请数、平均发明专利申请数和平均有效发明专利数三个指标，结果如图 2 所示。广东省 3 项指标均远远高于其他省份，尤其是平均有效发明专利数位居第 1；江苏、浙江则专利申请数量较多，说明其具有较强创新潜力；而我省 3 项指标均大幅低于其他三省，说明我省规模以上工业企业创新实力和潜力仍相对较弱。

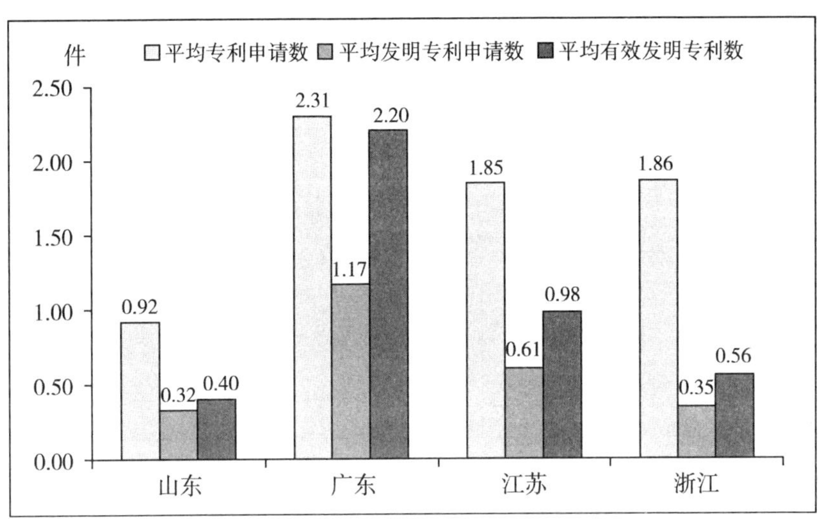

图2　2012 年四省规模以上工业企业专利情况

数据来源：《中国统计年鉴》。

（三）技术创新产业化情况

我们选用新产品销售收入作为技术创新产业化的代表性指标，计算四省规模以上工业企业新产品平均销售收入及占主营业务收入的比值，结果如图 3 所示。2011、2012 年，广东、江苏两省规模以上工业企业平均新产品销售收入分列前两位；我省与他们有较大差距，仅略高于浙江。从新产品占主营业务收入的比值分析，浙江省最高，2012 年达到 20%；其次为广东和江苏，分别达到 16% 和 15%，两省均比 2011 年有一定幅度提高；我省在 2011、2012 两年中均为 11%，位居四省末位。

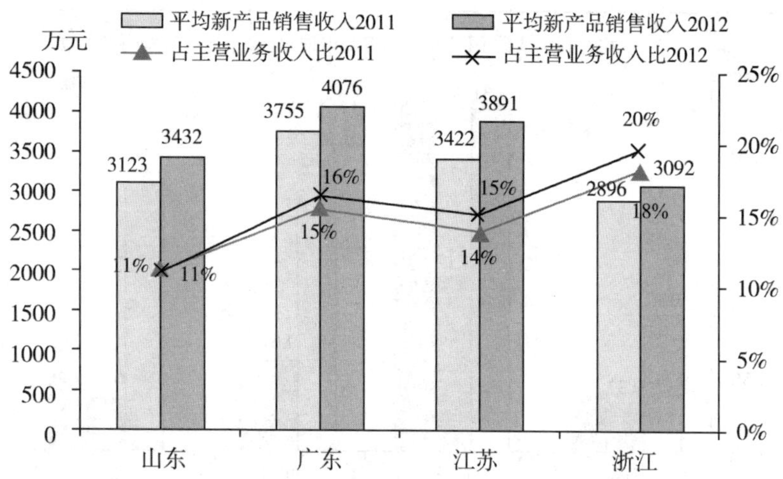

图3 2011、2012 年四省规模以上工业企业新产品销售收入

数据来源：《中国统计年鉴》。

二、技术创新效率比较分析

为更直观地比较四省规模以上工业企业技术创新投入产出效率情况，本部分利用计量方法，以全国31省区（港、澳、台数据未纳入）的“规模以上工业企业R&D经费支出”作为投入变量（x），以“有效发明专利拥有量”和“新产品销售收入”作为产出量（y），分别确定计量模型，据此比较四省规模以上工业企业的技术创新效率。

（一）技术创新成果产出效率

图4为有关省份规模以上工业企业R&D经费支出与有效发明专利拥有量之间关系的散点图，据此可建立回归模型 $y=48.326x-2281.2$，拟合相关系数达到0.74，说明拟合度较好。模型表明，每增加1亿元研发经费投入可带动48.326件有效发明专利。

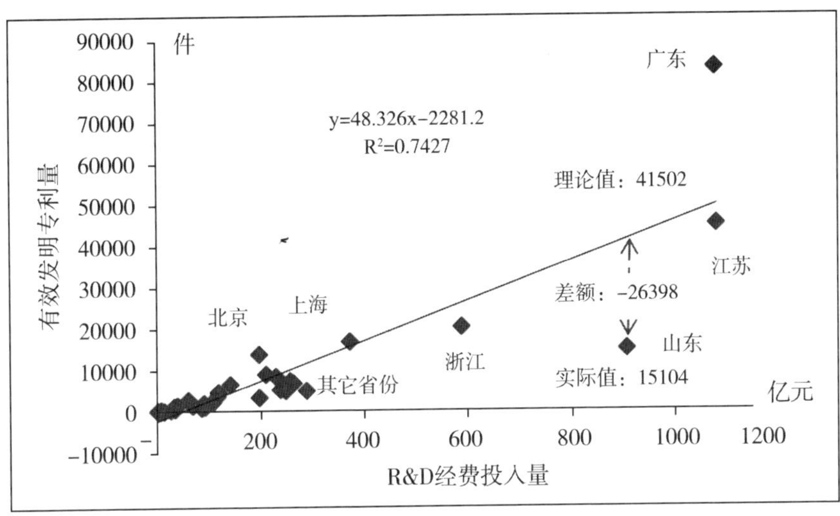

图4　2012年全国31省区规模以上工业企业成果产出效率

数据来源：《中国统计年鉴》。

从图中可以发现，四省中仅广东省在拟合线上方，超过预期值，说明其具有较高的投入产出率；我省与浙江、江苏则均在拟合线下方，均未达到预期值，说明科技投入产出率仍较低。分别将四省规模以上工业企业R&D投入额带入公式，计算出各自潜力值。广东省超出预期值33465件，江苏、浙江则分别与预期值相差4790和5629件，而我省差值则高达26398件，可见我省技术创新成果产出效率亟待提高。

2. 技术创新产业化效率

图5为规模以上工业企业R&D经费支出与新产品销售收入之间的散点图，可建立回归模型为：$y = 1.586x - 54.078$，拟合相关系数高达0.97，具有较强的拟合度。模型表明，每增加1亿元研发经费投入可增加1.586亿元的新产品销售收入。

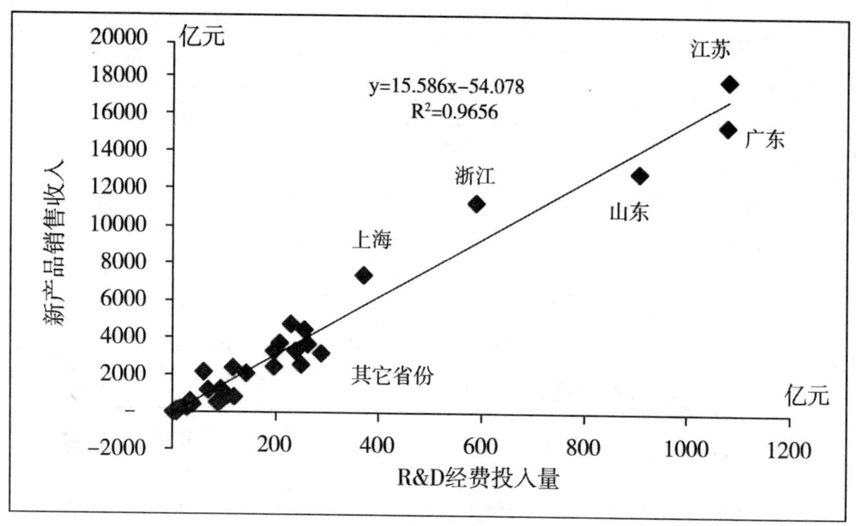

图 5　2012 年全国 31 省区规模以上工业企业创新产业化效率

数据来源：《中国统计年鉴》。

图 5 也显示，我省与广东位于拟合线下方，未达到预期值，而江苏、浙江分别超出 2158、529 亿元。我省与江苏、浙江分别相差 1154、1345 亿元，仅稍优于广东。

三、原因分析

（一）政府 R&D 经费投入带动能力偏弱

在经济转型升级阶段，高强度的 R&D 投入是一个地区经济持续增长的一个重要因素。由于研发活动的高风险性及外溢性，财政投入的引导作用必不可少，同时也需要带动社会资本的广泛参与。我们用规模以上工业企业 R&D 经费支出额与政府投入资金之比代表政府资金带动能力。

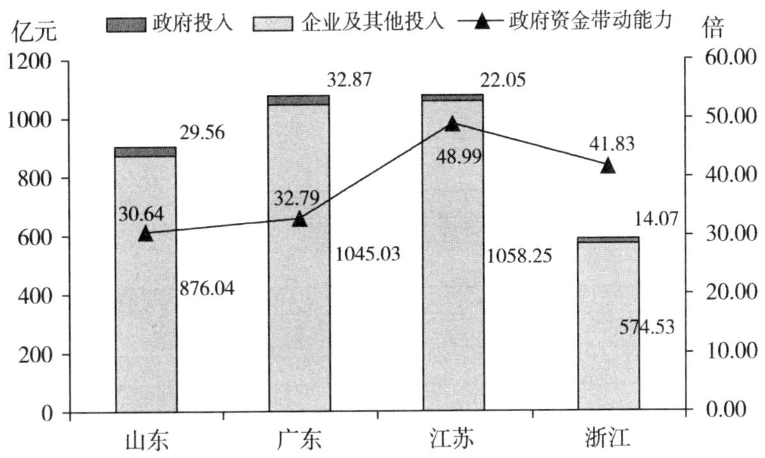

图6　2012 年四省政府 R&D 投入带动作用

数据来源：《工业企业科技活动统计年鉴》。

图6 显示，2012 年我省对规模以上工业企业 R&D 投入额度仅次于广东省。但从政府资金带动能力来分析，江苏水平最高，浙江次之，分别为 47. 2 和 42. 57；广东省为 32. 79，位列第 3；我省带动能力四省中最弱，为 30. 64。另外，与 2011 年相比，2012 年我省政府资金带动能力从 35. 81 下降到 30. 64，下降幅度较大，而其他三省则都比较稳定或有较小幅度提升。

（二）政府 R&D 经费投入结构不合理

按照主营业务收入水平分类，规模以上工业企业又可分为大型、中型、小型和微型。据统计，2012 年我省规模以上工业企业中，大型企业为 938 家，中型企业为 4411 家，小微企业为 32276 家。

按照大型、中型、小微企业的分类，对四省政府 R&D 经费投入结构进行分析，结果如图 7 所示。山东省 2011、2012 年分别为 4. 9 ∶ 1. 5 ∶ 1 和 5. 1 ∶ 1. 4 ∶ 1；广东省分别为 2. 6 ∶ 1. 6 ∶ 1 和 2. 7 ∶ 1. 5 ∶ 1；江苏省分别为 1. 4 ∶ 0. 9 ∶ 1 和 1. 8 ∶ 1 ∶ 1；浙江省分别为 0. 9 ∶ 0. 8 ∶ 1 和 1. 1 ∶ 1. 1 ∶ 1。由此可见，我省大量政府科技投入仍较多用于大型企业中，而其他三省，尤其是浙江和江苏的科技投入结构则比较均衡。

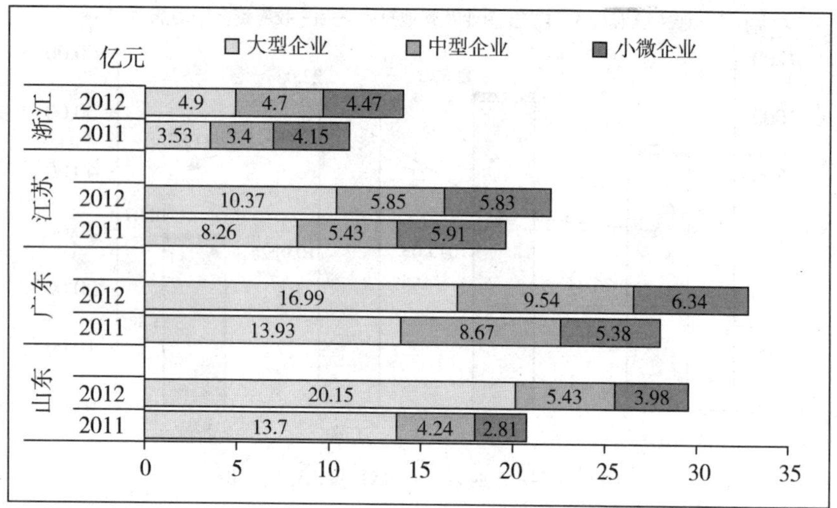

图7　2011、2012 年四省政府对不同规模企业 R&D 投入结构

数据来源：《工业企业科技活动统计年鉴》。

从创新产出角度分析，我省政府投入到大型工业企业的研发经费与广东相差不多，但 2012 年大型工业企业有效发明专利数仅为 7238 件，而广东省则高达 62652 件，是我省的 8.7 倍；此外广东中型和小微企业有效发明专利数分别为我省的 2.8 倍和 2.4 倍。江苏、浙江小微企业有效发明专利量分别占总量的 68.7% 和 73.4%，说明在这些地方小微企业已成为创新产出主体。由此可见，大量科技资金投入大型工业企业未必能发挥最佳效益，而其对中小微企业投入的挤占可能会更加得不偿失。

（三）研发机构与研发人员数量偏少

研发机构是企业创新的重要载体，研发人员则是其创新的重要智力资源，两者相辅相成，共同支撑着企业技术创新活动。

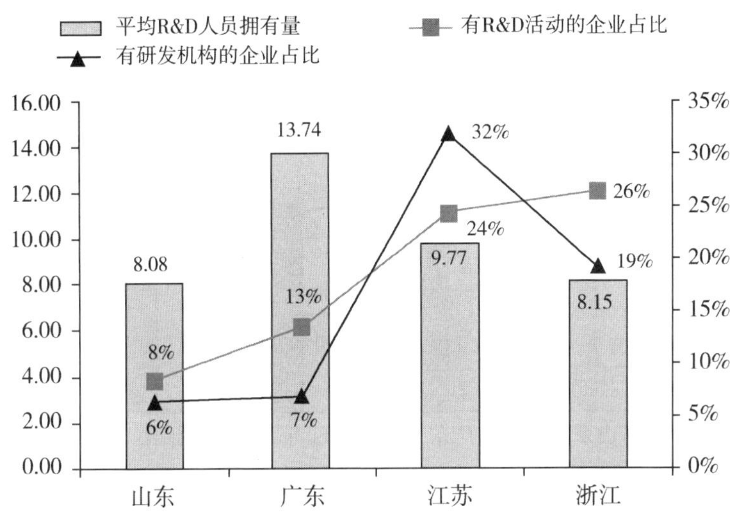

图 8　2012 年四省规模以上工业企业研发活动及人员情况

数据来源：《工业企业科技活动统计年鉴》。

由图 8 可知，我省平均每个规模以上工业企业仅有 8.08 名 R&D 人员，有 R&D 活动及研发机构的企业数占总量的比分别仅为 8% 和 6%，均低于其他三省，这成为我省规模以上工业企业技术创新的重要制约因素。

（四）政策落实差距显著

政策环境对集聚科技型企业和引导企业开展技术创新的影响至关重要。本部分计算了规模以上工业企业享受“研发费用加计扣除减免额”“高新技术企业减免税”平局值以及两项税收优惠占税收总收入之比，用来反映优惠政策落实力度。

如图 9 所示，从规模以上工业企业平均享受两类税收优惠额看，广东在高新技术企业减免额方面做得最好，而其研发费用加计扣除额则比浙江省略少；再看两项税收优惠占税收收入之比，浙江省在四省中占绝对优势。而我省以上指标均不占优且差距较大，说明我省支持企业创新的相关税收优惠政策落实仍需进一步加强。

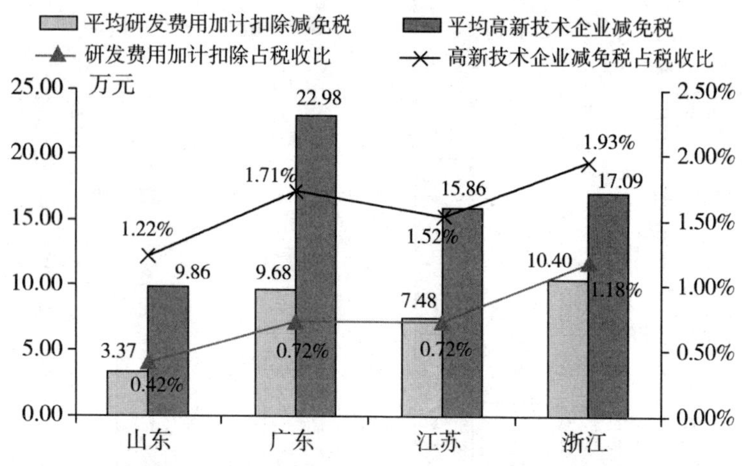

图9　2012年四省规模以上工业企业落实政策情况

数据来源：《工业企业科技活动统计年鉴》。

我们通过向我省企业发放调查问卷①，对研发经费加计扣除减免、高新技术企业减免税两类政策的落实情况进行了调查。结果显示，两类政策的知晓度分别为57%和66%，而兑现率则为56%和64%。企业认为，“本企业不满足享受该项政策的要求”是其主要原因，“操作流程不明确，政策条款太复杂，政策手续太烦琐，政策执行时间太长，企业享受到该政策成本高”和“不知道该政策”也是其重要原因。可见，我省创新政策落实难原因是多方面的，需要综合考虑并有针对性地加以解决。

四、对策建议

（一）改进财政科技资金资助方式，有效提升政府投入带动能力

要厘清市场和政府投入的边界，明确政府资金发挥主导作用和引导作用的领域，实现财政科技资金效益最大化。对基础前沿研究和公益性项目以及重大创新平台，主要采取无偿资助方式进行稳定连续支持；对重大关键技术研发和成果转化及产业化、市场化的创新项目，采取政府先期引导资金支持、贴息、奖励等多种方式支持；突出科技金融紧密结合，探索财政科技资金使用方式的多样性和有偿性，引导社会资源聚焦科技创新。

（二）调整财政资金投入结构，加大对科技型中小微企业的支持力度

一方面，要对大型企业逐步减少财政科技投入比例，主要采用奖励、后补

① 共发放问卷1000份，有效回收434份。

助等方式进行支持，并使支持资金主要用于后续研发，引导企业充分发挥其资金、人才优势加快创新。另一方面，要根据科技型中小微企业的特点，加大扶持力度，并加快知识产权质押融资、风险投资等多种科技金融形式的发展，重点加大对公共技术服务平台建设、孵化器功能提升、风险投资基金规模扩大、专利代理服务业发展等方面的扶持力度，加快提高中小微企业创新能力。

（三）以企业为重点加强创新平台建设，提升高端要素集聚能力

一是要推进企业创新平台的市场化、企业化改革，进行法人化注册、规范化建设、课题制管理和绩效化评价，引导企业改造、建设创新平台，激发社会参与创建平台的积极性，提升创新平台社会服务功能。积极推进产业技术创新战略联盟、工研院等新型研发组织建设。二是要引入标准化质量认证标准和管理体系，推动工程技术研究中心提质升级，提升平台科研水平，增强其对行业、区域的辐射带动作用。三是要突出特色优势，进一步完善省级重点实验室布局，争取更多省队进入国家队，并与工程技术研究中心等平台建设相衔接，打造完整创新链条。

（四）针对关键制约环节，创新政策落实机制

针对调研中发现的问题，一是要积极鼓励、引导企业向科技创新方向发展，最大程度地发挥税收政策的杠杆作用。二是要求企业合理划分与其他部门人员的各类费用以及不属于技术开发阶段或者说是产品开发成功后所发生的费用，以此明确责任，切实消除技术开发费抵扣的相关问题。三是进一步加强部门间沟通协调，简化政策办理流程，减少政策执行时间，提高政策兑现率。四是借助信息化手段，加大科技创新税收优惠政策的宣传，切实让企业知晓和掌握相关政策。

（山东省科技发展战略研究所白全民、孔凡萍、贾永飞）

山东省产业技术创新战略示范联盟创新评估与对策*

（2015 年 11 月 11 日）

内容摘要：联盟是在产业协同创新层面进一步落实国家以及我省创新驱动发展战略的有力举措，它通过龙头企业的带动作用，协同攻关产业关键共性技术，打通制约产业快速发展的瓶颈，正成为推动传统产业转型升级的重要力量和带动战略性新兴产业快速发展的新型组织载体。但不可否认的是，我省的联盟在发展的过程中，存在着目标定位不清晰、产学研结合不密切、联盟认定管理不规范等缺点。在此背景下，在对我省联盟发展情况全面把握的基础上，通过对联盟发展绩效进行评价，客观分析我省联盟发展中的主要问题，提出我省联盟发展的对策建议，对科技管理部门优化联盟管理体制机制，制定相关政策具有重要的决策支撑作用。

一、基本情况与评估背景

从 2007 年我国首批成立钢铁、化工、煤炭及农业装备 4 个领域的产业技术创新战略示范联盟以来，至今全国共成立产业示范联盟达几百家，其中国家级示范联盟已达 146 家，集聚了 5000 多家企业、高校和科研院所，产学研集聚创新要素能力显著。在联盟的规范管理和支持方面，国家科技部联合六部委共同发布了《关于推动产业技术创新战略联盟构建的指导意见》和《关于推动产业技术创新战略联盟构建与发展的实施办法（试行）》；我省于 2009 年出台了《山东省关于推动产业技术创新联盟构建的实施意见》和《山东省推进产业技术创新战略联盟工作管理办法（试行）》，并组织开展了产业技术创新

---

* 本报告是山东省软科学研究计划重点项目“山东省产业技术创新战略示范联盟发展战略与对策研究”（编号：2014RZC01001）的研究成果之一。

战略联盟构建工作。目前，我省公布了3批产业技术创新战略示范联盟，数量达134家，其中由我省企业牵头的17家联盟被科技部批准为国家试点联盟。

二、山东省产业技术创新战略示范联盟发展现状

（一）山东省创新联盟发展现状分析

省联盟共134家，其中青岛8家不参与调查，所以参与本课题分析的联盟共126家。

1. 联盟的区域及地市分布

根据《山东省关于推动产业技术创新战略联盟构建的实施意见》（鲁科政字〔2009〕112号）等文件的精神，省科技主管部门积极推动和引导创新联盟的组建和发展，从2009年至今，省科技厅共认定了3批134家联盟，其中国家级联盟有17家。如图1所示，我省联盟分布较多的地市是济南市和潍坊市，分别以30家和16家排名前两位，占省级联盟的比重分别为22.39%和11.94%；其次，淄博、德州、青岛、烟台等城市的联盟发展也较为迅速。

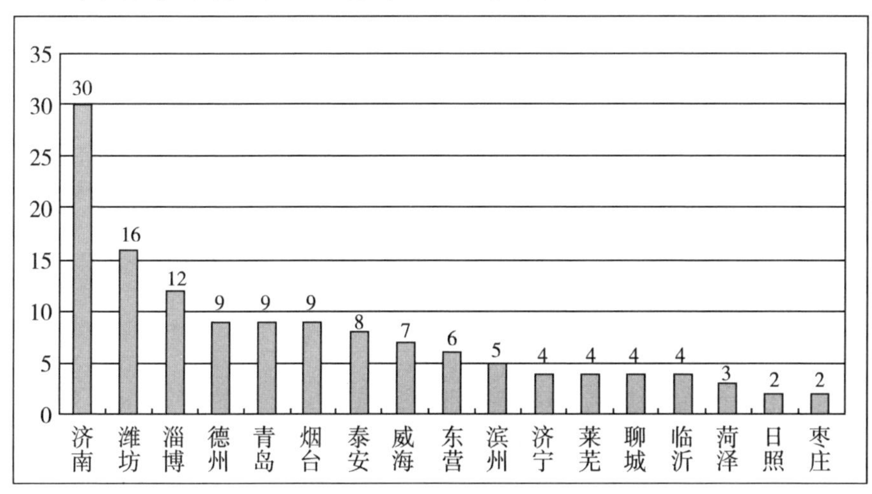

图1　山东省产业技术创新战略联盟地市分布

在国家级联盟分布中，潍坊市以4家排名首位；其次是济南和青岛分别有3家，烟台和威海分别有2家，临沂、德州和聊城分别有1家。

表 1　　　　山东省产业技术创新战略联盟区域分布

区域	省级联盟	占比	国家联盟
黄河三角洲高效生态经济区	22	16.42%	4
蓝色半岛经济区	50	37.31%	10
省会城市群经济圈	72	53.73%	5
西部隆起带	26	19.4%	3

如表 1 所示，在区域分布中，省会城市群经济圈共有 72 家省级联盟，占比为 53.73%，其中国家级联盟 5 家；其次是蓝色半岛经济区共有 50 家省级联盟，占比为 37.31%，其中国家级联盟为 10 家；西部隆起带、黄河三角洲高效生态经济区的省级联盟也分别有 26 家和 22 家，国家级联盟分别有 3 家和 4 家。

2. 联盟的行业分布

我省 134 家联盟共分布于 16 个行业领域中。如图 2 所示，农林牧渔业及加工领域共有 30 家联盟，全省占比 22.4%，是我省联盟分布最多的行业。其次是化工和新材料，分别有 17 家联盟，占比 12.7%；轻工有 15 家联盟，占比 11.2%。

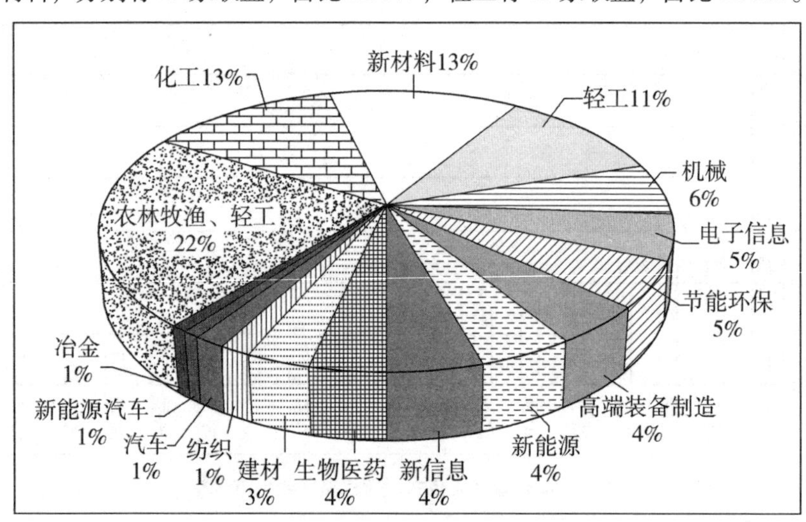

图 2　山东省产业技术创新战略联盟行业分布

从传统产业和战略性新兴产业视角看，传统产业领域共有联盟 89 家，占比 66.4%，主要分布在农林牧渔、化工、轻工、机械等领域；战略性新兴产业共有联盟 45 家，占比 33.6%，主要分布在新材料、节能环保、高端装备制造、新能源、新信息等领域。

3. 联盟的创新项目投入

根据按照协议约定开展工作的情况，有108家联盟正常开展，仅有3家联盟的工作开展滞后。75家联盟科研经费到位100%，25家联盟科研经费到位80%，累计投入研发经费87.66亿元，累计投入研发经费22711人。开展合作创新项目1365项，其中政府科技计划509项、联盟自行组织开展856项。

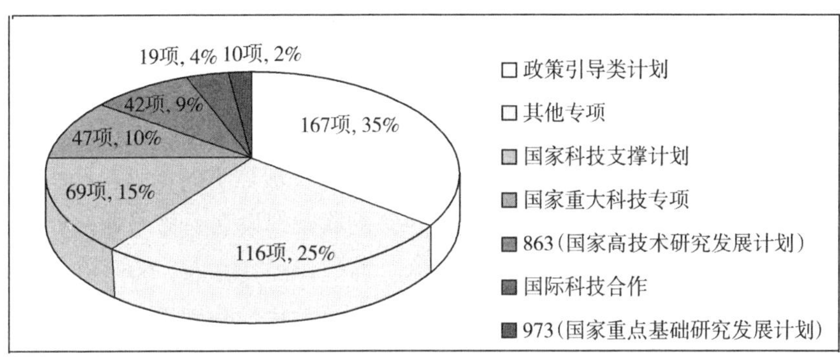

图3　山东省产业技术创新战略联盟承担国家科技计划情况

如图3所示，我省创新联盟承担国家级科技计划470项。政策引导类计划有167项，占比35%，主要包括星火计划、火炬计划、科技惠民计划、国家重点新产品计划和国家软科学研究计划；其次是其他专项，共有116项，主要包括科技型中小企业技术创新基金、科研院所技术开发研究专项资金、农业科技成果转化资金、国家重大科学仪器设备开发专项等。国家科技支撑计划、国家重大科技专项、“863”计划等对地区科技发展支持力度较大、带动作用较大的科技计划较少，分别有69项、47项和42项。

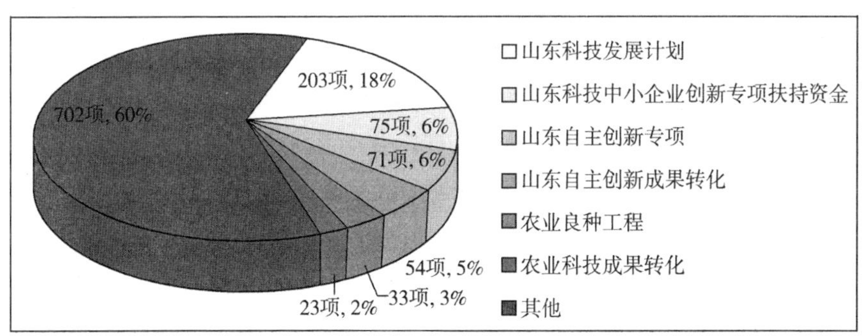

图4　山东省产业技术创新战略联盟承担省级科技计划情况

如图4所示，我省创新联盟承担省部级科技计划1161项。山东科技发展计划的数量最多，以203项排名第1位，占比18%；其次是山东科技中小企业创新专项扶持资金、山东自主创新专项，数量分别为75项和71项；而山东自主创新成果转化的数量为54项，占比仅为5%。我省在农林牧渔业的联盟较多，但农业方面的科技计划较少，农业良种工程和农业科技成果转化仅为33项和23项；其他类的科技计划达702项，占比60%，主要分布在山东省自然基金以及软科学研究重大、重点等项目中。

4. 联盟的管理机制建设

经过几年的发展，联盟内部的运行、管理机制逐步建立健全。在运行管理方面，118家联盟理事会、专家委员会平均人数分别达15人、12人，每年召开1次以上的会议研究联盟建设工作；94%的联盟都设立了秘书处，专职人员平均3人，办公场所面积平均171平方米。在运行经费方面，60%以上的联盟的运行经费由牵头单位承担，采取盟员费和分摊方式的分别占21%和13.4%。在规章制度方面，90%以上的联盟都建立了组织机构工作规则及项目管理、经费管理、人员管理、知识产权管理制度等，超过60%的联盟建立了利益分配和风险管理制度，超过40%的联盟设有门户宣传网站。

（二）山东省创新联盟建设成效概述

1. 联盟成为促进产学研协同创新的有效载体

据统计，118家联盟共集聚企业1606家、高校院系358家、科研院所330家，通过加强产业链上下游有机结合，整合产业创新资源，构建了产学研用结合、上中下游衔接、大中小企业合作的创新生态系统。2011—2013年，118家联盟累计投入研发费用85.6亿元，参与研发人员21953人，组织开展合作创新项目1849项，建立研发平台330个，突破制约产业升级的关键技术1090项，取得核心技术成果903项，获得专利5901件。如国家玉米技术创新示范联盟，其31家成员涵盖教学、科研、推广及产品深加工整个产业链条，围绕产业链共开展19项科技合作攻关，形成了品种研发培育、种子生产加工、栽培管理、产品加工及深加工等产学研用的创新产业链。

2. 联盟成为促进产业转型升级的推动力量

目前，118家联盟涉及不同行业、不同区域、不同层次的产业链共209条；其中属于战略性新兴产业的有50家联盟，涵盖产业链78条，全部为我省战略性新兴产业的关键领域。如磁电与低温超导磁体产业技术创新联盟，研发了低温超导磁选机、提精降渣磁选机等设备，技术达国际先进水平，获得专利授权 18 项，累计销售收入 6.5 亿元，为矿业集团创造经济效益 170 亿元。淄博市以建设联盟、培育新兴产业集群为重点，在促进新兴产业发展方面走出一条特色之路。该市在新材料、电子信息、新能源等 5 个产业领域打造了 22 条高新技术产业创新链，首批安排项目 121 项，市财政投入专项资金 1 亿元，项目总投资达 148.8 亿元。

3. 联盟成为促进科技成果转化的重要抓手

联盟间积极组织开展关键共性技术联合攻关，推动成果向中小企业扩散辐射，带动产业整体技术进步。2011—2013 年，118 家联盟共组织对外技术转移 445 项；制定标准 568 项，其中国际标准 8 项、国家标准 122 项、行业标准 171 项；形成技术规范 278 项；推广应用技术标准 279 项。如阿胶产业技术创新联盟共组织对外技术转让 19 项，技术标准对外推广应用 14 项，新产品示范应用 10 项，有效带动了行业内技术水平的提高和技术标准的应用。功能糖技术创新战略联盟通过加大与中下游单位合作，新制定的赤藓糖醇、结晶果糖等 9 项标准被推荐为国家标准和行业标准，大大提升了产品质量。

4. 联盟成为科技资源开放共享的新平台

资源整合、开放共享是联盟合作创新的重要任务。2011—2013 年，118 家联盟共享知识产权 1923 件，实现交叉许可专利 797 件，建立专利池及共享专利库 471 个；组织共享大型仪器设备 14185 台（套），设备价值 70 亿元以上；共建各类研发平台 330 个，其中国家级研发平台 57 个、省部级平台 175 个。例如缓控释肥产业技术创新联盟成员间共建了国家缓控释肥工程技术研究中心和土肥资源高效利用国家工程实验室等国家级科研平台，共享科研设备 125 台（套），强化了成员间的合作创新，节约了研发成本，提高了创新效率。

5. 联盟成为实施重大科技计划的新型组织

联盟作为产学研紧密结合的新型组织形式，通过承担重大科技计划，在加大科技投入、发挥财政资金杠杆作用方面表现突出。据统计，2011—2013 年，我省联盟共承担国家级科技计划 152 项，争取资金 6.9 亿元，企业配套资金 15.4 亿元；共承担省部级科技计划 247 项，争取资金 3.9 亿元，企业配套资金 14.4 亿元；联盟自行组织开展合作项目 819 项。如商用汽车及工程机械产业技术创新联盟承担的国家科技支撑计划项目“通用的商用车与工程机械模块化混合动力总成”总投入 5.8 亿元，其中国拨经费 7734 万元、企业配套资金

4.8 亿元。航空航天新型材料产业联盟共承担国家项目 4 项，获批资助资金 3995 万元，企业自主配套资金 1.01 亿元。

（三）联盟评估结果及主要问题

1. 联盟评估结果概述

通过以上对我省联盟的绩效进行分析评价，从联盟所在的行业看，发展较好的联盟主要分布在战略性新兴产业，如节能环保、高端装备制造、新信息、新材料等。传统行业中，农林牧渔、化工、机械制造等行业发展较好。我省联盟的发展水平分为 4 个档次：优秀、良好、一般、较差。优秀联盟排名 1—30 名，主要分布在济南、潍坊等城市，以国家级联盟为主，如数控成形冲压装备产业技术创新战略联盟、存储产业技术创新战略联盟、食用植物油产业技术创新战略联盟；也有部分非国家级联盟的发展绩效较好，如医药包装材料产业技术创新战略联盟、地方猪产业技术创新战略联盟、中小机床产业技术创新战略联盟等。良好的联盟排名 31—60 名，主要分布在济南、聊城、泰安等城市，如大豆产业技术创新战略联盟、阿胶产业技术创新战略联盟等；一般的联盟排名 61—100 名；较差的联盟排名101—126 名的联盟，包括已经解散和停止运行的 8 家联盟。

2. 联盟建设的制约问题

（1）联盟建设的制约问题——宏观环境

一是政策扶持体系还不完善、不健全。目前，联盟发展主要由科技部门推动，其他部门实质性参与不多；支持方式主要是承担科技计划项目，手段比较单一；联盟的影响力在一定范围受到局限，促进联盟快速发展的政策环境尚未形成。北京中关村和天津滨海新区等地都出台了进一步加快联盟发展的意见，明确了对联盟的扶持措施。我省在 2009 年出台《山东省关于推动产业技术创新战略联盟构建的实施意见》和相应的管理办法，启动了联盟认定工作，但至今还没有出台联盟在重大科技项目申报、专项资金扶持、创新平台建设等方面的针对性政策；大部分地方政府对联盟的倾斜支持政策也比较少。

二是缺乏顶层统筹规划布局，联盟缺乏创新活力。多数联盟的运作未能体现增强产业核心竞争力、引领产业技术创新发展的目标和宗旨。一方面，联盟在战略层面的合作关系不够紧密，大部分联盟的产业技术发展规划流于形式，与实际创新活动脱节；有的联盟还没有制定规划，一般是走一步看一步，导致联盟的技术研发缺乏前瞻性、战略性，引领产业发展的作用不大。另一方面，产业技术创新能力不强，联盟成员间的内部合作追求短期效益，导致合作创新集中在产品创新、工艺创新、流程创新阶段，对于制约行业关键共性技术的合作研发不够。

三是缺乏扶持联盟发展的服务配套措施。目前，我省缺乏诸如“山东省产业技术创新战略联盟管理服务平台”等服务配套举措，相关政策、合作需求、联盟工作等信息资源不能及时互通共享，不能及时得到需求信息和应用结果反馈，导致联盟发展信息不对称。另外，联盟缺乏与政府管理部门、国家级联盟、省级联盟间的交流平台和交互机制，无法分享优秀联盟在成员进退机制、信任机制、知识产权保护机制等方面的经验，无法引导和帮助联盟成员提高发展能力和水平。

（2）联盟建设的制约问题——治理管理

一是联盟内部运行的体制机制还不完善。首先，由于缺乏健全的治理机制，联盟成员之间缺乏必要的信任，错位发展、差异竞争的合作发展意识不强，导致联盟内同质化企业合作较差，不能共享研究成果。有的联盟未形成制度化的运行机制，牵头单位重视程度不足，秘书处组织协调能力和措施有限，个别联盟存在因人事变更而工作停滞现象。其次，管理机制有待完善，联盟章程的约束力不强，成员单位间的凝聚力不够紧密；联盟运行经费来源单一，部分联盟主要依赖牵头单位的投入。联盟成员进入退出机制不完善，导致联盟越做越大，产学研合作协调沟通困难。成员利益保障机制不完善，知识产权保护困难，导致深度合作难以开展。最后，联盟运作形式单一、独立性不强、联盟法律主体地位缺失等制度性障碍也制约了联盟的深入发展。

二是联盟运行缺乏内生动力。一方面，由于联盟成员缺乏对联盟的认识，有些联盟组建以申报政府项目为主要目的，部分牵头单位仅仅为提高自身地位而组建联盟；还有部分联盟是在地方政府的倡议和推动下进行的，导致联盟的运行有“形”无“神”，成为要项目、要经费的筹码，一定程度上存在“有项目有联盟、无项目无联盟”的情形。另一方面，由于缺乏自主发展的长效机制，相当一部分联盟过于依赖承担政府项目，自行组织实质性合作创新的动力不足，往往沦为论坛性质的松散平台。联盟内自主创新的动力不足，在承担的政府项目完成后，就失去了下一步发展的目标，联盟工作时常处于停滞状态。

三、山东省产业技术创新战略示范联盟优化发展的对策建议

（一）政府需进一步营造支持联盟深化发展的政策环境

1. 创新联盟支持方式，构建完善的政策支持体系

一是现有科技计划应充分反映联盟需求，支持联盟承担重大科技项目，探

索依托联盟建立国家级创新平台的路子。二是促进科技金融融合发展，探索后补助、贷款贴息、风险投资等多种方式支持联盟，引导企业加大对联盟建设的投入。三是加强部门协作，充分利用税收、金融、产业、人才等支持手段，围绕“产、学、研、用、金”等要素，配套出台项目申报、科技奖励、成果转化、科技服务、金融支持等方面的扶持政策，实现省、市、县同步支持，构建配套衔接、协同支持创新联盟的政策体系，并尽快研究制定关于进一步加快产业技术创新联盟建设的意见。

2. 统筹联盟战略布局，提高联盟服务产业创新能力

一是发挥政府宏观管理作用，合理规划联盟建设，通过联盟实现对基础性、公益性、战略性和共性技术研究的支持；根据我省产业转型升级需要，在重点区域、重点产业、重点环节引导推动联盟组建，解决发展中的“市场失灵”问题，弥补我省产业升级和协同创新发展中的不足和短板。二是引导组建“服务型联盟”，通过凝聚行业管理部门、行业研究部门和科技成果推广部门等，解决产业发展中面临的资金、咨询、监测、设备等方面的问题，改善创新创业环境，打造山东产业发展的新动力。三是支持联盟间合作开发，推动优势联盟开展产业链协同创新、技术合作、集成创新、制定标准等工作。

3. 激发联盟创新活力，增强联盟自主创新的内生动力

一是建立定期评估制度，依据评估结果对联盟进行动态调整，综合运用引导、整合、整改和取消称号等方式，整合或撤销创新能力和引领产业发展不强的联盟，择优支持合作紧密和创新业绩突出的联盟，实现联盟良性竞争，激发联盟的创新活力。二是发挥大中型企业的骨干创新作用，依据优秀联盟制定具有前瞻性、可操作性的产业技术路线图，建立自主投入的长效发展机制。三是完善产学研合作形成的知识产权保护政策，加大对联盟产生科技成果的保护力度，促进科技成果向现实生产力转化。

4. 提高对联盟的服务水平，推动联盟健康快速发展

一是搭建“山东省产业技术创新战略联盟管理服务平台”，实现相关政策、合作需求、联盟工作等信息资源互通共享，及时推送需求信息、反馈应用结果。二是建立联盟理事长联席会议制度，搭建政府管理部门、国家级联盟、省级联盟间的交流平台，分享优秀联盟在成员进退机制、信任机制、知识产权保护机制等方面的经验，发挥优秀联盟的示范带动作用，引导和帮助联盟提高发展能力和水平。

（二）需提升联盟内部发展能力

1. 鼓励联盟探索实体化运作模式

推动创新联盟运行实体化。开展创新联盟法人治理、实体化运作试点工作，鼓励创新联盟通过成立科研实体、共建研发机构、衍生新企业等形式探索市场化运作方式，培育发展新型科研机构和科技型小微企业。

2. 鼓励联盟开展实施标准战略

引导创新联盟合力助推产业转型升级。鼓励以产业创新链基本环节为基础建立创新联盟，根据产业链发展的需要实现强强联合，以组建“联盟的联盟”或“大联盟”的方式，打造覆盖整个产业链条的大联盟，积极制定国际、国家或行业标准，提高产业标准制定的话语权。

3. 支持创新联盟开展关键共性技术攻关

根据产业转型发展的需要，鼓励支持创新联盟面向公益性、基础性、战略性和重大关键共性技术开展协同创新，解决影响行业发展的重大产业技术问题，打通从科研到产业化的通道，缩短科研成果转化的周期，加快科技成果产业化、资本化。

4. 鼓励联盟加快产业公共创新平台建设

支持以创新联盟牵头单位投入为主体，或通过共建形式搭建行业发展创新服务平台，建设一批为产业领域服务的重点实验室、工程技术研究中心、院士工作站等开放性科研开发平台或公共服务平台，符合条件的优先推荐申报国家工程技术研究中心、国家重点实验室等。

5. 推动创新联盟内科技资源共享共用

支持创新联盟开放科技资源条件，鼓励联盟中的高校、院所、企业的重点实验室和工程（技术）研究中心等研究实验基地或大型科研仪器向社会开放；在仪器共享服务方面，采取企业有偿服务的方式，或以政府后补助的方式予以支持，或政府以“创新卷”的形式对创新联盟给予补助支持，提升公共创新平台支撑产业创新的能力和水平，减少科研仪器的重复购置，提高科研仪器设备的使用效率。

（山东省科技发展战略研究所副研究员李海波、助理研究员梁帅；山东省科技厅副处长王建新）

促进山东省科技中介服务业发展的关键问题研究*

（2016年6月15日）

内容摘要：对山东省10个地市92家创新型企业、38家科技中介机构、18家政府主管部门的调研显示，目前山东省科技中介服务业市场化趋势明显，但政府影响力依然较强；服务能力增强，但发展层次尚待提升；盈利水平提升，但是盈利能力偏弱。在政策体系、管理体制方面存在的诸多问题是制约山东省科技中介服务业发展的关键因素。要实现山东省科技中介服务业的跨越式发展，必须以政策体系调整和管理体制变革为切入点，高点定位，从战略高度做好统筹规划和顶层设计；抓住重点，分层次培育科技中介服务机构；有的放矢，强化科技中介服务业服务支撑体系建设。

一、山东省科技中介服务业发展总体情况

（一）市场化趋势明显，但政府影响力依然较强

山东省科技中介服务业正处于“政府主导”向“市场主导”转化的加速发展期，市场活力明显增强。被访机构中，3年以内新成立机构占31.58%。民营科技中介服务机构发展加速，占被访机构的47.37%。资金和业务的政府依赖度有所降低，47.37%的被访机构实现了完全的市场化资金供给。

但是，整体而言，山东省科技中介服务业依然具有浓厚的官方色彩。在被访机构中，具有政府背景的仍有39.47%，资金依靠政府全额拨款和差额拨款的仍高达36.84%，业务主要来自政府任务的占到23.68%。

---

* 本文为软科学研究计划重大项目“促进山东省科技中介服务业发展的关键问题研究”（编号:2015RZB01002）研究成果。

（二）服务能力增强，但发展层次尚待提升

山东省科技中介服务业从业人员整体素质较高。在被访机构中，具有大专以上文化程度的人员占 83.62%；人员构成以中青年为主，45 岁以下人员占 76.58%，35 岁以下人员占 48.75%。具备较强的服务能力，78.95% 的机构能满足市场全部或大部分需求；主动服务意识增强，81.58% 的机构能“主动识别潜在需求”。业务量充足，63.16% 的机构的市场需求与其潜在服务能力基本相适应，民营企业的匹配度最高。多数机构初步具备一定的客户沟通能力、快速的解决方案提供能力及环境响应能力，62.16% 的机构与客户建立了稳定的沟通机制，48.65% 的机构能迅速而准确地为客户提供整套解决方案，97.27% 的机构能对市场和政策环境变化做出及时的适应性调整。

然而，山东省科技中介服务业整体发展仍处于起步阶段，科技中介服务机构的发展也存在一些值得关注的问题：第一，机构规模整体偏小，行业集中度低。山东省科技中介机构多属小微组织，76.32% 的被访机构人员在 30 人以下。整个行业还没有形成具有一定品牌影响力的领军机构，包括实力相对较强的济南、青岛两地市在内，都没有形成具有一定竞争力的特色科技中介服务产业集群。第二，功能单一。被访机构中可提供两类及以上服务的综合性机构仅占 23.68%。第三，服务对象以传统产业领域的中小民营企业为主。68.42% 的被访机构业务主要面向中小企业，服务领域以工业制造业（52.63%）和农林牧副渔（26.32%）等传统产业为主，仅有 34.21% 的被访机构以服务业作为主要业务领域。第四，服务内容主要以传统业务为主，新兴服务明显不足。被访机构业务主要集中在“科技信息咨询和评估”以及“技术交易、转移和知识产权服务”两大传统领域，“孵化服务”“科技创业与投融资服务”等新兴业务供给不足。第五，区域发展不平衡问题突出。我省科技中介机构主要分布在省会济南及以济南为核心的莱芜、淄博等周边地市和东营、烟台、青岛等沿海经济发达城市，泰安、菏泽、滨州等经济较落后、创新能力较弱的地市发展缓慢。

（三）盈利水平提升，但盈利能力偏弱

近年来，山东省科技中介服务机构，尤其是民营机构的市场份额稳步提升。过去 3 年 60% 的被访机构市场份额稳步提升，73.68% 的被访机构具备了很强或较强的业务拓展能力。

然而，服务内容和业务拓展模式的保守制约了山东省科技中介服务机构未来盈利能力的提升。第一，山东省科技中介服务业利润主要源于技术服务和咨询服务等传统业务，行业盈利能力偏弱。近半数（46.67%）被访机构近3年年均收入处于10万—100万元的水平，年均收入在500万元以上者仅占16.67%。第二，行业内部战略联盟缺乏，阻碍了行业规模扩张，也不利于行业服务能力的提升。调研显示，山东省科技中介服务机构的业务开拓主要依靠单打独斗，以自身挖潜为主；面对潜在市场需求，68.42%的被访机构选择“调动内部资源”的市场策略，仅23.68%的被访机构出于“强强联合”目的选择“联合开发”。

二、制约山东省科技中介服务业发展的关键问题

（一）政策约束

调查发现，76.32%的被访机构认为发展的首要约束因素为“政策体系和制度不完善”，83.33%的被访政府主管部门将其列为第二大制约因素。

1. 山东省科技中介服务政策体系不完整，效果欠佳

第一，地方政府缺乏主动性，政策制定缺乏针对性。政策出台集中在省级政府，地市区县级政府的作用仅限于对国家和为数不多的省级政策的贯彻执行，在适应本地实际的针对性政策制定方面几乎无所作为。在16个区域性（地市或区县）科技主管部门调研样本中，有15个区域最近3年未出台过任何专门的科技中介服务政策；在17个有效样本中，16个地方从未设立过科技中介服务机构发展专项规划。科技中介服务业在山东省仍处于边缘化的尴尬境地，未引起各级政府部门的真正重视。第二，政策体系不完整，法律保障不足，顶层设计欠缺。现有政策分散，创新举措少，自上而下的被动应对型政策发布缺乏基于省情考量的宏观设计，政策间衔接与配合不足。立法滞后，部分法规过于笼统，可操作性差，行业认知度不高。第三，政策发布主体单一，部门配合与协调不足。科技政策的落实需要财政、税收、金融、科技等多部门协同，近年山东省科技中介服务政策密集出台，但多为单一主体即省级科技主管部门（科学技术厅）制定，多部门联合发文的政策寥寥无几。

2. 政策供给与需求存在偏差

为发挥最大效果，政策供给与需求之间需要一个平衡点。然而，目前山东省科技中介服务政策的供给与需求存在偏差。第一，政策优先顺序存在认知偏差。例如，“人才政策”和“机构资质认定政策”分列被访机构政策需求的第

2 位和第 5 位，但在政府主管部门的政策供给意愿中则处于第 5 位和第 3 位。第二，政策切入点存在认知错位。调研显示，政府和中介机构均认为“财税政策”效果好，但政府的政策切入点倾向“后补助”和“资金支持”，中介服务机构的关注点则集中于“资金支持”和“项目支持”，仅有 1/4 的被访机构存在后补助需求。

（二）管理制度制约

1. 政府管理机构缺失

主要发达国家大多都建有某种机构对科技中介服务业进行管理和支持。课题组所得 13 个地方管理部门样本中，仅有 3 个设有专门的职能部门管理科技中介服务机构，但 3 个样本均隶属当地科技局，因而可以说，山东省还未设立专门的政府机构对科技中介服务业进行管理和规范。

2. 管理制度滞后，尚未实行分类管理

着眼于机构特征、管理职能、社会效益、经济效益等差异化政策目标，主要发达国家多将科技中介服务机构进行分类管理。山东省科技中介服务机构最初基本由各级科技行政主管部门直接出资建立并参照事业单位管理，尽管目前基于职能定位考虑，已分为政府推动和市场推动两类，但二者界线不够清晰，尚未按机构特征和政策目标进行分类灵活管理，“一刀切”的管理方式导致不合格主体的进入。

3. 行业自律严重缺失

主要发达国家科技中介服务业均有行业自律组织，进行有效的自我管理。然而，在山东省被访机构中，仅有 1/3 加入不同领域的行业自律组织。在 15 个不同级别的地域样本中，有 11 个地方不存在专业性自律组织，如青岛技术转移协会这样的专门性科技中介服务业协会组织寥寥无几。

（三）科技中介服务支撑体系不完善

1. 人才瓶颈制约机构发展潜力

世界上所有成功的科技中介机构都拥有高素质的人才，如美国兰德公司硕士、博士占员工总数的 80% 以上，日本野村综合研究所硕士、博士也占 50% 以上。山东省科技中介服务业从业人员多从其他行业转入，半路出家，多数没有经过岗位技能培训。在人员构成上，后勤管理人员多，专业技术人员少，导致专业能力和服务经验不足、知名度较低、社会认同度不高。在被访机构中，从业人员具有硕士、博士学位者分别仅占 11. 58% 和 3. 56%，与发达国家差距巨大。此外，外部智力支撑体系也不完善，仅有42.11%的被访机构建立了专家库。

2. 行业信息服务平台建设滞后

科技中介服务业的服务能力提升离不开信息化的支撑。然而，山东省目前既没有科技中介服务统计信息报送处理平台，也没有面向社会的科技中介服务信息公共服务平台。

三、对策建议

目前，制约山东科技中介服务业发展的关键因素是政策体系和管理体制，应依次进行政策体系完善、管理体制优化和科技中介机构培育。现阶段，仍需政府主导，以政策体系调整和管理体制变革为切入点，以培育“行为规范、决策自主、层次分明、发展有序、重点突出、竞争有效”的科技中介服务机构为目标。

（一）将科技中介服务业发展纳入区域发展规划，加快完善全省科技中介服务政策体系

第一，鉴于科技中介服务业发展涉及众多部门，建议政策从战略高度统筹规划，将科技中介服务业发展工作纳入山东省区域发展规划。第二，建立部门联席会议制度。联合财税、金融、科技等相关部门，共同研究部署科技中介服务业发展重大问题，增强部门行动、政策目标和政策措施的协同性。第三，突出重点，优化科技中介服务政策体系。针对山东省情，近期重点抓好下列两项工作：建立科技中介服务政府采购制度，将政府项目以合同的形式交给科技中介服务机构，撬动需求，带动市场机构发展；建立常态化的科技中介服务补贴机制，探索通过税收减免、财政补贴等优惠政策，鼓励商业企业购买科技中介服务。

（二）优化和创新管理制度

第一，研究设立专门的科技中介服务业管理机构，或隶属于科技主管部门，或独立运行，对科技中介服务机构的法律地位、权力、业务范围、组织制度进行明确定位，并实行规范化管理，赋予其运用道义劝告、处罚等手段对违规行为进行纠正和规范的权力。第二，尽快实行分类管理，创新管理模式。借鉴国际经验，尽快出台《山东省科技中介服务机构培育管理办法》，逐步建立科技中介服务机构信誉评价体系，实现分级分类管理。第三，成立行业协会或联盟组织，加强行业自律。

（三）找准亮点，培育行业领军企业和产业集群

注重品牌建设，重点培育1—2家行业领军企业，实现山东在“中国十大科技中介服务机构”中零的突破。第一，突出区域特色，以山东半岛蓝色经济区战略为依托，以青岛为核心，扶持一批面向全行业、辐射全国、沟通海内外的海洋技术中介服务企业。第二，整合资源，培育龙头企业。发挥省会城市的人才优势，以济南高新区为核心，打造面向创新链全过程和服务于多领域的大型综合性科技中介服务机构。第三，重点打造两个具有区域竞争力的科技中介服务产业集群。一是以青岛蓝色硅谷为依托的海洋技术中介服务产业集群。二是以济南高新区为依托的功能完善、覆盖面宽、辐射环渤海经济圈的综合性科技中介服务产业集群。

（四）加快科技中介服务支撑体系建设

第一，建立多层次立体化的科技中介服务人才培养体系。一方面，针对领导干部对科技中介服务业认知度低的现状，在各级党校开设“科技中介服务业发展”专题课，强化领导干部的科技中介服务知识和意识宣传。另一方面，支持科技中介服务机构与高校合作开展科技中介服务职业教育，加强从业人员培训。此外，将科技中介服务高级人才列入《山东省引进海外高层次人才万人计划》及地市引智计划，加快人才引进步伐。第二，积极推动科技金融中介服务平台建设。一方面，政府主导，省市联动，采取O2O模式，线上构建B2B和B2C模式相结合的科技金融信息服务网络平台，线下面对面开展科技金融论坛、年会、沙龙、专题宣传等各类活动。另一方面，整合信用评级、资产评估、投资咨询、保险、银行、创投、担保、信托、专利、律所、会计师事务所等专业机构，鼓励民间资本发起设立营利性综合科技金融业务平台，借助大数据处理，为供求双方进行精准匹配。第三，加快建立科技中介服务业信息服务平台。要尽快出台《山东省科技中介服务业信息化建设工程总体方案》，建立科技中介服务统计信息报送处理平台和面向全社会的科技中介服务信息公共平台，提高服务质量和效能。

此外，新行业发展初期往往面临缺乏认可、缺少行业积累的困境，要在短期内突破观念制约，建议2016—2017年开展包括科技中介服务活动周、科技中介服务发展论坛、科技中介明星企业评选等若干专题活动，增加行业的社会认可度。

（山东师范大学经济学院乔翠霞、张凤兵、朱燕）

山东省规模以上企业科技研发投入对企业绩效的影响效应分析*

（2016年7月29日）

内容摘要：本文采用描述分析、理论推演与实证研究相结合的方法，对我省规模以上工业企业科技研发活动进行了实证分析。文章总结了企业科技创新研发投入与绩效的变化特征，论证了企业科技研发投入对企业绩效的滞后效应与累积效应，针对研究结论提出了相应的对策建议。

科技创新是创新驱动发展的主动力，而研发投入则是科技创新的动力源。企业科技创新是否活跃，能否持续，主要取决于研发投入绩效。本文依据2005—2014年统计数据和部分抽样调查资料，对山东省规模以上工业企业的研发活动与投入绩效进行描述性统计分析，对企业科技创新研发投入对企业绩效的影响效应（滞后效应与累积效应）进行实证检验与分析，并据此提出了相应的对策建议。

一、山东省规模以上企业科技研发投入及其绩效的特征分析

（一）企业财务绩效较为平稳，技术绩效、产出绩效均逐年上升，但增长率近年呈现下降趋势

近10年来，山东省规模以上企业的资产利润率和资产利税率呈现先升后降的趋势。资产利润率在2011年达到最高点11.67%；随后开始下滑，2014年下降至9.48%，接近2005年的9.78%，达到了近10年来的最低点。资产

* 本文为山东省软科学重大项目“山东省规模以上企业科技研发活动的绩效及对策研究”（编号：2015RZB01017）的阶段成果。

利税率变动情况与资产利润率变动大体一致，近几年呈现下降趋势，2014 年下降至最低点，为 15.48%。（图 1）

在技术绩效方面，企业拥有的专利数和技术市场的成交额整体呈逐年递增的趋势。2008 年，山东省规模以上工业企业拥有的专利数为 11718 件；到 2014 年，达到了 44466 件，增长幅度较大。2005 年，山东省技术市场成交额为 98.36 亿元；到 2014 年，达到 249.3 亿元，增长较为迅速。但从增长率来看，企业拥有的专利数增长率在 2011 年达到最高，为 68.14%；在 2014 年达到最低，为 11.08%，呈大幅下降趋势。技术市场成交额增长率也在近几年呈现波动下降的趋势。

在产出绩效方面，企业主营业务收入呈逐年递增趋势。2005 年，山东省规模以上工业企业主营业务收入为 30023.87 亿元；到 2014 年突破了 140000 亿元，达到 143140.27 亿元。但其增长率总体上呈现下降趋势。2005 年，其增长率为 37.66%；接下来的年份中，2006—2007 年以及 2009—2011 年有小幅的回升，但总体上呈现下降的趋势；2014 年降至 8.33%，为历年来最低。（图 1）

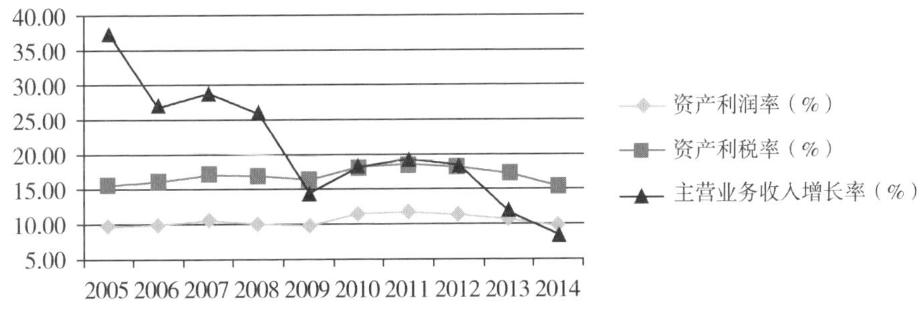

图 1　2005—2014 年山东省规模以上工业企业绩效相关指标变动情况

（二）企业研发费用投入规模及投入强度逐年增加，但投入强度与全国平均水平相比仍然偏低

山东省规模以上工业企业的研发费用支出总额自 2005 年至 2014 年的十年间逐年增加，到 2014 年内部支出达到 1175.55 亿元，较 2005 年增加了六倍。研发投入强度（研发费用投入占主营业务收入的比重）也逐年增加，2005 年的投入强度仅为 0.54%，到 2014 年增加为 0.82%（图 2）。

2014 年，我国规模以上工业企业研发费用投入强度的平均水平为 0.84%，与我省 GDP 总量相近的江苏省及浙江省的研发费用投入强度分别为 0.97% 和 1.19%。由此可见，我省规模以上工业企业研发费用的投入强度与我省经济大

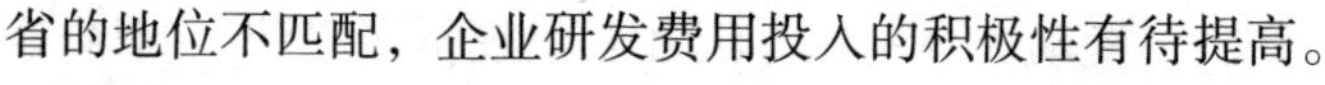

省的地位不匹配，企业研发费用投入的积极性有待提高。

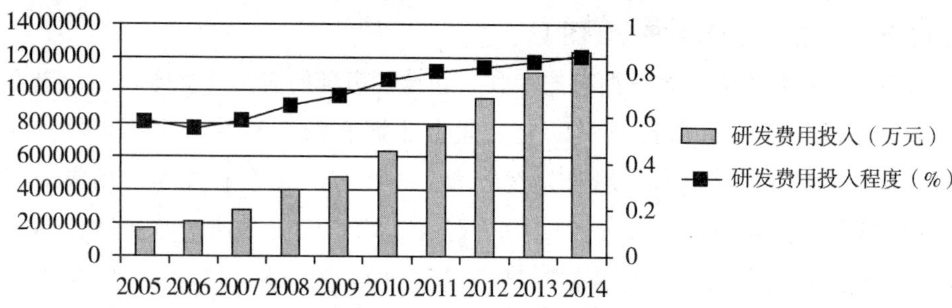

图 2　2005—2014 年山东省规模以上工业企业研发费用投入规模与投入强度

（三）企业研发人员投入规模和投入强度总体上呈现增长—下降—再增长的趋势

从人员投入规模来看，2005 年，山东省规模以上工业企业科技活动人员为 188366 人，之后三年间呈现增长趋势；2009 年科技活动人员数出现下降，下跌到 178235 人；之后呈现出稳步增长的趋势，到 2014 年达到 342259 人，为历史最高点。(图 3)

从人员投入强度来看，2005 年，山东省规模以上工业企业研发人员所占企业员工总数的比例为 2.55%，之后三年呈现增长趋势；在 2009 年跌到 1.92%；从 2009 年开始到 2014 年，再次呈现增长趋势，2014 年，达到 3.68%，创历史新高（图 3）。

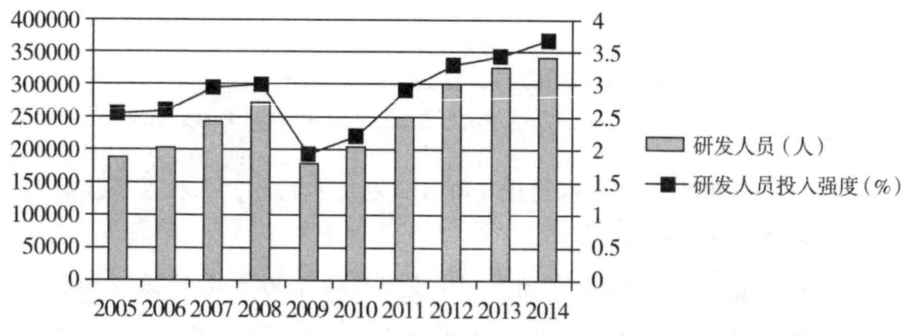

图 3　2005—2014 年山东省规模以上工业企业研发人员投入规模与投入强度

二、科技研发投入与企业绩效的效应研究设计

（一）研究问题的提出

众多经济学家将经济持续增长的最终根源归功于科技创新研发活动，科技

创新研发在企业绩效增长中发挥着极其重要的作用，主要表现为有组织的知识创造、生产、扩散和应用〔Wang et al. (2007)〕。目前，国内外已有大量的文献对企业科技研发投入对绩效的影响作用进行了多角度的研究分析。例如Brown et al. (2010)、Czarnitzkietal (2011) 均发现科技研发投入对企业绩效有着积极且显著的推动作用；同时部分学者，如Cazavan and Jean (2006)、谢小芳等 (2009)、赵心刚等 (2012) 通过实证检验的方法研究分析表明，企业科技创新研发投入绩效存在较为显著的滞后效应，而最优的滞后期间则因选取数据的不同而存在一定差异性。

现有文献在研究企业科技研发投入对绩效的影响时大多忽视了企业科技研发投入绩效的可能存在的累积效应。1968 年，美国科学史研究者罗伯特·莫顿 (Robert K. Merton) 提出累积效应这个术语用以概括一种社会现象。罗伯特·莫顿归纳“累积效应”为：任何个体、群体或国家 (地区)，一旦在某一个方面 (如经济、名誉、政治等) 获得成功和进步，就会产生一种积累优势，从而有更多的机会取得更大的成功和进步。本文认为企业科技研发投入绩效的累积效应可以理解为伴随着企业科技创新研发投入的持续增加，导致绩效成倍增长的扩张性趋势。

国内外学者关于企业科技创新研发投入的绩效开展了多维度的研究，主要表现为研发投入与企业绩效的相关性、研发投入的短期效应、研发投入对企业绩效的滞后效应及累积效应等方面。但已有的研究成果或经验是否可以直接适用于我省企业，在很大程度上尚且令人质疑，并且已有研究多为截面数据且多采用一般线性回归作为常用的检验方法。本文尝试利用面板数据，采用双向固定效应模型实证检验企业科技研发投入对研发绩效的滞后效应；构建了拓展柯布—道格拉斯生产函数模型实证检验并分析企业科技研发投入绩效可能存在的累积效应。

(二) 滞后效应检验模型——双向固定效应检验模型

与截面数据强调单维度信息不同，面板数据具备从时间和截面两个维度挖掘模型中存在的潜在信息的优势，目前已经被广泛地运用于各种实证检验分析中。分析比较现有的研究企业科技研发投入的文献不难发现，已有研究主要采用截面数据进行分析，而使用面板数据的则相对较少，部分使用面板数据进行的研究分析也大都只考虑了个体效应而未考虑和调整不同时期不同个体之间可能存在的相关关系，这导致得出的最终研究结果往往会存在较大的偏误，其可行度受到一定质疑。在充分考虑上述可能存在的情况下，本文在设定具体研究模型时不仅考虑到个体产生的影响，还同时考虑时间效应带来的影响，最终构建出双向固定效应检验模型，即：

$$Roe_{it} = \alpha_0 + \alpha_1 Rdi_{it-n} + \alpha_2 Lrd_{it-m} + \alpha_3 Lev_{it} + \alpha_4 Size_{it} + \alpha_5 Growth_{it} + \alpha_6 \sum year_{it} + \varepsilon_{it} + \eta_{it} \tag{1}$$

其中，i 代表第 i 家企业，t 代表相应年份，n 则表示具体滞后期限，当 $n=0$ 时表示当期科技研发投入强度对企业绩效的影响，当 $n=1$ 时表示当期科技研发投入强度对滞后 1 年的企业绩效的影响，当 $n=2$、3…时则类推。*Year* 表示特设年度虚拟变量，当 $n=0$ 时表示以 2012 年为基期，当 $n=1$ 时表示以 2013 年为基期，需要注意的是，为避免多重共线性现象的发生，作为基期年份的时间效应不能出现在模型中。ε_{it}为个体效应，η_{it}表示随机干扰项，被解释变量 *Roe* 为资产利润率，解释变量 *Rdi* 为科技研发费用投入强度，*Lrd* 为科技研发人员投入强度，选取的控制变量有企业的资本结构（*Lev*，企业期末的资产负债率）、企业规模（*Size*，企业总资产的自然对数）、企业成长性（*Growth*，企业主营业务收入的自然对数）。

（三）累积效应检验模型——拓展柯布—道格拉斯生产函数

20 世纪二三十年代，数学家柯布和经济学家道格拉斯提出了柯布—道格拉斯生产函数（Cobb-Douglas），主要用于分析劳动力投入和资本投入对产出水平的影响作用。在随后更加深入的具体研究中，Branstetter and Sakakibara（2002）、Czarnitzki and Hussinger（2004）等研究发现技术创新及来自政府部门的政策、法律等因素的发展或进步会对产出增长产生较为显著的正向影响作用。为综合检验和分析企业科技研发及政府政策等因素对效益的具体影响，本课题尝试性地对柯布—道格拉斯生产函数进行扩展，加入了科技研发投入及政府政策等制度性因素。

在具体实证检验过程中，为全面衡量科技创新研发投入与企业产出之间的关系，对扩展的柯布—道格拉斯生产函数模型两边分别取对数，得到本文实证分析采用的对数模型形式：

$$LnQ = LnA + \alpha LnL + \beta LnK + \varphi LnR + \gamma LnS \tag{2}$$

其中，Q 为主营业务收入，代表企业的产出水平；A 表示综合技术水平；L 为企业员工人数，表示企业的劳动力投入；K 代表企业的资本投入，采用企业总资产作为衡量指标；R 代表企业的科技创新研发投入，以企业的科技创新研发投入为衡量指标；S 表示政府对企业科技研发的支持力度，使用企业获得的来自政府部门的科技活动资金作为衡量指标。

三、企业科技研发投入对企业绩效影响效应的实证分析

（一）企业科技研发投入对企业绩效的滞后效应分析

企业由于科技创新研发需要投入一定量的资金，而这些投资大都被作为当期费用或者递延费用进行处理，这会显著增加企业当期的财务负担，可能无助于企业当期财务绩效的提升，甚至会带来负面的影响作用，但从长期来看，企业的研发投入有利于提高产品的竞争力，扩大企业的市场份额，从而提升企业的整体长期绩效。本文选取了2012年至2014年我省246家规模以上工业企业的面板数据作为研究分析对象，利用模型（1）验证研发投入的滞后性，为了更好地比较当期与不同滞后期的研发投入对企业绩效的影响，将当期与滞后期的回归结果放于同一表格中进行比较，估计结果如表1所示。

表1　　科技研发投入与企业绩效滞后效应的双向固定效应分析

	方程1	方程2	方程3
变量	当年	滞后1年	滞后2年
Rdi	0.447 (1.14)	1.251** (2.18)	1.635*** (3.40)
Lrd	0.185 (1.03)	0.317 (1.53)	0.293 (1.21)
Lev	-0.273** (-2.19)	-0.295*** (-2.60)	-0.224*** (-2.52)
Size	0.110* (1.89)	0.742** (2.21)	0.545** (2.19)
Growth	0.622** (2.21)	0.507*** (2.38)	0.584*** (2.47)
Year1	-0.121* (-1.90)		
Year2	-0.116** (-2.22)	-0.052* (-1.86)	
Year3	-0.103** (-2.17)	-0.074* (-1.88)	-0.050** (-2.20)
Con	2.227** (2.18)	2.405*** (2.54)	3.008*** (2.73)

续表

变量	方程 1 当年	方程 2 滞后 1 年	方程 3 滞后 2 年
F	10.445	9.010	12.298
Adj R2	0.308	0.337	0.350
N	246	246	246

注：括号内为 T 值，＊＊＊、＊＊、＊分别表示 1%、5%、10% 检验水平上显著；N 表示样本数；F 为显著性检验，用来检验方程整体显著性，下表同。

研究结果表明：

1. 科技研发费用投入的当年并不能给企业的绩效带来显著的正向影响作用。方程 1 的结果显示，科技研发强度（Rdi）对当年的企业绩效的系数虽然为正，但是没有通过 10% 的显著性检验，当年的研发投入对企业当年绩效的推动作用不明显。

2. 企业的科技研发费用投入对企业绩效的促进作用具有显著的滞后性效应。方程 2 结果表明，科技研发费用投入强度与滞后 1 年的企业绩效的系数在 5% 水平下显著为正，说明企业的科技创新研发费用投入对企业绩效的促进效应需要 1 年的时间才能发挥积极显著的作用。

3. 企业的科技研发费用投入对企业绩效的影响最佳滞后期表现为 2 年。方程 3 的结果显示，企业研发投入强度与滞后 2 年的企业绩效的系数为 1.635，在 1% 水平下显著为正，且绝对值明显高于科技研发强度与滞后 1 年的企业绩效系数 1.251，表明企业科技创新研发投入在滞后 2 年后可以显著提升企业的绩效，增强企业的核心竞争力。

4. 科技研发人员投入强度对企业绩效不存在显著的相关性。研发人员投入强度对企业绩效的当年的、滞后 1 年的、滞后 2 年的值表现都不好，其影响系数均没有通过 10% 的显著性检验，说明研发人员投入对企业绩效的推动作用不强。

（二）企业科技研发投入对企业绩效的累积效应分析

企业科技创新研发投入绩效的累积效应可以理解为伴随着企业科技创新研发投入的持续增加，导致绩效成倍增长的扩张性趋势。为了全面检验企业科技创新研发投入绩效的累积效应，本文利用模型（2）得到如表 2 所示结果。

表 2　　企业科技研发投入与绩效的累积效应分析

	方程 1	方程 2	方程 3
变量	当年累计	2 年累计	3 年累计
LnL	0. 185*** (4. 09)	0. 216*** (3. 92)	0. 159*** (3. 50)
Lnk	0. 773*** (5. 21)	0. 707*** (5. 00)	0. 811*** (4. 28)
LnR	0. 070** (2. 19)	0. 085** (2. 21)	0. 077*** (2. 45)
LnS	0. 041* (1. 89)	0. 047** (2. 22)	0. 040* (1. 94)
Constant	-2. 880*** (-4. 43)	-3. 107*** (-3. 94)	-2. 405*** (-4. 86)
F	20. 074	18. 115	21. 364
Ad R2	0. 803	0. 762	0. 790
N	246	246	246

研究结果表明：

1. 企业科技研发投入当期对企业绩效的增长具有一定的积极作用。由表 2 的方程 1 表明，基于拓展的柯布—道格拉斯生产函数模型的统计分析表明，企业研发投入对当期绩效增长的弹性系数为 0. 07，且在 5% 水平下显著。

2. 累计 2 年的企业科技研发投入对企业绩效增长的积极作用要大于企业科技创新研发投入当期对企业绩效的促进作用。由方程 2 的结果可见，连续 2 年的企业科技研发投入对绩效增长的弹性系数为 0. 085，且在 5% 水平下显著。

3. 累计 3 年的企业科技创新研发投入效果最为显著。如表 2 中方程 3，企业科技创新研发投入对企业绩效增长具有显著的正向影响作用，为 0. 077，但相对来说，累积 3 年效应最大，效果最为显著。

4. 企业资本投入与劳动力投入对企业绩效增长仍发挥重要作用，政府研发支持政策对企业绩效有一定推动作用。企业劳动力投入对企业绩效的弹性系数为 0. 185，且在 1% 水平上通过了显著性检验，这说明企业劳动力投入对绩效的增长具有显著的推动作用，也从侧面反映我省制造业企业多数仍受到劳动力的影响，尚未真正实现由劳动力密集型向科技密集型的转变。企业资本投入对企业绩效的影响系数为 0. 773，且在 1% 水平上通过了显著性检验，说明企业资本投入能显著推动企业绩效的增长，这进一步说明资本投入在企业生产经营中发挥重要作用。政府政策因素对企业绩效的影响弹性系数为0.041，但仅在10%水平上通过了显著性检验，说明虽然制度因素会对企业绩效产生一定的影响作用，但并不十分显著。

四、提升山东省规模以上企业研发绩效的对策建议

（一）充分发挥科技创新政策的支持和导向作用，加大企业科技创新的资金投入

根据本文的分析结果，企业科技研发费用投入对企业长期绩效有十分显著的推动效应，而我省规模以上工业企业研发费用投入强度低于全国的平均水平，更低于与我省GDP总量相近的江苏省及浙江省的费用投入强度，这种局面显然不利于我省经济提质增效进程的推进。企业用于科技研发活动的资金主要源于三个方面：企业自有资金、政府财政支持及民间科技投资。政府应从宏观层面上对科技创新予以支持，提供科技创新良好的外部环境，进而营造企业竞相创新研发的内部环境，搭建易于民间投资的科技投资平台，三方面形成合力，加大企业科技创新的资金投入，提升企业自身产品和服务的核心竞争力，赢取较大的市场份额，最终提升企业绩效。

（二）鉴于研发投入在滞后两年时的外溢效应是最大的，企业应注重研发投入的持续性，在制定研发政策时应合理把握研发投入的时机

根据本文的实证分析结果，我们发现企业的研发投入绩效有着显著的滞后效应，即研发投入在两年后可以最大化地发挥作用，推动企业的绩效增长。企业管理者必须要客观地认清企业的研发投入绩效存在的滞后效应，认真把握研发投入绩效的滞后特征，合理地利用滞后效应的规律，根据企业的发展规划，科学制定科研计划，确定经费投入时机，保证充裕而持续的费用支持。政府科技支持资金管理部门应当正视滞后效应，科学建立政府科技资金投入绩效的评价体系和考核体系，为提升企业研发投入的绩效提供政策支持。

（三）企业应合理利用研发投入绩效的累积效应，科学制定科技研发投入计划，保持科技研发经费投入的连续性，杜绝短视行为，将研发投入绩效发挥至最大化

根据本文的研究结论，企业必须正确面对研发投入绩效的累积效应，必须要坚持可持续发展的研发投入，持续不断的研发投入可以形成浓厚的科技沉

淀，当累积到一定程度的时候可以推动企业绩效的飞速发展。

（四）加强研发人才队伍建设，提高研发人员研发效率

从本文的研究中发现，科技研发人员投入强度对企业绩效的影响效应不显著，除了受企业的人员管理制度、研发人员的认定标准、模型检验技术等客观原因影响之外，更大的原因可能是某些技术人员素质不高或研发人员研发效率低下。企业应根据具体情况分析具体原因，根据病症寻找病因，以便对症下药：一是培养和提高研发人员的专业素养，优化研发人员队伍；二是向研发人员提供宽松自由的工作环境，极大地激发研发人员的创作灵感；三是促进知识的共享，建立畅通的沟通渠道，整合人力资源，加强团队合作；四是建立科学的人才激励机制，既要有科学的晋升机制，实现价值激励价值，激发研发人员的内在动力，又要考虑到绩效工资、年终分红和建立股票期权激励等物质方面的鼓励。

（山东财经大学袁岩、杨冬梅、王琳、焦其非、李珊珊、孟子禾、金玉国、李振波）

技术创新战略联盟在山东造纸产业转型升级中的作用机制及应用研究

（2016 年 8 月 9 日）

内容摘要：造纸产业转型升级作为山东省传统行业转型升级试点，受到省政府的重点关注。本文通过案例研究和对比分析的方法，梳理了山东省造纸产业转型升级所取得的成果及存在的问题，得出建立造纸产业技术创新战略联盟是提升山东省造纸产业技术创新能力的重要模式；又以山东轻工技术创新协同中心为例分析研究了技术创新战略联盟的作用和运行机制，提出了对策和建议。本研究成果对造纸产业及其他传统产业转型升级具有借鉴意义。

山东造纸行业总规模和核心竞争力连年位居全国首位，对山东经济发展做出了巨大的贡献。但作为一个造纸产业集中度非常高的省份，山东在重规模扩张、轻发展质量的意识引导下形成了大量的重复建设和引进，产生了严重的同质竞争现象。近几年在国内外经济下行和严格的环保政策双重制约下，山东造纸面临极大的生存发展压力。

本课题组针对我省造纸产业转型升级进行了专题调研，对 10 余家造纸企业的转型升级在实地调研的基础上进行了重点梳理，总结了我省造纸产业转型升级取得的阶段性成果和存在的问题，并针对问题提出了对策建议。

一、转型升级取得的阶段成果

1. 原料结构持续优化

经过几年的持续改善，山东造纸原料结构已经得到很好的优化，如表 1。

表 1　　原料结构、纸浆产量及其变化

	2010	2011	2012	2013	2014
原生浆/万吨	370	460	455	455	460
同比变化/%		24.3	□1.1	0	1.1
占全国比例/%		22.4	32.5	26.6	26.8
其中草浆/万吨	90.0	70	55	50	45
同比变化/%		□22.2	□21.4	□9.1	□9.1
占全国比例/%		10.6	9.3	12.5	13.4
其中木浆/万吨	280	390	400	405	415
同比变化/%	124	39.3	2.6	1.25	2.5
占全国比例/%	42.6	48	49.4	45.9	43.2

数据来源：山东省造纸行业协会，中华纸业数据库。

原料结构的优化主要体现在两个方面：一是草浆产量逐年下降。二是原生浆产量逐年增加，原料自给率增加。由不生产木浆发展为全国木浆第一大省；由以草浆为主发展为以木浆和废纸浆为主，且非木材清洁生产制浆比重逐步增加。目前，草浆生产主要是以泉林纸业为主。这是因为泉林纸业的秸秆清洁制浆及其废液肥料资源化利用新技术，实现了秸秆的资源循环化利用。

2. 产品结构不断优化

山东生产的纸与纸板，在向低定量、功能化、高品质、多品种方向调整方面，走在全国的前列。在向差异化、系列化、轻量化和环保化发展的同时，逐步形成了功能齐全、适应不同层次和多元化市场需求的纸与纸板产品结构，中高档产品比例明显增大。

首先，高端产品与特种产品的占比增加明显，如纺纶纸、装饰原纸、液体食品包装纸、本色生活用纸等产量跃居全国第 1 位。太阳纸业的“无添加”生活用纸、龙口玉龙纸业的轻型纸质量国内领先。

其次，在产品结构的调整上，各企业根据自己的实际情况采取了针对性措施。如华泰纸业造纸与化工“比翼齐飞”，将新闻纸改产文化纸；恒联集团致力于绿色纤维素膜新产品的研发，进军新材料领域。

3. 装备水平大幅提升

山东大型骨干造纸企业的技术和装备基本达到国际先进水平，甚至是国际领先水平。如华泰、晨鸣的铜版纸机、新闻纸机，世纪阳光的牛卡纸机，万国太阳的食品卡纸机，恒安（山东）、维达（莱芜）、太阳纸业的卫生纸机等，这些纸机大多来自国际先进的大型造纸设备供应商，自动化程度高、能源与原料消耗低，生产的产品质量世界一流。

山东中型造纸企业以使用国产装备为主，生产的产品中档或中高档居多，以满足市场多样化、个性化需求。

4. 科技创新能力加强

科技创新体现在多个方面，如体系建设、平台高度、专利数量质量、成果转化、人才培养等。山东在创新平台建设和高端成果数量方面走在了全国前列。

在平台建设方面，目前山东造纸行业有5家国家级企业技术中心（2013年全国造纸行业仅有9家）、4个院士工作站（分布于4家企业）、1家协同创新中心，齐鲁工业大学还设有省部共建重点实验室。这些平台承担了一批国家级与省部级新产品和新技术研发项目，已有多项技术和产品荣获国家科技进步二等奖、国家技术发明二等奖和省级一等奖，行业创新研发能力显著增强。

5. 能源与资源消耗降低

通过推行强制性纸与纸板的单位产品能耗标准，控制生产过程的技术参数和建设项目设计参数，并全面推进能效计量、审计工作，目前山东造纸业的能源消耗水平已是国内领先。如亚太森博吨浆综合能耗110kg标准煤，吨纸能耗210kg标准煤；泉林纸业本色草浆的水耗仅$21m^3/t$，均居国内领先地位，远优于国家标准。

6. 保护环境取得新成效

山东的环境保护标准严于国家标准，某些指标高于欧美标准。严格的环保政策倒逼机制，迫使企业加快转型升级的步伐，全行业实现了增产减污。如亚太森博的“中水”回用工程，能将处理后的“清洁水”用作发电厂锅炉软化水；天地缘纸业的压滤脱水、锅炉烟气余热干化污泥技术，实现了生物质发电，均取得了良好的环境效益、社会效益、经济效益。

7. “走出去”，拓展国际及省外市场步伐加快

山东造纸企业与造纸机械企业“走出去”步伐在加快。如泉林纸业2014年6月宣布，将斥资20亿美元在美国建厂；凯信机械在欧洲建设研发中心；太阳纸业在老挝建设的林浆纸一体化项目进展顺利。

国内方面，晨鸣纸业宣布湖北黄冈林浆纸一体化项目启动，将建设我国第

一家世界级生物质精炼工厂。

二、转型升级中存在的问题

通过对我省大中型造纸企业的横向和纵向对比研究分析发现，在国家政策指引和省委、省政府的正确指导下，我省造纸产业转型升级取得的阶段性成果显著。但在发展质量和内在动力方面离造纸强省还有较大的差距，主要表现在以下几个方面：

1. 对转型升级的认识存在短视化，缺少战略化眼光

在调研中发现，大多数造纸企业转型升级都是以环保压力、市场压力、国家扶持政策引导作为导向或动力，未能以战略眼光从根本上考虑如何占据产业链的高端环节，形成自己的发展特色。一些企业为了寻求突破，不断地进行产品结构的调整，但产品由于技术含量低或技术保密性差，导致一上市就面临着激烈的市场竞争，产品的附加值大大降低。如食品包装纸作为特种纸，原本附加值较高，于是太阳纸业年产40万吨、江西晨鸣年产35万吨的高档食品包装纸相继投产，由于两家企业的食品包装纸在功能和技术等方面具有很大的相似性，只好拼价格，最终导致食品包装纸价格急剧下滑。

2. 技术发展不均衡，未能形成完善的技术创新能力提升机制

我省造纸产业在装备水平、产品研发、绿色发展等方面取得了长足的进步，大中型造纸企业借助自身组建的技术中心、科研平台、产学研合作，不断地进行产业的科技创新。但从调研结果来看，山东中小型造纸企业自身科技创新能力不强，大多是通过技术和设备引进，或对原有的技术进行改进来实现其技术创新的，缺少自己的原创性的核心技术，结果只能仍处于产业链的低端环节；而大型企业则在科技创新引领和带动方面作用不明显。虽然大多数造纸企业都非常重视产学研合作，但目前来看，这种模式在山东造纸企业身上却存在分工不明确、工作不系统、无制度约束，注重短期效果、缺少长期规划等诸多缺陷，难以完整、系统地构建企业的技术创新能力提升体系，难以形成一个由企业、高校或科研单位、政府共同参与的有效的合作机制。

三、山东省造纸产业技术创新战略联盟在造纸产业转型升级中的作用机制分析

针对我省造纸产业转型升级取得的成果和存在的问题，结合对10余家企

业的实地调研及对“轻工生物基产品清洁生产与炼制协同创新中心”（以下简称轻工协同创新中心）取得的成绩分析，本课题组重点研究了产业技术创新联盟的内涵及其在山东省造纸产业转型升级过程中的推动作用和运行机制。

1. 产业技术创新战略联盟内涵

产业技术创新战略联盟作为一种新型的联盟合作模式，是经过我国产学研合作多年的实践和摸索，在总结经验教训的基础上发展而来的一种新型的产学研技术创新合作组织。它一般由产业内龙头企业、高校和科研院所及政府构成，各方各司其职、分工明确（图1）。

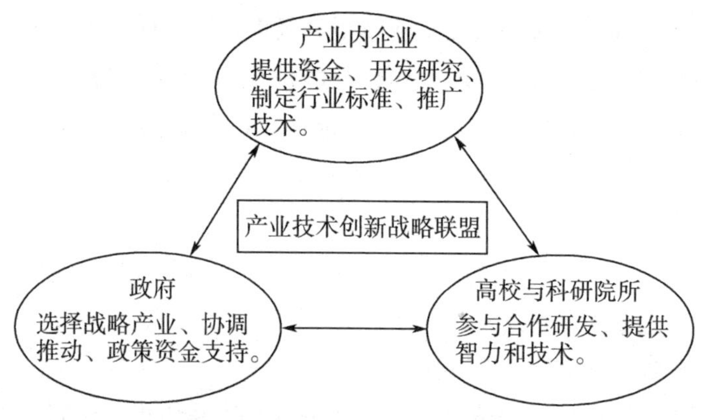

图1　产业技术创新战略联盟模式

由上可见，我们可把造纸产业技术创新联盟定义为以提升造纸产业技术创新能力为目标，以促进造纸产业转型升级为目的，由企业、科研机构、高等院校或其他组织机构组成的，整合技术开发、资源优势，实行创新风险共担、产出利益共享的新型合作组织。

2. 山东省造纸产业技术创新战略联盟的作用机制

山东省科技厅、财政厅、教育厅于2013年3月开始实施“山东省高等学校协同创新计划”。该计划紧密结合《山东省国民经济和社会发展第十二个五年规划纲要》，围绕山东省区域发展重点战略和构建现代产业体系，面向区域发展、面向主导产业和战略性新兴产业、面向科学前沿，推动高等学校与高等学校、科研院所、行业企业、地方政府以及国外高水平大学、科研机构的深度融合、协同创新。2013年7月已有23个高校协同创新中心入选山东省高校协同创新计划。

“轻工生物基产品清洁生产与炼制协同创新中心”是由齐鲁工业大学牵

头，山东大学、华南理工大学制浆造纸工程国家重点实验室、山东省造纸工业研究设计院、晨鸣集团、华泰集团、太阳纸业集团、泉林纸业、龙力生物股份、青岛明月集团有限公司等10家单位共同组成的，是山东省首批获资助的协同创新中心。该中心依托高校与行业结合紧密的优势学科，建立了多学科融合、多团队协同、多技术集成的重大研发与应用平台，为山东省造纸产业结构调整、转型升级及行业技术进步提供持续的支撑和引领。“轻工协同创新中心”主要通过以下几个方面来推动技术创新：

（1）进行资源整合，建设高水平创新团队

高等院校和科研机构以自己异质性的科技资源、智力资源参与联盟运行；龙头企业提供创新所必需的资金、技术人员、科研设施等创新资源，并从实践角度寻找研发方向，参与研究开发。行业龙头企业与高等院校、科研机构一起成立项目攻关组织，进行重大原创性技术开发、技术标准制定，并进行技术推广，实施创新技术产业化战略。

（2）形成人才培养新模式，为产业发展提供后备力量

“轻工协同创新中心”通过高校人才培养模式创新，提高了该产业后备人才质量：①试点学校工厂和企业课堂，落实一批企业实训基地，汇聚一批优秀企业导师，培养一批优秀创新人才。②实施卓越工程师培养计划和工程硕士培养计划，提升重点企业的自主创新能力。③加强研究生联合培养，建立以科研经费和研发基金为主导、助研经费为保障的奖助学金体系。

（3）联合进行技术攻关，解决行业重大关键技术难题

“轻工协同创新中心”通过整合资源将科研重点聚焦，集中力量解决阻碍产业发展的关键技术难题。①解决了轻工生物基产品生产效率低、技术装备落后等关键技术难题；②实现清洁生产，每万元GDP能耗较“十一五”末降低18%，水耗降低20%，COD等主要污染物排放量减少25%；③实现生物基产品的多元化、精细化和高值化，开发新产品，减少对化石资源的依赖；④建立生物炼制技术体系，延伸拓展产业链，实现生物质资源的高效充分利用。

（4）建立产业化示范基地，促进科研成果转化

依据企业特色和区域优势展开行业的全产业链应用示范基地，率先实现行业骨干企业产业转型升级和清洁生产。主要示范基地：①晨鸣集团，林业生物质资源精炼及纸基新产品开发；②华泰集团，废弃物资源化利用；③太阳纸业，溶解纤维素及副产物精炼生产线；④泉林纸业，农业剩余物生物质资源综

合利用；⑤明月集团，海藻资源的生物炼制和利用。

（5）创建新型学科链和学科群，促进学科发展

①通过“轻工协同创新中心”建设与实施，提升相关学科水平，实现学科间深度交叉融合，形成优势学科群，使学科建设达到国内一流水平，部分学科领域达到国际先进水平。②在进一步强化优势学科的同时，积极拓宽学科领域，培育交叉学科和新兴学科，并形成特色和优势，促进知识、人才、技术的流动和转化。

四、山东省造纸产业技术创新联盟的组织运行机制

作为制度化的产学研利益共同体，产业技术创新联盟一方面需要有外部强化机制，为产业联盟的组建和发展创造外部环境；另一方面需要有内部管理激励机制、内部协调信任和交流机制，使得科研联盟内部联系密切又能妥善解决成员间的摩擦。结合我省轻工协同创新中心运行过程中取得的成功和不足之处，对我省造纸产业技术创新联盟的组织运行机制分析如下：

在外部强化机制方面，政府是产业技术创新联盟的推动者，为技术创新联盟提供政策引导、对技术创新联盟进行规范管理，以及为技术创新联盟制定激励政策等。政府在创新联盟中的作用有：①遴选产业与技术，即选择在哪些产业构建技术创新联盟。②协调推动，即国家运用计划资源调控产学研等技术创新要素按市场规则组合；同时调解联盟运行过程中的摩擦与冲突。③政策支持，即政府通过制定必要的经济政策、产业政策，鼓励、支持、引导、规范产业联盟的运行；④通过重大科技专项，提供必要的联盟运行资金。

在联盟的管理与激励方面，“轻工协同创新中心”大胆进行了以下制度创新：①人事分配制度改革，赋予中心用人自主权，吸引高端人才；制定弹性薪酬体系，建立特殊奖励政策，多劳多得。②人才培养模式改革，产学研合作培养创新型、应用型人才，自主制定培养方案；招收企业访问学者；研究生招生指标倾斜。③学科建设支持，培育新型交叉学科，建立学科群；特需学科进行升级建设，加大人财物投入。④科研政策支持，设立专项科研基金，项目申报倾斜支持。

在联盟的内部协调和交流方面，“轻工协同创新中心”主要进行了以下机制创新：①建立联盟信息交流机制。其内容包括资料交流机制、人员交流机制、高层互访机制、情报互通机制、联盟语言选择制度等。②建立联盟高层协调机制。包括高层互访制度、高层正式磋商制度、高层非正式磋商制度、高层对话交流制度、高层私人交流与友谊缔结等。③建立联盟的危机处理机制。包

括冲突文化协调制度、危机防范与预警制度、争端处理制度等。④联盟文化冲突处理机制。

在联盟的一体化进程方面，应建立具有共同核心利益的保障机制，避免联盟内部各成员间为了各自的利益产生损害联盟整体利益的情况发生，如相互参股、利益分成等具有法律效力的制度性约束必不可少。目前，轻工协同创新中心由于受到法律法规及政府政策规定不明确等制约，在保障联盟一体化进程方面还存在不足，还无法通过相互参股等方式形成稳固的利益共同体，无法彻底根除联盟内成员尤其是企业间的同质化竞争，这也是轻工协同创新中心今后需考虑解决的一个重要问题。

在联盟的学习能力提高方面，轻工协同创新中心采取“请进来”和“走出去”双向交流策略。一方面，邀请本领域内国内外高校和企业的知名专家进行学术交流，开阔研究人员的思路和眼界；另一方面，开展联盟内部双向交流，让高校教师走进企业、企业人员走进高校，鼓励骨干教师参与联盟内院校和企业的科研项目，通过交流在实践中提升服务行业的能力。

另外，为方便管理，联盟内的企业和科研院所成立的部门（主要指联盟成员内部设立的研发机构、研发小组）要保持小型化、简单化、柔性化，以利于加快指令下达、信息传递和共享速度，保持决策与管理的有效执行。

五、“轻工协同创新中心”对山东造纸产业转型升级贡献的实证研究

“轻工协同创新中心”是涵盖整个造纸产业链及其延伸产业的科研协作平台，创建于2003年的制浆造纸工业研究所，2013年入选山东省省级“2011协同创新平台”，并获得首批资助。它汇聚了高校、科研院所、大型企业的优质资源，在学科、人才、科研等方面形成了优势互补、强强联合、资源共享的创新共同体，取得了优异的科研成果，对造纸产业及相关产业的转型升级有很好的引领示范作用。

本部分采用生产函数模型，根据山东省造纸工业2004—2014年的行业数据，通过横向和纵向对比，以实证的方式剖析“轻工协同创新中心”对联盟内造纸企业转型升级的贡献。

1. 技术进步贡献率

从经济学的角度看，生产函数是指每个时期各种投入要素的使用量，与利用这些投入所能生产某种商品的最大数量之间的关系。用生产函数模型测算技

术进步对经济增长的贡献是国内外用得比较多的一种方法。

柯布—道格拉斯（C-D）生产函数是测算技术进步贡献的一个经典模型。C-D 生产函数认为，在技术经济条件不变的情况下，产出 Y 与投入的资本 K 及劳动力 L 的关系表示为：

$$Y = A_t K^{\alpha} L^{\beta} \tag{1}$$

其中，Y 表示产出，K 是资本投入，L 是劳动力投入，$A_t = A_0 e^{rt}$ 表示生产系统在时刻 t 的技术水平，A_0 表示基年的技术水平，r 表示技术进步系数，反映该生产系统技术进步快慢程度；α 是资本的产出弹性，β 是劳动的产出弹性。由生产函数的规模收益不变假设理论，有 $\beta = 1 - \alpha$（$0 < \alpha < 1$），（1）式可变化为：

$$Ln(Y/L) = LnA_0 + rt + \alpha Ln(K/L) \tag{2}$$

（2）式中 Y/L 表示劳动生产率，K/L 表示资金占有率。该线性方程的经济意义为：在一个经济系统中，如果资金占有率保持不变，则劳动生产率随技术进步而提高；又如技术水平不变，则劳动生产率随劳动力的资金占有率的增加而提高。

对于（2）式可采用最小二乘法估计方程的各个参数。估计出各个参数后，可采用索洛余值法对技术进步贡献率进行测算，如（3）式所示：

$$m = y - \alpha K - \beta L \tag{3}$$

其中，m 为技术进步增长速度，y 为产出速度。

2. 样本数据采集

（1）样本及指标选择。为保持指标数据的连续性、准确性和可比性，本研究把山东造纸企业分为 2 组，一组为创新联盟成员企业（下称联盟成员企业）晨鸣集团、华泰集团、太阳纸业集团（泉林纸业为非上市公司，数据难以获得，故未纳入本组），另一组为除去这 3 家之外的造纸企业（下称非联盟成员企业）。

表 1　　山东省 2004—2014 年非联盟成员企业发展相关指标

年份	固定资产净值年平均余额（亿元）	年末工人数（万人）	营业收入（亿元）	固定资产投资价格指数（上年 = 100）
2004	220.1918	12.6128	555.1067	102.91
2005	217.6239	13.0229	739.8448	107.42
2006	281.6105	18.04455	939.7216	102.85

续表

年份	固定资产净值年平均余额（亿元）	年末工人数（万人）	营业收入（亿元）	固定资产投资价格指数（上年＝100）
2007	292.3183	21.1591	1071.1197	104
2008	303.6101	21.4068	1200.712	107.7
2009	475.9475	23.6112	1358.806	96.9
2010	595.7593	20.2542	1516.7208	103.6
2011	447.8144	18.5136	1725.4299	106.8
2012	545.6251	18.6821	2028.5813	100.8
2013	587.0486	18.588	1940.4593	100.4
2014	627.495	18.5945	2056.3107	100.3

数据来源于 Wind 数据库和《山东统计年鉴》。联盟组企业选取了 2004—2015 年的数据，非联盟组选取了 2004—2014 年的数据（2015 年的数据还未公开）。选取造纸工业固定资产净值年平均余额作为资本投入指标，并采用固定资产投资价格指数调整，做到价值指标的可比性，考虑到造纸行业固定资产投资周期较长的现实，当年固定资产投资对应滞后一年的产出；劳动力指标选取年末职工人数；取营业收入作为产出指标，这是因为营业收入能够充分解释产品结构调整带来的产出效率的提高，更能体现技术创新联盟的全面带动作用。固定资产净值年平均余额按固定资产投资价格指数转化，剔除不可比的价格因素。原始数据见表 1 和表 2。

表 2　　山东省 2004—2014 年联盟成员企业发展相关指标

年份	固定资产净值年平均余额（亿元）	年末工人数（万人）	机制纸及纸板营业收入（亿元）	固定资产投资价格
				指数（上年＝100）
2004	97.40385	2.8696	135.9561	107.42
2005	139.3601	3.0846	175.9576	102.85
2006	179.3892	2.7578	216.4139	101.8
2007	206.2112	2.6822	262.8031	104
2008	232.6588	2.9541	273.3532	107.7
2009	246.1974	3.093	266.7292	96.9
2010	259.5405	3.3117	323.5803	103.6

续表

年份	固定资产净值年平均余额（亿元）	年末工人数（万人）	机制纸及纸板营业收入（亿元）	固定资产投资价格
				指数（上年 =100）
2011	335.1972	3.3646	361.1847	106.8
2012	391.5021	3.1536	397.3772	100.8
2013	382.0408	2.8447	410.2703	100.4
2014	403.2205	2.7707	388.2134	100.3
2015	413.2494	2.6196	404.8381	97.7

（2）模型构建。以机制纸及纸板产量为产出指标，折算后固定资产净值年平均余额和年末职工人数作为投入指标，按照公式（2），使用 E-views 软件对数据进行处理，估计参数 α、β 和 r，模拟出山东造纸工业的生产函数模型，其结果为：

非联盟成员企业：$Y=2.901e^{0.076t}K^{0.332}L^{0.668}$ （4）

联盟成员企业：$Y=2.935e^{0.037t}K^{0.472}L^{0.528}$ （5）

（3）模型检验。方程（4）和方程（5）的弹性系数，均在 0 和 1 之间，参数符合期望值。判定系数都在 0.9 以上，各系数满足 0.05 的显著性水平，表明模型对于样本观测值的拟合程度较好。

3. 结果对比分析

根据回归方程（3）和（4）中所示的资金产出弹性系数 α 和劳动产出弹性系数 β，分别带入（2）式，可以得到技术进步、资本投入、劳动投入对经济增长中的贡献率。其中，技术进步贡献率 $E_A=m/Y$，资本投入贡献率 $E_K=\alpha\times K/Y$，劳动投入贡献率 $E_L=\beta\times L/Y$。各项指标的发展速度采用了几何平均法得出每年的平均发展速度。结果见表 3 所示。

表 3　　发展要素对比

时间	联盟成员企业			非联盟成员企业		
	资本贡献率 E_K	劳动贡献率 E_L	技术贡献率 E_A	资本贡献率 E_K	劳动贡献率 E_L	技术贡献率 E_A
2004						
2005	48.35%	15.75%	35.89%	29.57%	40.69%	29.74%
2006	58.95%	7.03%	34.02%	26.49%	44.26%	29.25%

续表

时间	联盟成员企业			非联盟成员企业		
	资本贡献率 E_K	劳动贡献率 E_L	技术贡献率 E_A	资本贡献率 E_K	劳动贡献率 E_L	技术贡献率 E_A
2007	51.81%	6.15%	42.04%	21.02%	50.26%	28.72%
2008	57.34%	7.14%	35.52%	19.19%	58.24%	22.57%
2009	50.76%	7.73%	41.52%	17.13%	51.36%	31.51%
2010	48.00%	9.78%	42.22%	29.92%	41.28%	28.81%
2011	49.11%	11.30%	39.59%	33.30%	39.48%	27.22%
2012	56.47%	8.81%	34.72%	24.32%	39.04%	36.64%
2013	48.54%	4.36%	47.09%	24.04%	38.74%	37.22%
2014	52.89%	1.28%	45.83%	24.62%	41.63%	33.75%
2015	53.73%	0.05%	46.22%			

由表3可以发现，联盟内成员企业的发展更多的是靠技术创新进步和资本投入来保持稳定增长，两者呈现一种互为犄角的关系，这与本课题组前期的调研结果一致。通过纵向比较可以发现，在轻工协同创新中心成立后，联盟成员技术贡献率平均达40.42%，非联盟的仅为30.54%。而劳动贡献率在下降，资本贡献率高，说明联盟内企业技术创新步伐明显加快，资本投入作为技术进步的保障和实现载体，目前仍处于重要地位；但同时也说明，目前联盟内企业仍然是以产品开发生产为主，仍处于价值链的低端环节，转型升级的空间很大。劳动贡献率的降低，也说明技术创新和效率更高的设备投入正逐步替代劳动投入。

从横向比较来看，联盟内企业在技术贡献率和资本贡献率方面都高于非联盟内企业，劳动投入贡献率指标却低于非联盟成员企业。这说明，整体上非联盟成员企业的转型升级仅处于起步阶段，还未摆脱人力密集型的特征，技术创新进步步伐和资本利用效率低于联盟内成员企业。但从最近几年的技术贡献率来看，造纸工业技术溢散效应明显。因此，在保障联盟内成员稳定快速提高的同时，如何通过技术溢散实现造纸工业的整体发展，也是联盟需要考虑的问题。

六、对策建议

政府、企业、高校及科研机构三者是产业技术创新战略联盟的主要参与者，他们相互联系、共同协作、发挥各自作用，实现联盟构建的目标。本研究证明，造纸产业技术创新战略联盟在山东造纸产业转型升级中发挥着重要的作用，通过以上对该联盟作用和运作机制的深入剖析和总结，我们提出以下建议：

1. 加大政府的引导和支持力度。产业技术创新战略联盟是以企业、科研机构和高校为主体的联盟，而政府作为一个非联盟主体参与者，对产业技术创新战略联盟具有十分重要的影响。如“轻工协同创新中心”入选省级“2011协同创新平台”后，技术贡献率平均达46.38%，之前仅为38.19%，而劳动贡献率由入选前的9.21%下降到1.9%，资本贡献率无显著变化。（表3）

2. 任何一个产业技术创新联盟可能具有一种或多种模式的特征。如“轻工协同创新中心”是以科研院校为主导的联盟模式，但其主攻方向往往是在龙头企业的主导下提出的，工作开展方式大多又是以高校主导下的技术攻关合作模式。为此，我们提出并构建不同形式的产业技术创新战略联盟模式，以期更好地支撑产业持续发展。

（1）龙头企业为主导的联盟模式。该模式一是由企业直接与市场相连，能够迅速地发现市场机会并使联盟通过技术创新获利；二是龙头企业较容易预测市场需求，使联盟的技术创新有方向性和市场前景、符合市场规律，避免盲目实施技术开发造成资源浪费。

（2）科研院校为主导的联盟模式。这种模式有利于发挥科研院所、高校科研能力强的特点，以自身科技资源、智力资源组织推动产业技术创新联盟运行。

（3）政府为主导的联盟模式。该模式有利于政府通过制定经济、产业政策等相关政策，为联盟的发展创造一个良好的政策环境，通过控制联盟的发展方向和进度，来保证经济社会利益的最大化。

（4）技术攻关合作联盟模式。以实现产业内关键性共性技术突破为主要目的，联盟成员的行业集中度比较高，有利于分散经济风险，避免过度竞争造成的资源浪费，加快攻关速度。

（5）产业链合作联盟模式。一般由产业链涉及的企业或组织，顺着产业链条的延伸组成联盟。其优势就是能将独立的企业组成联盟，降低沟通成本；产业链上的每个技术创新都有利于整个产业链的发展，避免不必要创新造成浪费；上下游企业共同协作能快速完善联盟。

（6）技术标准合作联盟模式。通过追求有竞争性行业标准的制定，促进行业的发展和新技术成果的扩散与应用。

另外，从产业技术创新战略联盟运行机制看，产业技术创新战略联盟的维系纽带有两个，一是契约，二是股权。因此，我们可以构建契约联盟模式和实体联盟模式。

（7）契约联盟模式。这种模式的优点在于，联盟各方可以事先对技术创新的内容、合作创新的途径、创新时限和违约责任等各种事宜进行充分协商，然后将协商的结果形成文字，变为契约或合同，再以这些具有法律效力合同来规范联盟成员行为，确保实现联盟合作创新目标。

（8）实体联盟模式。在实体模式下，合作各方根据它们在联盟中所处的地位和相互间的关系以章程的形式来确定各自的权利、义务及承担的风险。解决了联盟法律保障机制薄弱的问题。联盟成员各自的权利和义务是限量规范化和制度化。实体模式采用的法人治理结构，使联盟组织的管理更加规范和系统，能较充分保护联盟成员的利益。

3. 在联盟的内部协调和交流方面，需要重视资料交流、人员交流、高层互访等盟员间的双向交流机制。探索建立高层互访、正式磋商和非正式磋商制度，根据实际情况建立危机处理机制，以保证联盟具有凝聚力和长期发展。

4. 构建一个以技术创新战略联盟为主导的系统性体系。山东造纸转型升级的经验和不足说明，在当前的环境下，技术创新仍是企业转型升级的主要驱动力，但它受技术创新战略、技术创新服务、技术创新战略执行等过程的影响，因此，整合政府、高校、科研院所、企业的相关资源构建一个从技术创新战略制定到技术创新评价的全方位、系统性的体系尤为必要，不能仅仅把目光放在目前的纯技术合作上。

（齐鲁工业大学邹志勇、王泽风、郭吉涛、孟庆涛、曹琳、刘海鹰、李传军、刘玉）

关于推进我省机器人产业技术创新的调研报告

（2016 年 12 月 19 日）

内容摘要：《中国制造 2025》行动纲领提出了“力争用 10 年时间，迈入制造强国行列”的目标，机器人就是 10 大重点扶持领域之一。本文通过对我省机器人产业现状、亟待突破的关键技术及产业发展路径展开研究分析，提出加强顶层设计，实施重大科技创新工程，对机器人产业创新链进行系统布局，支持机器人产业核心技术攻关等一系列提升措施，为推动我省机器人产业实现跨越升级提出了对策与建议。

机器人是“制造业皇冠顶端的明珠”，其研发、制造、应用是衡量一个国家或地区科技创新和高端制造业水平的重要标志。《中国制造 2025》明确提出将机器人产业作为我国制造业重点突破发展的领域之一。省“十三五”科技创新发展规划也将实现机器人产业重大关键技术突破作为重点攻关目标，力争通过实施相关重大科技创新工程，实现相关核心技术突破，培育形成机器人产业集群，带动产业发展，提升我省制造业整体智能化水平，并积极参与军民科技融合，在机器人产业的某些技术领域走在前列。

参照省里“敲开核桃、一业一策”，推动传统产业升级做法，科技厅邀请省内科研单位、制造企业、技术专家等召开座谈会，共同探讨机器人产业现状、亟待突破的关键技术及我省差异化发展机器人产业的路径等问题。现将有关建议报告如下：

一、对机器人产业发展的预期

（一）机器人产业上升为国家战略且已成为国际问题

随着机器人应用的普及，世界各国都将机器人产业作为一种国家战略来对待。

美国近几年一直在强调制造业回归，其核心一是机器人，一是人工智能。2012年，美国制造业回归是以数字化技术、机器人技术为支撑。2013年，又提出把互联网融入机器人的生产过程中，确定了一种新的发展思路。2016年10月，又提出了新的人工智能研究与发展的战略规划。从机器人到物联网再到人工智能，构成了美国制造业回归的清晰路线图。

德国在2011年提出以互联网、物联网、大数据等信息技术相互支撑，形成一种新的制造手段，借此来重新引领制造业发展，即“德国工业4.0”计划。法国提出了新的机器人行动计划，鼓励企业应用机器人、开展国际合作、制定标准以及建立科研机构。英国也提出了机器人自主系统的战略计划。

日本是世界制造业强国，在进行机器人革命方面确定了3大目标：一是成为整个世界机器人产业创新基地；二是成为世界最大的机器人应用国家；三是迈向世界机器人技术领先的新时代。日本还在国家层面设立了机器人革命促进委员会，吸收许多机器人的发展机构和机器人大赛举办机构，从不同层面全方位促进机器人产业的发展。

全球如此多国家都将机器人产业的发展作为国家战略，表明机器人将是未来发展的一种趋势。作为趋势，该产业就一定会实现快速发展，而发展过程一定是对整个工业的挑战。未来在军事领域，由地面机器人、无人机、无人艇、无人潜航器甚至太空机器人构成的无人系统将改变战场，改变战争。在民用领域，机器人将改变生活，改变世界，且这方面改变已在发生。机器人产业的发展，孕育着一场新的工业革命，从成本、技术进步、用户个性化制定，到生产方式、生产工具等都要进行一次大的变革。由此，机器人也正在改变人类生产生活方式，乃至国防、医疗等领域。机器人的发展已经成为一个世人关注的国际问题。

（二）我国机器人产业发展战略

为积极应对新一轮科技革命和产业革命上的重大挑战，《中国制造2025》将建设成为世界制造强国确定为目标，提出了以建设工程、智能制造工程、工业强基工程、绿色制造工程和高端装备创新工程5大重点工程作为强基根本，并在此基础上细分10大重点领域，其中机器人和高端数字机床产业作为重要内容被列入其中，这清晰表明国家把机器人相关领域放在了一个非常关键位置。同时，包括关键技术、关键零部件、集成应用示范平台建设在内的未来机器人发展路线图也更加清晰，《中国制造 2025》已经成为我国应对机器人产业快速发展的“法宝”，已经成为我国制造业在未来制胜的“法宝”。

未来 5 年，我国机器人产业发展目标已经确定：产业规模持续增长，自主品牌工业机器人年产量达到 10 万台，6 轴及以上工业机器人年产量达到 5 万台以上，服务机器人年销售额超过 300 亿元。培育 3 家以上具有国际竞争力的龙头企业，打造 5 个以上机器人配套产业集群。在技术水平不断提升，实现关键零部件重大技术突破的基础上，工业机器人相应指标达到国外同类产品水平，平均无故障时间（MTBF）达到 8 万小时；6 轴及以上工业机器人实现批量应用，市场占有率达到 50% 以上。集成应用方面，完成 30 个以上典型领域机器人综合应用解决方案，实现重点行业机器人规模化应用，机器人密度达到 150 以上。

（三）机遇与挑战

近年来，尽管世界经济增长放缓，但由于生产智能化、自动化趋势的发展以及德国工业 4.0、美国制造业回归等战略的实施，全球对机器人产品的需求却进入高速增长阶段。据国际机器人联合会（IFR）统计，2015 年全球工业机器人销售近 25.4 万台，同比增长 15%。凭借成熟的系列技术和完整的产业链条，欧美日等发达国家或地区成为全球机器人的主要研发和供应地，其中瑞士 ABB、德国库卡、日本发那科和安川“四大家族”几乎垄断了机器人焊接、装配、打磨等高端领域，占据全球约 63% 的市场份额。

2015 年，我国工业机器人年累计销售 6.8 万台，同比增长 18%，连续四年居世界第一位。其中国产品牌机器人销售 2.2 万台，同比增长 31.3%，明显高于国外品牌的销量增速。随着人口红利的消退、资源环境的压力和产业转型升级需求的上升，我国机器人产业正面临加速增长的拐点。由沈阳新松、哈尔滨博实、天津纳恩博、安徽埃夫特、南京埃斯顿、广州数控、江苏汇博、北京康力优蓝、广州启帆、北京天智航等 10 家国内机器人产业骨干企业组成的俱乐部“中国机器人 TOP10”，将在搭建中国机器人智库平台、探索产业创新发展模式、加大产业培育力度，提前布局机器人标准方面发挥重要作用。IFR 预计，2017 年我国机器人使用数量将增加到 40 万台，超过欧盟或美国。

在对机器人产业发展趋势看好的同时，我们也应清楚把握当前国内机器人产业发展的隐患，即机器人产业的“高端产业低端化”问题、投资过剩问题，机器人企业盲目扩张和低水平重复建设问题等。在《中国制造 2025》政策发布前，各地政府早已争先恐后地建设机器人产业园，截至 2015 年底，全国已建和在建产业园超过 40 个，且不包括筹建中的产业园，如上海欲建中国最大机器人产业园，重庆则定下 2020 年机器人产业规模达到 1500 亿元的目标。目前，北至哈尔滨、西至成都、南至深圳、东至上海的广大区域，均有中型及大型城市的地方政府主导，建设机器人产业园区、提供资金融资等吸引国内外机器人企业落户。以深圳为例，自 2014 年至 2020 年，市财政每年都将安排 5 亿元，连续 7 年补助机器人、可穿戴设备和智能装备产业，政府的支持吸引了不少企业向机器人行业进军。据不完全统计，至 2015 年底，全国规模以上机器人企业超过 800 家，但这 800 多家企业在经营与发展上，已出现竞相模仿现象。鉴于此，业内专家指出，机器人产业恐将面临泛滥。此外，从目前来看，机器人行业至今缺少行业规范，绝大多数企业不是赔钱就是勉强打平；在与外资企业竞争方面，本土企业也显乏力。去年国内卖出的工业机器人中有 85% 是进口货；“中国制造”的优势只体现在价格上，却没有从质量上占优势，而且国内大部分机器人企业并不具备机器人核心技术，只是一味地靠搞噱头来博取人们的眼球。

总而言之，尽管我国机器人产业发展面临一些问题，但仍具有广阔空间。目前，国际上智能机器人巨头虽然强大，但是并没有完全形成垄断；我们拥有全球绝对的市场和用户数据优势，特别是近期，国内优势企业采取走出去的做法，依靠市场的吸引力与国外机器人企业开展合作且已经取得一定效果。我们应该利用好这些优势，紧抓政策机遇，抢占制高点，做出正确规划，助力企业加快发展，形成产业优势，走在发展的前列。

二、我省机器人产业初具规模，但创新能力仍需进一步提高

经过多年发展，我省在机器人领域逐步积累了一定的产业发展基础和技术储备。

（一）机器人产业链完备，产业规模不断扩大

据不完全统计，我省机器人生产企业已经从“十二五”初的 9 家发展到目前的 80 家，居全国第 5 位，涉及机器人制造的全产业链。其中机器人整机生产企业 54 家，零部件企业 12 家，系统集成企业 38 家；19 家企业涉及两个以上领域。全省机器人产业产值从 2010 年的不到 1 亿元发展到 2015 年的 78 亿元，几乎连年实现翻番。

（二）关键核心技术方面取得局部突破，实现了一定的技术积累

针对减速器、伺服电机、控制器这3大机器人核心零部件，我省部分企业在自主创新方面已经有了初步突破。潍坊帅克集团与北京理工大学合作，在机器人关键核心部件——精密减速器制造领域获得专利23项，形成具有独立知识产权的技术群；特别是在减速器结构设计上实现创新，精度达到日本、德国等发达国家水平，已经具备批量生产能力。国家发改委专门安排上海电器科学研究院（国家机器人检定中心）对帅克进行指导，积极推动减速器标准制定工作。淄博纽氏达特已经成为国内TOP10机器人企业沈阳新松集团的配套企业，2015年为包括新松在内的多家机器人企业供应伺服行星减速器9万件，实现销售收入1亿元，在该领域的国内市场占有率达到5%以上。

（三）服务机器人技术日趋成熟，部分领域达到国内领先水平

鲁能智能自主研发出国内首台变电站设备巡检机器人和高压带电作业机器人，获得首届“中国优秀工业设计奖”金奖；威高集团可模块化组装的“妙手S”微创手术辅助机器人，已获得37项国家发明专利。海天智能工程在脑控外骨骼康复机器人、纯意念控制人工神经康复机器人等方面取得了重要的进展。山东大学机器人中心研制的“中国大狗”在陆军装备部“2016冲破险阻无人系统军事挑战赛”中勇创佳绩，有望成为我军未来山地作战输送和支援的重要装备。我省在海洋机器人等方向上也取得了一系列成就，在海产品布苗与捕捞、海洋探矿等方面的机器人技术上积累了一定的发展基础。

（四）机器人系统集成应用态势良好，形成一定产业优势

机器人系统集成应用是根据任务需求将工业机器人与工装夹具、外部设备等部件相结合组成工作站，完成焊接、喷涂、装配、加工等业务的应用，其利润率仅次于三大零部件，而远远高于工业机器人本体开发。潍坊迈赫公司开发生产的高端乘用车机器人自动涂装成套设备已替代进口，并实现了汽车生产线冲压、焊接、喷涂、总装四大关键工艺技术的全方位覆盖。青岛科捷在机器人注塑生产线以及3C生产线系统集成应用方面掌握了关键技术，成为富士康的重要合作伙伴，并成功地将市场发展到日本、马来西亚等多个国家。

（五）机器人配套技术不断完善，形成对产业发展的有力支撑

我省在“十二五”期间部署了基础算法、关键材料、专用传感器等多个研究方向，为机器人技术的发展提供了重要的配套基础。海富光子已经成为新松、航天科技集团等国内龙头企业的机器人激光器供应商。

此外，近年来我省与中科院、哈尔滨工业大学等国内一流高校与研发机构建立了威海机器人与智能装备研究院等多个机器人领域研发平台，为下一步机器人产业的发展提供了良好的人才资源和技术储备。但与广东、上海、辽宁等先进省份相比，我省机器人产业起步较晚，还存在较大差距。具体表现在：

一是高端产品缺乏，产品附加值不高。我省机器人生产企业85%以上处于产业链的中下游，集中在搬运、码垛以及简单的焊接工艺等领域，走的是传统的模仿跟踪和集成应用路线，制约了产业规模的进一步壮大。2015年我省机器人产业产值不到上海市（160亿元）的1/2，仅为深圳市（630亿元）的1/8。

二是缺少核心技术，发展仍然受制于人。3大核心零部件占机器人总体成本的70%左右，对性能、精度、可靠性有较高的要求。我省生产机器人零部件的企业有12家，但有能力生产3大核心零部件的仅6家，且在产品质量、系列全面性和批量化供给方面都与先进省市存在较大的差距。即使像济南二机床这样的骨干企业，2015年进口关键零部件价值占其机器人总产值的比重仍为60%。

三是缺少领军企业，在国内缺乏行业话语权。由于缺少核心技术支撑，品牌竞争力难以形成，无法产生在行业内领军的龙头企业。今年6月召开的中国机器人TOP10峰会，山东企业无一家参加。另外，我省部分企业过度追求大而全，导致研发资源分散，无法在专项领域形成突破，想处处领先却处处不能领先。

四是产业链条布局不够合理，配套能力仍需提高。我省工业机器人配套企业的加工能力和水平参差不齐，从整体上制约了机器人产业发展。虽然我省6轴以上机器人占工业机器人总量的36.5%，超过全国平均水平，但以进口产品为主，缺乏自主配套能力。据统计，我省38家系统集成企业，79%采用发达国家的上游机器人本体供货，只有1家采用省内企业供货。

五是对未来市场发展的方向认识不足，服务机器人布局仍然不到位。目前，省内的机器人产业布局侧重于工业机器人，服务机器人企业的比例偏低。80家机器人厂家中从事服务或特种机器人研发的有12家，产值上亿的仅3家，大多是产值百万级别的小微企业。在机器人应用从工业领域向国防军事、医疗康复、助老助残、居家服务等领域迅速拓展的趋势下，这一比例已不能满足机器人未来发展的需求。

三、强化关键措施，走山东特色的机器人产业发展之路

随着机器人产业的不断发展，“高精、高速、高载和智能化”的趋势日益明显，加快抢占制高点，是产业发展必然。国务院第三次大督查对我省反馈意见中，明确要求我省实现智能制造重大创新和技术突破，加快推动制造业升级，而工业机器人恰是制造装备智能化的核心环节。面对机器人产业发展需求和存在的问题，在充分把握我省机器人产业发展阶段性特征，坚持有所为有所不为原则基础上，我们就全省机器人产业发展提出如下建议：

（一）加强顶层设计，对机器人创新链进行系统布局

建议制定《促进山东省机器人科技创新与成果转化工作的意见》，按照局部竞争、错位发展的思路，充分发挥国家、省两级智库作用，研究制定符合我省实际的机器人技术创新路线图，明确从基础研究到技术创新、产业化应用的步骤和路径，围绕机器人产业与技术发展的需求，加强产学研用协同创新，营造发展环境，创新服务模式，强化标准规范，加强资源共享，努力形成良好的机器人技术创新体系，为促进机器人产业持续健康发展提供有力支撑。

（二）实施重大科技创新工程，继续支持机器人关键核心技术攻关

一是支持以潍坊帅克为代表的企业，继续开展机器人全系列高精度减速器技术攻关，提高技术性能稳定性，尽快完成工程化进程，制定相应技术标准，力争在减速器研发应用上走在全国前列。二是选择有一定基础的优势企业在机器人大功率高速电机伺服系统等核心技术方面开展深度研发，力争取得突破。三是在驱动器、多轴运动控制器等领域形成具有自主知识产权的核心技术，进一步提升已有品牌的竞争优势，争创我省在3大核心零部件产业方面的优势。在此基础上，积极推动重点企业和科研单位参与“智能机器人重点专项”“智能制造与机器人重大科技工程”等国家科技计划，有步骤、有重点地对机器人关键技术和产品研发进行精准扶持，力争在部分重点方向形成产业引领地位。

（三）率先启动机器人与精密加工机械“双机融合”技术攻关，确立智能制造领域的先发优势

建议利用我省在数控机床领域深厚的技术积累与产业基础，针对目前机器人与数控系统品牌标准林立、接口协议复杂多样的问题，突破核心数控平台技术，形成自主可控的“底盘”，在此基础上积极推进主流工业机器人与数控机

床的互联互通、交互共融、协同作业等关键技术攻关，实现智能机器人与精密数控加工制造装备的协同控制，达到完美融合，抢占行业先机。

（四）强化基础算法等相关技术研究，为机器人产业与技术发展夯实基础

建议省自然基金设立专项，瞄准工业、服务、特种机器人本体研发与应用集成中的重要需求与关键问题，强化机器人高性能运动控制、智能决策与自主学习等基础算法的研究，做好关键核心技术储备。同时，重点选择支撑工业机器人系统集成与应用密切相关的核心软件技术、关键材料制备技术、关键传感器等重要配套技术，集中力量进行突破。紧密关注我国机器人产业化核心关键技术的进展，提前部署，积极应对，以便迅速跟进并实现批量化生产，力争在产业化过程中抢占先机。

（五）超前部署，抢占服务机器人市场先机

要立足服务机器人发展的广阔空间，密切结合新一代信息技术以及“互联网+”的发展思路，开展面向家庭服务、公共服务、安全保障等领域的个人和专用服务机器人研究，争取在服务机器人复杂环境感知与认知、人机交互与行为理解、自主规划决策与能力增值等关键技术方面形成突破。特别是借助我省在医药卫生产业方面的基础和优势，大力推进手术机器人、康复机器人、医疗辅助机器人等产品的核心技术研发与临床应用，加强我省在服务机器人领域的技术积累和产业布局。

（六）走差异化发展之路，开展海洋机器人研发与应用

要围绕新形势下海洋经济发展的技术和装备需求，结合“透明海洋”重大科技创新工程的实施，面向我省海洋勘探、水产养殖、海工船舶制造、大型海上设施修造等行业应用，重点研制可用于海洋立体观测、水下焊接、设施检测与维护及海产品布苗、捕捞等作业的海洋机器人，形成我省水下机器人的发展特色，全面提升我省海洋产业的装备技术水平。

（七）强化机器人研发平台布局，为产业发展提供支撑

要充分整合我省机器人优势企业和相关高校院所的资源和研发力量，创建省机器人技术创新中心，形成机器人技术方面的综合性创新平台。选择基础条件好的科研单位和企业联合打造集研发、检验、检测、咨询为一体的机器人技术研发检测公共服务平台，为相关机器人企业产品设计和研发提供实验平台，推动自主研发能力提高。依托有基础、有条件的科技园区，构建机器人专业孵

化器，完善机器人创新孵化体系。

（八）加强科技人才的引进培养，推进产学研协作创新

要将机器人领域作为实施“泰山产业领军人才计划”的重点，引导重点机器人企业申报“山东省引才工作重点支持企业”，赋予其灵活引才政策，加快引进高水平领军人才。强化人才、项目、平台一体化发展，强化人才创新团队建设，鼓励机器人创新人才申报国家、省重点人才工程，推进企业和科研单位加强对机器人领域创新人才的培养。开展与新松教育集团等职业教育机构的合作，利用国内外优秀的师资面向我省机器人产业进行职业培训，推动产业与人才协同发展。

（九）加强国际科技合作，整合外部高端科技创新资源

要加强对国际机器人技术尤其是“机器人2.0”技术的跟踪研究，趁国际市场还未被完全垄断的时机，充分利用我们的产业市场优势和技术基础，推动我省企业、高校院所与国外高水平科研机构的合作，强化机器人技术的引进、消化、吸收、再创新，快速提升我省机器人产业的核心竞争力和产业化水平。

（十）充分利用相关优惠政策，推进机器人产业发展

要鼓励企业利用首台（套）技术装备和关键核心零部件保险财政补偿、高新技术企业保费补贴、创新券等相关政策，对符合条件企业的机器人产品研发责任保险、关键研发设备保险、产品质量保险等进行保费补贴。积极协调机器人领域创新产品列入首台（套）技术装备推广应用目录，大力推动机器人产业科技成果转化，加快相关装备和产品的市场推广应用。借鉴先进省份的做法，充分发挥产业发展基金的作用，对省财政资金支持的机器人等重大科技创新项目，采取直投的方式，带动社会资金的投入，加快我省机器人产业发展。

（科技厅调研组）

关于推进我省互联网支付发展助力“互联网+”行动的研究报告*

（2017年6月12日）

内容摘要： 我省互联网支付企业积极探索、奋力开拓，支付业务量快速增长。然而，目前省内大量企业和个人使用省外机构互联网支付平台，不利于推进我省互联网支付发展。建议更好地发挥政府作用，指导相关平台与我省支付机构合作，借力“互联网+”行动，做大做强我省互联网支付机构，拓展服务领域，积极走出山东，加快布局全国步伐。

现代经济属于互联网经济，而互联网支付作为金融与互联网经济融合的纽带则是促进互联网经济发展的引擎和基础。近两年来，在省委、省政府的正确领导下，在各级各部门单位的共同努力下，我省互联网支付企业积极探索、奋力开拓，支付业务量快速增长。课题组依托省电子商务协会，在省政府研究室和人行济南分行指导下进行了研究，总结经验，分析问题，提出了进一步推进我省互联网支付发展、助力“互联网+”行动的对策建议。

一、我省互联网支付发展情况

“互联网支付”是指银行机构或非银行互联网支付机构依托公共网络，为收款人和付款人之间提供转移资金服务的行为，它同时担负着资金归集和资金流监控职能，是互联网金融业态的核心和电子商务发展的基础体系。本课题研究对象为非银行互联网支付机构（以下简称“支付机构”）。目前，我省共有5家拥有互联网支付牌照的支付机构，即：山东鲁商一卡通支付有限公司（以

* 本文是山东省软科学研究项目(编号:2016RZC01005)的阶段性成果。

下简称“鲁商一卡通”）、山东省电子商务综合运营管理有限公司（以下简称“电商公司”）、山东网上有名网络科技有限公司（以下简称“网上有名”）、山东高速信联有限公司（以下简称“高速信联”）和金运通网络支付股份有限公司（以下简称“金运通”）。2016 年，各机构业务规模均实现较大幅度增长，共办理互联网支付业务 1863 万笔，金额 1366 亿元，同比分别增长 7. 29 倍和 5. 84 倍，推进我省互联网支付取得健康快速的发展。

（一）支付机构建设形成良好软、硬件基础

支付机构软、硬件基础建设普遍取得突出成绩。如电商公司建有 200 平方米的专业机房、30 多个机柜、200 多台服务器的基础设施，并且形成了近百人的专业技术研发团队。又如鲁商一卡通建成了高标准的现代化支付业务数据及研发中心，建筑面积 1863 平方米，完全按照国家 GB 50174 机房建设标准设计、建设，主要指标均达到国家 A 级标准，是省管企业第一家标准的现代化数据中心。其中研发中心建筑面积 1200 平方米，设有实验室和实验机房，拥有“省级企业技术中心”资质，核心技术集中在基于终端与卡片的电子支付技术和基于互联网络的电子支付技术。

（二）支付机构与银行业务合作更加密切

目前，我省互联网支付已覆盖了全国主流性银行，并与其合作密切，可支持上百家银行的交易，具备了全方位支付的能力和手段。特别值得一提的是，高速信联成功实现与威海商行、民生银行、恒丰银行、齐商银行等业务合作，利用支付机构的跨行支付产品给自己的客户提供跨行收款服务。银行具备较为系统和严苛的风控体系，对于商户的准入有着严格的标准，能够凭借自身的金融资源获取更多的优质客户，为高速信联业务提供了更高效的商户接入渠道。

（三）支付产品种类日益丰富齐全

传统支付产品主要是“网关支付”，是指支付机构通过与银行支付系统的连接，为客户提供直连银行的账户收款。在支付过程中，用户需要选择银行，支付是跳转到银行的网关进行身份的验证。优势是安全，能够支持大额的支付场景，但是不够便捷。因而出现了“快捷支付”和“代收产品”等新的支付产品。其中“快捷支付”是指支付机构不需要跳转银行，直接在客户支付页面输入验证要素即可完成支付。而“代收产品”则是指通过银行的无磁无密通道，定向进行扣款，实现客户的各类费用的收缴。目前我省支付机构已具备覆盖国内全国性银行的网关支付通道和较为全面的快捷支付产品，能够支持现

在几乎所有的支付场景。

我省支付机构还将互联网线上业务与线下业务相结合，相互渗透，不断拓展思路，探索新途径，研发新产品。“电商公司”面向批发业主与物流行业推出了货款管家、面向互联网金融推出了互联网金融资金托管与存管服务、面向零售行业推出了线下收付的一码付产品等。“信联开发”的代收产品主要应用于ETC记账卡的绑定代扣和交通物流行业的代收货款、民生缴费等领域，已启动聚合支付平台将集成银联卡、支付宝、微信、京东钱包、非凡钱包等市场主流的钱包类产品，加载于智能POS、手机客户端等载体上，实现线下店面的刷卡收款、在线支付、扫码收款等。“鲁商一卡通”开发了易码付、易值刷、易收银、易网通、易票宝等服务。“网上有名”开展了银联二维码支付、银联MINI付、无卡支付以及会员账户系统、智慧停车方案、点餐系统、App、便民缴费等。金运通支付为物流行业提供了“信息流+资金流+金融服务”专业的互联网支付定制化产品。

（四）支付服务领域不断扩大

我省支付机构业务已涉及教育考试、行政事业缴费、网络零售、互联网金融、医疗、生活娱乐、交通、行业平台等绝大多数行业，提供水、电、燃气、暖气、有线电视、通信费等生活缴费服务。电商公司推出了医疗便民服务，可进行预约挂号、就诊充值退款、化验结果查询。鲁商一卡通研发的具有国内先进水平的端到端支付解决方案、各种业务专用卡片和专用终端设备等，其消费场景涵盖传统的商场超市、家居家电、交通通信、餐饮住宿等各领域。高速信联“预付卡发行与受理”业务已覆盖全省，在16市均设立了分公司，并拓展到北京、天津、河北、山西等省市。高速信联以高速ETC网络充值业务为主线，以提供交通物流业支付、金融、税务综合解决方案为核心，以全国高速公路ETC联网为契机，打造安全稳定的支付产品，为全国ETC用户提供了便捷的支付服务。金运通在上海设立运营中心，在北京、深圳、厦门、成都等地设立分支机构，着力形成立足临沂、服务山东、辐射全国的互联网支付服务体系，而且跨境人民币支付业务已成功交易2000万元。网上有名基于“智慧城市服务”，搭建城市生活综合服务平台，并参与了金融数据云计算中心的建设和运营。

（五）支付业务涉及行业越来越广

高速信联立足于交通ETC缴费，积极拓展支付业务在各行业的应用，目前合作商户涵盖交通物流行业、公共缴费、电商、金融等，已与威海热力集团、银联供应链平台、狮桥融资租赁、山东省供销集团等商户建立合作关系。创新产品 ETC 卡后台绑定代扣解决方案，将自身 ETC 业务和支付业务相结合，用户使用任意一种方式均可实现 ETC 卡充值，手机端的快捷支付支持国内 400 家银行的在线支付，目前 ETC 充值日交易金额突破 2000 万元。高速信联推出了人工收费口（MTC）的“全支付”智能非现金支付终端，研发出了具有专利技术的兼容所有车型不下车远距离扫码支付产品。高速信联利用自身行业背景和资源，与业内大型物流平台运营方运满满、货车帮等进行深度合作，使所有使用该平台的物流用户通过高速信联产品进行在线支付。高速信联与山东烟草合作，解决行业面对面收款需求，助力烟草垂直领域收付款。高速信联获得了电子车牌在省内的独家运营资质，已实现车主在交通缴费、交通出行、停车缴费、汽车后服务消费、ETC 通行等多场景支付使用。金运通作为结算和支付平台，为华东有色金属城电子商务平台提供实名支付解决方案，保障买卖双方的合法权益。金运通与中农信合电子商务（北京）有限公司的“中农 e 家”电子商务平台合作，形成“互联网 + 农业 + 金融 + 健康 + 科技 + 支付”的业务模式，实现一村一店，目前已在全省铺设 715 个店。

（六）“互联网支付”对地方经济发展的促进作用初步显现

目前，“互联网支付”对地方经济发展的促进作用已经在许多方面逐步凸显出来。一是，支付机构将客户备付金存放在备付金存管账户、备付金收付账户等专用存款账户上，客户备付金也就会归集到支付机构法人所在地，形成沉淀资金，可以用于地方发展。二是，支付机构按照客户交易金额的一定比例收取佣金，在提供基础支付的基础上增加服务内容以获得收益，增加了地方收入。高速信联 2016 年支付手续费收入 1300 万元，呈现快速增长势头。三是，鲁商一卡通已成功推出银座天蒙景区支持自助售票的景区通项目、威海出租车实现便民支付的易码付业务、全渠道支持直销分销业务的康妆大道分销通项目等相关业务支持的渠道通项目等，支持了地方发展。

二、我省互联网支付发展存在的主要问题

（一）省内企业和个人较少使用省内支付平台

近年来，我省电子商务快速发展，2016 年电子商务交易额达到 2.65 万亿元，增长 31.1%；网络零售额达到 3007 亿元，增长 33.8%，但电子商务交易

平台主要使用淘宝、天猫、京东等外地平台，因而使用他们的支付服务。支付宝、财付通、快钱等互联网支付市场占有率高，已有多家进入我省运营，部分平台不惜采取“烧钱”战略，争取和巩固用户群，互联网支付市场竞争激烈。分析省内大量企业和个人使用省外机构互联网支付平台原因，主要有三：一是，我省自有电子商务交易平台较少，多数又以产品宣传、展示和导购为主，市场交易多在线下，网上实际交易量很少；二是，支付宝等互联网支付平台先入为主，多数商户习惯性使用固有模式，已经形成规模化、体系化应用人群；三是，省内支付机构宣传力度不够，电子商务交易平台与省内支付机构缺少沟通渠道，相互了解不多，业务合作不深，这既不利于我省电子商务平台企业的发展壮大，也不利于省内互联网支付机构的健康发展。

（二）支付机构软硬件投入明显不足

目前，国内规模较大的支付和电商企业，在研发设备等基础设施建设上均投入巨额资金。例如，支付宝仅无线支付技术研发投入就达到 1 亿元，百度 2014 年研发经费投入高达 70 亿元。随着互联网技术特别是云计算技术迅速发展，大规模存储、大数据处理、大集中计算能力不断提高，支付技术需要更大的投入来研发相关设施和技术环境。而我省支付机构与之相比，投入能力显然远远不足。

（三）支付成本较高影响客户使用积极性

在互联网支付过程中，银行收取一定的手续费。目前看，互联网支付平台费率偏高，比如，支付宝担保支付费率高达 7‰左右（根据不同客户有不同的优惠），国内最便宜的担保支付费率在 5‰左右，使用成本较高，一般多用于小额交易。省内支付企业为了培育市场，在银行手续费的基础上几乎不再增加差价，但有些单位仍然因为增加了额外成本或者没有此类费用预算，而不愿或者不能接入互联网支付平台。特别是以建材、板材、农副产品等大宗商品为主的客户，出于成本考虑，一般采用现货、现场、现金交易，或是采用银行转账方式支付。

（四）支付技术人才十分缺乏

省内电子支付行业环境成熟度不足，缺乏模式成熟、技术先进的支付技术领跑型机构。市场环境的落后造成支付行业从业人员较少，创新研发人才对待遇及激励机制方面的要求较高，企业很难吸引到高水平、高素质优秀创业型人才和技术人才，也难以留住他们，从而形成恶性循环。支付行业的大部分项目，如行政事业性收费、便民服务收费等代缴费项目等，需要为目标客户量身定做、开发专门网站平台、相关软件和产品，相对国内知名支付企业来说，目前省内技术开发能力明显不足。

三、进一步推进我省互联网支付发展的建议

“十三五”时期，我国将大力实施网络强国战略、国家大数据战略、“互联网+”行动计划，发展积极向上的网络文化，拓展网络经济空间，促进互联网和经济社会融合发展。2016年底，我国网民数已达到7.31亿元，互联网普及率53.2%，基于互联网的新业态、新模式竞相涌现。特别是随着“互联网+”行动的实施，以及互联网支付业务开始从线上向线下延伸，互联网支付的发展空间更为广阔，作用日益突出。推进互联网支付发展，对于充分释放“互联网+”的力量，促进产业深度融合、跨界融合，加快新旧动能转换具有重要战略意义，必须引起高度重视。目前，互联网支付发展呈现重交易规模向重优质账户资源转移、单一收入结构向多元化收入结构转移、传统收单收益向金融数据服务转移、单产品营销市场向行业应用场景建设转移、单纯价格优势向平台服务优势转移、传统产品交易体系向账户体系搭建转移、以企业客户为主向个人客户为主转移等新趋势，山东支付行业的发展为时不晚，现今恰恰是黄金阶段，要在“互联网+”行动中努力打造具有较强竞争力的山东互联网支付品牌，培育形成立足山东、辐射全国的互联网支付平台。为此建议：

（一）更好地发挥政府作用，指导相关平台与我省支付机构合作

按照“政府推动、企业主导、市场运作”的原则，组织专家研究制定与“互联网+”行动相匹配的《山东省互联网支付发展规划（2017—2020）》，研究制定推进我省互联网支付发展助力“互联网+”行动的政策措施。允许法人互联网支付机构与电子商务企业享受同样的优惠政策，同时在加强基础设施建设、搭建供需对接平台等方面出台一系列专门面向互联网支付机构的扶持政策，优先支持本土互联网支付机构业务在学校、医院、文化创意产业、旅游、水电气交费等民生领域应用。在资金支持方面，借鉴上海设立战略性新兴产业发展专项资金、深圳设立互联网产业发展专项资金、北京设立互联网金融产业发展专项资金奖励等政策措施，设立专项奖补资金，专项用于支持法人互联网支付机构前期市场拓展、网络建设、产品创新等。政府在建设智慧城市、智慧社区中，加强与省内法人支付机构合作。指导农产品贸易、商业服务业及流通

行业的电子商务平台、重点工业和公共服务机构平台、行政事业收费、政府采购、财政税费、行政罚款等收费服务平台与省内支付机构合作。研究制定互联网支付人才引进计划，实行相应的激励机制与政策倾斜，吸引更多支付行业的技术性人才、管理性人才、风控专业人才落地山东。

（二）借力“互联网+”行动，做大做强我省互联网支付机构

山东省“互联网+”行动计划（2016—2018年）提出：到2018年培育发展一批有影响力的互联网金融企业，引领创造一批互联网金融产品和服务模式。具体任务包括支持金融机构开发互联网业务、推动省内银行机构和支付机构互联网支付服务创新、加快互联网支付规模应用、鼓励支付机构为电子商务发展提供支付服务等。省政府《关于加快电子商务发展的意见》（鲁政发〔2016〕13号）要求加快培育壮大互联网支付机构、鼓励电子商务平台与省内法人互联网支付机构开展合作、支持银行机构与取得互联网支付业务许可的支付机构合作。对此，相关主要责任单位要尽快出台具体实施细则和政策。同时，针对我省自有电子商务交易平台较少现状，由相关部门牵头，鼓励省内法人支付机构提供支付解决方案，推动现有大型专业市场依托互联网和信息技术进一步做大做强，成为行业领先的信息中心、物流配送中心和定价结算中心，打造一批跨区域商品交易平台；积极引导省内法人支付机构提供支付服务，参与云计算、物联网、大数据等互联网新技术与传统产业的融合创新，参与第三方、行业性和企业自营电子商务平台建设，省财政给予一定的扶持。探索省内法人支付机构与农村信用社合作途径，开发设计惠农支付产品，推动农村电子商务和互联网支付协同发展。

（三）加强资源整合，做大交易规模，促进协同发展

组织省内电子商务平台加强与互联网支付机构的对接，在双方自愿的基础上，积极探索开展服务外包、长期战略合作等合作方式，由电子商务平台为互联网支付机构提供市场空间，由互联网支付机构根据电子商务交易特点，有针对性地改进服务流程、优化服务方式、降低服务费用，最终实现双方互赢互利。建议省、市有关部门组织鲁商集团、山东高速集团、金升集团加大对旗下法人支付机构鲁商一卡通、高速信联、金运通的支持力度，依托集团公司的业务基础与发展战略明确其发展定位，进一步整合集团内部资源及行业资源，促进提高其核心竞争力。对其他2家法人互联网支付机构，建议鼓励我省的大型商贸、制造业或物流企业与之进行战略合作，实现大型企业集团对商务、支付

和物流的产业链整合，构建具有较强资金、业务、技术和市场实力的大型互联网支付机构。

（四）依托行业协会，组织开展相关推介活动

发挥山东省电子商务协会的桥梁纽带作用，积极组织支付机构与相关平台开展合作活动，建立互联网支付业务相关银行金融机构、支付机构、电商、实体企业定期沟通、协同机制，提供多方沟通、交流与合作共赢的平台。支持山东省电子商务协会组织国内专家，联合省内法人支付机构，研究互联网支付发展理论和现实问题。组织开展支付机构助推“互联网+”行动专题活动，邀请专家和支付机构解读“互联网+”行动，为相关行动单位和企业提供政策、知识等培训服务。通过组织召开现场会、组织媒体采访、编辑出版物等形式，宣传推广我省支付品牌、产品和服务。牵头邀请业内专家进行省内专业人才的交流培训，助力支付业务人才、研发技术人才的有效储备。

（五）创新支付产品，拓展服务领域，加快布局全国

支付机构作为服务型互联网企业，保证客户备付金的资金安全是立身之本，创新产品、扩展服务、合理布局是做大做强关键所在。要加大政府补贴、扶持资金对互联网支付项目的扶持力度，对省内法人支付机构施以针对性的政策，缓解山东本省支付机构在研发设备投入、产品创新投入等方面的压力，可推动支付产品及应用创新，为新兴产品的孵化创造有利的条件与资金保障。对接入本省支付机构业务的企事业单位进行手续费补贴，助其培育客户资源，积蓄发展力量。监管部门要加大指导力度，支持支付机构探索更多的创新业务。高校要培养支付行业人才，满足支付业务日益快速发展的需求。支付机构要积极走出山东，进一步提升品牌影响力，以开放的姿态联合有实力的公司共同发展借力可利用的资源快速上规模。要不断优化渠道、完善产品，通过对接银行等合作单位，降低网关、快捷、代扣、扫码成本价格，丰富结算服务模式，实现交易渠道的持续优化；通过延伸产品服务链条，提供增值服务，围绕支付延展信息及金融服务，逐步实现产品序列完善；通过抓主流场景，深挖行业需求，提升合作定制灵活性，形成更多个性化行业支付解决方案。

（“加快发展山东‘互联网+’对策研究”课题组）

推进我省石墨烯产业技术创新的调研报告

（2018 年 8 月 20 日）

内容摘要：围绕我省科技创新驱动发展和新旧动能转换，省软科学办公室与山东星火科学技术研究院张成如院长团队组成调研组，对我省石墨烯产业创新发展进行了调研，形成本报告。通过对国内外及我省石墨烯产业现状、亟待突破的关键技术及产业发展路径的研究分析，提出加强顶层设计，实施重大科技创新工程，对石墨烯创新链进行系统布局，支持石墨烯关键核心技术攻关等一系列提升措施，为推动我省石墨烯产业实现跨越升级提出了对策与建议。

新材料对于产业结构调整升级、经济增长方式转变，发挥着无可替代的支撑、催化和引领作用，进而是颠覆性的产业变革。“新材料之王”的石墨烯，作为战略性新兴产业，在航天航空、橡胶轮胎、海水淡化、超导电器等数十个领域创造神奇。它最薄又最韧，厚度仅为普通纸张的十万分之一，1 克拉伸幅度为 2630 平方米；最柔又最硬、可以“秒杀”钢铁；最轻又最强，薄薄涂层就是防腐“铠甲”。石墨烯——产业粮食、工业味精、黑色钻石，将引领 21 世纪材料产业乃至整个制造业的新纪元。

一、石墨烯产业应用前景

石墨烯材料是目前世界上已发现的最薄、最轻、最强的新型纳米材料，在新能源汽车、水处理、纳米半导体器件、生物传感器、太阳能电池、航空航天等专业科学领域都具有广泛的应用前景。

由于石墨烯新材料具备极佳的电化学储能特性，超快速充放电、循环充电等，将为汽车动力电池带来颠覆性的变革。

石墨烯净水技术不仅在原理上具备较高的可行性，在实验室也取得了许多重大突破。具有超高效吸附特性的石墨烯基吸附材料不仅能吸附超过自身质量数百倍的污染物，还可以循环使用，大大降低使用成本。印度研究人员已经开发出一种以海藻为原料的“绿色”工艺，通过直接热解技术利用丰富的海藻资源合成了石墨烯-硫化铁纳米复合材料，对各种阳离子和阴离子染料以及铅和铬显示出非常高的吸附能力。可以说，石墨烯在污水处理和海水淡化方面提供了令人惊喜的全新解决方案。

在纳米半导体器件领域，北京大学研究人员已研究出一种新的技术，通过精心设计的基板，可以生长出高质量的石墨烯，而不会产生常规生长过程中经常形成的麻烦的褶皱，电学性质也大有改善。使用石墨烯纳米带制成晶体管的核心结构大幅度提升了纳米晶体管的性能和成品率，为纳米半导体器件进入实用阶段创造了条件。

在传感器领域，美国植物科学家已经开发出了一种可以贴在植物上的小型石墨烯传感器，为研究人员和农民提供了更多的数据，从而可以带来更加稳健的年度收获。被研究人员称为“植物文身传感器”，也被用于开发其他可穿戴式应变和压力传感器，包括内置于测量手部动作的智能手套中的传感器，这项研究为石墨烯在传感器领域的应用提供了很好的基础。

南昌大学研究人员采用新工艺制备新型的柔性透明电极，具有显著的抗弯曲性能，即使在极端弯曲的情况下也是如此，并应用于实际聚合物太阳能电池中。采用卷对卷印刷技术，电极可以以每平方米 2.8 美元的价格生产。这种柔性电极生产技术与卷对卷技术相结合，为未来可穿戴光电器件的高性能、低成本制造提供了一种新的策略。

浙江大学研究人员设计制备出了高度可拉伸的全碳气凝胶弹性体，并且表现出优异的性能，全碳气凝胶弹性体具有优异的抗疲劳性能，在拉伸 200% 的状态下，可稳定循环至少 100 圈；在 100Hz、1% 应变的状态下，可稳定循环至少百万次，有望应用在智能机器人及航空航天等多个领域。

中国是石墨资源大国，也是石墨烯研究和应用开发最活跃的国家之一。石墨烯作为新材料产业的先导，在带动传统制造业转型升级，培育新兴产业增长点，推动材料革命等方面的作用越来越显著。在国家政策引导下，各地纷纷布局石墨烯，我国石墨烯全产业链雏形初现，覆盖从原料、制备、产品开发到下游应用的全环节。2016 年，我国石墨烯市场总体规模突破 40 亿元。有专家预测，2020 年石墨烯产业将撬动万亿产业链。

二、国内外石墨烯产业发展现状

（一）国际石墨烯产业发展战略

目前，石墨烯已成为全球新技术新产业革命的焦点，美、欧、日、韩等国家和地区密集发布政策，扶持石墨烯功能器件研发和产业化应用。欧美企业占据全球石墨烯产业链关键环节，石墨烯制备技术、复合材料、核心电子元件等应用产品保持领先优势。

2006 年美国国家自然科学基金开始关于石墨烯的资助项目，涵盖了石墨烯研究和应用的各个领域。2014 年，美国国家自然科学基金投入 1800 万美元、美国空军科研办公室投入 1000 万美元对石墨烯及相关的二维材料开展基础研究。

韩国 2012 至 2018 年间预计向石墨烯领域提供总额为 2.5 亿美元的资助，其中 1.24 亿美元用于石墨烯技术研发，1.26 亿美元用于石墨烯商业化应用研究。2013 年以来共投入 4230 万美元，希望打造每年 153 亿美元的市场，形成 25 家全球领先企业。韩国三星投入了巨大研发力量，保证了其在石墨烯应用于柔性显示、触摸屏以及芯片等领域的国际领先地位。2014 年，三星宣布合成了一种能在更大尺度内保持导电性的石墨烯晶体，是一种可以用在柔性显示屏和可穿戴设备上的屏幕显示技术。

2013 年 1 月，欧盟委员会将石墨烯列为“未来新兴技术旗舰项目”之一，计划 10 年内提供 10 亿欧元资助，将石墨烯研究提升至战略高度；德国于 2010 年启动了石墨烯优先研究计划，包括 38 个研究项目，前 3 年预算经费为 1060 万欧元；2013 年联合欧洲研究与发展基金会共同出资 6100 万英镑在曼彻斯特大学成立国家石墨烯研究院，2014 年联合马斯达尔公司宣布继续投资 6000 万英镑在曼彻斯特大学成立石墨烯工程创新中心，维持英国在石墨烯及其他二维材料方面的世界领先地位。欧盟石墨烯旗舰计划启动了 17 个新的石墨烯研究项目，他们关注的是石墨烯的超级汽车、物联网传感器、可穿戴设备和健康管理、数据通信、能源技术以及复合材料等前沿领域。

（二）国内石墨烯产业发展战略

石墨烯已成为我国前沿新材料的重点发展领域，是我国加快推进新一轮技术革命的重要抓手。2012 年以来，我国累计出台 10 余项石墨烯相关政策。2015 年，石墨烯领域首个国家层面纲领性文件《关于加快石墨烯产业创新发展的若干意见》提出，把石墨烯产业打造成先导产业，到2020年形成完善的石墨烯产业体系。

我国石墨烯全产业链雏形初现，覆盖从原料、制备、产品开发到下游应用的全环节，已基本形成以长三角、珠三角和京津冀鲁区域为集合区，多地分布式发展的石墨烯产业格局。2016年，我国石墨烯市场总体规模突破40亿元，已形成新能源领域应用、大健康领域应用、复合材料领域应用、节能环保领域应用、石墨烯原材料、石墨烯设备六大细分市场。据统计，当前中国石墨烯专利数量全球领先，我国境内注册石墨烯企业超过2000家，相关的石墨烯产业园、研发中心和联盟超过40家。

三、我省石墨烯产业发展现状和问题

（一）石墨矿产资源丰富，研发起步早、基础好

我省是石墨矿产资源大省，也是国内较早开展石墨烯产业化应用的省份之一。我省2010年起在全国率先实现石墨烯材料批量生产，先发优势明显。2013年，山东省石墨烯产业技术创新联盟成立，青岛、济宁等地相继建立了石墨烯产业园，并开始了石墨烯导电油墨等下游产品的产业化工作。

2018年，我省全面启动新旧动能转换重大工程，以新旧动能转换为主题的"施工图"绘制完毕，在《山东省新旧动能转换重大工程实施规划》中，提出了要推进石墨烯特色资源高质化利用，加强专用工艺和技术研发，要打造济南、青岛、潍坊、济宁、威海、菏泽6个石墨烯研发生产基地。

（二）发展节奏慢，产品领域窄、规模小

我省石墨烯产业的技术和应用开发进展速度远低于预期，与邻近的江苏省相比，科研力量弱、企业数量少、产品类别单一、产能低。目前省内有济南圣泉、济宁利特、青岛华高、青岛昊鑫等企业从事石墨烯相关产品的研发和销售，产品仅限于石墨烯粉体、防腐涂料、导电浆料、导电油墨、导热膜几个类别，年产能600—1000吨。

（三）基础研究热度下降，应用研究存在短板

我省石墨烯材料研发力量雄厚，先发优势明显，我省从事石墨烯相关技术研发的高校和科研院所较多，如山东大学、石油大学、济南大学等，研究领域涵盖石墨烯制备技术、石墨烯电学性能、石墨烯改性高分子材料和金属材料等各个领域，但随着国外先进研究机构陆续抢占技术制高点，省内科研机构对石

墨烯领域的关注度呈下降趋势。目前各高校和科研院所的石墨烯科研均偏向理论研究和尖端应用，与我省产业发展存在较大的断层，真正适合进入产业化开发的应用型技术很少，导致省内相关企业产品单一、发展后劲不足、产品市场受限。

（四）高端产品缺乏，产品附加值不高

由于石墨烯的制备工艺较为复杂，国内企业生产规模小、技术水平参差不齐，当前市面上石墨烯原材料的价格居高不下，使得下游产品的开发与应用受到限制。目前石墨烯下游产品的种类较为匮乏，常见的仅有导电涂料、防腐涂料、电极材料添加剂、电热膜、改性纤维材料等少数几个品种，且受制于石墨烯较高的市场价格，产品大多是以石墨烯为添加剂、来提升基体材料的某些性能参数，并未真正发挥出石墨烯本身的相关特性。

（五）产业发展不突出，缺乏领军企业，产业链不成熟，产业布局落后

山东省已经初步具备了石墨烯产业链雏形，但就具体的领域来说，其发展并不突出。例如，在新能源领域的发展，石墨烯在新能源领域的发展主要以锂电池、铅酸电池和超级电容器为主，其市场规模超过 20 亿元。其中，石墨烯在锂电池行业的发展主要以石墨烯导电添加剂为主，各大石墨烯企业均有产品在售，2016 年仅石墨烯导电添加剂的销售额就已达到 6 亿元，其代表企业为青岛昊鑫等。石墨烯在超级电容器行业的发展初见成效，同时在铅酸电池行业的发展也得到了突破性的进展，但除青岛昊鑫以外，山东省的其他企业并未占据领头地位。

我省石墨烯产业最大的瓶颈在于没有形成完整的、成熟的产业链上下游，石墨烯研发机构、资源开采企业和下游应用企业脱节，缺乏沟通桥梁，科研单位的研发与企业应用缺少有效对接。目前石墨烯仍处于产业化初期，石墨烯的应用目前大多附加于现有产业，并且规模不大，对石墨烯产品最大的需求市场仍然是科研院校和少量生产厂商。

（六）资源利用程度低

我省是石墨矿产资源大省，但长期以来石墨矿资源利用程度极低，大部分企业仍在出售石墨粉等低端原材料，不仅未能实现资源的高价值利用，还对我省的自然环境保护造成了压力。同时我省拥有石墨行业的勘查研发基础、实业基础以及丰富的勘查经验，对于从源头控制石墨烯产业，打造石墨烯完整产业链具有得天独厚的优势。如果能面向未来、抓住机遇、抢占先机，实现源头控

制石墨烯产业，并打造完整石墨烯产业链，将可拉动千亿元产业链，同时为新旧动能转换打造新的增长极，实现可持续发展。

（七）政府引导作用不明显

常州、无锡、宁波等石墨烯产业发展较迅速的地区出台了诸多针对石墨烯的专项政策，例如，常州市设立25亿元“碳专项资金”；深圳提出将建立全国乃至全球石墨烯产业中心；广西发布了全国首个石墨烯系列地方标准，引导当地相关产业快速发展。山东省石墨烯产业扶持政策相对较少，针对性低，在人才引进和项目企业支持方面略显薄弱，全省只有青岛高新区政府印发了《石墨烯产业创新基地发展战略和实施方案》，石墨烯行业标准缺失，政府对于石墨烯产业的引导作用不够明显，在一定程度上制约了石墨烯新产品开发和产业化应用进程。

（八）区域发展不平衡，石墨烯产业缺乏区域特色化

目前山东省石墨烯企业主要分布于青岛、济宁、济南等市，青岛市获批成立“国家石墨烯及先进碳材料特色产业基地”和“青岛市石墨烯国际科技合作基地”，设立了国内首支石墨烯天使投资基金，临沂和济宁分别建立了石墨烯产业园基地，存在区域发展不平衡的问题。2018年《山东省新旧动能转换重大工程实施规划》中明确要打造济南、青岛、潍坊、济宁、威海、菏泽6个石墨烯研发生产基地，目前各城市的石墨烯与地方工业和产业的结合还有待加强，石墨烯产业缺乏区域特色化。

四、我省石墨烯产业技术创新的对策

（一）坚持统筹规划，构建高端战略格局

创新发展石墨烯产业，必须思路清晰、战略宏大、布局长远。

1. 明确基本定位，加强战略规划布局

进一步明确石墨烯产业发展初级阶段的基本定位，加强战略规划布局，在我省战略性新兴产业“十三五”规划的基础上，重点编制石墨烯材料发展专章，列入联席会议重点研究议题。借鉴欧美发达国家及北京市的经验，以十年为期推出分步计划，明确阶段性任务目标和保障措施，对未来发展进行整体布局。

2. 坚持高端定位，加强爬坡期分析、发展性论证和关键性研究

深入开展发展性研究，深刻论证爬坡期的机遇和风险，加强关键性储备，

先打基础、再谈盈利，着力解决低端化、高价格、产学研不协调的问题。确立科学和高端定位，准确甄别完美单晶结构石墨烯与类石墨烯、碳纳米材料，明确“发展谁、扶持谁、怎么扶持”等问题。

3. 助力结构调整，引导理性投资和实业发展

积极融入产业结构调整。摒弃对传统产业修修补补的低端模式，推广在新能源制造、环境治理、海洋经济等优势产业上的研发应用，重点进军橡胶轮胎、超导电器、清洁能源、洁净水等领域，提升涂料、电池材料、洁净水等大宗产品性能，大力扶持技术先进、前景看好、市场广阔的实体经济主体。

（二）实施科技创新引领，实现关键技术攻关突破

突破石墨烯材料生产技术成熟度不高、产业化应用路径长等因素制约，必须围绕产业链配制创新链、集聚创新要素，大力推行协同创新，实现关键技术攻关突破，增强石墨烯新材料产业核心竞争力。

1. 汇集创新资源，促进产业链各环节良性互动

建议制定发布研发指导意见，强化政、产、学、研协调对接，以重大课题为纽带促进优势互补和分工协作，统筹发挥企业、高校和科研院所创新资源的作用。积极培养和引进高层次应用型研发人才、复合型高端人才和领军人才，培育一批创新团队。同时，以终端需求引领产品开发，以产品开发倒逼基础研究，完善技术参股、技术转化机制，进一步融合创新要素，构建石墨烯制品示范应用推广链，深入开展需求信息研判，组织产品和专利技术推介活动，实现产业链各环节的良性互动。促进市场发育，塑造山东品牌，打造产品结构合理、市场开拓有力的“一条龙”产业链条。

2. 组织开展关键技术攻关，增强核心竞争力

针对省内石墨烯产业发展现状，出台《山东省石墨烯产业技术创新指导意见》，设立一批重大科技专项，建设一批石墨烯创新平台，开展核心关键技术攻关，大力开发石墨烯的低成本批量化制备技术，提高材料精纯度和稳定性，同步带动下游应用开拓，着力降低材料成本、提升材料及应用产品的综合性能。重点支持石墨烯在环保、新能源领域的实际应用，培育大面积单晶膜、疏水吸油海绵、改性三元正极材料等产品。组织实施重大应用示范项目，培育更多具备研发能力、拥有自主知识产权和核心关键技术、商业应用开发优势的科技型企业，探索出一条核心关键技术研发与商业应用研究统筹推进的产业化之路。增强精品意识，建立具备科研、孵化、应用推广、综合配套功能的石墨

烯产业发展示范区，推动形成内生动力强大的产业体系。统筹各地产业园区，推行差异化发展，避免重复建设、简单模仿。

（三）强化综合措施，提升协同创新格局

把石墨烯材料作为我省战略性新兴产业发展的拳头，重点培育和保障，实现科学推进、健康发展。

1. 实施科技创新联动

依托山东石墨烯产业技术创新战略联盟、济南石墨烯产学研基地、济宁高新区碳纳米材料研究中心等机构，指导建立石墨烯产业发展联盟和产业协会，统筹组织自主研发和项目合作，参与相关政策和行业标准制定。

2. 积极建立山东技术标准体系

在工艺和产品命名、材料认证、质量控制和技术标准方面，先声夺人，出台山东标准，为未来发展赢得话语权。

3. 建设创新服务平台

完善产业统计分析、政策和信息服务机制，架起各类推动力量协作桥梁。协助组织专利申报和知识产权保护，积极推进专利及新技术。

4. 增强原料保障

我省石墨矿探明储量 5.9 亿吨，占全国的 1/5，但开采企业多达数十家，开发利用方式粗放，采富弃贫问题突出。应吸取稀土矿开采教训，强化其战略物资属性，组建企业集团，配套技术和产品开发功能，进一步提升管理水平，应用高新技术提高利用效率和附加值，夯实石墨烯产业的原料基础，把石墨大省的优势保护好、利用好。

附：

1. 重点突破的关键技术

传统石墨烯制备工艺的安全环保性提升

石墨烯的绿色环保制备工艺

大尺寸单层石墨烯膜的制备工艺

石墨烯表面吸附性能优化

2. 重点支持的应用型产品

大尺寸、长寿命石墨烯疏水吸油材料

以石墨烯改性电极材料为基础的动力电池

可处理原油泄漏、工业污水、餐厨垃圾等的基于石墨烯材料的快速油水分

离设备

基于石墨烯改性电池的离网式和在线式储能设备

3. 重点扶持的创新平台

山东省石墨烯制备工程技术研究中心

山东省石墨烯环保应用工程技术研究中心

山东省石墨烯新能源工程技术研究中心

精准发力破解科技型中小企业“成长的烦恼”

（2018年9月3日）

内容摘要：辛献杰等研究人员承担的山东省重点软科学计划课题项目提出了精准发力，力争破解科技型中小企业“成长的烦恼”相关对策和方法，获得“人民网”首肯。“人民网”及时刊发了课题研究的主要内容。认为对科技型中小企业精准帮扶是必不可少的，政府、社会各界对科技型中小企业创新支持也亟待强化。

科技型中小企业作为高新技术产业和战略性新兴产业发展的重要载体，具有发展潜力大、适应能力强、市场转型快等优势，是科技创新的生力军，是促进新旧动能转换实现高质量发展的重要支撑力量。

一、创新意愿强烈、创新活动活跃、成果转化积极，科技型中小企业以创新立身

长期以来，在一大批科技扶持政策的推动下，越来越多的科技型中小企业勇于突破、矢志求新，成为新旧动能转换的新生力量。面对市场环境变化，科技型中小企业能够积极适应，自主开展技术变革与创新。在国家创新体系中成为对新兴市场最为敏感、创新意愿最为强烈、创新活动最为活跃、成果转化积极、最敢于冒风险的一支力量，为我国创新提供了不竭动力。

以北方某沿海开放城市为例，该市已认定科技型中小企业近900家，承担过国家、省、市级科研项目的占58.2%；研发投入占比达到6%以上的超过60%，研发投入占比达到3%以上的达到92.62%，明显高于我国同期2.11%的企业研发经费投入强度；超过半数的企业与高校、科研院所开展了产学研合作，平均每个企业拥有近11项知识产权；在成果转化上，该市62.6%的科技

型中小企业近三年科技成果转化率在30%以上，79.2%的企业实现研发成果内部自行转化，远高于同期我国10%的平均转化率。

二、成长的烦恼不容忽视，科技型中小企业创新之路仍不平坦

虽然近年来科技型中小企业取得了长足发展，但在成长壮大的道路上，仍然面临着现实的困境。

企业体量普遍较小。科技型中小企业年销售收入普遍低于2000万元，部分企业尚处于孵化器内或处于种子期无生产能力，加上从事技术的员工人数较少，客观上制约了创新能力的扩展。

融资需求难以满足。科研开发必须有足够的资金作为保障，但由于缺乏足够的资本积累和资信程度，科技型中小企业筹措资金难度较大，即使通过科技金融等专门融资渠道，也只能解决少数企业的融资需求，而多数企业的“燃眉之急”只能望洋兴叹。仍以该沿海城市为例，该市超过80%的科技型中小企业净利润低于500万元，近40%的企业处于亏损状态。虽然超过一半的科技型中小企业有融资需求，但每年通过“科信贷”等专门融资渠道只能为不到30家企业解决银行贷款，仅可保障约7%的企业需求。

高端人才缺口较大。科技型中小企业的科研基础条件与大中型企业相比难以望其项背，急需的高层次研发人才和管理骨干引进困难。除了“高薪引才”，很难有优势与大企业抗衡；引才难，稳定住较成熟的研发设计队伍更难。由于薪酬、配套等因素，中小企业在关键岗位培养多年的研发人员很容易流失，在岗的大多是新手，不利于企业的持续创新。

研发能力比较薄弱。以该市为例，该市84%的科技型中小企业未建立正规的研发机构，部分已建立的企业研发机构，由于缺乏持续性资金投入导致运转困难；该市有200家企业投入了总计约14亿元的资金进行研发，但至今没有取得一件有效专利。企业自身研发力量薄弱带来的直接后果是研发产出效率不高，创新效果大打折扣。

三、精准的帮扶必不可少，对科技型中小企业创新支持亟待强化

创新科技项目服务方式。坚持课题来自市场与充分发挥政府职能相统一，推动市场的主导作用与企业的主体作用紧密衔接，形成“企业出题、政府立题、协同破题”的科研项目管理模式。按照“互联网+科技服务”思路，打

造服务于企业、高校、院所和创新机构等创新主体，集科技管理、科技数据、科技资源和科技服务等功能于一体的“科技服务云平台”，更好摸清企业在日常生产、工艺改进和产品研发中的难题和技术需求，推进企业创新发展需求与高校、科研院所科技成果精准对接，促进更多科技成果转化成为现实生产力。

加快“瞪羚”企业培育。“瞪羚”企业是指创业后跨过“死亡谷”，以科技创新或商业模式创新为支撑进入高成长期的中小企业。一个地区“瞪羚”企业数量越多，表明这一地区的创新活力越强，发展潜力越大。企业在技术研发、创新平台建设、信用增信、政府引导基金投资、上市培育、税收优惠等方面将获得政策支持，不论是对企业自身发展还是新旧动能转换都将产生巨大的推动作用。通过筛选一批拥有核心技术、成长性好、具有跨越式发展潜力的企业，精准提供服务，采取“一企一策”的办法，在科技、土地、财税、金融等政策方面进行倾斜，加快培育一批“瞪羚”科技型中小企业，引领提升整体科技创新水平。

加大人才政策支持力度。今年上半年，全国人才争夺战轰然打响，北上广深等一线城市也卷入“抢人风暴”，分别出台针对高端和相关产业的人才引进办法，人才的重要性不言而喻。针对科技型中小企业高层次人才短缺的问题，还需要专门制定支持科技型中小企业引进高层次人才的实施办法，整合组织、人事、科技等部门涉及科技型中小企业人才引进的优惠政策，形成“组合拳”，产生“1 +1 大于 2”整体效应。特别是对科技型中小企业申报引进的国家千人计划、创新人才推进计划等高层次人才，开通“绿色通道”，在同等条件下应当给予优先推荐、支持；对科技型中小企业引进的创新人才，应当积极协助企业营造优良的工作条件和生活条件，切实解决好人才职称评定、奖励、住房及子女教育等实际问题；鼓励科技型中小企业创新人才使用方式，通过短期聘用、技术合作、人才租赁等形式引进创新型人才，推动更多高层次、高技能人才施展才智、作出贡献。

完善财政金融支持体系。针对科技型中小企业普遍规模偏小、融资难度大的情况，建议改革财政科技资金支持方式，组建科技担保公司，由财政拿出一定资金，吸引其他金融机构参股，进而撬动银行贷款，为科技型中小企业成长提供更加有效的投融资保障。对那些未来市场前景好，但投入大、周期长、应用链条长的研发项目，企业自身投融资存在困难，可由科技、金融及相关部门牵头，建立健全企业、金融机构、政府各方责任共当和风险分担机制，在充分评估论证的基础上，根据企业研发项目的周期或研发进度，综合运用股权、债券、融资租赁、资产证券化、信用担保、信用保险等金融工具，分阶段供给资金，为科技型中小企业创新发展提供源源不断的资金支持。

（山东省重点软科学计划课题组成员辛献杰、李娟、韩永林）

为文化产业腾飞插上科技、金融支持的“双翼”*

——关于推进文化产业与科技、金融深度融合发展的思考与建议

内容摘要：本文从贯彻落实党的十九大关于“培育新型文化业态”的要求出发，围绕积极推进文化产业与科技、金融深度融合发展，率先归纳概括了“文科金融合”的提法，着重在分析“文科金融合”国际国内发展历程及其趋势的基础上，探索总结了目前国内“文科金融合”的福州、潍坊和杭州“三大”现实模式，并且从国家和省层面提出了促进“文科金融合”的一系列对策建议。

习近平总书记在党的十九大报告中明确提出要推动“文化产业发展”，在今年8月召开的全国宣传思想工作会议上又进一步要求：“要推动文化产业高质量发展，健全现代文化产业体系和市场体系，推动各类文化市场主体发展壮大，培育新型文化业态和文化消费模式，以高质量文化供给增强人们的文化获得感、幸福感。”这是习近平新时代中国特色社会主义思想在文化发展观上的重要体现，指明了我国文化产业发展的正确方向和必然趋势，对于实现“十三五规划”确定的“文化产业成为国民经济支柱产业”的目标、推动社会主义文化繁荣昌盛、提高国家文化软实力具有重要的意义。如何贯彻落实上述要求，加快推进我国文化产业由传统粗放型向现代集约型转变，从而实现“文化产业高质量发展”，已经成为当前的一个十分重要和非常紧迫的重大课题。我们认为，统筹推进文化产业与科技、金融深度融合发展（以下简称“文科金融合”）是解决好这一问题的一个现实途径，这里，本文着重做一点初步的探讨。

* 本文为软科学研究计划重点项目(编号:2017RZA01001)研究成果。

一、正确认识“文科金融合”是促进文化产业高质量发展的客观要求和必然趋势

长期以来，特别是党的十八、十九大以来，党和国家高度重视文化产业的发展，把它作为“坚定文化自信，推动社会主义文化繁荣昌盛”的重大战略举措不断推进，取得了辉煌的成绩和突出的进展。根据国家统计局的有关统计：文化产业增加值占 GDP 的比重已由 2012 年的 3.48% 提高到 2016 年的 4.07%；2017 年，全国规模以上文化及相关产业达到 5.5 万家，实现营业收入 91950 亿元，比 2016 年增长 10.8%；2018 年上半年，全国规模以上文化及相关产业 5.9 万家，实现营业收入 42227 亿元，比上年同期增长 9.9%，继续保持较快增长，高于上半年国内生产总值 6.8% 的增速；同时文化及相关产业 9 个行业的营业收入全部实现增长。但是，也应当清醒的看得，由于我国的文化产业起步较晚，如同我国整体经济一样，目前还主要处于依靠传统手段粗放型发展的初级阶段，突出表现是：技术含量低、现代化程度低、缺乏强有力的科技创新支撑；同时投资周期长、经济效益低、潜在风险大，往往也造成投资意愿低，投入规模小，因此又缺乏强有力的资金支持。我国文化产业发展面临的这种情况，难以适应互联网时代文化产业发展的新趋势，难以满足人民过上美好文化生活的新期待。要尽快改变这种局面，就必须努力开拓文化产业发展的新思路，大力强化科技、金融对文化产业的支撑作用，推动“文科金融合”发展，加快由传统粗放型向现代集约型的转变，由高速增长向高质量发展转变。

“文科金融合”包括文化产业与科技、金融两个要素的融合，其中文化产业与科技的融合需要主要体现在制作手段和传播手段上，通过提高制作手段和传播手段的技术含量而实现深度融合，从而提高文化产业的现代化科技化水平；而文化产业与金融融合的需要则体现为：既表现为文化产业本身的投资需要，也表现为提高其科技水平的科技手段更需要大量的投资，这充分反映了“文科金‘三者’融合”的客观性、必要性和紧迫性。

首先，实行“文科金融合”是国际文化产业发展的必然趋势。目前，国际上特别是西方发达国家普遍重视文化产业与科技、金融的融合发展。譬如美国的文化产业早已成为经济发展的重要支柱，其成功的主要秘诀就是重视技术与资本的投入。一方面充分发挥自身的科技优势，运用最新技术提高文化产业

的技术含量；另一方面，积极鼓励民间资本投资文化产业，刺激了文化产业整体的发展。又如日本，其“文科金融合”的突出特点就是将一般企业推进科技创新所实行的“产学研结合”模式同样运用于文化产业，既解决了技术问题，也不乏企业投资，因而使日本文化产业特别是动漫产业居于了国际领先地位。总之，实行“文科金融合”已经成为国际文化产业发展的最新趋势。

其次，实行“文科金融合”是贯彻落实党的十九大关于“健全现代文化产业体系和市场体系、创新生产经营机制、培育新型文化业态”要求的迫切需要。现代文化产业体系、市场体系、生产经营机制和新型文化业态，其共同的内在的基本特征就是要与现代科技和现代金融相融合。这是因为，不论是现代文化产业体系、市场体系、生产经营机制，还是新型文化业态，都是现代经济体系、市场体系、生产经营机制和新型经济业态的重要分支，它们之间是整体与部分的关系，而现代经济体系、市场体系、生产经营机制和新型经济业态最突出的特点就是：它们都是建立在现代科学技术和现代金融基础之上的。由此来说，现代文化产业体系、市场体系、生产经营机制和新型文化业态当然也必须与现代科学技术和现代金融相结合。不仅如此，由于文化产品的生产和消费相较一般物质产品的生产和消费更需要具有时代性、创意性和新颖性，因此，现代文化产业体系、市场体系、生产经营机制的形成和新型文化业态的培育所要求的科技、金融支持，甚至要比现代经济体系、市场体系、生产经营机制和新型经济业态更高、更复杂和更具挑战性。因此，其必须与现代科技和现代金融相融合的基本特征也就更加鲜明。

其三，实行“文科金融合”是推进文化产业实行新旧动能转换的必然要求。正如习近平总书记在党的十九大报告中指出的那样，我国经济已由高速增长阶段转向高质量发展阶段，正处在转变发展方式、优化经济结构、转换增长动力的攻关期，建设现代化经济体系是跨越关口的迫切要求和我国发展的战略目标。必须坚持质量第一、效益优先，以供给侧结构性改革为主线，推动经济发展质量变革、效率变革、动力变革。其中的“动力变革”“转换增长动力”等提法就是指要实行“新旧动能转换”，标志着“新旧动能转换”已上升为全党最高层次的重大战略决策。而所谓“新旧动能转换”，就是在我国经济由高速度增长向高质量发展转变的背景下，要实现经济转型升级的目的，必须改变过去那种主要依靠低廉劳动力、传统技术和自然资源消耗等因素拉动这种“老动能”粗放式增长的传统发展模式，转变为主要依靠人才和科技创新等

"新动能"集约增长的新经济模式的升级转换。与传统经济发展模式相同，我国的文化产业发展也主要是依赖传统落后的生产手段和生产方式，普遍存在着技术含量低、创新水平低、竞争实力差因而很难吸引投融资的突出问题。要切实改变这种状况，同样需要实行新旧动能转换。因此，必须把文化产业发展列为新旧动能转换的重要内容，与整个经济领域的新旧动能转换同步进行。

二、积极探索"文科金融合"的有效途径和实现形式

我国"文科金融合"的实践探索经历了一个由文化与科技、文化与金融分别融合再到文化与科技、金融三者共同融合逐步深化的过程，同时也经历了一个由文化企业自发推进到各级党委、政府和有关部门主动引导和促进融合的过程。

据考察，探索首先起源于文化与科技的融合，2012 年 5 月，科技部、中宣部、文化部、广电总局、新闻出版总署五部门（以下简称"五部门"）联合确定了包括北京中关村在内的首批 16 家国家级文化和科技融合示范基地，开始了较大规模有组织、有计划、大规模的文化、科技融合的实践探索。特别是党的十八大明确提出"促进文化和科技融合，发展新型文化业态，提高文化产业规模化、集约化、专业化水平"的要求以来，为了积极贯彻落实这一精神，2013 年 12 月五部门又确定南京等 18 家为第二批国家级文化和科技融合示范基地，并且按照中央关于"依托国家高新技术园区、国家可持续发展实验区等建立国家级文化和科技融合示范基地"的要求，把"加速技术、人才、资金、政策等要素聚集，促进文化科技成果产业化"作为重点试点内容，推动了文化、科技融合向"文科金"等要素整体融合的延伸和拓展。2017 年中办、国办印发了《关于实施中华优秀传统文化传承发展工程的意见》，又相继出台了一系列鼓励支持"文科金融合"的政策措施，从而形成了"以政府政策引导、科技创新推动、资本力量助力"为突出特点、以"文科金融合"为主要趋势的文化产业发展的新方向、新格局，并且初步涌现出一批各具特色的"文科金融合"发展的新样板、新模式，其中较具典型意义的主要有：

——以文化、科技融合为先导逐步演变为"文科金融合"的"福州模式"。福州市是第二批国家级文化和科技融合示范基地，2015 年 4 月，市政府出台了《关于推进福州国家级文化和科技融合示范基地建设的实施意见》，积极按照国家文化科技融合战略和国家海西战略的总体布局和定位要求，把依靠

科技创新作为文化产业发展的根本手段，以福州国家高新技术产业开发区为主要依托，紧紧围绕“打造连接长三角、珠三角的东部沿海文化科技产业中心、对接台湾的两岸文化科技交流合作枢纽和海峡两岸文化和科技融合产业集群中心与交流合作前沿高地”的总体目标，从实施文化和科技融合重大项目、建设文化和科技融合示范项目园区、构建文化和科技融合公共服务平台和公关文化领域共性关键技术等多方面推进文化产业与科技的深度融合发展。随着探索的不断深入，该市进一步将融合延伸到金融领域，积极探索金融支持文化科技融合发展的方式，完善文化科技产业信贷机制，一是设立了市级专项风险投资基金，用于对各类高成长性文化科技融合企业的风险投资。二是鼓励福建海峡银行“科技支行”“文化产业支行”等金融机构打造适合的金融服务特色产品，加大对示范基地内的文化和科技融合企业扶持力度。从而实现了文化产业与科技、金融的全方位、深层次融合，有力地推动了福州市文化产业的发展。据有关统计，2016 年全市文化产业实现增加值达到 260 亿元，占地方生产总值的 4. 15%。已经逐步成为福州市的新的经济增长点。

——以文化艺术、金融融合为切入点带动“文科金融合”的“潍坊模式”。与福州模式不同，潍坊市是从文化产业与金融融合带动“文科金融合”的，但是却是殊途同归，同样加快了文化产业的发展。潍坊市地域文化特色浓郁，又是全国文化体制改革工作先进地区，具有发展文化产业得天独厚的资源条件和社会环境。从上 20 世纪八九十年代以来，就从发展青州文化市场、举办风筝会、文展会、中国画节等入手，大力发展文化产业。长期的实践使该市深刻认识到金融支持对发展文化产业发展的极端重要性，于是，从 2015 年开始率先创建“国家级文化艺术金融融合发展试验区”，围绕市政府出台的《创建工作方案》的实施，该市以潍坊银行为基础，积极加强与农村商业银行、中国银行、中国建设银行等金融机构的合作，不断完善文化金融融合机制、拓宽文化金融融合渠道、创新文化金融融合模式、优化文化金融融合环境，加快文化要素与金融要素融合步伐，逐步形成了以“文化产权交易中心建设、文化艺术品质押融资、文化产业投资基金设立、艺术品仓储、艺术家推荐与策展、艺术品投资咨询、中国艺术金融数据库等项目”为主要内容的文化金融融合模式和服务体系，有力地支持了文化产业的发展，截至去年底，仅潍坊银行就已累计投放艺术金融贷款近 30 亿元。不仅如此，为了提高文化产业的投资效率，该市突出加强文化产业发展的“科技保障”，充分发挥国家级潍坊高新区的作用，积极促进本地丰富的传统文化资源与现代科学技术的融合，大力提高文化产业的产品、生产效率、扩散能力。文化产业发展的金融、科技“双支撑”，带动了潍坊文化产业的全面发展，2016 年全市文化及相关产业增加值达到 235.85 亿元，占 GDP 比重 4.20%。其中书画市场更已成为全国重要的一级市场，年交易量近 300 亿元。

——以文化、科技、金融同步推进实现“文科金融合”的“杭州模式”。杭州属于首批“国家级文化和科技融合示范基地”，其文化产业发展的最鲜明的特点就是具有突出的“大融合”意识，在积极探索文化产业与制造、旅游、体育、农业等产业统筹融合发展机制的过程中，尤其注意了“文科金融合”。根据 2014 年市委、市政府办公厅出台的《关于促进文化和科技融合的若干政策意见》，一方面突出加强了科技平台特别是专业科技平台的建设，其中主要包括依托浙江大学、中国美术学院、浙江工业大学等驻杭高校建立的“杭州国家游戏公共服务平台”“浙江省可视媒体智能处理技术研究重点实验室”等公共和专业技术平台，为杭州文化产业发展提供了有力的科技支撑；另一方面，突出加强了投融资平台的建设，先后组建了杭州文投创业投资有限公司、杭州市文化产权交易所、杭州银行文创支行等文化产业专门投融资机构，设立了杭州市文创产业投资基金，每年安排不低于 1000 万元的投融资专项资金支持，推出了系列文创企业集合信贷、转贷基金等金融产品，三年来为 450 余家文创企业提供了约 15 亿元的金融支持。文化产业与科技、金融的融合，为杭州市文化产业迅速发展增添了“双翼”，2016 年杭州文化及相关产业增加值实现 1080 亿元，增速 22.7%，占 GDP 比重 9.8%。2017 年上半年，杭州又跨上新台阶，文创产业增加值实现 1338 亿元，增长 21.1%，占 GDP 比重 23.5%。

三、研究制定“文科金融合”的基本思路和政策措施

虽然各地“文科金融合”的实践探索取得可喜的进展，但是，从宏观上来看，“文科金融合”的总体格局还远未形成，这种状况难以适应文化产业高质量发展的要求。因此，应当从深入贯彻落实习近平总书记有关要求的高度出发，明确思路，加大力度，创造环境，从国家和省层面积极研究制定促进“文科金融合”的宏观政策措施，把其推向全方位、高层次发展的新阶段。

其一，要树立“文科金融合”的理念和意识，从思想上促进融合。这是有效促进“文科金融合”的基本前提。要充分认识“文科金融合”的重要意

义，把它作为贯彻落实习近平总书记有关要求的自觉行动，作为改革创新文化、科技和金融管理的重要举措，紧紧围绕“健全现代文化产业体系和市场体系，推动各类文化市场主体发展壮大，培育新型文化业态和文化消费模式”等文化产业发展的核心任务和实际需要，积极主动探索推进“文科金融合”，从而使之切实成为推进文化产业高质量发展的必由之路和现实途径。

其二，要理顺“文科金融合”的文化产业管理体制，从管理上促进融合。这是有效促进“文科金融合”的体制条件。经验表明，不论是福州模式、潍坊模式，还是杭州模式，其基本经验都在于在地方党委、政府的统筹协调下，普遍建立了文化、科技、金融等部门齐心协力、共同推进“文科金融合”的管理体制和运行机制，才保证了“文科金”的实质“融合”，推进了文化产业的迅速发展。建议在国家层面也要建立和形成有利于促进“文科金融合”的宏观文化产业管理体制，密切加强文化、科技、金融部门合作，统一编制“文科金融合”规划，共同采取“文科金融合”措施，合力开创国内“文科金融合”发展的新格局。

其三，要强化“文科金融合”的基地建设，从载体上促进融合。这是有效促进“文科金融合”的主要依托。建议在“五部门”联合确定的国家级文化和科技融合示范基地的基础上，扩大试点职能，增添试点内容，把文化产业与科技融合延伸到金融领域，使之转化为国家级文化和科技、金融融合示范基地。这样做，不仅可以充分利用现实的基础，而且可以使国家级文化和科技融合示范基地建设更加丰富和完善。

其四，要突出“文科金融合”文化企业的培育，从主体上促进融合。这是有效促进“文科金融合”的基础一环。文化企业是文化产业的主体，也是文化产品研发创新的主体，还是吸收金融投资的主体。因此，要从根本上实现“文科金融合”，关键靠文化企业。要借鉴移植一般企业产学研结合的经验，特别是要充分发挥现有国家级文化和科技融合示范基地普遍依托高新区发展的优势，引导文化企业突出加强与高校、科研单位以及金融机构的合作，创新文化企业发展模式，提高文化产品技术含量，大力培育新型文化业态，把“文科金融合”切实落到实处。

其五，要完善“文科金融合”政策的制定，从措施上促进融合。这是有效促进“文科金融合”的重要保障。国家已经就文化产业发展和实施创新驱动战略制定了一系列鼓励政策，一方面文化企业要认真了解和梳理好这些政策，做到用好用足；另一方面，有关部门应在抓好落实的基础上，针对“文科金融合”的新需求，在文化企业科技创新和投融资等方面制定一些有利于促进“文科金融合”的新政策，激励文化企业积极依靠新旧动能转换推进转型升级，实现由传统文化产业向现代文化产业的转变，为文化产业高质量发展奠定坚实的企业基础。

其六，要注重“文科金融合”模式的总结，从推广上促进融合。这是有效促进“文科金融合”的现实路径。建议中央和国家有关部门组织力量对国内目前推进“文科金融合”的实际情况进行调研，特别是要对福州、潍坊和杭州等地形成的“文科金融合”模式进行系统的研究和总结，总结经验，探索规律，及时宣传，示范推广，实行典型引路，带动整个面上“文科金融合”的普及。同时，也应当加强“文科金融合”理论和实际问题的研究，对其概念内涵、管理体制、运行机制、典型模式、发展趋势以及政策体系等进行全面系统的研究探索，为全面推进“文科金融合”，实现文化产业的高质量发展提供科学的理论指导和重要的智力支持。

（山东财经大学艺术学院副教授聂黎）

山东省海水淡化产业发展对策研究*

内容摘要：本文从研究解决山东省水资源极度短缺严重影响经济社会发展需要这一重要实际问题出发，对山东海水淡化产业发展现状、存在问题和发展环境进了较为深入的分析，在此基础上，提出了包括“建立长效机制、推动自主创新、培养龙头企业、制定需求端为核心的政策、清洁生产”等在内的一系列促进山东省海水淡化产业发展的对策建议。

我国是世界上最贫水国家之一，人均水资源量仅为世界人均的1/4。而山东省又是我国水资源更为匮乏的省份，根据2016年的数据统计，山东全省水资源总量为220.32亿m^3，人均水资源量222.6m^3，仅为全国人均占有量的9.5%，在全国排名倒数第4位，远低于国际公认的年人均水资源1700m^3的警戒线，属于极度缺水地区。近十多年来，山东水资源总量呈现整体下降趋势，特别是近几年来随着工业的迅速发展和城镇化的持续推进，用水总量与水资源总量严重失衡，水资源短缺问题日趋严重。

如何解决这一问题，海水淡化是目前国际国内普遍采用的一个现实的解决办法。作为一种开源增量技术，海水淡化是水资源的重要补充和战略储备方式；同时，由于海水淡化属于科技密集型高新技术产业，因此，大力发展海水淡化产业不仅对解决水资源严重短缺问题具有重要作用，而且对于推动海洋产业发展实行新旧动能转换也具有十分重要的意义。

一、山东海水淡化产业发展基本状况

山东省委、省政府高度重视海水淡化产业的发展，将海水淡化作为缓解水

* 本文为软科学研究计划重点项目（编号：2017RZB02003）研究成果。

资源短缺、保障经济社会可持续发展的战略选择，不断加大支持力度，积极推进产业发展，推动山东海水淡化产业取得多方面进展，具备了较好的发展基础和发展势头。

（一）制定了一系列产业扶持政策

山东海水淡化产业发展起步较早，并且重视出台系列政策支持海水淡化产业发展。早在2007年4月，就对海水淡化产业发展做了全面的部署，省政府印发了《关于加强海水利用工作的意见》（鲁政发〔2007〕32号），要求充分认识海水利用工作的重要性和紧迫性，并且明确了海水淡化工作的指导思想、基本原则、目标任务、发展重点和保障措施，突出要求加快发展“海水淡化、海水直接利用、海水化学资源综合利用和海水利用技术装备”等产业。2011年4月，省政府出台的《关于加快培育和发展战略性新兴产业的实施意见》中，把“加快发展海水淡化”列为战略性新兴产业予以支持。特别是近几年来，随着实施新旧动能转换重大工程和海洋强省战略，山东省更是加大了对海水淡化产业发展的政策支持。在2018年2月省委、省政府颁布的《山东省新旧动能转换重大工程实施规划》和2018年5月省政府出台的《山东海洋强省建设行动方案》等文件中，都将海水淡化列入重点发展战略性新兴产业、重点发展技术领域和海洋新兴产业壮大行动。围绕“海水淡化及综合利用”深入开展海水淡化及综合利用研究，加快海水淡化专用膜及关键装备和成套设备自主研发，实现规模化、产业化和全产业链协同发展。要求到2022年，海水淡化能力达到100万吨/日以上，基本实现淡化海水和海水冷却在沿海电力、化工、冶金等高用水行业普遍应用。

（二）实施了一大批示范建设项目

自2000年开始，在国家有关部门的支持下，山东省陆续加强了海水淡化项目的研发和转化。2000年国家科技部重点科技攻关项目“日产千吨级反渗透海水淡化系统及工程技术开发”在长岛建成示范工程；2003年国家发改委高技术产业化项目“山东荣成1万吨/日反渗透海水淡化示范工程”建成投产；2004年由国家海洋局天津海水淡化与综合利用研究所设计的3000吨/日低温多效蒸馏海水淡化工程在黄岛试车成功；2007年由国内设计的单机1万吨/日反渗透海水淡化示范工程在黄岛发电厂建成投产。在上述示范项目研发攻关和科技成果转化的基础上，2017年，山东省海水淡化产业发展进入了整体布局和规模推进的发展阶段。根据《山东省水安全保障总体规划》的总体部署，一次性发布和实施海水淡化示范工程项目就达 43 个，其中包括海岛海水淡化工程 20 个、沿海工业园区海水淡化工程 13 个、沿海缺水城市海水淡化工程 10 个，形成了以青岛蓝谷海水淡化厂、青岛百发海水淡化厂、烟台龙口东海工业园区、威海荣成核电配套产业园开发有限公司、山东钢铁集团日照有限公司、滨州鲁北高新技术开发区等一批海水淡化工程园区和骨干企业，为海水淡化产业发展打下了坚实的企业基础。

（三）形成了较大规模的海水淡化产能

目前，山东的海水淡化产业已经有了较大规模的发展。从产能空间结构看，初步形成了较为合理的产业布局，主要分布在青岛、烟台、威海、潍坊等沿海地区，形成了以青岛为中心，沿海岸线分布的空间格局。其中青岛已建成海水淡化工程 13 个，产能 23.05 万吨/日；烟台已建成海水淡化工程 15 个，产能 3.21 万吨/日；威海已建成海水淡化工程 5 个，产能 1.54 万吨/日；潍坊已建成海水淡化工程 1 个，产能 100 吨/日。从产能水平看，据有关统计，截至 2017 年底，山东已建成海水淡化工程 34 个，产能 27.81 万吨/日，工程数量及淡化产能分别占全国的 21% 和 23%，均居全国第二位。同时，山东海水淡化装置规模趋于大型化，万吨以上海水淡化工程有 4 个，占全国的 11%；产能 22.68 万吨/日，占全国的 21%。而且海水淡化技术以反渗透为主，有 31 套装置，也在全国占据较为重要的位置。

二、山东海水淡化产业存在问题

尽管近年来山东海水淡化产业虽然发展较快，但也仍存在着体制机制不顺、自主创新能力较弱、产能闲置以及环境污染等问题，这些问题如果不引起足够重视并认真解决，山东可能会错失海水淡化产业发展的重要机遇。

（一）存在机制和政策瓶颈

海水淡化产业发展涉及政府、科研机构和企业等多方面因素，需要全面规划，统筹协调。从国内外经验看，海水淡化先进国家和地区均成立了高级别的专门协调机构，如：美国设立海水办公室（后改名为海水研究与技术办公室），天津、浙江分别成立海水淡化领导小组和海水淡化产业发展协调小组。目前山东尚未形成统一有效的组织协调机制，相应的财税、价格、金融等配套政策和扶持引导措施尚不完善，政策支持力度与海水淡化产业发展较好的省份相比，浙江、天津等地出台了海水淡化产业专项规划，并拿出数亿资金用于海水淡化技术研发。而山东省还缺乏体现海水淡化产业区域发展特点和要求的专项政策，产业引导和政策扶持的力度也有待加强。

（二）自主创新能力较弱

山东聚集了一定数量的海水淡化厂、装备配套零部件制造企业，在海水预处理设备、超滤微滤膜等领域具备一定优势，但未掌握海水淡化装备的核心技术，也不具备关键设备的生产能力。山东海水淡化所用关键设备和核心材料，如海水膜组器、能量回收装置、高压泵、蒸汽喷射装置等目前依然主要依赖进口，在管材耐腐蚀、热效率等方面与国际先进水平相比也有较大差距。

（三）出现产能闲置问题

据了解，山东威海荣成和黄岛电厂海水淡化项目，基本处于停产状态。产能闲置的根本原因在于生产运营成本过高和市场需求有限。目前每吨淡化水综合成本在 8 元左右，吨水成本明显高于自来水。能耗高、国产化率低、工程规模小是海水淡化成本高的重要因素。另外，淡化水市场需求有限，除海岛地区外，城市应用淡化水进行市政供水的积极性不高；淡化水在重化工、冶金等工业用水中所占比例仍然很小，工业上没有实现规模化应用。

（四）环境污染问题

目前海水淡化对环境的潜在影响引起了人们的普遍关注。海水淡化排出的浓盐水，其含盐量高于海水一倍左右，如果不经处理直接排放，必将影响海洋生态环境，尤其是对于半封闭的渤海湾，浓盐水直接排放对生态环境的影响将更严重。排放废水的温度问题也不容忽视。海水水温的升高会使海水中溶解氧的含量降低，影响生物的新陈代谢，甚至使生物群落发生改变，破坏海洋生物栖息环境。

三、山东海水淡化产业发展环境

当前山东海水淡化产业面临的形势，可以说是机遇与挑战并存，机遇大于挑战。

（一）有利条件

一是山东濒临渤海、黄海，海域面积 15.96 万平方千米，海岸线长 3345 千米，海水利用的条件十分优越。二是省政府领导高度重视海水淡化产业发展，将海水淡化列为山东省战略性新兴产业和“十三五”重点发展技术领域。三是山东是国内较早开展海水淡化研究和应用的省份之一，承担完成多个海水淡化示范项目，具备较好的海水淡化产业基础。四是具有较好的技术支撑条件。山东是海水淡化人才、技术、产业较集中的省份之一。全省涉及海水淡化技术研发以及人才培养机构有中国海洋大学、山东大学、中国石油大学、中国船舶工业总公司725所等多家高校和科研院所，有能力解决海水淡化关键领域的重大技术问题。

（二）面临挑战

海水淡化市场自身的特殊性导致的进入市场困难，是山东海水淡化产业发展难以根除的制约因素。海水淡化市场相比其他市场来说，多由政府采购，并以PPP形式进行建设，国际水务企业和国内龙头企业在竞争中占有相对优势。有资料显示，“十一五”期间建设的日产万吨级以上海水淡化厂，多由跨国企业承建；山东省内海水淡化项目也主要由跨国企业和杭州水处理技术研究开发中心承建。省内企业存在规模小、缺乏品牌效应、市场认可度低等不利因素，缺乏具备技术研发、装备制造、工程建设和运营维护等“一揽子”服务能力的龙头企业，真正能参与国内外竞争的企业不多，总体实力和竞争力比较薄弱。

四、促进山东海水淡化产业发展的几点建议

大力发展海水淡化，积极向海洋要淡水，是山东解决沿海地区和海岛水资源短缺问题的现实途径，也是促进海洋产业发展的重要内容，为促进山东海水淡化产业健康快速发展，提出以下几点建议。

（一）建立支持海水淡化发展长效机制

建议建立以科技研发支持政策为核心，促进新兴产业形成与发展的长效机制。一是建立完善的相关部门沟通协调机制，为产业发展提供支撑和扶持。二是将政府对于海水淡化研发的资助资金列入政府预算，保证资金投入长期和稳定。发改、科技、水利等部门根据各自发展目标，对海水淡化项目进行支持。三是通过招投标制对项目进行管理，调动各类社会资源与力量对海水淡化技术的研究热情，促进各种科技机构与队伍之间的竞争，避免研究领域与研究路线受到限制，制约创新。

（二）以自主创新推动海水淡化产业发展

进一步加强海水淡化科技创新能力建设。一是注重基础性与应用性技术研究。建议对膜材料及元件、能量回收技术，热法的蒸发器、冷凝器及蒸汽喷射器等关键设备制造技术进行重点支持。二是设置用于推进科技成果转化的中试专项经费，鼓励建设示范性（实验性）工厂。采用委托与联合研发模式，资

助具有一定技术研究基础的企业，促进技术研发和产品开发无缝对接。三是将国产化作为示范工程建设的指导性要求，借此调动企业的自主创新积极性，提高设备装备的国产化率。据悉，除浙江六横海水淡化示范工程项目设备国产化率达70%外，国内其他海水淡化项目国产化率均不到50%。

（三）整合资源，培养我省海水淡化产业的龙头企业

培养海水淡化龙头企业，争取海水淡化产业市场的话语权。一是推动海水淡化企业与金融机构之间的合作。目前，山东海水淡化产业处于起步阶段，技术分散在不同企业。比如：青岛华欧集团拥有低温多效技术，青岛海若水务生产超滤膜组件，中国石油大学、中国海洋大学拥有膜材料制备技术，金融机构对该领域涉入较少。因此，要整合资源搭建产业与资本交流平台，促进海水淡化产业发展。二是政府加强省际的交流，帮助企业拓展市场，为企业在水处理方面的合作提供机会与渠道。三是鼓励省内具有较强技术实力的企业，如青岛华欧和青岛水务碧水源等，以合作方式承接国内海水淡化工程建设。

（四）以需求端为核心制定产业扶持政策

制定以需求端为核心的产业扶持政策，解决产能过剩问题。一是在财税政策方面，要从对淡化项目的补贴逐步转到对淡化水消费者的价格补贴上来，扩大淡化水的社会需求。二是在政策举措方面，学习以色列、沙特阿拉伯等国经验，鼓励和支持淡化水进入市政管网，将海水淡化供水管道纳入市政基础设施范围，建立合理的淡化水输配送体系。三是在市场准入方面，对沿海地区新建的火电、冶金等高用水企业，将淡化水应用作为企业新建和产能扩建的硬性约束。同时借鉴河北渤海新区经验，对接高用水企业需求，在新建园区内全面配置海水淡化水供水管网，推动淡化水的供应和输送。

（五）促进清洁生产，创建海水利用循环经济产业链

以海水淡化为龙头，促进清洁生产，推进资源综合利用。一是严格海水淡化厂址的选择，从源头上注重海洋环境的保护。二是将海水淡化产业同钢铁、电力等产业相结合，学习河北首钢京唐公司和天津北疆电厂海水淡化项目的循环经济模式，利用废热实现水的循环利用。三是加强海水淡化后浓海水的综合利用。利用浓海水提取溴、钾、镁、铀等化工原料，实现浓盐水零排放，打造海水利用循环经济产业链。

（山东省科学技术情报研究院黄立业、李莎、史筱飞、刘洁）

五、科技金融篇

广东省科技与金融融合发展调研报告*

（2015 年 11 月 3 日）

广东省对科技金融的发展非常重视，在加大对科技企业的债权与股权融资支持、优化投融资环境、探索科技与金融资源对接的新机制等方面做出了卓有成效的工作，全省科技金融发展势头良好。目前，随着科技投入总量的逐年递增，广东省科技投入规模居全国首位，发明专利申请和授权量均位居全国首位，全省大中型企业创新产品产值和销售收入位列全国第一。

一、广东省科技金融政策与举措

1. 科技主管部门组织协调并出台金融机构与科技企业展开全面合作意见，促进发展，实现共赢

广东省科技厅充分发挥了科技主管部门的组织协调优势，金融机构充分发挥了融资优势，探索了科技金融互利互动的工作机制，搭建了科技与金融结合的平台，实现了优势互补和合作共赢的发展局面。

2007 年 9 月，广东省科技厅与国家开发银行广东省分行签署额度为 180 亿元的《支持科技型企业自主创新开发性金融合作协议》，旨在通过探索科技与金融合作的新机制，帮助更多的科技型企业解决融资难题。

2008 年 11 月召开的全省科技金融工作座谈会上，招商银行广州分行与广东省科技厅签署了额度为 50 亿元的战略合作协议，这是广东科技携手金融的又一新篇章。

2009 年 5 月广东省科技厅与光大银行签署了额度为 50 亿元的科技金融合

---

* 本报告是山东省软科学重大项目“鲁粤苏浙科技与金融融合发展比较研究”（2015RZC01001）阶段性研究成果之一。

作协议，科技金融结合试点市工作启动。

2013年，中国银行与广州市科技和信息化局签署《科技与金融结合战略合作协议》，旨在加大金融创新与科技创新，并以此作为推进广东转型升级的重要抓手。

2. 政府成立并运用科技信贷引导资金进行融资，解决中小企业资金短缺

（1）以科技融资风险准备金撬动科技信贷融资

2009年，广东省科技厅联合中山、珠海、东莞三市设立1.5亿元的“联合科技贷款风险准备金”，开始了科技金融试点探索。该举措引导银行加大对中小微企业的信贷支持力度，积极推动建立中小微企业信贷风险补偿机制。省财政资金通过按贷款金额的3%到10%的比例拨付风险准备金的方式，为中小微企业贷款提供征信支持。财政资金实现滚动循环撬动银行贷款，放大比例为10到30倍。到2014年，风险准备机制有效地引导和推动银行向企业贷款超过15亿元，风险准备金实际放大倍数达到30余倍，极大地提高了财政专项资金支持科技创新的杠杆效率。2014年以来，广东省已安排财政资金支持4个地市和5个县区开展中小企业信贷补偿工作。截至2015年5月底，累计支持中小企业1600多家次，贷款金额共1300多亿元。

（2）以财政专项资金撬动科技信贷融资

从2009年开始，广东每年安排5000万元专项资金，支持科技型中小企业发展。政府通过专项资金，以无偿资助、贷款贴息等方式帮助科技型中小企业开展科技创新。2011年，省财政投入20亿元设立产业引导基金，支持战略性新兴产业创新创业，募集基金总规模超过90亿元，财政资金放大了4.5倍。省财政向省粤科金控集团注资10亿元，设立省级创业投资引导基金，投资广东省内可上市的成长型企业。2013年，粤科金融集团成立广东天使创业投资联盟，设立“粤穗天使基金”，首期投入1亿元，连接科技创业者与天使投资者。

从2012年开始，广东省财政每年安排超过1亿元信用保险专项扶持资金，用于支持广东省科技企业积极投保短期出口信用保险、小微信保易专项保险和进口信用保险。2015年，广东省财政安排66亿元专项资金支持中小微企业的融资，资金分配如图1所示。

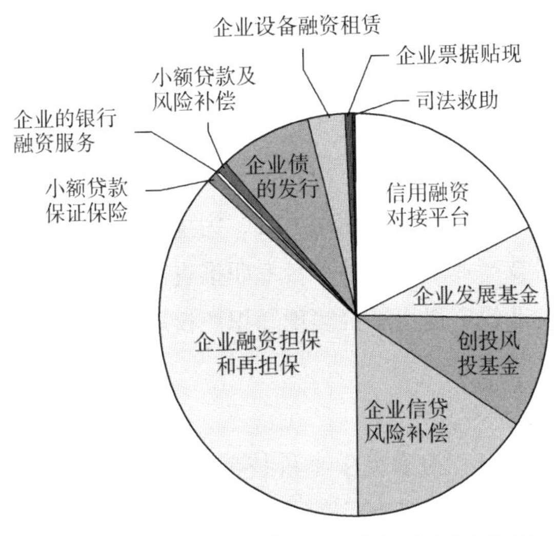

图1　2015年广东省中小微企业融资专项基金分配情况

3. 以地方启动科技金融试点工作为主构建科技金融体系，探索创新以信用担保启动科技信贷融资结合模式

知识产权质押融资试点方面，引入信用保险等机制，分别形成了财政资金补贴知识产权评估费、银行利息的“佛山南海模式”和财政资金参与知识产权质押贷款担保风险补偿的“深圳模式”。针对科技型中小企业轻资产难以获得融资的特点，中心积极试点开展知识产权质押贷款业务，引入信用保险机制，通过联合银行、保险机构、担保公司、租赁公司等金融机构，帮助科技型企业实现信用的数字化、资产化和货币化。

试点城市结合本市的科技产业发展状况，协调本市相关部门、银行、担保机构及科技企业，积极探索具有地方特色的科技资源和金融资源全面结合的新机制和新模式。

（1）南海模式

2008年12月，佛山南海区被确定为首批“全国知识产权质押融资试点”，先后推动企业获得了大约2.4亿元的质押贷款。2011年6月，全国首个国家级知识产权投融资综合试验区落户南海区，并推动多家企业利用专利、商标入股或增资扩股。

2014年1月，南海区正式挂牌全省首个金融科技产业融合创新综合试验区，推出一系列体制机制创新“组合拳”：

一只引导基金——组建一只30亿元的金融科技产业创新融合基金，撬动

500亿元社会资本投入金融科技产业创新项目。

三个创新特区——打造民间金融街、佛山科技街和佛山文旅街，并以其为推手推动广东金融高新区在巩固亚太金融后援基地建设的基础上打造国家级产业金融试验区。

三个服务平台——搭建企业信用平台，为金融机构开展信用担保业务提供支撑；搭建金融科技产业融合服务平台专职推进全区的金融科技产业创新融合工作；搭建创新创业投资退出平台实现知识产权质押和公有资产投资的交易及退出。

（2）深圳模式

深圳高新区服务中心为满足中小科技型企业融资需要，成立了“深圳高新区创业投资服务广场”。“广场”聚集了国内外80多家创业投融资机构，为企业提供全过程、多层次、立体化的融资服务。目前，“广场”各机构拥有资金近300亿元，已投资50多亿元，投资企业126家，新三板改制12家，担保融资1709家，银行中小企业灵活贷款82家。为进一步发挥资源优势和运用成功经验，探索科技金融创新的道路，市政府在深圳高新区服务中心的基础上增设深圳市科技金融服务中心，这标志着科技金融结合试点工作将向纵深开展，并将向全市铺开。

4. 建立与完善多层次资本市场，加快科技、金融、产业的深度融合

（1）大力发展多层次的资本市场，支持科技企业做大做强

支持和引导符合条件的科技企业在主板、中小板、创业板、新三板等市场和境外资本市场上市，加快发展场外交易（OTC）市场。加大辅导和支持的力度，让科技中小企业源源不断上市，接受市场检验。

（2）支持区域性股权交易市场发展，促进科技企业创新升级

目前，前海、广州和佛山金融高新区等区域股权交易市场发展迅速，在前海挂牌的企业已经达3000多家，要进一步扩大规模，规范交易，支持符合条件的科技企业并购优质小微企业。广州股权交易中心已有206家科技企业挂牌。

（3）发展科技中小企业私募债券市场

依托资本市场开展中小企业私募债发行是解决科技中小企业资金问题的有效途径，广东省在这方面的试点已经有了良好的开端，力争扩大试点范围，加强对企业的宣传、辅导，让更多的企业参与进来。

5. 设立科技金融工作重点，协调组织各方联合行动

2014 年初广东省科技金融工作会议出台了《2014 年科技 · 金融 · 产业融合创新发展重点行动》和《科技金融支持中小微企业发展专项行动计划》。省科技厅和金融办等部门开展了 20 项有关重点行动，其中包括：调整专项科技资金的投入方式，改变以往“事前评审立项并无偿拨款资助”的单一科技经费投入模式，加强对企业的技术创新和产业化项目的引导性投入，建立健全财政资金与社会资本投向科技产业的联动机制。

二、建立科技金融服务体系，满足科技企业发展融资需求

1. 建立“三台一会”模式，支持科技企业融资发展

广东省科技厅建立了“三台一会”的工作模式，即工作平台、融资平台、担保平台与科技型中小企业信用促进会联合协作的模式，并以此为基础开发其他科技金融合作的运行模式。“三台一会”运转第一年，共开发、受理全省科技型中小企业贷款项目 342 个，申贷总额 56. 6 亿元。国开行共为 41 家科技企业发放贷款 8. 4 亿元。获得贷款支持的企业加大研发力度，科技创新能力显著加强，取得了良好的社会及经济效益，新增销售收入 25 亿元，新增税收7000 万元，新增就业岗位 8900 个，两家企业在创业板成功上市。

2. 推进“三融合”形式，促进企业科技创新驱动发展

在国家创新战略下，推进金融、科技、产业融合创新发展（简称“三融合”）成为广东省实施创新驱动发展战略、推动产业转型升级的重要载体。2014 年 2 月，广东省政府召开全省科技金融工作会议，出台了《科技 · 金融 · 产业融合创新发展重点行动》和《科技金融支持中小微企业发展专项行动计划》，部署建设“三融合”综合试验区以及在广东省国家级高新区开展“三融合”试点等工作。“三融合”服务体系主要包括如下几个方面：

（1）推动设立科技支行，助推科技企业成长壮大

目前，9 家国家级高新区设立了科技支行，针对科技创新企业“量身定做”，不断创新运行机制、业务模式和金融产品。例如，惠州仲恺高新区依托广发银行设立仲恺科技园支行，建立了“区财政专项补助基金 + 银行融资资金 + 人保公司担保机制”的“政银保”合作贷款体系，通过政府、银行、保险三方共同分担风险，向区内优质科技型企业提供贷款累计超过 2 亿元。

（2）引导扶持创投机构集聚发展

各高新区通过吸引创投企业投资、参股成立新基金、跟进投资等多种形式，持续加大对科技创新企业的风险投资力度，取得积极效果。例如，中山火炬高新区引进文化产业基金五期和时代伯乐健康产业股权基金，落户11个品牌创投、18只股权投资基金和5家基金管理公司，到位资金达38.4亿元。

（3）探索科技小贷、科技担保、科技保险等服务新模式

仲恺高新区成立智融科技小贷公司，以本地中小型科技型企业以及TCL产业链上下游企业为服务对象，大力开展产业链金融创新。广州高新区4家融资担保公司累计为100多家区内企业提供贷款担保服务，担保金额超过15亿元；4家保险公司共为区内33家高新技术企业办理科技保险，保费补贴达54万元。

（4）打造公共服务平台，提高服务质量

广东省生产力促进中心成立了“广东省科技型中小企业投融资服务中心”，搭建科技金融公共服务平台，包括：项目研发资助平台、风险投资对接平台、企业上市辅导平台、贷款融资服务平台。在利用资本市场融资方面，全省共有242家企业在中小板、创业板上市，46家企业在“新三板”挂牌；组建了广东省产权交易集团，建设了广州、前海和广东金融高新区三个区域股权交易中心，挂牌企业数量累计已超过4000家。

（5）科技型中小企业投融资服务中心

投融资服务中心是广东省科技金融工作初期的重要机构，其积极引进专业人才组建自己的业务团队，还聘请了涉及金融、经济、会计、管理等相关领域的专家组成顾问团。在“三台一会”的模式下，服务中心积极发挥组织协调优势，与合作各方进行了多层次的沟通，形成互动机制；建立项目资源库及培育机制，根据科技型中小企业的成长特点，为企业提供成长全过程的投资、融资、引资服务；开展科技金融的探索性和前瞻性课题研究，率先为政府部门科技金融政策的制定提供决策参考。

（6）科技金融综合服务中心

2014年10月成立的广东省科技金融综合服务中心是覆盖省内21个地级市的省级科技金融服务网络建设的新一轮措施载体。综合服务中心是广东科技金融服务网络的实施牵头单位，是全省科技金融服务网络的中枢。其主要职能是推动科技金融综合服务中心在各地级市、高新区分中心建设，逐步建立起覆盖

全省的“线下实体＋线上网络”的科技金融服务网络，组织各类科技金融资源，与各地科技金融服务平台上下联动，开展多层次的投融资咨询及对接服务活动。

三、广东省科技金融发展的总体概括

广东以国家级高新区为实践主体，以“三融合”为主导战略的广东省科技金融工作具体做法可以概括为“一个目标，两个市场，三个载体，四个一批，五个机制，六个平台，十条渠道”。

“一个目标”，即通过建立一套金融与科技、产业融合发展机制，有效整合金融资本、民间资本与产业资本，为种子期、初创期、成长期、成熟期的科技型中小企业提供全方位、差异化金融服务，形成具有示范引领意义、易于复制推广的广东“三融合”模式。

“两个市场”，即充分利用银行信贷市场和资本市场。通过鼓励银行机构新设或改造部分分（支）行，将其作为服务中小科技企业的科技分（支）行，开展科技贷款业务以及相关创新，有效弥补以政府信用为担保向企业提供低息贷款这一传统模式的不足；支持龙头企业通过上市融资、兼并重组等做大做强，针对众多科技型中小企业，重点推动利用新三板和区域股权交易市场，搭建交易市场、中介机构、政府部门与科技企业的四方对接平台。

“三个载体”，即以产业集聚为导向，做实科技成果转化孵化、基础研究机构、产业技术应用研究等三个载体。引导风投机构、私募基金、银行以及咨询、检测等机构进驻重点科技企业孵化器和加速器，全面增强科技成果孵化能力和对科技型中小企业的抚育能力。推动开展“产学研＋协会”的模式，支持行业协会、重点骨干企业与高等院校、科研机构共建产业创新平台，形成基础科研机构群。推动相关创新平台联合行业龙头企业共建产学研创新联盟，建立科研技术成果项目信息发布平台和大型科研仪器设备共享服务平台，加强产业应用技术攻关突破。

“四个一批”，即引进一批金融机构，转化一批科研成果，催生一批科技型企业，壮大一批新兴产业。以引进和培育金融机构组织为先导，重点布设银行科技支行，积极引入和设立私募股权、创业投资、融资租赁、融资担保、再担保、小额贷款、票据服务、保险中介、民营银行、期货业务创新交易市场、产权交易中心等，为科研成果转化和科技企业成长提供全面金融服务，推动形成层次分明、分工明确的高新产业金融服务链条。

“五个机制”，即建立成长抚育机制、并购重组机制、风险投资机制、风险分担机制和合作共赢机制。根据企业发展不同阶段需要差异，引入各类金融要素，建立覆盖企业全生命周期的成长抚育机制。大力支持科技上市企业通过并购基金等方式兼并重组，研究允许科技上市企业发行优先股、定向可转债等作为并购工具的可行性，丰富并购重组工具。政策性风投和商业风投相结合，发挥政府风险投资市场引导功能，充分带动民间资本，支持龙头企业组建和经营风险投资公司，推动科技成果转化和支持中小型科技企业成长。建立完善创业投资引导、科技保险、科技担保等风险分担机制，形成政府引导、多方参与的科技型企业贷款风险补偿机制。加强粤港共建和国际合作，支持建设开放性资源共享技术平台和信息网络体系，推动开展共性技术研究。

“六个平台”，即搭建金融合作对接平台、股权投资平台、金融一站式服务平台、科技金融中介服务平台、民间金融创新平台和企业征信服务平台。建立重点项目融资对接协调机制，组织重点项目融资对接活动。集聚发展优质创投机构和设立重点产业投资基金。设立为科技型企业提供融资“一条龙”服务的一站式金融服务平台。设立为科技型企业提供咨询、项目管理、人才引进、企业改制等服务的中介服务平台。搭建吸引小贷、担保、融资租赁、互联网金融等地方民间金融组织集聚的民间金融创新平台。引入第三方市场评级机构，设立区域、园区内企业征信服务平台。

“十条渠道”，即政府主管部门、园区管委会、金融机构、中介机构共同参与，畅通十条科技型企业融资渠道，形成支持企业成长的“无缝”对接的融资支持体系：天使投资，创业投资，境内外上市，代办股份转让，并购重组，企业债券和信托计划，担保融资，信用贷款，信用保险和贸易融资，小额贷款。

（山东省科技发展战略研究所徐立平、崔雷、高明、姜向荣）

区域经济发展中的金融支持
——基于山东省“两区一圈一带”建设的视角*
（2016年10月20日）

内容摘要： 近年来，山东积极推进“两区一圈一带”四个区域发展战略，其中，以金融发展带动经济要素向这几个区域聚集成为一个重要的举措。基于金融发展能够促进区域经济增长的理论，本文详细分析了当前山东省金融支持区域经济发展的现状，重点研究了支持过程中存在的“四个不均衡”问题，并从大力发展普惠金融、发展股权市场等几个方面有针对性地提出了政策建议。

一、引言

区域金融发展与区域经济增长之间的关系始终是现代经济学理论与实证研究的一个重要问题。对其进行研究既有助于为完善宏观金融理论提供参考，又能够为解决现实中区域经济发展问题提供依据。从国内外研究成果和经济金融发展的经验看，金融发展是推动区域经济发展的重要原因。同时，在这个过程中，金融也不是简单地“跟随”经济增长，而是与经济增长实现同向波动。在此基础上，学者们进行深入思考的问题是金融究竟如何促进区域经济发展以及如何进一步提升金融支持的效率。Wingender（1993）、Fuentes（1998）证明了信贷投入的作用，而Sapienza（2002）更加深入地发现其作用还取决于区域金融发展水平：金融发展水平越高，金融与区域经济增长之间的正相关关系越显著；金融发展水平越低，两者之间的相关关系越弱。除了对区域金融发展水平的差异进行研究外，Mayer和Carlin（2003）还对区域经济发展水平这一

---

* 本文为山东省软科学项目（编号:2014RZE27006）的研究成果。

问题进行了分析，他们发现金融对经济的促进作用在经济发达的地区和不发达的地区之间呈现不同的规律：在经济发达地区，直接融资影响更加显著；在经济欠发达地区，银行贷款的影响更大。随着我国经济金融的快速发展，国内学者也对该问题进行了相关研究。从我国的实际情况看，由于地区间的要素禀赋、经济基础等都存在较大差距，学者们更加注意考察金融发展与区域经济发展差异之间的关系，董绳周（2007）运用1979—2005年各省区的回归模型对我国区域经济增长与金融发展进行了实证分析，结果发现东、中、西三大区域金融发展对其经济增长影响显著。其中，西部地区金融发展对其区域经济增长的促进效果更显著，中部次之，东部地区最低。而有的学者则认为，即使在同一个地区、省份内，区域差异也是非常明显的，比如，苏南地区金融发展的促进效应要显著强于苏中以及苏北地区（董金玲，2009）。在认可金融对区域经济增长影响的基础上，也有部分学者对区域经济增长是否支持金融发展这一问题进行了研究，多数成果认可了经济增长也对金融发展具有支持作用的观点（Wingender、Amos，1993；方先明，2010等），这样的结论也符合传统经济金融理论以及现实的经验。总体上看，经济发展与金融发展之间存在双向影响关系，这也就为在区域发展战略中突出金融支持提供了理论基础。

近年来，山东积极推进“两区一圈一带”区域发展战略，金融支持是支持区域发展战略取得成效的重要保证。特别是2013年“金改22条”推出以来，区域金融发展和区域发展战略成为山东经济金融发展中的两个重点问题，两者之间是否具有良性互动，金融支持区域发展战略的成效如何，是否存在需要解决的问题等都成为社会各界关心和讨论的热点。基于此，本文选择对金融支持山东区域发展战略的有关问题进行研究，分析当前金融支持的现状和存在的问题，并提出有关政策建议。

二、金融支持“两区一圈一带”的现状

从目前国内外学者的研究成果看，所谓金融支持不仅包括信贷等金融资源向各生产领域的集聚，还包括政策、金融组织、金融市场等多个方面的发展和建设，是一个多维度的问题。因此，本文立足金融体系的整体发展，分析当前金融对山东区域发展战略的支持状况。

（一）政策体系建设情况

2013年以来，山东积极推进金融改革创新，推出了“金改二十二条”，对

加速山东区域金融改革，提高服务经济社会发展的能力进行了顶层设计。在这个框架和发展思路下，针对区域经济发展战略，山东也提出了“发展股权交易市场和建立要素交易平台”“建设济南区域金融中心和青岛财富管理中心”等目标，并结合国家大力发展普惠金融等新理念，出台了《山东省地方金融条例》，形成了一个比较完整的政策框架。在此基础上，山东积极利用国家推进中韩自贸区建设、人民币国际化等机遇，加快与“两区一圈一带”战略进行对接，在构建多层次资本市场、拓展跨境投融资渠道、支持跨国公司“走出去”、跨境人民币发展等方面开展了一系列试点，成为政策支持框架内的重要措施。从总体上来看，目前山东已经形成了以“金改二十二条”为顶层设计、以区域金融中心建设为支撑、以促进地方金融发展为基础、以推进改革试点为举措的完整的政策支持体系，金融支持区域经济发展已经具备了扎实的政策基础。

（二）金融基础设施等硬件条件发展情况

近年来，山东大力推进金融基础设施建设。一方面，以济南区域金融中心和青岛财富管理中心建设为动力，加速引进国外金融机构，进一步完善省内金融组织体系。截至 2015 年末，全省共有银行机构 15611 个、证券机构 597 个、保险机构 6063 个，较好地满足了全省各地区经济发展的需要。与此同时，新型金融组织和机构的发展也取得了一些进展。截至 2016 年 6 月，全省共有非银行支付机构 53 家，在全国处于领先位置。2015 年，星展银行、澳新银行、中德安联寿险等一批国际金融机构落户青岛财富管理中心；30 多家金融企业签约和意向入驻济南“汉峪金谷”。另一方面，加快金融基础设施建设，注重提升金融基础设施的功能。截至 2016 年 10 月，山东已经实现了全省所有行政村金融基础设施全覆盖、全省所有行政村银行卡助农取款服务点全覆盖和全省所有行政村手机支付全覆盖，另外在农村信用数据库和小微企业信用信息数据库建设方面也取得了显著的成绩，金融支持区域经济发展的硬件条件较为完善。

（三）融资能力、融资环境等软件条件发展情况

随着金融支持政策力度的不断加大和各项软硬件条件的完善，各类金融资源不断向“两区一圈一带”集聚，对“两区一圈一带”的支持力度明显加大。2016 年上半年，半岛蓝色经济区、黄河三角洲高效生态经济区和省会城市群经济圈分别新增贷款 1866 亿元、596 亿元和 1580 亿元，同比分别多增 301 亿元、195 亿元和 525 亿元；西部经济隆起带新增贷款 768 亿元，与去年同期基本持平。从融资结构看，在多层次资本市场的有力支持下，直接融资渠道实现

一定发展，2016年上半年，全省新增直接融资970亿元，同比增加263亿元。其中，通过银行间市场实现融资276亿元。特别是“蓝黄”两区积极利用区位特点和部分政策先行先试的优势，大力发展直接融资，取得了比较明显的成效。2016年上半年，“蓝黄”两区上市公司总数为115家，占全省的69.7%，区内的企业利用短期融资券、中期票据等工具在银行间市场进行融资的能力也得到明显加强。

三、金融支持山东区域经济发展存在的问题

从当前情况看，山东金融发展与先进省份相比还存在一定差距，主要是金融业规模与经济发展规模不匹配。2015年山东省实现地区生产总值63002万亿元，分别为广东省和江苏省的86.5%和89.9%；社会融资规模增加7600亿元，分别为江苏、广东省增量的50%和51%。受此影响，金融在支持区域经济发展的过程中也暴露出一些问题，主要表现为“四个不均衡”。

（一）金融对各区域发展战略的支持力度不均衡

济南和青岛是山东金融发展的两个增长极，金融资源集聚能力较强，但是其他地区尤其是鲁西南地区金融支持不足问题比较突出，导致金融对“半岛蓝色经济区”和“一圈”的支持力度比较大，对“黄河三角洲高效生态经济区”和“一带”的支持相对不足。以最具代表性的贷款分布为例，截至2016年6月末，半岛蓝色经济区和省会城市经济圈贷款分别占全省贷款余额的47.5%和37.2%，而黄河三角洲高效生态经济区和西部经济隆起带贷款仅占全省贷款余额的11.3%和21.2%，区域间信贷资源分配不均衡问题尤为显著。分地市看，济南和青岛的资源集聚能力明显高于全省其他地市，两市贷款占全省贷款余额的38.8%，而其他地市如德州、滨州、菏泽、聊城等城市贷款仅占全省贷款余额的12%。信贷集中问题逐步暴露，截至2015年末，济南、青岛、潍坊和烟台四个城市的贷款占全省贷款余额的45.5%，较2011年提高2.7个百分点（见表1）。

表1　　2011—2015年山东部分城市贷款占比统计表（前4名）

	2011	2012	2013	2014	2015
济南	21.6%	21.3%	20.1%	19.2%	19.2%
青岛	19.6%	20%	20.1%	20.1%	19.6%

续表

	2011	2012	2013	2014	2015
潍坊	7.9%	8%	8.2%	8.4%	8.1%
烟台	8.1%	8.2%	8.3%	8.2%	7.6%
其他地市	42.8%	42.5%	43.2%	44.1%	45.5%

（二）城乡金融发展不均衡

近年来，山东省“两区一圈一带”四个区域发展战略的推进中，城乡金融发展不均衡问题依然突出，主要表现为城区金融多，乡村金融少，特别是金融服务向农村地区的渗透能力还不足，导致金融发展与经济发展在城市中呈现“共同促进”的局面，而在乡村地区仍然是“两张皮”——经济发展成效明显，但金融在逐步萎缩。从信贷资源的分布看，目前山东省涉农贷款余额增速呈逐年下滑态势，由 2011 年的 21.89% 下滑到 2015 年的 8%，已经低于全部贷款增速（见表 2）。

表 2　　2011—2015 年全省涉农贷款统计表

	2011	2012	2013	2014	2015
涉农贷款余额（亿）	14218.3	16760.3	19191.3	21649	23373
涉农贷款增长率（%）	21.89	18.63	14.5	12.8	8

（三）金融资源在各产业间的分布不均衡

以信贷资源分布为例，虽然区域经济发展中始终强调“补短板”工作，但是当前的信贷资源仍主要集中在大中型企业、房地产以及基础设施建设领域，中小企业和新兴产业支持力度仍显不足。2015 年，全省大中型企业贷款余额 2.9 万亿，占比 70%；小微企业贷款余额 1.2 万亿，占比 30%，明显低于全国平均水平（见图 1）。房地产类贷款余额 1.1 万亿，占全部贷款的 20.4%，基础设施类贷款余额 1 万亿，占全部贷款的 17.3%；而信息技术服务业与科学研究和技术服务业贷款余额仅为 157.6 亿元，占全部贷款的 0.3%。

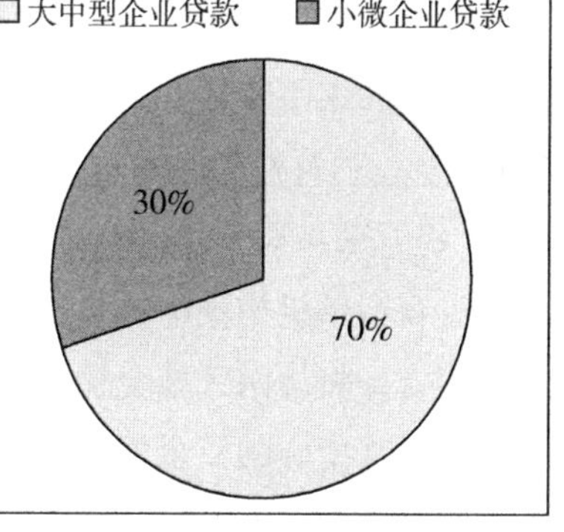

图 1　分企业类型贷款占比

（四）融资结构不均衡

近年来，山东大力发展多层次资本市场，拓展企业直接融资渠道，取得一定的成绩。但是融资渠道依然是制约山东经济发展的重要因素之一，主要体现为间接融资占比较高、直接融资依然较少。2013—2015 年，山东省直接融资分别增加 1175 亿元、1777 亿元和 1984 亿元，占全部社会融资规模的 10.9%、19.3%和 26.1%（见表 3），虽然直接融资占比水平不断上升，但仍然明显落后于江苏、浙江等发达省份，与全省经济发展的实际需要相比还存在一定的差距。从具体的直接融资方式看，股权融资发展速度有待提升。2015 年山东省非金融企业境内股票融资 319 亿元，较广东、浙江、江苏分别少增 795 亿元、430 亿元和 299 亿元，对全国甚至全球资本市场的利用效率还不够。

表 3　　直接融资占社会融资规模的比重

	山东	江苏	浙江
2013 年	10.9%	13.8%	12%
2014 年	19.3%	21.3%	21.7%
2015 年	26.1%	27.4%	32.2%

四、加大金融支持山东省区域经济发展的政策建议

针对目前金融支持区域经济发展中存在的问题，以及山东金融发展的实际条件，应努力把金融发展嵌入区域经济发展的实际中，避免出现金融与区域经济发展“脱节”的问题，同时，带动全省金融发展更加符合当前经济发展的特点和需要，促进金融和经济实现“双转型、双升级”。

第一，充分发挥济南区域金融中心和青岛财富管理中心的增长带动作用，提升两极的辐射功能。应通过利用“两个中心”的金融资源集聚优势，将“两个中心”打造为聚集金融资源、强化金融创新、辐射区域发展战略的“高地”，提升两极对周边区域城市的服务带动作用。利用济南位于山东省鲁中地区和省级金融机构集中的有利优势，提升济南市作为环渤海地区区域金融中心的影响力，将济南区域金融中心的金融服务范围覆盖到鲁中西部地区。挖掘青岛财富管理中心的资金集聚能力，通过推进各类金融产品创新，提供多层次、多领域的金融服务产品，满足财富管理者投资需求的同时，发挥财富中心对鲁东地区的服务功能，提升鲁东地区金融服务水平，支持鲁东地区转型升级。

第二，进一步优化金融资源配置效率，带动要素禀赋向产出效率更高的部门聚集。应进一步完善区域金融市场的功能，特别是股权交易市场、跨境结算市场等有区域特色的市场，积极发挥其在资源配置中的作用。一方面，引导金融业本身加快转型发展，拓宽发展的边界和市场化盈利能力；另一方面，以金融业为载体，引导资本、劳动、土地等要素向产出效率更高的经济部门聚集，支持新兴产业、“互联网+”等领域尽快出现新亮点。

第三，以发展普惠金融为导向，推动实现“以线带面”金融发展格局。积极发展普惠金融，通过提高金融要素在各阶层、各地区的均衡分配，缓解“金融排斥”导致的市场参与权不平等的问题。普惠金融发展过程中，应提高金融对城乡和中小企业的服务水平，鼓励金融机构拓展金融的延展性，从机构设置、服务水平、产品创新等多个领域向城乡地区进行辐射，实现金融服务客户目标的“下沉”，增加农村地区的金融供给水平。应大力发展地方金融组织，通过发挥小额贷款公司、融资担保公司、民间融资机构、农民专业合作社等地方金融组织的服务优势，弥补当前农村地区金融服务不足。

第四，大力发展区域资本市场，提高直接融资水平。发展资本市场，推动企业进行直接融资是支持“两区一圈一带”向深入发展的重要举措，也是推动区域内各相关地市降低杠杆率水平的重要方式。应加强与各金融监管部门、交易商协会、沪深交易所等的沟通协调，为“两区一圈一带”的优质企业争取政策支持，支持其在主板、中小板、创业板、新三板等全国性资本市场融资。此外，应继续完善齐鲁股权交易中心、蓝海股权交易中心建设，发挥省内股权交易中心的直接融资功能，鼓励符合条件的中小企业通过省内股权交易中心融资，进一步降低融资成本和杠杆水平。

（山东大学经济学院胡金焱）

山东省普惠金融组织发展现状及对策*

（2016年11月25日）

内容摘要：普惠金融组织是指传统金融或正规金融服务体系之外为中小微企业、“三农”以及低收入群体提供可获得、可承受的金融服务的各类金融组织。本研究梳理了全省普惠金融发展过程，在对普惠金融组织现状和问题分析的基础上，提出发展山东省普惠金融组织的政策建议。

近年来，山东经济发展和金融改革不断深入，金融运行外部环境进一步优化，金融业增加值稳步提升。但是金融业增加值占GDP比重的上升速度比较低。对比山东和北京、上海、广东、江苏以及浙江6个省级行政区的金融业增加值占GDP的比重可以发现，2015年山东省金融业增加值占GDP的比重仅为4.98%，在东部6省中排名垫底，不仅远远落后于北京（17.09%）和上海（16.23%），与广东（7.08%）、江苏（7.60%）和浙江（7.11%）相比，差距也很大。虽然在2015年度山东GDP总量排名全国第三，但金融业在整个经济体系中的地位和贡献明显不及其他产业。与GDP总量全国排名第一和第二的广东和江苏相比，山东金融业占GDP比重不足5%。“十二五”期间，虽然我省金融改革取得很大进展，但是金融业发展还面临很大的局限，没有真正成为整个经济的支柱产业，在服务区域经济发展和支持经济结构转型方面仍有较大差距。大量研究显示，山东要成为经济强省，缩小与广东、江苏的差距，必须加快金融业发展。而要推动山东金融业发展，单纯依靠国有银行等传统金融机构远远不够，需要转变观念和思路，大力推进金融创新；要认真贯彻十八届三中全会《中共中央关于全面深化改革若干重大问题的决定》精神，发展普

* 本文为山东省软科学研究重大项目（编号：2015RZB01003）的研究成果。

惠金融，鼓励金融创新，丰富金融市场层次和产品。这既是我省金融发展的现实需求，也是发展战略的重要选择。普惠金融的本质与特征决定了完全依靠市场的力量无法真正发展普惠金融，在普惠金融发展的风险承担上，政府责无旁贷。只有政府勇于创新、敢于担当，才能推动多层次普惠金融组织体系建设，增加普惠金融供给。

一、普惠金融组织内涵、范畴及其特征

（一）普惠金融组织内涵

普惠金融的本质在于金融资源和服务可获得性的提高。我们认为，普惠金融组织是指在传统或正规金融机构服务体系之外，为中小微企业、“三农”以及低收入群体提供可得性金融产品和服务的各类金融组织。这一概念的认识主要在于，普惠金融组织的服务对象主要是难以从传统或正规金融体系获取金融服务的金融消费者。这些金融消费者普遍存在征信信息缺乏、信用等级低等特征，这些特征使它们难以匹配传统或正规金融机构的服务要求。尽管国务院、中国人民银行以及各个金融监管机构都以不同方式要求传统或正规金融机构为中小微企业、“三农”以及低收入群体提供服务，但是这些金融消费者的自身特征决定了普惠金融不会成为传统或正规金融机构的主要业务。这也就是说国有企业等部门不可能作为普惠金融组织的服务对象，普惠金融组织主要是为中小微企业、“三农”以及低收入群体提供金融服务。

（二）普惠金融组织范畴

我国现有金融体系中各类金融组织形式众多，但并非所有金融机构都可以纳入普惠金融组织体系内。一些大型商业银行，如“工农中建交”以及其他国有股份制商业银行，甚至包括邮储银行和已经转型商业银行的农信社、大量的城市商业银行等，尽管其内部设有普惠金融部门，但由于它们主要的业务客户与普惠金融的服务对象不同，因此，他们不能被认定为普惠金融组织或普惠金融机构。这是由金融市场分工和金融监管共同决定的。一方面，一般大型金融机构基于竞争和风险控制的需要，受制于信息不对称、征信水平以及信贷规模、成本等因素，服务于信用等级低、信贷规模小且信息不对称的小微企业、“三农”以及低收入群体所产生的风险预期已经超出了其可承受限度。另一方面，现实中金融制度和监管要求也决定了大型金融机构必须沿着“成本—收益—风险”的逻辑开展业务。就大型金融机构在金融体系乃至经济体系中的

作用而言，它们不应该也不能够成为普惠金融的主体。从普惠金融本质特征出发，民间金融、小微金融、互联网金融和合作金融这四类金融组织和金融机构具有规模小、灵活性强、信息对称度高等优势，相对于大型金融结构更加匹配小微企业、“三农”以及低收入群体等的金融需求。因此，我们认为，以民间金融、小微金融、互联网金融和合作金融为主构成的金融组织体系是我国目前以及今后普惠金融组织发展的主体部分（见图1）。

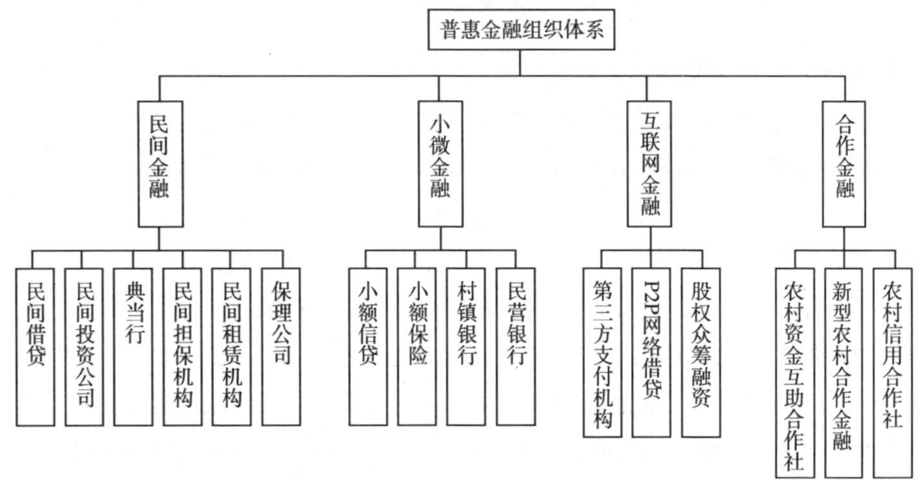

图1　普惠金融组织体系

（三）普惠金融组织的基本特征

普惠金融组织具有以下五个特征。第一，普惠金融组织提供的产品或服务具有普及性。普惠金融组织体系的构建旨在实现金融服务向广大群体的普及率和覆盖率的提高，以社会所有阶层的金融消费者为服务对象，尤其是传统金融机构服务不到的群体。第二，普惠金融组织体系具有包容性。普惠金融组织体系具有独特的包容性特征，接纳了互联网金融等创新型金融组织的融入。第三，普惠金融组织具有便捷性。普惠金融组织体系的发展有效降低了金融服务的门槛，通过多元化金融产品的提供和更多金融服务网点的布局，提高了广大群众获取金融服务的便捷性。第四，普惠金融组织普遍规模较小。这是由普惠金融组织举办人或参与人的资产规模决定的。与从事正规金融的一般大型金融机构不同，从事普惠金融的组织、机构的股东或出资人资产规模一般较小，这一特征也决定了普惠金融组织开展业务的地域范围不会很大，普惠金融组织通常带有较强的地域特征。第五，普惠金融组织具有高风险特征。由于小微企业、“三农”以及低收入群体等金融消费者存在财务管理不规范、信息不透明、资产质量和信用等级低以及个人征信信息不完善等一系列问题，普惠金融机构或组织所承担的经营风险要远高于从事正规金融的大型金融机构，普惠金融组织的这一特征决定了普惠金融组织的平均寿命要远远短于大型金融机构。

二、山东省普惠金融组织发展现状

（一）民间金融组织发展现状

民间金融组织是解决全省小微企业和农户信贷缺口问题的重要部门。2015年度，山东省开业民间融资机构已达489家，注册资本256.13亿元（见表1）；民间资本管理机构累计投资金额346.50亿元；累计募集资金30.62亿元。山东省民间金融组织具有独特的运行特点。第一，区域集聚特征明显。例如：聊城鲁西民间资本管理机构资金投向主要集中在鲁西集团上下游中小微企业客户；临沂郯城县仁和民间融资服务公司投资对象主要集中在当地种植和养殖户；利津县金洲民间资本管理机构资金向主要集中在肉牛生态养殖、棉籽油精炼、小城镇建设等本县重点建设项目。第二，金融机构规范化运作水平有效提升。政策上的引导促进了民间金融组织规范发展，民间金融组织融资能力水平明显上升。第三，民间金融组织利率水平一般高于同期的银行贷款利率，但并没有超过可接受的利率水平。中小微企业从民间金融组织贷款的利率仅有33%超过10%，农户从民间金融组织贷款的利率仅有17%超过10%。

表1　　　　山东省民间融资机构发展情况（2015年）

	民间融资机构	其中：民间资本管理机构	融资登记服务机构
机构数量（家）	489	444	45
注册资本（亿元）	256.13	255.18	0.95
累计融资规模（亿元）	424.40	377.12	47.28
成功对接资金（亿元）	14.01	0	14.01

资料来源：中国人民银行网站。

（二）小微金融组织发展现状

小微金融组织也被称为微型金融组织，该组织通常情况下以小额信贷作为主要的业务形式，还包括小额存款、小额保险以及小额贷款保证保险等（山东省试点工作）。以小额信贷为例，从2008年首批小额信贷公司试点以来，山东省形成了服务于中低收入群体、“三农”和中小微企业的小额信贷公司群体，呈现出旺盛的生命力。截至2015年底，全省共有小额贷款公司339家，从业人员4722人，实收资本总计435.41亿元，累计贷款余额481.62亿元。从绝对数量上看，2010年至2015年间，山东省小额贷款公司数量复合增长率为28.44%；实收资本复合增长率为37.77%；贷款余额复合增长率为38.32%；从业人员数量复合增长率为36.27%，均呈现良好发展势头（见表2）。

表2　　山东省小额贷款公司发展情况（2010—2015年）

	从业人员（人）	贷款余额（亿元）	机构数量（家）
2010	1005	95.16	98
2011	1985	222.53	184
2012	2934	331.38	257
2013	3556	404.84	294
2014	4040	462.44	327
2015	4722	481.62	339

资料来源：中国人民银行网站。

（三）互联网金融组织发展现状

1. 第三方支付模式

自中国人民银行2011年发放“非金融机构支付业务许可证”以来，截至2014年底共发出269张许可证。2015年，人民银行基本停止了许可证的发放，并撤销两家支付机构的业务许可证。2015年，山东省内第三方支付机构数量为12家，占全国总数（267家）的4.49%。从图2可以发现，山东省的支付业务发展明显落后于全国平均水平。不仅基点上落后，从发展的速度看，山东的支付业务增长速度也慢于其他省市和全国平均速度。尤其是在2015年3月之后，其他省市的支付业务进入了一个快速发展时期，但山东支付业务发展的速度明显落后。

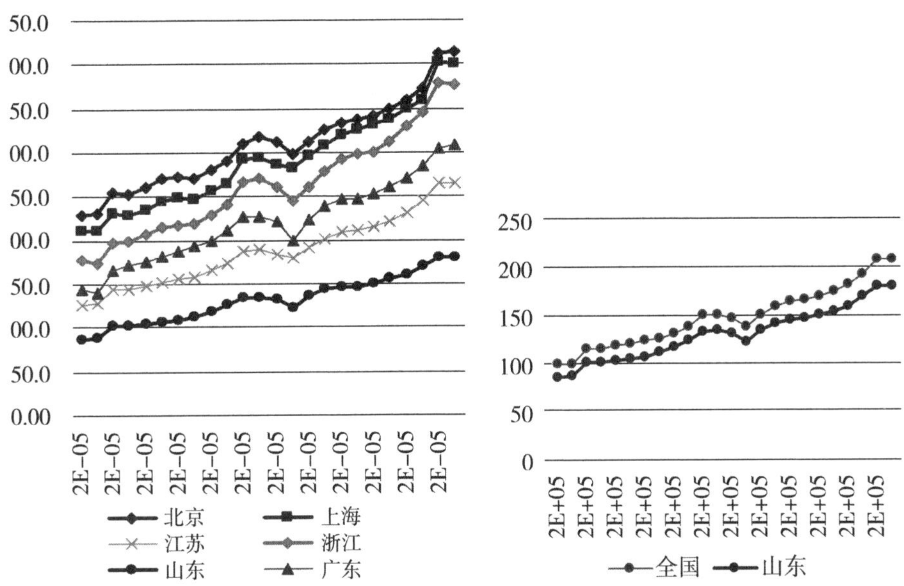

图 2　部分省市第三方支付发展指数（2014—2015 年）

资料来源：济南大学金融研究院。

2. P2P 网络借贷模式

P2P 网络借贷是山东省互联网金融中发展最为迅速的一种业态。近年来，山东的 P2P 网络借贷平台数量增长迅速，2015 年网络借贷平台总数、当年新增平台数量等指标均在全国名列前茅。但同时山东的问题平台也大量涌现，出现著名的“山东现象”。目前山东省正常运营 P2P 网络借贷平台共计 198 家。从地域分布来看，青岛（41 家）、济南（32 家）和滨州（24 家）三市约占总数的一半，占比分别达到 20. 71%、16. 16% 和 12. 12%，威海、德州和日照三市 P2P 网络借贷平台的数量较少（见图 3）。

从全国范围看，2013、2014 年平台数量爆发后，2015 年整体上显著下降，但山东的新增平台数量则大大超过了 2014 年的水平，增加的幅度位列全国第一，从而使山东在当年新增平台数量占比方面达到了历史新高（如图 4）。

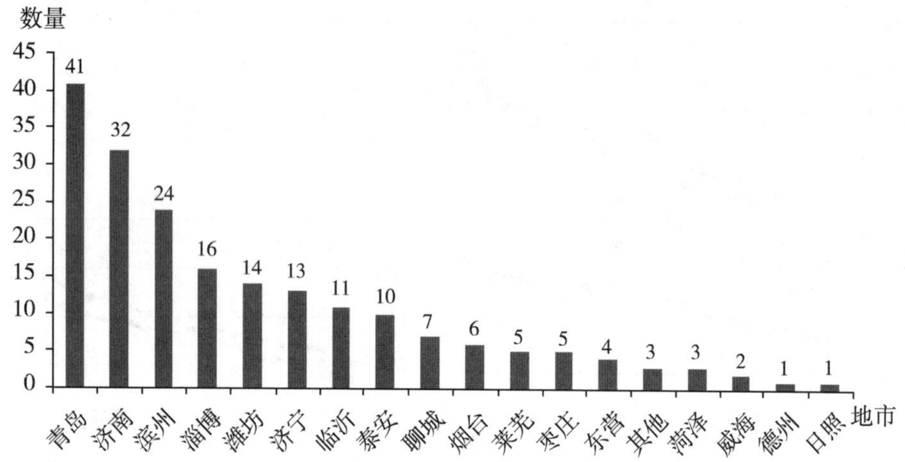

图 3　全省正常运营 P2P 网络借贷平台地域分布（2015 年）

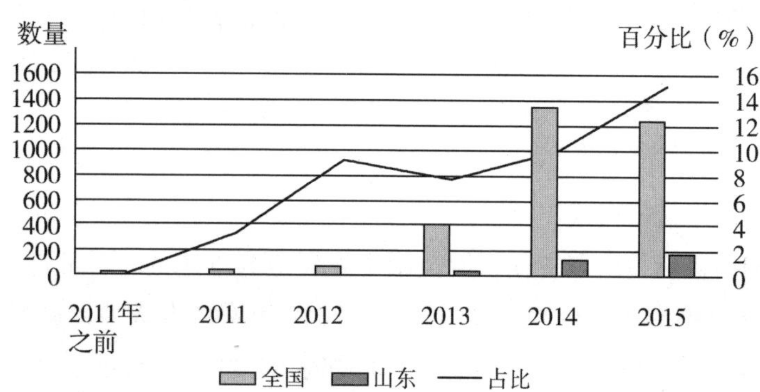

图 4　山东与全国新增 P2P 网络借贷平台数量比较（2011—2015 年）

资料来源：济南大学金融研究院。

伴随平台数量的快速增加，山东问题平台数量居高不下。从全国来看，自 2011 年以来，每年新增平台中问题平台的占比始终在 0.5 的水平上下波动，而山东则在 0.8 的水平附近徘徊，比全国水平高出 60%，始终位于样本省市的最高位（如图 5）。与山东的情况形成鲜明对比的是，P2P 网络借贷业务比较发达的三个地区（广东、北京、上海），其问题平台占比始终低于全国平均水平，在样本省市中是水平最低的。

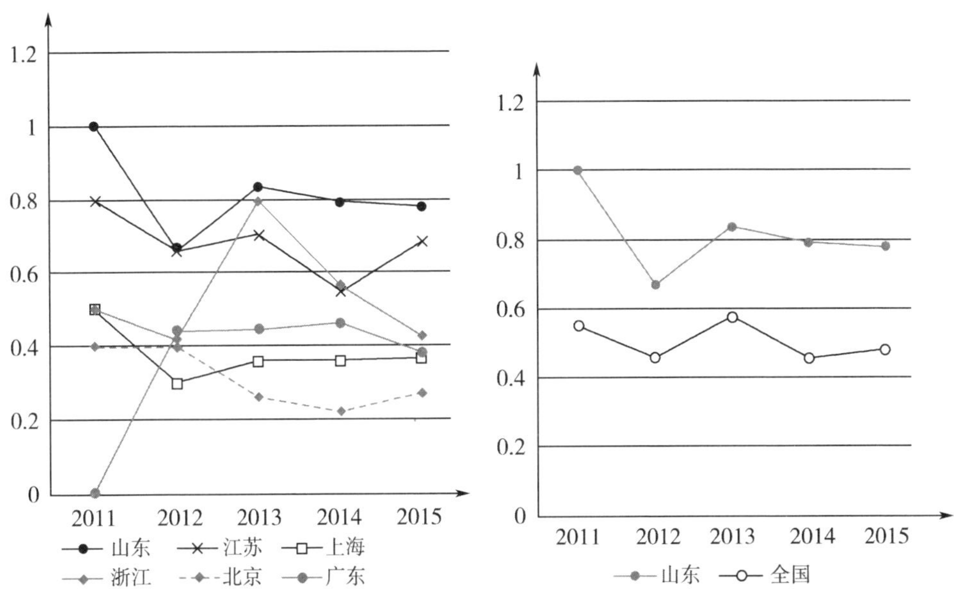

图5 部分省市新增平台中问题平台占比情况（2011—2015 年）

资料来源：济南大学金融研究院。

综合 2015 年山东省 P2P 网络借贷业务在新增平台数量、注册资本、成交量、网贷利率、平均融资期限以及新增平台中问题平台占比等指标的表现，我们认为，在所有的总量或价格指标方面，山东的绝对值都在上涨或者优化；在大部分平台平均指标方面，山东的绝对值也在上涨或优化，但与全国平均水平相比，却在下降或退步。另外一个重要特点则是山东的问题平台数量多，凸显了发展中存在的风险。

3. 众筹融资模式

2015 年是众筹融资业务快速发展的一年，也是众筹融资制度环境大幅度完善的一年。山东省明确表示大力发展众筹业务，弥补曾经在金融发展中失去的诸多机遇，取得了一定进展。目前正在运营的 8 家平台都成立于 2015 年，项目融资金额超 3000 万元（见表 3）。

表 3　　山东省股权众筹平台一览表

序号	平台名称	上线时间	业务种类	注册地
1	齐鲁股权交易中心众筹平台	2015. 09	私募股权、私募债券、产品融资、公益捐赠	淄博
2	信蓝筹	2015. 06	股权众筹	青岛
3	U 众投	2015. 03	股权众筹	东营
4	绿天使	2015. 09	股权、债权众筹	青岛
5	好众筹	2015. 12	股权、产品众筹等	日照
6	一起做东	2015. 08	股权、产品众筹等	青岛
7	聚梦空间	2015. 05	股权、公益众筹等	青岛
8	智诚客	2015. 03	股权、奖励众筹等	济南

资料来源：济南大学金融研究院。

根据中关村众筹联盟和融 360 大数据研究院联合发布的《2016 中国互联网众筹行业发展趋势报告》，截至 2015 年 12 月，全国正常运营的股权众筹平台共有 125 家，分布在 18 个省市地区，其中北京、广东、上海三地的平台数量位居前三位，三地的平台数量之和占全国总数的比重接近四分之三，平台的地区聚集效应十分明显。

从图 6 来看，纳入该报告统计的山东地区的股权众筹平台数量不足 3 家，显然表 3 中所列的平台并没有完全纳入统计。在众筹咨询领域较为著名的门户网站众筹家、众筹之家、众筹第三方等机构的调查研究中，收录的山东地区的股权众筹平台数量在 5 个左右。这些情况从另外一个角度说明了山东省股权众筹平台在全国的影响力和知名度相对有限。

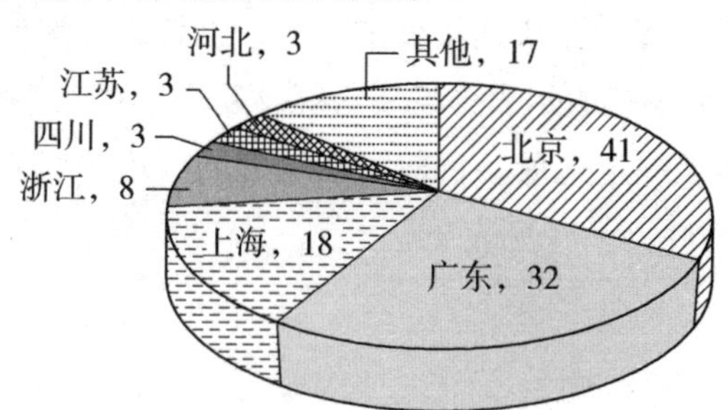

图 6　全国股权众筹平台地区分布（2015 年）

资料来源：济南大学金融研究院。

（四）合作金融组织发展现状

山东省是我国最早开展农村合作金融探索的省份。2015 年初，《山东省人民政府关于开展新型农村合作金融试点的请示》获国务院批准，山东成为全国开展新型农村合作金融的唯一试点省份。经过长时间的建设发展，我省合作金融已经成为农村金融组织体系中十分重要的组成部分。目前，在全省众多的合作金融组织体系中，有两类组织形式占有极其重要的地位，其一是农村资金互助合作社，其二是新型农村合作金融组织。

1. 农村资金互助合作社发展现状

开展农村资金互助合作社的试点工作始于 2007 年 3 月，2007 年 10 月，我省被列为第二批试点省份。目前，全省参与农村资金互助合作社的绝大多数社员的主要收入来源是养殖业和种植业，而打工和其他农村居民的比重较低。从农村资金互助合作社的借款资金用途上来看，全省超过 90% 的资金用于种植业和养殖业，其中用于种植业的比重超过 50%；从农村资金互助合作社的地区分布来看，不同地市的互助社数量差距极大。

2. 新型农村合作金融发展现状

2015 年年初，我省成为全国唯一新型农村合作金融改革试点省份。截至 2015 年底，全省 27 个新型农村合作金融试点县（市、区）中，有 78 家农民专业合作社取得信用互助业务试点资格；参与社员（包括法人社员）8140 人（见表 4）。试点合作社数量排前 5 位的县包括滕州（8 家）、寿光（7 家）、招远（6 家）、诸城（5 家）、乳山（5 家）。在已开展信用互助业务的 44 家合作社中，有 33 家试点合作社的互助金使用费率低于 10%，占 75%，其中费率最低的仅为 5%；有 2 家试点合作社互助金额累计超过 200 万元，5 家试点合作社互助金额累计超过 100 万元。

表 4　　　　山东省新型合作金融发展情况（2015 年）

月份	试点合作社数量（家）	参社人员数（人）	互助业务笔数（笔）	互助金额（万元）
8 月	43	6950	—	—
9 月	47	7165	152	433.6
10 月	49	7282	100	328.0
11 月	49	7282	51	136.2
12 月	78	8140	136	439.5

资料来源：济南大学金融研究院。

三、山东省普惠金融组织发展存在的问题

（一）法规制度建设亟须完善，政府扶持力度不够

普惠金融组织的发展，首先需要良好的制度环境。2015 年 12 月，国务院发布《推进普惠金融发展规划（2016—2020）》，对普惠金融政策引导和激励机制进行了顶层设计。近年来，山东省也先后出台了《山东省农民专业合作社信用互助业务试点管理暂行办法》《山东省人民政府关于建立健全地方金融监管体制的意见》《关于开展互联网私募股权融资试点的意见》《山东省地方金融条例》等若干地方性政策、法规，不断完善了地方金融法律法规体系。但是，不论全国还是山东省，对普惠金融发展无论是业务开展，还是组织机构定位，法律法规和相关监管制度均不明确。在业务开展上，缺乏对民间借贷、小额信贷、网络借贷、股权众筹等各类普惠金融组织具体的监管办法和事权划分；在规范发展上，各金融监管机构和地方金融监管部门至今尚未形成统一、具体的发展规划。例如，互联网金融最为符合普惠金融特征，应重点支持发展，但政府层面具体的发展规划仍是空白。

此外，小额借款公司、互联网金融组织等普惠金融组织普遍设立时间短、资金实力弱，客户资源少，信用和流动性风险高，尤其在资金、信息上亟须支持。目前，我省虽然陆续出台了相关意见或条例，但监管多、支持少。以小额贷款公司为例，一方面鼓励小贷公司积极开展业务，增加对中低收入群体、"三农"和中小微企业的贷款数量，另一方面却没有对小贷公司相应的扶持政策。在规范中如何促进发展，是政府需要重点考虑的问题之一。

（二）组织发展规范化程度低，区域发展不平衡

普惠金融组织形式多样，与传统正规金融法律监管差别大。在我省，部分普惠金融组织运营具有浓重的盲目性和投机性，规范化程度低，缺乏有效的风控机制以及合理的资产负债结构，各种违法违规事件频发，引致了较高的区域性金融风险问题。在我省，尤以 P2P 网络借贷风险问题最为突出，亟须加以整治、整顿，促进 P2P 网络借贷的有序、健康和规范发展。

其次，在山东省内普惠金融组织的区域发展上，不同区域间差距逐步拉大，不均衡程度进一步加深。不论是小额贷款公司、互联网金融组织还是新型农村合作金融组织，在我省内不同区域之间发展的差距呈加深态势。这势必影响金融服务地方经济发展水平的差异化，不利于我省经济的均衡、协调发展。

（三）普惠金融组织普遍规模小，可持续发展能力差

总体来看，山东省普惠金融组织普遍面临一个突出的问题：自身规模小，运营成本高、收益低、风险大，难以实现市场平均收益水平。以小贷公司为例，截止到2015年底，我省339家小贷公司平均资本金规模为1.28亿元，平均贷款余额为1.42亿元，远低于广东、江苏和浙江等省份。普惠金融组织的服务对象属于“次级”客户，这一客户特征与普惠金融组织自身资金实力弱、管理水平低、风控制度不健全等因素相互作用，导致了其自身发展可持续性差，风险高。部分普惠金融组织为了降低风险，在利益驱动下，违背普惠原则，所提供的产品或服务形式与普惠性质脱离，部分资金脱实向虚，甚至违规、违法操作，加剧了区域金融风险，甚至引致诸多社会问题。

四、山东省普惠金融组织发展对策

普惠金融的本质特征决定了普惠金融组织比传统或正规金融组织要承担更大的经营风险，加之自身资产规模小、管理能力和风控能力弱，因此体现的抗风险能力也较弱。世界各国的经验表明，普惠金融组织能否健康发展的关键在于政府的支持力度、制度的完善程度和自身的创新能力。当然，也离不开信用、信息体系等外部环境建设的完善。针对我省各类普惠金融组织在发展过程中存在的一系列问题，我们提出如下建议。

（一）出台山东省普惠金融发展规划和相关政策法规

一是建议由省金融办牵头，联合山东省政府相关部门和一行三会一局驻鲁金融监管机构共同制定《山东省普惠金融发展规划》，提出全省普惠金融发展的目标、重点和具体措施，明确普惠金融组织发展的总体要求，完善普惠金融的基础设施建设。二是出台支持普惠金融组织的发展法律、政策。在《山东省地方金融条例》框架下，优化普惠金融组织发展的法律环境，逐步放宽各类普惠金融组织的市场准入，进一步促进金融服务产品的创新；创新完善风险分担机制，出台政策给予创新型普惠金融组织适当的补贴和税收减免；出台支持互联网金融组织发展的相关政策和规划；完善合作金融组织治理结构，明确经营范围和规模，制定运营规则。

（二）成立普惠金融引导基金和小微企业融资担保基金

一是设立普惠金融引导基金。利用政府引导基金设立互联网金融发展基金，通过政府引导，市场化运作，吸收社会资本参与。在省内已有的第三方付

支付平台、P2P 平台和股权众筹平台中，选择若干运作规范、已成一定规模的互联网金融平台进行参股。通过政府引导，支持普惠金融组织发展并规范其运作。另外，政府每年从财政预算中划拨一部分资金专门用于吸收普惠金融组织运营中出现的非自身经营原因导致的坏账，减少普惠金融机构的损失，扶持全省普惠金融组织。通过政策支持，鼓励风险投资、风险补偿等方式孵化、培育互联网金融企业，提高互联网金融企业的公信力，增强抗风险能力。鼓励各级财政出资设立涉农风险补偿基金，落实风险责任分担，承担政府在涉农贷款中应该承担的风险损失以及超过保险公司赔付额的损失。二是设立融资担保基金。增加由政府出资设立的融资性担保公司，对于为小微企业、“三农”提供担保而产生的不良贷款，政府可以按一定比例进行买单；成立融资担保基金、设立中小微企业融资性担保代偿补偿资金；成立省级再担保机构，对中小微融资担保业务给予风险补偿，提高担保代偿能力。

（三）完善监管制度，有效防范普惠金融组织非规范运营风险

在信息技术快速普及和金融网络化时代，金融的风险传递的跨市场、跨区域特征十分明显。普惠金融必须在监管中规范发展。要加强普惠金融监管，首先要明确一行三会和地方金融监管的边界和责任。通常，一行三会一局提供监管的原则指导和监管技术，地方政府和金融监管部门对普惠金融实行监管兜底。建议我省金融监管部门强化对普惠金融组织的现场执法检查，全年都要开展非法集资专项排查、P2P 企业风险检查、针对小微金融组织年度监管评级等的定期、不定期检查；要全面、坚决贯彻落实国务院办公厅《关于印发互联网金融风险专项整治工作实施方案的通知》（国办发〔2016〕21 号），对以 P2P 借贷平台为代表的风险聚集金融组织要展开专项调查和整治，坚决、快速、有力打击处置那些违法经营金额大、涉及面广、社会危害大的金融风险案件；积极开发非现场监管系统，通过互联网将地方金融的监管数据纳入监管系统，进行实时分析、实时监管；成立地方金融监管协调小组，与驻地中央金融监管部门协调配合，协调推进地方金融监管工作；尽快成立互联网金融协会等与普惠金融相关的若干行业协会，加强普惠金融的行业自律；建立监管工作协调机制，形成地方金融监管体系，建立普惠金融组织规范管理试点工作联席会议制度。

（四）加大互联网技术应用，扩大普惠金融覆盖范围

根据中国互联网络信息中心（CNNIC）统计，目前我省互联网普及率、网

站数量及占比等指标不仅低于全国平均水平，甚至低于西部欠发达地区。因此，需要尽快提高我省互联网普及率，加大对互联网技术的应用与推广，降低金融机构运营成本；继续创新云计算、移动互联网技术和大数据在金融方面的应用，鼓励金融机构运用大数据、云计算等新兴信息技术，打造互联网金融服务平台；加快以电子银行和自助设备补充、替代固定网点的进度，提高特殊群体金融服务的可获得性。其次，改善支付环境。在央行已有的支付业务管理办法的基础上，适当放宽农村及偏远地区的账户开立门槛，开发新的支付指令验证方式。第三，不断扩大金融服务覆盖面，鼓励更多的金融服务供给主体参与农村金融服务。通过政府引导的方式，鼓励各类金融机构，将更多金融产品和金融服务供给到农村和偏远地区，继续扩大乡村金融服务站、农村金融综合性服务中心等服务于农村金融的形式和试点范围，为金融机构和中低收入群体、“三农”以及广大小微企业对接创新、搭建新的平台，支持农村金融服务市场主体多元化发展。

（五）建立健全普惠金融信用信息体系

首先，加快建立小微企业和农民信用档案，实现企业主个人、农户家庭等多维度信用数据可应用。继续推动小微企业信用档案建设，大力推进农村信用体系建设，健全农村主体信息征集机制，建立健全农村社会成员信用档案。大力推进信用户、信用村、信用镇建设，扩大农村信贷支持的有效方式，改善农村社会信用环境。其次，建设公共信用信息平台，扩充金融信用信息基础数据库接入机构，加快促进小微金融组织接入数据库，同时要扩充民间金融组织、互联网金融机构等组织接入数据库，为普惠金融组织提供完善的信用信息，降低普惠金融服务对象征信成本。第三，加强信用评级机构建设。探索信用评级一体化，提供公正性、权威性和标准化的信用评级服务，健全信息通报与应用机制，形成数据库和网络相结合的信用信息发布平台，鼓励和引导普惠金融组织对信用信息及信用等级评定结果的应用，减少信息不对称，降低普惠金融组织的信用风险。

（济南大学金融研究院孙国茂、安强身）

重视发展金融科技助推新旧动能转换*

（2017 年 11 月 30 日）

内容摘要：金融科技是金融科技融合发展的重要产物和表现形式，是现代金融发展的必然趋势。本文围绕山东实行新旧动能转换的需要，着重对金融科技的发展历程及其趋势、金融科技对金融业发展的重要影响等进行了研究，在此基础上，提出了山东重视和加强金融科技发展的对策建议。

所谓“金融科技”是指运用信息科技手段对传统金融业所提供的产品、服务进行由外至内的升级革新，以及传统金融业通过引入开发新技术对自身进行由内至外的改造，从而提升金融服务效率的一个新概念，它是金融科技融合发展的重要产物和表现形式。由于金融是现代经济的血脉，在促进经济增长、优化资源配置、服务实体经济等方面发挥着重要的作用，而实施新旧动能转换离不开金融的支撑和保障。一方面，金融的资源配置功能与新旧动能转换中产业发展的要求相契合，能够带来新旧动能的有效转换。另一方面，在新旧动能转换过程中，必然面临新的金融需求，也急需金融产品与服务的进一步创新。因此，重视发展金融科技，有效运用金融科技对金融发展产生的影响，对进一步创新金融模式，改善金融发展业态，服务新旧动能转换具有重要的意义。

一、金融科技发展的阶段及其趋势

科技作为第一生产力，一直在推动金融业的发展变化。从货币的发明到复式记账法，再到基于互联网、移动端和大数据的各项金融交易，金融业的现代化程度不断提高，对经济社会的影响也逐渐增强。2016 年 3 月，全球金融治

* 本文为山东省软科学项目（编号:2016RZC23001）的阶段性研究成果。

理核心机构金融稳定理事会首次发布了关于金融科技的专题报告，并对金融科技进行了初步定义，即金融科技（FinTech）是指技术带来的金融创新，它能创造新的业务模式、应用、流程或产品，从而对金融市场、金融机构或金融服务的提供方式造成重大影响。目前，金融科技已历经金融科技1.0、2.0和3.0三个发展阶段，并不断影响金融业服务方式的创新和服务水平的提高，呈现了迅速发展的趋势。

金融科技发展的第一个阶段是金融IT阶段，或称“金融科技1.0”阶段。该阶段大约始自20世纪50年代，信用卡、ATM机等陆续出现，电子股票交易市场开始成型，银行开始通过传统IT的软、硬件来实现办公自动化和业务电子化，金融业的业务效率大大提高；同时出现了以彭博和路透等为代表的金融信息提供公司或者数据分析公司，也成为早期的金融科技公司。这些金融科技或金融科技公司的出现促进了传统金融机构的发展。这一时期，传统IT公司尚没有直接参与金融机构的业务环节，IT系统在金融体系内部仍然是一个典型的成本部门，在现代银行业里表现为ATM、POS机、核心交易系统、信贷系统、清算系统等。

金融科技发展的第二个阶段是互联网金融阶段，或称“金融科技2.0”阶段。该阶段大约始自20世纪90年代，在我国截止至2013年之前，主要指金融业利用互联网或者移动终端提升服务质量和效率。通过搭建在线业务平台，汇集海量的用户数据，一方面是对传统金融渠道的变革，完成业务中的资产端、交易端、支付端、资金端等的任意组合的互联互通，实现渠道分成，如支付宝、余额宝、京东白条等；另一方面，改善金融产品，提升传统金融的效率和规模，例如网上银行、手机银行、互联网保险等。这个时期的金融科技与传统金融主要是并存和融合的关系，同时替代性开始加强。最具代表性的业务包括互联网的基金销售、移动支付、网络理财、P2P网络借贷和互联网保险等，代表性的公司有PayPal、支付宝、东方财富等。

金融科技发展的第三个阶段是金融科技3.0阶段。该阶段在世界范围内大约始自2010年，我国则始自2013年。在这一阶段，金融业通过大数据、云计算、人工智能、区块链等最新的IT技术来改变甚至颠覆传统的金融活动。或者是将移动互联技术、社交媒体和分布式账本等应用到传统金融服务领域，突出智能性，改善金融服务，从而大幅提升传统金融的效率，代表技术有智能合约、加密货币、客户关系管理工具供应商、债券匹配代理商等；或者是运用大数据、云计算、人工智能等新技术和新工具去除传统金融机构的中介角色（金融脱媒），提高客户的独立性，从而实现业务分成，代表技术有P2P外汇和贷款平台、智能投顾（又称机器人理财，是虚拟机器人基于客户自身理财需求，通过算法和产品来完成以往人工提供的理财顾问服务）等。可以看出，在金融科技3.0阶段，金融科技公司已经对传统金融机构带来了进一步的深刻影响，双方的融合进一步加强，但是竞争也日趋明显。该阶段代表性的公司有蚂蚁金服、陆金所、恒生电子、同花顺、众安保险等。

二、金融科技对金融业发展的影响

从金融科技的发展趋势来看，当前的金融科技包含的范围更加广阔，它不再是简单的在“互联网上做金融”，其技术应用已经扩展到了大数据、智能数据分析、区块链等前沿技术，并强调它们对于提升金融效率和优化金融服务的重要作用。随着金融科技的发展，将对金融业产生重要影响。

（一）改善信息交流方式，有效提高金融效率

大数据时代，不同的产业体系和企业本可以利用大数据完善信息沟通和交流，从而提高生产和交易的效率，但是现有大数据严重依赖中介机构，导致数据来源受限，信息不完整、数据不准确和使用成本过高等问题，特别是借款人是民间借贷的情况，资金真实使用用途等方面的信息严重缺失，借款人恶意骗取贷款或擅自改变资金用途的情况难以避免。金融科技的快速发展，有望使金融机构获得的知识更加精准，可极大地简化流程，促进相关利益方获得真实、一致的信息，并提高金融运行和交易效率。

（二）改变金融业基础要素，降低金融运行成本

大数据处理、移动通信技术、云计算、机器学习（是指运用概率论、统计学、逼近论、凸分析、算法复杂度理论等多学科知识，专门研究计算机怎样模拟或实现人类的学习行为，以获取新的知识或技能并重新组织已有的知识结构，使之不断改善的一种“人工智能模式”）和人工智能、数字货币、区块链和网络安全等，将进一步颠覆现有商业形态，其中最突出的当属人工智能、数字货币和区块链。未来人工智能将实质化改变当前金融业的基础要素和人力资源配置，如出现数字货币、虚拟智能账户等，人工查看文档、搜索信息甚至数据分析等一些金融工作将会消失，一些前台分析、销售人员甚至合规管理人员将被人工智能取代，金融机构的人工成本将大幅降低，线下网点正式进入无人化、自动化时代。

（三）增加金融服务种类，提高金融普惠程度

目前我国金融科技中比较成熟的方式和业态是网络支付，网络支付的三个场景是电商场景、社交场景和搜索场景，成熟程度依次递减。随着金融科技活动的进一步加强，未来电商场景的支付活动会延伸到信贷、征信、借贷和众筹；社交场景的支付活动会进一步扩展到个人消费、小额信贷和保险等领域；搜索场景在未来会与人工智能和大数据分析相结合。同时，各个场景以及各个业务之间的融合也会加强，金融服务的类别将会增加，为消费者带来更多新体验，提高金融普惠程度。

（四）增加金融活动复杂性，对金融监管提出新要求

科技金融的融合发展改变了在金融交易过程中的信息处理方式、决策方式、信息渠道、风控工具等，将会产生新的金融现象与风险。随着互联网和移动通信的普及，跨界金融服务的日益丰富，不同业务之间相互关联、渗透，使得金融资源的流动逐渐摆脱地域和行业的限制，金融活动呈现出全球性和混业性的趋势，金融风险更加错综复杂，风险的传染性更强。尤其是在金融大数据方面，商业机构特别是金融科技企业必然加大数据的采集与分析，将存在信息泄露风险。在这种情况下，传统的金融监管指标可能会失灵，分业监管的体制可能遇到新的挑战。

三、适应金融科技发展，推动山东新旧动能转换

科技金融的发展与应用，能提高金融效率、降低服务成本，并带来金融服务的多样化发展，有助于提高金融支持实体经济发展的能力。在山东实施新旧动能转换的大背景下，应充分重视金融科技发展的深远影响，切实鼓励金融科技创新和应用，推进金融业态、金融模式和金融监管的转型升级，助推新旧动能转换目标的实现。

（一）积极引导金融机构与科技企业深度合作，提升金融科技发展水平

为了积极适应科技金融发展的新机遇、新挑战，大力加强山东金融科技发展的能力建设，建议省有关部门研究出台优惠政策、资金扶持等措施，引导省内银行、证券、保险等金融机构加强与浪潮集团等技术创新企业的跨界合作，加强与省外高科技企业的深度合作，充分发挥双方的比较优势，建立起研发、应用、推广为一体的合作模式。推动科技公司创新符合金融机构应用实际的产品，鼓励合作方共同研究金融科技的核心技术和应用场景，全面提升山东省金

融科技发展水平和金融业的科技竞争力。

（二）大力推进金融科技的创新和应用，提高金融业服务实体经济的能力

应完善金融科技创新的配套机制，制定包括鼓励创新、人才引进培育、开放市场准入、绿色导向等产业扶持优惠政策；加强金融科技技术攻关，依托省内优势企业和科研院所，开展金融科技核心技术和共性支撑技术的研究；提高金融科技在金融机构的使用率，鼓励金融机构投资应用大数据、人工智能等先进技术，设计推出更加契合新旧动能转换要求的金融产品，尽快形成可复制、可推广的新模式来高效服务经济社会发展；鼓励金融机构借助金融科技手段，拓宽企业融资渠道，降低企业融资成本，解决企业新旧动能转换过程中的融资难题。

（三）加快以金融科技为纽带的征信体系建设，打造信用社会服务新旧动能转换

目前，我国已经建立了比较完善的电信基础设施及电子支付系统，但尚未建立完善的征信系统，这对于社会信任体系的建设而言是最大的瓶颈。建议通过加快资产数字化试点，在公证、版权管理、非上市公司股权交易等有基础、易部署的领域和机构开展大数据平台建设工程，推进房屋、汽车、土地等实物资产的登记、确权，逐步构建以金融科技为纽带的征信体系，进而探索信任型社会的构建之路。

（四）加强金融科技在监管活动中的应用，塑造健康稳定的金融环境

金融科技能够提供更多的个性化、场景化金融服务，但是金融服务多样化的趋势也会对金融监管提出更高的要求。一方面，监管部门应完善监管体系，建立处理消费者权益保护和促进市场竞争的法规政策，努力降低金融科技风险；并对社会加大宣传教育力度，建立起理性的金融消费投资理念，严厉打击以金融科技名义开展的金融诈骗等活动。另一方面，监管部门应充分利用金融科技提高监管能力，依托金融科技建立起的大数据平台，追踪金融资源去向，实现金融监管的全覆盖；充分利用人工智能等先进技术，提升监管效率，以高效的金融监管为新旧动能转换营造良好的金融环境。

（“山东省科技金融深度融合研究”课题组
课题负责人：山东社会科学院张文
执笔：山东社会科学院孙灵燕、高阳）

财政金融协调推进产业升级 助力山东新旧动能转换*

（2017 年 12 月 7 日）

内容摘要： 本文从过剩产能整合、传统产业提升和新兴产业孵化三个维度入手，对山东省应如何运用财政金融政策协同推进产业升级、助力新旧动能转换进行了分析探讨，并分别提出了若干政策建议，供决策参考。

改革开放近 40 年来，山东经济持续高速增长，实现了从传统农业经济向现代外向型经济跃迁的过程。但是，由于发展模式粗放，也导致供需结构错配矛盾比较突出，已成为制约经济发展的核心问题。推进供给侧结构性改革，矫正供需结构矛盾和要素配置扭曲问题，加速传统动能升级和新兴动能培育，已成为山东经济实现转型升级的必由之路。山东新旧动能转换重大工程的实施，离不开财政和金融政策的支持。

一、以财政政策和金融政策协同推进“三去一降一补”

（一）山东推进“三去一降一补”的进展情况分析

山东省大力落实“三去一降一补”五大任务，已取得了显著的成效。一是主要行业的去产能工作进展顺利。2016 年末，钢铁、煤炭行业超额完成国家淘汰落后产能计划；船舶行业主营业务收入和利润均居全国第三位；地炼行业产能利用率达到 84%；电解铝行业产能利用率达到 86%；轮胎产业年主营业务收入占全国的 64%，利税占全国的 68%。二是积极加快工业品、农产品和房地产领域的去库存。2016 年末，全省规模以上工业产销率达到 98.8%，农产品电子商务交易额增长了 31.1%。2017 年前三季度，全省商品房去化周

* 本文为山东省软科学项目（编号：2016RZE27005）的研究成果。

期13.4个月，其中商品住宅去化周期9.2个月，均已处于9—16个月的合理区间。三是在拓宽融资渠道的基础上防范化解金融风险。大力发展多层次资本市场，2016年全省规模以上工业企业资产负债率为54%，低于全国平均水平1.8个百分点。努力防范化解金融风险，加大不良资产清收处置力度，2016年累计处置不良贷款1437亿元，是上年同期的1.6倍。四是切实降低税费、融资、社保等重点领域的成本。通过落实各项减税降费政策，全面推行“营改增”试点，加快电力体制改革和电价改革等措施，2016年全年为企业减轻成本负担600多亿元。五是统筹运用财税、价格等政策补短板。2016年，全省服务业实现了产业结构由“二三一”向“三二一”的重大转变，城乡收入比由2012年的2.73缩小至2016年的2.44，全年脱贫人口规模达151万人，全省基础设施、生态环保、教育卫生等投资增幅均达到20%以上。

尽管如此，山东在深入推进供给侧结构性改革的过程中还面临一些困难。总体而言，全省产业结构偏重，产品大多处于中低端，“去降补”的任务较重，去产能、补短板尤为突出。特别是金融资源配置结构失衡问题依然存在，社会资金“脱实向虚”问题明显。主要表现为贷款大量流入房地产和基建项目，与山东经济转型升级密切相关的工业领域贷款增长缓慢。今后仍需要进一步加强统筹施策，协调运用财政政策和金融政策。

（二）财政政策与金融政策协调配合的最优模式选择

当前，使用金融政策推进我省新旧动能转换面临一定困难。一方面，山东经济面临着结构性失衡问题，总量扩张型货币政策已面临制度性障碍，传统货币金融政策的调控效率较低；另一方面，山东金融体系仍以国有商业银行为主导，信贷结构较为单一，货币政策传导渠道不够畅通。同时，山东经济结构偏重，很多受调控行业都是相关城市的支柱，调控引导金融资源退出落后产业与地方稳定经济增长目标之间存在冲突。

财政政策的扩张也受到客观条件的制约。受控制政府债务规模等因素影响，部分地方政府可使用的财政资金明显不足，全面刺激需求的能力有所下滑，这也是目前推进供给侧结构性改革时财政政策面临的主要局限。但是与金融政策相比，财政政策在影响总需求的同时，还属于天然的结构性政策，应充分发挥财政政策“四两拨千斤”的作用，着力发挥其“调结构”功能。

因此，推进新旧动能转换应注重财政政策的积极协调配合，关键是要坚持以货币金融政策稳定总需求，防止供给侧改革产生的紧缩效应导致经济大幅下滑，并发挥结构性货币政策工具的作用，通过精准调控，为供给侧结构性改革助力。同时，以财政政策进行结构性调整，通过降低成本、促进创新、加强保障、提高效率等手段，促进中长期内的经济结构转型升级。

二、以财政政策和金融政策协调推进传统产业转型升级

（一）山东主要产业发展情况分析

山东作为传统的农业大省，在农业总体规模、现代化水平、外向型程度和经营规模化等方面均在国内占据领先地位。但是，山东农业同样面临发展瓶颈，主要体现在自然资源禀赋、环境约束、劳动力结构等方面。农业资源禀赋相对匮乏，农业环境污染问题突出，农村劳动力结构劣化，农业生产的现代化、生态化水平与发达国家相比仍存在明显差距。以农业科技进步贡献率为例，以色列已达到了90%以上，其他发达国家通常在70%左右，而我省2016年该项指标仅为61.8%。以色列农业灌溉用水有效利用系数达到95%，约为我省的1.5倍。

山东是传统的工业大省，工业是全省经济发展的主导力量，整体呈现大而全的特征。工业总体规模实力居于全国前列，多项主要工业产品产量在全国占有重要地位，产业体系较为完整，工业自我配套能力较强。但是，工业的产业结构偏向于传统产业和重化工业，产业结构的现代化、轻型化程度偏低。我省传统优势产业包括轻工、纺织、机械、化工、冶金、建材等，大多属于传统行业和重化工业。2016年全省高新技术产业产值占规模以上工业总产值的比重仅为33.8%，分别低于江苏和浙江7.7和6.3个百分点。产业结构中重化工业和传统产业占比过高，从而带来能源和资源环境的较大压力。2009年至2016年，我省高耗能产业增速一直快于全省工业平均增速。2016年我省单位工业增加值能耗分别为广东和浙江的1.88倍和1.15倍。高附加值和高科技含量的产品比例较低，主要工业产品在产业链中层次较低，产品附加值偏低。2016年我省汽车、手机和微机的产量在全国占比分别为4.47%、2.96%和0.09%，远低于全省工业增加值占比。

具体到产业而言，山东轻工业比重较低，2016年全省轻工业总产值占全部工业总产值比重的32%，分别低于福建、浙江和广东省17.3、6.0和3.6个百分点。机械行业规模以上企业主营业务收入在全国的比重约为12%，但是在核心企业数量和优势技术等层面仍存在一定差距。汽车产业更是山东机械产业发展的短板，“2016年度中国汽车工业三十强企业”仅1家入围。纺织行业

则集中于产业链上游，附加值不高，我省纺织业总产值在全国占有绝对的优势，但位于产业链下游的服装成品产量仅排全国第五位。

山东服务业同样面临生产性服务业发展相对滞后、金融业发展水平与经济大省地位并不匹配等问题。西方发达国家的服务业占到 GDP 的 70%，生产性服务业又占服务业的 70%。2015 年广东省全年现代服务业增加值占服务业增加值比重达 60.4%，生产性服务业增加值占当年 GDP 比重达 26.9%。与之相对照的是，我省金融业增加值占 GDP 的比重低于广东、江苏、浙江省 2 个百分点以上，存贷款余额、上市公司数量及总市值等指标均与广东、浙江等金融发达省份存在一定差距。

（二）财政金融政策协调推进传统产业转型升级的建议

针对山东传统产业发展的上述特征，应加大力度推进其转型升级。一是推进山东农业向生态化方向转型升级。以绿色发展理念指导农业发展，发挥我省农业现代化水平在国内领先的优势，探索适合我省实际的农业生态化发展道路。二是引导山东工业向轻型化、高端化方向转型。有必要以壮士断腕的决心，加大力度推进工业轻型化、现代化转型。鼓励重化产业发展循环经济和清洁生产，引导传统产业企业延长产业链条和占领价值链高端，多措并举扶持高新技术产业和新兴产业发展。三是以生产性服务业特别是金融业作为服务业的转型抓手。我省产业结构决定了生产性服务业的发展空间巨大。加快发展生产性服务业，推进经济发展由工业主导向服务业主导转变，从而有效推动经济结构调整，加快农业生态化和工业轻型化目标的实现。继续深化金融领域的改革，实现有限金融资源在产业和企业之间的有效优化配置，以此推进我省传统产业升级和新兴产业扩张。

目前省级支持传统产业转型升级的财政金融政策体系已基本构建，但是仍存在财政扶持政策设计呈现“碎片化”的趋势、融资渠道支持产业转型的政策力度不强、财政金融政策协同性不强等问题，建议从以下方面加大财政金融政策推进产业转型力度。一是政策设计上应充分发挥财政金融的协同作用。切实加快股权引导基金投资运作。加强政策性担保、贷款贴息等交叉政策工具的运用。争取以少量的财政资金撬动金融资源，切实通过政策调控调动金融机构的积极性，推进产业转型发展。二是加大对生态农业的财政资源倾斜力度。着重采用政策性担保与贷款贴息相结合的政策措施。家庭经营在今后较长时期仍将是农业经营方式的主体，完善的农业政策性担保体系能够较好地发挥扶持作用。加大对生态农业基础设施和先进农业装备的贷款担保力度，结合引导性的贷款贴息扶持，有效地调动农业经营主体发展生态农业和现代农业的积极性，着力构建农业与二、三产业交叉融合的现代产业体系，从而促进农业加快向生态化转型。三是通过对工业企业实施差异性政策实现有控有保有促进。对于低效产能企业，在进行新增融资限制的同时，加大产能整合和退出的专项资金支持力度，加快落后产能淘汰进度。对于经营暂时遇到困难的优势产业和骨干企业，应加大财政金融协同支持力度，综合运用债权转股权、股权引导基金参股和贷款利息补贴等政策。对于高新技术和科技创新企业，应着力加强金融服务创新，促进企业有序竞争和健康发展。四是通过鼓励创新促进生产性服务业发展。针对我省科技创新投入巨大而产学研融合不足的瓶颈，通过制度创新营造包容性的科技创新环境，通过财政金融政策协同推进科技创新，提升产业发展潜力。针对金融业和信息服务业这两个服务业发展的重要短板，提高服务业的创新资源配置效率，加大力度“补短板”。

三、以财政政策和金融政策协同支持信息化产业发展

（一）山东信息化产业发展现状分析

纵观历史，每一次工业革命的爆发，都伴随着一个新兴大国的崛起。随着德国“工业4.0”和美国“工业互联网”的提出，中国也推出自己的发展计划——中国制造2025，通过“三步走”实现制造强国的战略目标。这一目标的实现，离不开科技创新支持下的信息化产业发展。

从高新技术产业总体来看，山东的发展程度在国内并不占优。2016年我省每万人口发明专利拥有量6.3件，分别为江苏省的34.2%和浙江省的38.2%。2016年我省高新技术企业个数4692家，仅为广东省的1/4；从业人数和净利润等指标，我省也与广东、江苏和浙江等省份存在一定差距。

以大数据、云计算为代表的信息化产业是连接智能制造和智能产品的桥梁。在云计算领域，山东处于全国领先地位，在政务云市场中浪潮集团连续三年位居全国第一，浪潮服务器连续七年在基础设备市场中保持出货量首位。而在半导体行业，特别是核心领域如集成电路设计、半导体制造和封测等山东都落后于江苏、广东和浙江。中国半导体行业协会公布的2016年度中国半导体（集成电路）七大类产品企业前十名名单中，山东仅有歌尔声学一家企业上榜。

在智能制造特别是工业机器人领域，我省亦落后于广东、江苏和浙江省，机器人制造企业数量位列全国第五位，只有一家企业入围2017年中国工业机器人企业排行榜前20名。人工智能的基础技术领域，我省落后于广东、江苏、浙江、四川和福建省，根据乌镇智库的数据统计，我省人工智能企业数和融资额分别位列全国第10和第8位，人工智能专利申请数排在10位之外。人工智能的应用领域，依靠浪潮、海尔和海信等老牌企业，我省在智能家居行业具有一定优势，而在其他方面，比如无人驾驶/无人机、智能穿戴、3D打印机等方面则相对落后。在智慧城市建设方面，根据中国社科院公布的《中国智慧城市发展水平评估报告》，青岛、济南分别为第11和第54名，我省在城市智慧化的应用层面仍较为落后。

上述现象的产生，与我省长期以来的工业结构有一定关系。我省以重化工业为主体，但是高端智能制造业所占比重却偏低，多为低端制造业。地区间信息化产业竞争的加剧，相关基础设施和配套产业的发展不断提速，企业对高端技术人才的竞争日趋白热化，山东迫切需要加大信息化产业发展的支持力度。

（二）财政金融政策协同推进信息化产业发展的建议

山东现有财政金融政策在支持信息化产业发展，培育新兴动能方面上仍存在一些不足。一是财政投入水平相对偏低，信息技术产业投资落后于先进省份。2011—2015年，山东财政科技拨款占财政支出的比重偏低，在R&D经费支出中政府资金的占比也相对不高，全省在信息化产业的固定资产投资亦低于北京市和广东省。二是财政科技投入结构不合理，基础性研究投入较低。以基础研究经费支出/R&D经费内部支出指标为例，2011—2015年全国平均水平在4.5%以上，发达国家该项指标一般保持在10%—20%，山东则平均保持在2%的水平，反映出财政对于基础性研究的投入不足。三是金融支持信息、科学技术产业力度差距明显，增长疲软。2012—2015年我省金融机构对信息传输、软件和信息技术服务业的信贷整体增速低于江苏省。

因此，应紧扣科技创新的内在规律和发展趋势，理顺财政和金融的功能定位，发挥财政与金融的优势互补作用，促进全省创新形势加快发展，提升山东省高新技术产业的核心竞争力。一是加大财政科技投入力度，优化财政科技投入结构。进一步加大财政科技投入的预算安排，应确保财政科技投入经费的增长快于财政经常性收入的增长。充分利用财政引导作用，进一步完善和创新财政产业引导资金的使用方式，以少量财政投入撬动大量民间资本，放大财政资金的引导效应。二是明确政府与市场分工，适当选择财政金融政策工具。财政政策应坚持集中财政办大事的思想，重点支持信息化产业的前沿技术创新。试行容错机制，先行先试，积极探索、创新不同的财政支持方式，利用科技保险、“创新券”以及专项基金等不同形式，引导企业资本、金融资本投向科技创新。金融政策应以促进信息化行业健康发展为目标，出台相应措施鼓励金融机构为科技研发、成果转化等生产性活动提供长期融资支持。三是落实支持创新发展的税收政策，提高政策支持的普惠性。认真落实研发费用加计扣除、高新技术企业税收优惠等各类税收优惠政策。提高普惠性财税政策支持力度，完善对企业科技创新初期和中期的税收优惠政策。在制定具体的税收优惠政策时，应根据企业各种科技创新活动支出制定相应的税收抵扣额，也要加强流转税的税收优惠力度，减轻企业进行科技创新带来的税收负担。四是深入推进金融改革，为产业发展提供更强的外部支持。一方面，继续加大商业性金融支持科技创新的力度，增强商业性金融在新兴动能培育中的应有功能。加强对山东省高新技术落后产业的信贷支持，尤其是半导体行业、人工智能应用等行业，适当予以财政贴息补助。另一方面，积极拓宽信息化产业的融资渠道。鼓励符合特定条件的创新型企业上市，并支持符合条件的已上市企业再融资和市场化并购重组。充分利用信托贷款和股权投资、融资租赁等多种方式，拓宽企业融资渠道。

（山东大学山东区域金融改革与发展研究中心
课题负责人：山东大学副校长，教授、博士生导师胡金焱
课题组成员：李永平、孙健、郭峰、高阳、杨凤梅、张强、张笑）

振兴实体经济的金融供给侧改革研究*

内容摘要： 金融是实体经济的血脉，为实体经济服务是金融的天职。为促进金融供给与实体经济需求的有效匹配，金融业迫切需要一场供给侧改革。振兴实体经济，要依靠金融供给侧改革激发经济新动能；要依靠金融供给侧改革培育金融新动能；要深化多层次资本市场建设，加快培育科技金融、绿色金融、互联网金融、供应链金融等金融新动能。

一、金融供给侧改革助力实体经济的逻辑

（一）金融新动能的助推逻辑

培育新动能是经济转型升级的重要任务，而作为现代经济的核心要素之一，金融则是新旧动能转换重大工程的重要支撑。金融新动能助推新旧动能转换，就是要通过激发金融新动能来助力科技创新、促进绿色发展、服务实体经济，实现经济新动能培育并改造和提升传统动能。

1. 金融新动能助力科技创新。新旧动能转换需要创新驱动。然而创新过程具有高度的不确定性，金融与科技结合产生的金融新动能，可以降低创新过程中的不确定性，形成内生性创新驱动机制，实现创新驱动目标。金融与科技结合能够激发出不同类型的金融产品，有针对性地满足科技创新在基础性研究、应用性研究和基础开发性研究等不同阶段的资金需求。此外，这一金融新动能还能够综合运用创业风投基金、科技担保等多种金融工具，为科技创新提供规避、防范和化解风险的手段和渠道。

2. 金融新动能促进绿色发展。传统产业具有高能耗、高污染等特点，正逐步成为制约我国产业转型升级的关键因素。金融新动能不仅要支持新技术、

* 本文为软科学研究计划重点项目（编号：2017RZB01052）研究成果。

新业态、新产业的发展，还要注重对传统产业的升级和改造，促使传统产业焕发新生机。金融与绿色发展理念结合形成的金融新动能，能够将环境因素纳入金融机构的投融资决策过程中，使更多的金融资源投向高效、绿色、节能环保等产业领域，是助推经济转型升级和绿色发展的重要推动力量。

3. 金融新动能服务实体经济。互联网金融依托于互联网技术，实现了传统金融模式的创新，对经济结构及其发展模式具有深远的影响，在加快实体经济的产出速度、提高流通速度等方面对实体经济发展具有促进作用，金融业需要加快金融与互联网技术的融合，协调信息流与资金流的相互关系，将“信息流”转化为“资金流”；推动供应链的创新和应用，创新发展供应链新理念、新技术和新模式，有助于推动集成创新和协同发展，是落实新发展理念的重要举措，也是供给侧结构性改革的重要抓手，金融与产业链融合能够整合产业链的产品设计、采购、生产、销售、服务等全过程，实现产业链的全程高效协同。

（二）金融供给侧改革的助推逻辑

供给侧改革背景下的传统金融业也发生了重大变化，发轫于新金融、新业态的金融供给侧改革必须精准发力，才能更好地发挥金融在培育经济增长新动能、培育产业新优势中的作用。

1. 金融供给侧改革防控金融风险。风险防范是金融发展过程中不可忽视的环节，只有在风险可控的前提下，才能顺利地推进金融供给侧改革，培育经济新动能再创产业新优势。通过金融供给侧改革来改善融资结构失衡，提高企业直接融资比重以降低经营杠杆；银行等金融机构把主动防范化解系统性金融风险放在更加重要的位置，不断改进服务体系，把防风险作为底线，提升市场研究能力和风险识别能力。

2. 金融供给侧改革助推企业转型。工业企业发展，离不开转型升级。要素禀赋结构对产业结构具有直接影响，金融供给侧改革可以推动要素禀赋结构升级，推动产业向资本密集型、技术密集型方向转变，实现经济发展提质增效。在经济迈入新常态、供给侧改革持续深化的大背景下，金融资本作为供给端的核心要素，对推动实体经济发展方式由粗放型向集约型转变具有重要作用。

（三）金融与新旧动能转换的互动逻辑

金融供给侧改革对新旧动能转换的助推主要体现在金融供给的优化，实现了金融资源更为高效的配置，促使金融资源流向更为优质的企业、产业，从而通过资本形成机制、信息揭示机制以及信用催化机制来推动新旧动能的更迭，实现经济的高质量发展；新旧动能转换对金融供给侧改革的深化主要表现在新旧动能更迭换代中，不同的时期存在不同的金融需求，从而通过对金融结构、金融效率以及金融规模和服务来深化金融供给侧的改革。

1. 金融供给侧改革对新旧动能转换的助推作用。金融供给侧改革对于新旧动能转换的作用机制大体可以分为两个过程：一是通过信贷市场与资本市场影响到储蓄与投资，形成“蓄水池”效应，影响资金的流向；二是通过金融对于资源配置的优化作用，使得资金流向各个产业，通过刺激技术创新等路径影响到产业结构的优化，从而实现新旧动能的更迭转换。

（1）资本形成机制。通过金融供给侧改革，有效优化金融对资源配置的能力和效率，发挥金融集聚资源的能力，并促使其将储蓄高效地集聚，寻找新动能的契合产业，助推产业资本的形成。（2）信息揭示机制。金融供给侧改革为市场带来了更为便利的信息获取与支持机制。在金融供给侧改革中，资本市场的改革使得信息披露机制更加完善，更为精准地判别优质企业或者产业，同时有利于自身规模的形成。（3）信用催化机制。货币的乘数效应加大了货币供应量，加速了资本的形成，有利于对新动能的支撑。信用催化机制下创造的信用货币并不只被动适应产业的资金需求，还将投向于前景广阔、预期收益良好的朝阳产业，具有一定的超前性。

2. 新旧动能转换对金融供给侧改革的深化作用。金融供给侧改革为新旧动能转换提供了优越的金融环境，同时新旧动能的转换也进一步深化了金融供给侧改革。在新旧动能转换中，新动能的诞生与支撑必然促使相关生产要素集聚，产业结构优化升级，经济朝向高质量发展，使得金融市场的投资回报增加，增加金融市场的活力。从路径角度看，新旧动能转换主要通过对金融结构、金融效率以及金融规模来深化金融供给侧改革。

（1）新旧动能转换优化了金融结构。新旧动能转换中，产业中心开始偏向于高新技术等第三产业，此时研发投入、技术创新等对资金的需求巨大，证券、基金、保险等多样化的金融主体开始发挥协同作用，根据新动能的需求为其提供风险规避、资产增值等服务。（2）新旧动能转换提高了金融效率。新旧动能转换过程需要金融体系在逐利过程中需要不断创新金融工具，改善资金供给模式，从而规避风险实现资本增值，金融工具的创新和融资渠道的完善会导致金融效率的提高。（3）新旧动能转换扩大了金融规模。新旧动能转换带来了经济的高质量发展，更大规模的资金可以流入金融体系，倒逼金融市场不断地提高自身效率、优化结构，二者之间的良性循环扩大了金融市场规模。

3. 金融供给侧改革与新旧动能转换的耦合效应。通过构建新旧动能转换与金融供给侧改革的评价指标体系，并通过耦合协调模型与阻碍度评价模型，对2007—2016年山东省金融供给侧改革与新旧动能转换之间的耦合协调关系以及主要阻碍因素定量分析后，我们得出以下结论：

第一，新旧动能转换的综合评价指标呈现出逐年上升的趋势，金融供给侧改革的综合评价指标则出现上升—下降—上升的波动，因此，山东省金融供给侧改革在推动新旧动能转换的过程中，服务水平与能力呈现出超前—同步—滞后—同步的演变特征。第二，在耦合协调度层面，山东省金融供给侧改革与新旧动能转换的耦合协调度呈现逐年上升的态势，从失调衰退阶段进入了过渡阶段，分别经历了轻度失调—濒临失调—勉强协调的过程。第三，在二者协调发展的阻碍层面，金融供给侧改革呈现出阻碍度逐年下降的特征，而新旧动能转换则表现出下降—上升—下降的态势，但从整体来看二者之间的阻碍因素正逐年减少。第四，在阻碍因素层面，山东省金融供给侧改革在支撑新旧动能转过程中阻碍因素呈现出阶段性变动的特征，但各阶段相对较为稳定，当下山东新旧动能转换层面最大的阻碍为经济效率，金融供给侧改革层面最大的阻碍则为金融结构。

二、振兴实体经济的金融供给侧改革措施及建议

（一）金融供给侧改革培育经济新动能

金融是国民经济的重要组成部分，与实体经济紧密联系、互相支撑。作为保证现代经济平稳健康发展的核心，金融对资本等要素的配置是解决经济发展“不平衡不充分”问题的有效途径。

1. 深化多层次资本市场建设，打造企业融资新平台。融资结构过于依赖间接融资和债权融资，是杠杆率较高的重要原因。因此，山东金融供给侧改革要瞄准于改变以银行为主导的间接融资体系，发展以资本市场为主的直接融资体系，构建具有一定深度和广度的多层次资本市场。

（1）区域股权市场。针对山东金融交易平台少而弱的特点，山东省应致

力于搭建权益类股权投资交易平台，引导各类产业投资基金参与山东实体经济发展。山东省拥有青岛财富产品交易中心和济南区域性产业金融中心，通过金融供给侧改革来发挥两个中心的辐射作用，将其建设成为全省金融发展的“双引擎”，成为聚集金融资源、强化金融创新、辐射区域发展的“两极”，激发新技术、催生新产业、构建新模式、开发新平台的“高地”。(2)“新三板”市场。作为我国资本市场的重要组成部分，“新三板”市场不仅是中小微企业拓宽融资渠道的重要平台，同时也是促进大中型企业转型升级、提高盈利能力的有效途径。(3) 民间投资。山东省要大力发展小额贷款公司、融资性担保公司、民间融资机构等地方金融组织，拓展中小微企业、科技型企业融资渠道，使其成为企业转型升级的重要融资补充。

2. 加强普惠金融建设，搭建金融发展新平台。着力推动普惠金融由单一的小额信贷向多元化金融服务转变，改善小额信贷服务；进一步明确空间布局规划，推动金融机构、服务设施、服务网点向基层特别是偏远农村、山区、革命老区布局；实现城市商业银行县域全覆盖，鼓励商业银行发起设立村镇银行，提高金融服务便利化水平；引导非银行金融机构开展普惠金融服务，建立并完善相关制度来吸引低成本资金更多地流向实体经济；明确小额贷款公司、融资担保公司等机构的市场地位和未来发展方向，发挥其贴近社区、贴近乡村的机构优势和小额、灵活、快速的业务优势，与传统金融机构之间形成互补，加大对农业供给侧改革的金融支持力度。

（二）金融供给侧改革激发金融新动能

金融新动能助推新旧动能转换，要求金融业依靠创新思维打造金融服务新模式，加快金融与多产业、多业态、多模式的深度融合，形成金融发展的新业态和新模式，引导金融资本进一步助力科技创新、服务实体、促进产业转型发展，加快培育科技金融、绿色金融、互联网金融、供应链金融等金融新动能。

1. 金融与科技融合：科技金融。科技金融将成为我国金融市场变革的重要推动力量，发挥科技金融助力新旧动能转换的重要作用，需要紧紧把握实现科技创新与金融创新的高度融合这一关键点。一方面，发展科技金融必须健全科技金融运行模式，以为科技型企业提供充分、有效、可持续的融资支持为要点，缓解科技型企业的融资难题，进一步发挥科技型企业、金融机构、金融中介机构等多方市场参与主体的优势，积极培育科技金融市场。另一方面，发展科技金融要发挥政府及其政策的引导作用，加大政府对科技金融的投入力度，通过完善税收政策、优化人才政策、健全知识产权政策等来提高各类生产要素进入科技领域的积极性，吸引银行业、保险业、证券业和基金业等各类金融机构和金融资本对科技金融的投资力度。

2. 金融与绿色发展理念融合：绿色金融。与发达国家相比，我国绿色金融起步较晚，相关的制度安排和产品体系尚不完善，绿色金融发展仍存在企业参与度较低、金融机构及其相关绿色金融产品创新不足等问题。发展绿色金融，首先要建立并完善与绿色等相关业务的实施细则，从法律法规层面对企业信息公开等行为进行约束，提高市场透明度。其次，加大政府对绿色金融的扶持力度，适当扩大绿色金融市场主体，积极引导证券、保险、基金等机构参与绿色融资，降低企业交易成本并分散企业环境保护风险。最后，积极引进绿色金融领域专业高素质人才，加快金融机构绿色金融创新，积极探索碳金融等多种金融服务与金融产品。

3. 金融与互联网融合：互联网金融。互联网金融能够协调信息流动与资金流动之间的相互关系，可以将“信息流”转化为“资金流”，能够大幅提升金融资源配置效率，在满足小微企业、中低收入阶层投融资需求方面发挥了独特功能和作用。发展互联网金融，一方面要对互联网金融平台加以规范，以市场为导向发展互联网金融，建立强制信息披露制度，提升平台运营透明度；严格限定互联网金融平台业务范围与业务规范，督促互联网金融平台制定相应的风险控制程序，加强贷后资金的追踪管理。另一方面，要创新互联网金融监管体制，传统的金融监管方式在互联网金融行业发展中的滞后性日益明显，为此要深化金融监管手段的创新，积极研究互联网金融产品的发展动向，提高监管水平和效率，完善金融监管的体制和机制。

4. 金融与产业链融合：供应链金融。供应链金融以真实的交易为背景具有资金、支付结算手段、客户资源和金融专业性等天然优势，可以使银行链接核心企业信用，把融资服务下沉到产业链低端的中小微企业。发展供应链金融，一方面需要督促商业银行加强主动风险管理和全面风险组合管理，对以供应链为单位的企业群体进行抗风险能力分析，加强对供应链各环节的监控。另一方面，政府要推动建立由政府主导、各金融机构广泛参与的公共金融信息服务平台，缓解银行与企业之间的信息不对称问题。此外，物流企业拥有大量的交易信息并控制着实际物流，在供应链金融环节中扮演着天然监管人的角色，要鼓励发展具有本地特色的物流企业，构建区域性乃至全国性的物流与供应链金融服务网络，形成新的行业竞争优势，提高物流与供应链金融服务实体经济的能力。

（三）金融供给侧改革与经济协调发展

金融供给侧改革与新旧动能转换之间存在着耦合协调关系，二者是相互促进、互为因果的协同关系。金融作为现代经济发展的核心，在新旧动能转换中的助推作用是毋庸置疑的。为了更好地完成新旧动能的更迭，在守住不发生系统性金融风险的前提下，应继续深化金融供给侧的结构性改革，完善金融体系建设。

1. 优化金融资源配置，促进经济结构调整。金融资源有从第一产业向第三产业转移的趋势，并且会对第二产业和第三产业的产业结构提升产生显著影响。因此，为促进金融与实体经济的协调发展，需要进一步推动经济结构的升级调整并优化金融资源配置，促使金融与实体经济间的均衡发展。为此，需要在国家产业政策的导向方面加快产业升级调整，推动工业化和信息化快速发展，不断提高次消费和投资水平，同时引导资金流向技术创新部门，使金融资源向高新技术产业、成长性企业、经济支柱型产业倾斜，引导部分从传统产业和高成本高竞争产业退出的金融资源，转向新兴产业和欠发达地区，为新兴产业发展提供资金便利，促进实体经济新旧动能转换。

2. 结合区域经济特点，加大金融创新力度。只有不断优化对实体经济需求的匹配力度，才能更好地服务实体经济发展，同时促进金融本身的发展。金融机构要加快业务创新，提高金融服务水平，由资产负债业务为主体的经营结构向资产负债业务与中间业务并重的经营结构转变，降低经营风险以实现稳定和可持续发展。由相对封闭的业务结构向开放型业务结构转变，以技术创新为手段，充分利用网络银行、电子银行等多种形式，以高科技手段为支撑提高金融创新能力，不断提升服务实体经济的能力。

3. 完善金融服务体系，改善金融生态环境。只有在优良的金融生态环境下，才能在最大程度上发挥金融服务实体的作用，为此要建立一个具有透明的政策法律环境、社会信用状况良好、银企关系融洽、中介机构健全、金融债权得到切实保护的良好生态环境。建设和谐的金融生态环境是一项复杂的工程，首先需要政府发挥引领作用，组织多个部门进行协调管理，并建立科学的决策机制，运用金融机构提供的信息指导地方经济工作，努力实现地方信用信息共享，建立信息共享平台。充分发挥人民银行在优化金融生态环境中的作用，加快完善以征信体系为核心的基础设施，广泛开展信用评级工作，充分收集和利用信用信息，为经济发展提供充分的信息支持。

（山东财经大学科研处处长，山东财经战略研究院院长、教授、博士生导师张志元）

六、乡村振兴篇

一种值得关注的农业社会化服务新模式

——山东济宁市大田作物土地托管模式的调查与思考*

（2014年4月16日）

内容摘要：强化农业社会化服务，是实现农业现代化的必由之路。山东济宁市汶上县等地开展大规模土地托管服务，形成了“农民进城打工，供销社为农民打工”的局面。这一模式不仅有效解决了农民进城打工后土地无人耕种的现实需求，而且为在联产承包责任制基础上实现土地规模经营、集约经营提供了有益探索。

随着我国工业化、城镇化的不断加快，农业和农村问题也越来越引起全社会的高度关注。许多地方从自身实际和需求出发，积极探索新的发展模式，创造了一个个“小岗村”现象。最近，笔者在山东济宁市汶上县等地的调研中看到，由基层供销合作社牵头组织实行的农村“土地托管”制度，不仅解决了农民进城打工的后顾之忧，而且有效促进了土地集约经营，提高了农业现代化水平，走出了一条新型的农业社会化服务道路。

一、农业发展的现实变化与需求

近年来，我国大部分农村地区形势呈现出前所未有的新变化，突出表现在两个方面：一是大量劳动力离开农村和土地。越来越多的村庄已成为“空壳村”，青壮年农民大多离开土地进城打工，日常农田管理基本上由留守老人承担，相当一部分地方的农业成为事实上的兼业农业。汶上县、梁山县农村分别

* 本文为国家软科学研究计划项目“我国优势农产品对外贸易的关键问题与对策研究”（编号：2010GXS1B006）的阶段性研究成果。

有60%左右的劳动力进城务工，他们普遍面临着“打工顾不上种地、种地耽误挣钱”的困扰。二是农业收入已不是农民的主要收入来源。与30多年前的情形完全不同，广大农民早已走过了温饱时期，他们的收入来源已经不再是土地，而是非农收入。对于广大农民来说，土地的意义已经不是多打粮食，而是能否带来更多的经济收益。

从更深层次来看，如何实现耕地的规模化、集约化经营，是提高土地产出率和农业效益的必要前提，也是加快实现农业现代化的必然选择。长期以来，在一家一户的小农经济模式下，人才、技术、资本等现代生产要素很难进入农业，传统的农业要素结构和生产经营方式使得我国农业无法真正与现代化接轨。能不能让耕地这一稀缺资源得到更加充分合理的开发利用，实现耕地与各种现代生产要素的合理配置，将在很大程度上决定着中国农业和农村经济的未来。

在这个问题上，我们面临的难题是如何在农村基本经济制度——土地联产承包责任制的基础上实现集约经营。作为一个农业人口大国，这一制度的相对稳定不仅有利于维护农民利益，更有利于国家的长治久安。近年来，随着工商业资本逐步向农业和农村的转移，人们既看到了由此所带来的农业发展模式的新变化，同时也为农民在这一变革中可能面临的失地以及由此引发的社会问题而担忧。因此，在联产承包责任制的基础上寻求农业现代化之路，在农业要素结构、生产经营方式等方面取得新的突破，就成为我国农村经济政策必须面对的紧要课题。

二、“土地托管”的有效性与意义

2010年以来，山东汶上县等地供销合作社针对农业发展的现实需求，充分发挥自身在资源、服务网络、供销渠道等方面的独特优势，与村集体、种田大户或农业龙头企业等合作，在不改变农民土地承包权和收益权的状态下，对水稻、小麦、玉米等大田作物实行统一管理，以合同形式约定服务内容，向农民收取一定的服务费用，完成农民委托的各项作业服务，形成了“农民进城打工，供销社为农民打工”的局面。实践表明，供销社土地托管不仅有效提高了农业生产效益，而且也是当前最具生命力的农业社会化服务模式之一。

首先是在建立新型农业社会化服务体系方面迈出了重要步伐。长期以来，由政府包办的各类农业服务体系有三个方面的不足：一是侧重于产中环节，产前、产后的服务存在明显缺失；二是条块分割，服务内容和形式单一，难以形成综合的社会化服务；三是缺乏利益导向，服务的积极性、持续性难以保证。尽管国家投入不少，但农业服务的“天花板现象”仍难以突破。而在济宁，最早实施土地托管的汶上县供销社根据托管协议，向委托农户提供秸秆还田、深耕松土、种肥同播、病虫害防治、机收、烘干、储存、加工、销售等多个环节的配套服务，基本上做到“农民需要什么服务、供销社就提供什么服务”。不仅如此，济宁市还依托供销社全力推进农村现代流通服务网络、农民专业合作、社区综合服务、信用合作平台建设，形成了覆盖城乡、功能完备的综合服务体系。目前，全市供销社系统日用品连锁超市覆盖全市90%以上的乡镇驻地、农村社区和70%以上的行政村；拥有农资连锁、直供服务网点1468个，领办农民合作经济组织760个，新型农村社区综合服务中心基本实现全覆盖；建立农民资金互助合作社37个，成立信用担保公司2个，年资金互助额2.5亿元，有效解决了专业合作社社员融资难问题。

其次是为农业集约化、规模化经营开辟了有效途径。长期以来，耕地的高度分散甚至细碎化，使得许多先进技术和装备虽然具有良好的节本增效作用，却很难在高度分散的小农经营模式下得到大面积推广应用。我们在汶上县看到，实行土地托管服务后，节水喷灌、小麦宽幅精播、玉米深松全层施肥等新技术已经在数千亩乃至上万亩连片的耕地上得到大面积推广应用。同时，受益于规模化经营，全县已建成了标准化中药材种植基地、优质专用小麦标准化种植基地、特色蔬菜标准化种植基地，大大提高了农产品附加值。先进实用的农业技术找到了用武之地，分散经营的农户实现了与外部大市场的有效对接，从而为加快农业现代化奠定了坚实基础。

再次是多方共赢的利益机制为这一模式提供了根本保障。目前涉农服务的模式和内容很多，其中一些服务以营利为目的，还有一些则纯粹依靠政府财政支撑，难以持续和稳定。供销社土地托管制度之所以值得重视，就在于它建立起了农民、供销社和村集体共同参与、多方共赢的契约关系，而农民是最大的受益者。据测算，开展大田托管服务，增收效果明显，包括平整和合并沟垅后的土地每亩可增加种植面积13%—15%；通过统一作业，每亩可减少投入100元左右；通过推广新技术，每亩产出率可提高10%以上。总体上，粮食作物每亩可增效400—800元，经济作物可增效每亩1000元以上。在此过程中，供销合作社也实现了由卖产品向卖服务的转变，在服务中获得了较高收益；村“两委”则能获得合作社的固定分红，还能从服务规模化增收部分获得10%—

20%的收入。去年，济宁市供销合作社共托管土地39.5万亩，农民实现增收7000多万元，供销合作社实现服务收入2700多万元，村集体获得收入1200多万元。

三、土地托管的制度化思考

济宁市供销社开展土地托管服务，为在新形势下保持农业农村活力提供了有益经验，也为技术、资本等现代生产要素进入农村提供了切实可行的途径。但是，这项探索能不能持久、深入地开展下去，能不能演化为普遍的农业社会化服务模式，还有赖于建立健全相应的制度保障。为此，我们提出以下建议：

1. 将社会化服务作为推进农业现代化的突破口。当前城乡之间的发展差距不仅在于居民收入水平，更在于农业社会化服务的严重缺失。农业和农村经济的繁荣呼唤公共服务的均等化，呼唤社会化的专业服务。能否将更多涉农服务引入农业和农村，特别是解决进村入户“最后一公里”的问题，将在很大程度上决定农业的发展方向和格局。济宁市实施的供销社土地托管制度之所以受到农民的欢迎，既在于其源自农民大量进城打工所带来的紧迫和现实需求，还在于其广泛深入村庄和田间地头，并且覆盖农业生产和经营全过程的社会化服务模式。如果说过去我们更多地注重以行政方式和条条为主的农业工作，那么今天就应当把社会化服务作为重中之重，使千年来亘古不变的小农经济真正步入社会化大生产的轨道。

2. 鼓励建构农民参与的新型农村合作经济组织。农村联产承包责任制强调统分结合，但实际结果是双层经营变成了单层经营，农民群体基本上变成了“一盘散沙”，在面对市场和自然双重风险的时候往往显得势单力薄。这种状况在以解决温饱为主要目标的时期还有其一定的合理性，而在提高经济收益方面则表现出明显的弱点。在这个问题上，日本农协制度值得我们认真地学习和借鉴。一方面，日本农协是以生产服务为主的综合性服务组织，其服务功能涉及社员生产生活方方面面，包括生产资料及农产品购销、信用和保险服务、技术教育培训和生产服务、社会服务等；另一方面，日本农协是由政府支持、农民自愿参与的合作经济组织，遵循为农民谋利的宗旨，与农民利益共沾、风险共担，深受广大农民的信赖，入会农户占到日本农户总数的99%以上。我们认为，我国建立健全新型农村合作经济组织，也必须最大限度地提高农民的参与程度，让农民有充分的话语权；必须建立起多方共赢的利益机制，以利益和契约实现合作经济的持续发展，不断增强合作经济的后劲和生命力；必须形成产供销一条龙的服务体系，打造完整的服务链条。

3. 建立以供销社为核心的涉农综合服务平台。在计划经济时期，供销合作社曾经是农资、农村小商品经营服务的主体。改革开放以后，传统的供销合作体制经受了严重冲击，一些地方的供销合作社陷入功能弱化、破产倒闭和被整合的命运。十分幸运的是，全国大部分地区供销社的体系仍然被相对完整地保存下来，而且是今天农村各类服务组织中网络最为齐全、功能最为综合、与农业和农民最为接近的一支力量。这一组织不仅具有政府赋予的公共服务属性，而且还能以资产、服务等与农民结成利益共同体，成为农民“自己的组织”。在当前农村经济形势下，如果供销社的这些优势能够得到更大程度的发挥，就有可能开创农业社会化服务的全新局面。我们认为应当总结推广山东济宁市供销社土地托管的做法和经验，加大政策扶持力度。一方面强化供销社涉农服务功能，完善以农业生产服务为核心、产供销一体化、生产生活服务相配套的服务网络，促进基层供销社的实体化运营，打造具有中国特色的“农协”；另一方面是打破行政分割体制，将政府举办的种子、土肥、植保、水利、农机、经管、信用社等各项涉农服务进行适当整合，通过供销社这个平台为农民提供“一站式”的服务。

（中国农业科学院农业经济与发展研究所杨秀平）

山东现代农业科技创新资源的凝聚优化对策研究*

（2015 年 12 月 8 日）

内容摘要：当前，我省已经进入由传统农业向现代农业转变的关键时期，农业发展面临着资源与市场的双重约束、经济增长与生态保护的双重压力、农民增收与食物安全的双重挑战。支撑和引领现代农业发展，大幅度提高农业综合生产能力，必须加快建设创新体系，提高农业科技创新能力，推动农业由资源依赖型向科技创新型的根本转变。因此，统筹农业科技全局发展，凝聚优化现代农业科技创新资源，逐步建立起以自主创新为核心的创新体系，大幅度提高农业科技自主创新能力，才能牢牢把握我省农业发展的自主权。

一、我省农业科技创新资源的配置现状

1. 农业基础条件状况

首先，建设了一批国家级和省级创新平台。目前，我省有国家级农业科技创新平台 38 个，省级重点实验室 31 家，企业省重点实验室 17 家，在农畜产品良种选育繁育、实用技术开发、农产品精深加工等领域不断取得新突破。其次，实施了一批重大农业科研项目。例如，农业良种工程项目，取得了一批突破性的自主创新品种，累计创造优异种质 5367 份，育成动植物新品种 1032 个，其中选育的济麦 22 号和掖单 13 号分别创造北方冬小麦和夏玉米全国最高产量纪录。第三，建立了一批现代农业产业技术体系创新团队。从 2010 年开始，建立了包括小麦、玉米、生猪、羊、水果、蔬菜、花生、食用菌、中药、

* 本报告是山东省软科学研究计划重大课题“山东现代农业科技创新资源的凝聚优化对策研究”(编号:2014RZC02001)研究成果之一。

茶叶等优势产业的10多个创新团队，促进了科技与产业的紧密结合。第四，形成了一批农业领域产业技术创新战略联盟。到2014年，形成了玉米、大豆、棉花等22个产业技术创新战略联盟，促进了科技成果的快速转化与推广应用。第五，完善了基层农技推广体系。在全省县乡农技推广机构中，财政全额拨款机构的比例达到94%。在乡镇站中，实行垂直管理的县11个，乡镇站82个，设立区域站99个；双重管理的县24个，乡镇站264个；乡镇直接管理的县70个，乡镇站845个。农技推广服务机构覆盖了全省的所有乡镇。

2. 科研机构状况

我省农业科研机构发展势头比较迅猛，基本形成了国家部属、省、市级的农业科研机构体系。据统计，全省现有省、市两级国有农业科研机构40个，全省22个国有农业科研教学单位内设机构分类统计表明，从事小麦、玉米作物研究的机构20个、从事蔬菜研究的16个、植保17个、果茶11个、花生13个、畜牧兽医11个、土肥和农业生态资源各9个。全省拥有固定资产万元以上的实验设备5000多台（套），总价值10亿元以上。全省农业科技贡献率已达58%，为我省农业农村经济健康发展提供了有力的科技支撑。例如，依托国家玉米工程技术中心这个强大的科研平台，登海种业以市场促开发，以开发促科研，推进了成果的市场化，有19个优质杂交玉米种通过审定，在全国28个省、市、自治区种植，累计推广面积达到6亿多亩，增产670多亿公斤，增加经济效益600多亿元。

3. 科技人员状况

2014年，全省省市两级从事农业科技活动人员11000余人，仅占全省科技活动人员总数的2.8%，农业科技人才总量不足的问题比较突出。据山东省农业厅统计显示，全省共有农业科技人员135180人，其中，省市两级科研教学单位11388人，规模以上龙头企业研发人员36458人，各级农技推广人员87334人。（表1）每万名农业人口拥有农业科技人才为12人，而美国、日本、德国等发达国家每万名农业人口就有40多名农业科技人才。这一数据说明，在农业科技人才资源总量方面，山东省虽然在全国处于领先地位，但与发达国家相比差距较大。第二，农业科技人才的专业分布不均，主要表现在产中领域研究学科多，产前、产后领域的人才少。据统计，全省农业研发机构中，70%的力量集中在产中阶段，产前、产后的研发力量十分薄弱。产中阶段的科技人员中55%又集中在种植业，畜牧、水产等领域的科技人员明显不足。

表 1　　山东省农业科技人才分布情况

分类	人数（位）	占比（%）
省市科研教学单位	11388	8.4
规模龙头企业	36458	27.0
各级农技推广人员	87334	64.6
合计	135180	100.00

二、山东农业科技创新资源配置效率及空间差异分析

1. 山东农业科技创新能力评价

为了更加明确山东省区域农业科技配置情况，通过设定农业科技研发能力、推广能力、产业能力、创新效益、创新环境五项评价指标，采用专家法给予加权权重，再选取各地市“十二五”期间农业研发投入、农业科技人员数、每万人农民农业技术推广人员数、每万人农业科技企业数、每万人农民专业合作社数、每万人农民专业市场数、每万人拥有图书馆数、农林牧渔总产值、农业 GDP 增长率等 18 项指标，用层次分析法（AHP）对全省 11 个地市进行农业科技创新能力评价。（表 2）

评价显示，在山东省 11 个地市的综合得分中，烟台市、济南市、青岛市、潍坊市分列前 4 位。（1）从农业科技研发能力看，青岛市和济南市的得分排名在前列，且与其他城市的研发能力得分拉开了很大差距，这与文中关于山东省农业科研人员和农业科研机构的配置现状描述相吻合。（2）从农业科技推广能力看，11 个地市的平均得分为 13.94 分。（3）在农业创新环境上，烟台和济南、青岛、潍坊等市社会经济发达，人力资源比较丰富，政府对现代农业的发展更为重视，因此在政策环境创建上有更多的投入。

表 2　　山东省农业科技创新能力评价

	烟台市	潍坊市	济宁市	青岛市	临沂市	聊城市	济南市	德州市	菏泽市	泰安市	滨州市
农业科技研发能力	8.07	12.16	14.67	19.61	11.72	3.57	15.27	8.56	4.38	7.53	4.33
农业科技推广能力	13.14	11.23	15.04	16.16	10.20	17.92	12.57	16.30	15.06	12.58	15.02

续表

	烟台市	潍坊市	济宁市	青岛市	临沂市	聊城市	济南市	德州市	菏泽市	泰安市	滨州市
农业科技产业能力	8. 95	10. 33	8. 64	12. 44	12. 58	3. 77	12. 35	5. 32	7. 52	8. 27	3. 24
农业科技创新效益	9. 48	12. 07	13. 27	9. 58	7. 21	10. 50	9. 41	9. 71	11. 60	6. 02	3. 87
农业科技创新环境	9. 77	9. 21	6. 46	9. 66	6. 36	5. 35	9. 55	4. 94	3. 86	6. 12	3. 31
综合得分	60. 98	55. 02	58. 10	55. 92	48. 01	41. 13	59. 15	43. 87	42. 44	40. 56	29. 76

2. 山东农业科技资源配置效率的数据分析

根据对农业科技资源配置的理解和对指标体系的设计原则，基于有效数据获得的便利和农业科技资源系统的复杂性特殊性考虑，通过农业科技投入和成果产出两个方面设计山东省农业科技资源配置效率评价指标体系（表3）。通过查找、整理《2013年山东省统计年鉴》和山东R&D普查报告得到山东省11个地市的科技资源投入产出数据。

表3　　　　　　山东省农业科技资源配置效率评价指标体系

类别	因素	名称
投入指标	人力资源	农业科技活动人员（x1）
	财力资源	农业R&D经费（x2）
		科技论文数（y1）
产出指标	科技成果	专利申请受理数（y2）
		技术合同成交额（y3）
		农林牧渔业增加值（y4）

运用分析软件DEAP2. 1中的CCR－I模型，并用投入导向的方法进行深入分析。通过测算，得出山东省11个地市科研机构农业科技资源配置综合分解的纯技术效率、规模效率和综合效率情况。（表4）

经过对山东省农业科技资源投入产出的模型运算可以看出，山东省11个地市科技资源配置平均值中，综合效率为0. 914，纯技术效率为0. 955，规模效率为0.953，整体配置效率都比较高。从分区域来看，山东省中部和东部地区的地市配置效率差异不大，济宁、德州、聊城、济南、菏泽等6市的农业科技资源配置的综合效率都为1，表明这6个地市农业科研机构的科技资源配置效率较高。而潍坊、淄博、莱芜、烟台的综合效率都小于平均值，说明这些地区的农业科技资源配置效率较低；尤其是潍坊市，农业科技资源配置效率值为全省最低，这在一定程度上反映了该地区较为严重的农业科技资源浪费。但是，通过综合效率的有效性并不能完全判断实际配置效率是否有效，综合效率为1的6个地市并不一定是配置效率最优。比如泰安和菏泽科技基础一直比较薄弱，农业科技投入和产出十分有限，二者的DEA数据是低水平的有效；而像济南市聚集了全省70%以上的农业科研机构和65%以上的农业科研人员，农业科技财力资源的绝大部分都分布在济南，而山东省的农业科研框架也大部分产于济南，因此，它的DEA无效不能完全说明济南的农业科技资源利用率低，因为在一定时间范围内，科技投入产出并非对应的，产出往往具有相对滞后性，并且滞后周期也不稳定。

表4　　农业科技资源配置的纯技术效率、规模效率和综合效率

地市	综合效率	纯技术效率	规模效率	排名
烟台	0.867	1	0.867	7
济宁	1	1	1	1
潍坊	0.578	0.720	0.804	10
德州	1	1	1	1
聊城	1	1	1	1
淄博	0.825	0.919	0.899	9
莱芜	0.846	0.885	0.957	8
威海	0.947	0.995	0.953	6
济南	1	1	1	1
泰安	1	1	1	1
菏泽	1	1	1	1
平均值	0.914	0.955	0.953	

3. 农业科技经费投入配置空间差异分析

由于农业科技创新具有很强的社会公益性，所以政府的财政投入极为重要。2014 年，山东财政筹集资金 184.8 亿元，大力支持现代农业发展，切实保障粮食和主要农产品有效供给。为积极扶持带动能力强的农业龙头企业，省财政每年拿出 5000 万元给企业作贷款贴息。对具有较大社会效益和生态效益，不易直接取得市场回报的成果转化项目，政府以无偿资助方式给予支持。政府还对有较高技术水平和后续创新能力，对促进农业和农村经济结构调整及行业技术进步有较大作用，有望形成新兴产业的项目注入资本金；对已具备一定产业化能力，具有良好市场前景，有望形成一定规模、取得一定效益且已落实银行贷款的成果转化资金项目，采取贷款贴息方式给予支持。

但是，农业科研项目的确定和农业科技推广仍然由政府集中决策和推动。农业科研单位中公益性研究和经营性开发交织进行占用了农业科技创新人员的精力。地方政府对农业技术推广的财政支出水平低且呈下降趋势，特别是农业技术推广体系中人均技术总经费和人均推广经费不断下降。地方财政用于农林水的科技三项费用支出还普遍存在着支持力度不够、年度间波动大的问题。

4. 农业科技资源分散度与重复度分析

一是山东省农业科技资源研发领域不均衡。主要集中在传统的大田作物种植业，而对畜牧、水产及特色经济作物研究不足；科研力量主要集中在产中阶段，产前、产后阶段欠缺明显；农业科技研究领域较受重视，中试转化及产业化环节相对薄弱。二是全省农业科技人才资源在地区间分布上不均衡。人才资源集中在东部地区，西部地区偏少且质量较低，东西部地区农业科技人力资源相差悬殊。三是农业科技成果转化率不足。农业科技成果产出量每年上百项，但成果转化率不足 40%，除开发和推广存在不足外，科技成果的应用性较差也提高了转化难度。这主要由于农业大学、科研院所对科研人员现行的考核指标是论文发表量，而不是产品和技术的市场覆盖率。四是农业科技产业创新能力较弱。农业科技产业发展规模小、效益低、经营管理不规范，作为科技创新主体的带动能力较薄弱。五是山东农业科技管理分散而缺乏协作分属不同层级和多个部门，农业科研、教学、推广各自独立，分散度高；政府部门之间以及中央、省级、市级农业科研机构之间缺少科学分工和有效协作，造成农业科研重复率高。

三、存在的主要问题

当前我省农业科技资源条块分割、重复分散，国家、省、市科研机构职责分工不明确，创新研发难以整合，导致投入不能有效集成，研发合力难以形成，已严重制约农业科技整体效率和产业技术水平的全面提升。

1. 创新体系协同效应亟须提高

与世界先进水平相比，山东农业科技创新差距较大，主要集中在高新技术自主创新方面。如生物育种，发达国家已育出转基因植物200余种，并在大田推广应用，我国只有很少几个作物品种实现转基因育种。工厂化设施农业上，在以色列、荷兰、法国、日本、韩国等国家，其设计、建造、运营已形成标准化、系列化、专业化、自动化生产阶段，工厂化设施农业的效益，荷兰亩产值一般在几万至几十万美元，山东为0.5万—2.5万元人民币；与工厂化设施农业相配套的高新技术农业机械水平，山东只相当于20世纪80年代世界先进水平，落后近20年。水资源利用上，以色列水资源的利用率高达90%以上，山东仅为35%—40%；每立方米水生产粮食以色列为2.32kg，我国为0.87kg，山东为1.15kg。从总体来看，山东农业科技进步对农业增长的贡献份额与发达国家占有70%—80%的水平相比差距较大。

2. 农业科技计划缺乏有效衔接

长期以来，我国农业科技管理分属不同层级、多个部门，农业科研、教学、推广各自独立，相互割裂。政府部门之间、中央与地方农业科研机构之间，缺少合理分工和有效协作，农业科研低水平重复。据不完全统计，现有的20多个国家级的农业科技计划，分属多个部门，这些计划之间缺乏长远规划与有效衔接。

3. 农业科技成果转化资金投入不足，制约了成果的转化应用

我省与国内发达省份科技投入强度及国外国家农业科技投入强度相比，我省农业科技投资强度均明显偏低。山东农业研究投资占农业总产值的比值约2‰，为发达国家的1/10。其次是农业科技成果推广经费缺乏，经费来源渠道单一，来源不稳，使推广工作受到影响。2013年，我省农业科研投入占农业GDP的比例仅为0.6%左右，远低于发达国家2%的水平，只相当于发展中国家水平的50%，国内科技投资平均强度的1/3左右。导致我省农业科技投入总量不足的原因，一方面是政府公共财政投入不足，没有建立起政府公共财政农业科技投入的稳定增长机制；另一方面是由于我省农业企业的科技投入很低。

4. 农业科技成果有效供给不足，严重制约了农业科技成果的有效转化

农业科技成果创新与供给是实现成果转化的前提条件。农业科技成果本身

脱离市场需求、整体质量不高等因素导致农业科技成果有效供给不足，严重制约了农业科技成果的有效转化。一是高校和科研机构科技成果大多诞生在实验室中，缺少中间试验环节，技术成熟度不高，造成转让技术的成熟度存在不到位的现象。二是由于部分科研单位科研立项缺乏市场导向，重成果数量而忽视成果转化、重论文而轻专利，导致很多农业科技成果偏离市场需求，市场缺乏高质量的、先进、适用技术成果。三是农业科技成果自身特性导致其有效供给不足。科技成果的研究周期长，而应用周期短，一些农业科技成果产出后尚未及时推广应用就已过时，成为成果的无效供给。

5. 农业科技成果的转化机制运行不畅，也是制约成果转化的重要因素

相对于飞跃发展的产业，山东的农业科研体系一直滞后：农科院所搞科研，良种场来繁育，推广站去推广，种子公司在经营。看似分工明确，实则缺乏利益纽带，很多科研成果流动不起来。产生这种问题的原因：一是农业科研力量部门所有制突出，导致各农业科研机构研究效率低、浪费大。二是在农业系统内，农业产学研脱节，教学、科研、推广之间不协调，农业技术创新过程不畅。科技成果转化率 40% 左右，推广度不足 30% 。

四、凝聚优化山东现代农业科技创新资源的对策

1. 建设农业科技创新体系，激发农业创新能力

以全面推进国家农业科技创新体系和现代农业产业技术体系建设为宗旨，以项目合作为纽带，以新型省级科研院所与大学、省级农业科研机构与地方农业科研机构协作机制为手段，以食物安全、生态安全和农民增收为重点任务，以省级科研院所、大学为主体，联合省内涉农院校、地方农业科研机构及龙头企业，凝聚科技创新资源，产学研相结合，建立山东省现代农业科技创新体系、成果转化平台、技术转化服务等体系，构筑全省现代农业科技创新体系，并使之与国家农业科技创新体系成为有机的统一体。

联合省内重点实验室、工程技术研究中心等各类平台资源，以资源较为集中的济南、青岛两地为核心，建立两个现代农业综合研发中心。以粮棉油、畜牧业、渔业、林果业、蔬菜等产业优势突出的五大区域为重点，建立全产业链五大区域产业研发中心。依托区域内的其他十五地市，建立研发基地，形成“两核五区十五大基地”的科研创新体系（图 1）。

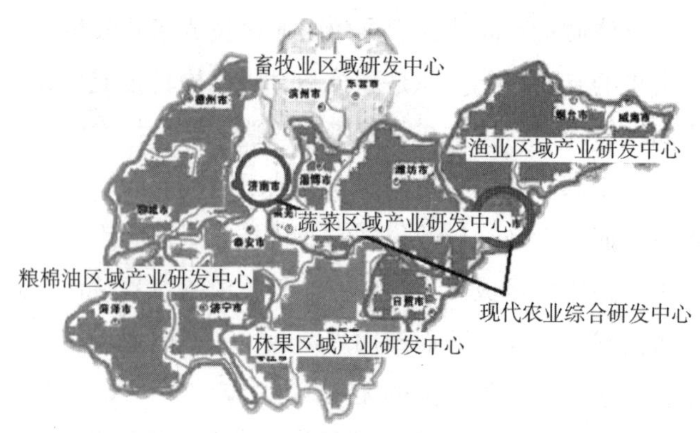

图1 科研创新体系布局

以现代农业综合研发中心牵头，以区域产业研发中心为依托，以十五地市为研发基地，根据区域产业优势，实施科技粮仓、现代种业、区域产业、信息农业、安全监测五大创新工程。通过实施五大工程，逐步建立起以省重点实验室为依托，联合省内科研教学机构，构建长期基础创新为主的（应用）基础研究创新平台。以省工程技术研究中心为依托，联合省内农业龙头企业、科研教学单位、省级示范园区，形成技术集成创新为主的产学研协同创新平台。以地市级实验室或工程技术研究中心为依托，联合农业企业、地方院所和示范园区，形成区域特色创新为主的企业创新平台（图2）。

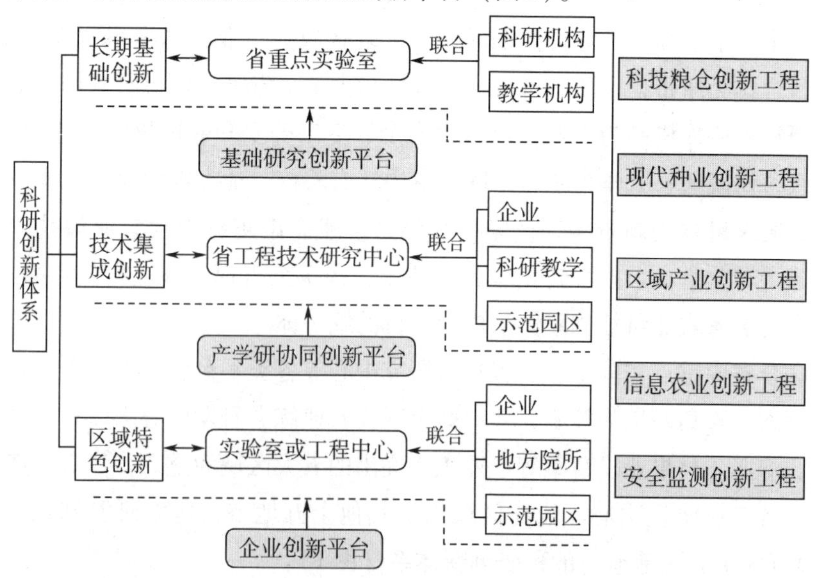

图2 横向联合机制示意图

2. 建立经费稳定长效投入机制，培育农业科技创新团队

通过稳定农业科技创新经费长效投入、进一步优化经费投入结构、创新科技金融等措施，确保农业科技创新经费投入逐步增长，培育科技创新团队。一是采用农业科技创新经费稳定长效投入机制。学习中央财政对中国农业科学院的经费支持体制，走“稳定支持为主、合理竞争辅助”的经费支持机制，创新适合农业科研特点的经费支持方式。在公益类农业科研机构的基础上，按照提高创新能力的要求，设置创新岗位和团队，省地联动配套，定额稳定支持创新岗位和团队，使农业科技投入水平与进入创新型省份行列的要求相适应。二是进一步优化投入结构。根据农业科技研发对经费的需求规律，分类确定基础理论研究、应用基础研究和应用技术研究三部分经费科学的投资额度与比例。以科研创新团队建设及产业技术体系建设为主线，规范和创新经费的投入。在科研基地布局、人才团队组织、科研条件建设上建立协调高效的管理系统，使财政在农业科技投入的效率最大化。三是创新科技金融，吸引社会资本参加，特别是在科技成果的中间试验和商品化环节。加强与银行类金融机构的合作，创新开展农业科技新型信贷产品、质押方式和服务手段。充分发挥省农业科技创业投资公司作用，依托农业科技园区开展农业知识产权质押、农地使用权及农机设施抵押等多种新型投融资方式的试点探索。积极引进海内外有实力的风险投资机构，支持社会资本发起设立风险投资基金、民间资本管理公司和融资租赁公司等金融组织参与农业科技重大成果产业化。加快设立省农业科技产业化基金和土地银行，建立农业科技与金融资本相结合的现代产业投资模式，探索创新土地金融机制。

3. 完善成果转化体系，建立成果快速转化机制

建立农业科技成果产业化开发项目库，定期发布科技成果信息，提供融资信息，开展成果开发前期评估工作。建立和完善科技成果第三方独立评估制度，基础研究成果以同行认可和学术影响为依据；应用性研究成果的评价阶段后移，以技术转移、生产和市场应用实际效果为主。实行科技成果定期发布制度，建立科技成果信息共享平台，实时收集，定期公开。重点依托农业产业技术创新联盟，建设农业科技成果直接转化平台。着力推进产学研紧密结合，集聚优质资源，立足产业技术创新需求开展研发，引入科学、合理、规范的技术成果转化和扩散机制，加快实现产学研合作创新成果熟化和转化。依托农业高新技术产业示范区，建设现代农业创新成果转化示范基地、新兴产业孵化基

地、产业化示范基地，加快实现创新成果的产业化，并通过示范推广和辐射带动，推进我省农业产业结构优化升级。依托农业科技中介机构，建设农业科技成果间接转化的服务平台。大力推进成果转化类农业科技中介机构建设，包括农业科技信息推广传递、农业技术评估、技术咨询、法律服务、仲裁服务、审计服务等机构，促进科研单位创新成果的顺利快速转化，提高科技成果转化率。

4. 创新科技服务体系，保障农业科技服务社会

根据农业科技创新活动的特点，重点加强以农技推广部门为主体的政府主导型农业科技服务体系建设，发挥农业科技成果转化的主渠道作用。发挥农业科研教学机构创新主体在农业科技服务方面的人才成果技术作用，加强市场引导型农业科技社会化服务体系建设。继续推进国家农村农业信息化示范省建设，前期首先开展鲁西北、鲁西南农村农业信息化区域综合示范，完善站点布局，形成区域示范样板。不断创新科技特派员服务模式，探索建立农村信息网、科技特派员和农技推广站一体化发展的“网、员、站”新型农科服务模式。强化技术市场服务农业的能力，推动各类农业知识产权交易市场建设及管理体制的完善。完善农业科技人才发展与激励机制，建立农业科研项目和经费对领军人才的持续支持机制，营造让科研人员安心、全心做科研的环境。引导银行业金融机构创新业务模式，创新业务模式，构建多层次的农业科技金融间接融资体系。推动农业科技保险发展，围绕农业科技企业及研发机构在研发、成果转化、产业化过程中的潜在风险，出台农业科技保险管理办法。

（山东省农业科学院董晓霞、郭洪海、贾春林、董亮）

关于推进我省精准农业发展的建议*

（2017 年 5 月 24 日）

内容摘要：发展精准农业是农业发展的必然趋势。本研究在对国际、国内和省内精准农业发展情况进行综述的基础上，明确提出了我省精准农业科技创新的重点方向，分析了我省精准农业发展存在的主要问题，提出了进一步推进我省精准农业发展的对策建议。

山东是农业大省，粮食产量全国第三，蔬菜、水果、畜产品和水产品产量全国第一，但农业发展面临着资源短缺、污染加重、劳动力成本持续攀升等约束，特别是化肥、农药、水等重要生产要素投入存在有效利用率偏低、浪费严重和施用方式不科学不合理等许多问题。据有关统计：目前我国氮肥当季利用率仅为 30%—35%，每年通过挥发、反硝化、淋失等途径损失的化学氮多达 1200 万—1400 万吨；每年有 100 万吨农药制剂、1 亿吨药液喷洒到农田中，而农药有效利用率只有 10%—30%，远低于发达国家 50% 的平均水平；我国农田灌溉水的利用率平均为 51% 左右，每立方米水生产粮食不足 1.2 千克，仅为发达国家的 1/2。我省大体也处于这样的水平。当前我省正处于由传统农业向现代农业转型、农业大省向农业强省跨越的关键时期，依靠科技创新突破资源环境约束、实现持续发展的需求十分迫切，走利用信息技术、生物技术和工程装备技术发展具有地方特色的精准农业道路，是解决好这些问题的现实途径，对于推动农业供给侧结构性改革、发展现代农业和农民增收也具有重大意义。

---

* 本文为山东省软科学研究项目（编号：2016RZC02001）的研究成果。

一、精准农业的内涵、特点及国际国内发展概况

（一）精准农业的基本内涵

所谓“精准农业”，是指运用包括“地理信息系统、遥感技术和全球卫星定位系统”等在内的信息技术支持，根据空间变异定位、定时、定量实施一整套现代化农事操作技术与管理，从而把科学的精确性引进农业生产过程，达到提高农业生产效率目的的一种新型农业发展模式。其基本含义是根据作物生长的土壤性状调节对作物的投入，即一方面查清田块内部的土壤性状与生产力空间变异，另一方面确定农作物的生产目标，进行定位的“系统诊断、优化配方、技术组装、科学管理”，调动土壤生产力，以最节省的投入达到同等收入或更高的收入，并改善环境，高效地利用各类农业资源，取得经济效益和环境效益。

（二）精准农业的突出特点

精准农业是农业发展的必然趋势和主要方向，是现代农业发展的现实途径和必由之路，具有多方面的显著特点。

第一，能够最有效地提高资源利用率。精准农业技术可以合理地利用每寸土地，充分发掘每一生物个体的生产潜能，充分利用每一单位生产资料的使用价值，达到地尽其力、物尽其用。

第二，能够最有效地降低生产成本。由于它的布局和选项最适合资源特点，可以充分地发挥资源优势，有效地使用生产资料，结构合理、规模最佳，所以单位生产成本能降到最低水平。

第三，能够最有效地节约流通费用。由于讲究经营规模、交易方式和供求时空对接等，所以运输费用、交易费用和仓储费用等都会得到最大限度的降低。

第四，能够最有效地提高产品质量。由于生产投入精准，保证了生物的最佳生长发育状态，从而保证了生物产品的最佳质量状态。

第五，能够最有效地实现农业的可持续发展。对农业生产的布局、规划、投入、产出等都能够精确可控，在此基础上实现生态平衡和可持续发展，可以使农业进入可持续发展的长期轨道。

随着农业机械装备智能化、信息化、自动化技术日益提高和综合运用，精准农业以最少的资源消耗和最优化的变量投入，实现最佳的产量、最优的品

质、最低的农业环境污染和合理的生态环境，必将成为解决制约农业发展症结的“良方”，最终实现农业可持续性发展的目标。实施精准农业是解决农业由传统农业向现代农业发展过程中，所面临的确保农产品总量、调整农业产业结构、提高农产品质量、克服资源不足且利用率低、环境污染严重等一系列难题的有效方式。

（三）精准农业国际国内发展概况

精准农业起源于欧美国家。美国是世界上最早研究与应用精准农业技术的国家。1993 年，美国首次进行精准农业耕种技术试验，用全球定位系统指导农场施肥，其产量比传统施肥方式提高了 15%，并且化肥使用总量减少。2007 年，美国普渡大学的一项调查表明，76% 的被调查者使用了某种精准农业技术，其中有 64% 的人使用了 GPS 导航系统，20% 的人使用了地理信息系统和卫星、航空影像数据，少于 10% 的人使用了 GPS 自动驾驶系统和土壤电导率测定系统。而到 2013 年底，美国农业部发布的数据显示，精准农业已在美国得到普遍发展，其年生产总值 100 万美元以上的农场精准农业技术的使用率达到了 93%，50 万—100 万美元的农场精准农业技术使用率 85% 左右，一些小型农场也开始推广普及精准农业技术。

加拿大多年来致力于依托 GPS 系统开展精准耕作，政府鼓励将 GPS 技术应用于精准农业领域的企业参与导航基础设施建设，提倡民间资本进入导航产业。法国通过基于 GPS 的先进大型农机、自动导航驾驶仪等设备，实现变量施肥、变量施药、变量灌溉等精准作业，提升了农业机械精准作业水平。以色列在对土壤品质及作物生长过程监测的基础上，通过大力发展自动化温室控制技术、节水灌溉技术、精确化的育种开发技术及水肥一体化技术，实现了节水、灌溉与平衡施肥的统一化，节水灌溉率达到 90% 以上，水资源利用率达到了 98%。

我国的精准农业发展起步相对较晚，1999 年黑龙江农垦总局引进了美国凯斯公司 20 台 2366 轴流谷物收获机，其中 1 台安装了精准农业系统，标志着精准农业在我国实施阶段的开始。政府先后在北京、陕西、黑龙江、新疆、内蒙古等地建立起一定规模的试验区，如北京小汤山精准农业开发园区。国家“863 计划”在全国 20 个省市开展了“智能化农业信息技术应用示范工程”。但从总体上看，我国的精准农业仍处于试验示范阶段和孕育发展阶段。

二、我省精准农业发展情况及重要意义

（一）我省精准农业发展情况

我省精准农业发展处于国内较好的地位。近年来，我省围绕特色优势农业产业发展需求，结合国家农村农业信息化示范省建设等重点工作，在全省典型主产区的设施蔬菜大棚、水产养殖场和规模化设施猪、牛、鸡养殖场推广应用了精准农业生产技术，实现生产现场的信息采集、无线传输、智能处理、智能控制，生产效率有了明显提升，经济效益显著。例如，据对寿光市170栋设施蔬菜大棚调查统计，通过使用精准灌溉技术，用水量节省近69%，年可节水1.4万吨；采用精准施肥技术，肥料利用率提高10%左右，年节约化肥资金1.5万元；利用精准施药技术，节省农药用量20%，年节约农药费用1万元左右；水产养殖场通过使用水质在线监控、变量投喂、增氧自动化控制等精准技术，每亩年均增收约1000元，节省20工时，节电约80度，减少用药成本70元；规模化设施猪、牛、鸡养殖场通过采用自动饲喂、电脑环控、远程管理、自动控温、自动清粪等精准技术，节省劳动力60%—80%，饲料利用率显著提高，养殖效益明显增加。

特别是在精准农业科技创新研发方面，我省抓得比较积极主动。随着《国家中长期科学和技术发展规划纲要（2006—2020年）》的发布，我省明确把精准作业与信息化作为农业领域科技发展的优先主题，并列入省重点研发计划、星火计划、农转资金、国际科技合作专项及科研院所技术开发研究专项等的支持，采取多种方式形成“官产学研用”相结合的协作机制，围绕农业精准作业技术、农业物联网技术、农村信息服务技术等方面，突破了一批重大关键技术，研究和开发了一批重大应用系统和产品，取得了一批科技成果，建立了一批不同应用模式的示范区，为精准农业进一步发展提供了有利条件。

（二）我省发展精准农业的重要意义和有利条件

一是大力推进精准农业发展，是我省贯彻中央有关要求的战略选择。党中央提出，要实现“十三五”时期发展目标，破解发展难题，必须牢固树立并切实贯彻创新、协调、绿色、开放、共享的发展理念。这是关系我国发展全局的一场深刻变革，也为我省“十三五”期间农业科技创新指明了方向，即必须大力推进精准农业科技创新，加快转变农业发展方式，从拼资源、拼消耗的粗放经营，尽快转到注重提高竞争力、注重可持续的集约发展上来，走产出高

效、产品安全、资源节约、环境友好的农业现代化道路。

二是大力推进精准农业发展，是我省现代农业发展的内在需要。当前我省正处于由传统农业向现代农业转型、农业大省向农业强省跨越的关键时期，也处于更加依靠科技创新突破资源环境约束、实现可持续发展的新阶段。加快现代农业发展，必须以现代信息化技术、生态化技术、标准化技术为支撑，在山东优势农业领域打造一批处于国际先进水平的精准农业绿色发展模式，最大限度挖掘耕地生产潜力，实现种、肥、水、药等农业生产要素的高效利用，减少浪费、提高效益、保护环境，提升农业现代化水平。

三是大力推进精准农业发展，是我省农业应对激烈国际竞争的重要举措。面对国际国内区域经济一体化发展趋势，我省农产品价格“天花板”封顶、生产成本“地板”抬升、资源环境“硬约束”加剧等严重影响了农业的国际竞争力。要再创农业科技新优势、提高核心竞争力，必须充分吸收国内外精准农业先进技术成果，创新出技术集成度高、资源利用集约、产业支撑有力的精准农业技术体系，实现农业全产业链的数据化、在线化和精准化，从而在实施“一路一带”等国家对外开放战略中占据先机和竞争优势。

四是大力推进精准农业发展，我省具备良好的信息化基础条件。我省作为全国第一个“国家农村农业信息化示范省建设”试点省份，在农业信息化基础设施、创新平台、人才队伍、服务体系、应用示范等方面都取得了一定进展，水肥一体化技术成就了山东寿光“世界蔬菜区域优势中心”、渤海粮仓科技示范工程大数据平台等，为农业生产提供了及时有效的数据支撑，这些都为大力发展精准农业打下了坚实基础。

三、我省精准农业发展的科技创新重点

根据我省农村人口众多、耕地条件地区间差异大、经营规模小等情况，在借鉴先进经验的同时找准切入点，研究我省精准农业科技创新的重点，成为当务之急。今后一段时期内，我省开展精准农业科技创新的重点方向应主要包括以下七个方面：

（一）建立精准农业理论支撑体系

以我省主要粮食作物、设施蔬菜、果树等为对象，研究表征参数、农学参数的单一信息和多源信息的获取方法，明确水肥药供应与利用的量化关系，提出农田尺度和区域尺度水肥药推荐标准，建立作物生长发育过程的信息探测理

论体系。解析农业水、土、肥、气、病虫害等信息的先进传感机理和农田信息机载快速传感机理，建立精准农业信息获取和解析智能化装备研发的基础理论支撑体系。优化基于北斗卫星导航系统的多双频双模 RTK 与惯性传感器高精度组合定位定向、路径规划与智能避障技术，建立基于北斗的农机装备自动驾驶控制基础理论支撑体系。

（二）信息精准处理与决策技术研究

以我省主要粮食作物、设施蔬菜、果树等为对象，研究温、光、水、肥等生长环境信息快速采集技术；研究作物水分胁迫指数、氮素/色素、叶面积和作物长势等农学参量的快速感知技术；研究基于机器视觉、光谱成像的病虫害信息获取技术；研究智能装备作业信息实时获取技术；研究基于无线传感器网络的大田作物信息传输技术。建立作物生长环境、长势、营养和收获等状况的大数据中心，进行大数据分析处理，建立精准农业作业决策模型，构建信息快速低成本获取—精准决策—农机调度—变量作业—精准统计各环节有机衔接的精准农业信息服务云平台，实现主要粮食作物、设施蔬菜、果树信息的精准测量与管理。

（三）精准耕种控制技术研究

根据主要粮食作物、设施蔬菜和果树种植需要，开展土地平整、精量播种智能化和标准化作业技术研究；开发土地精细平整装备智能化控制系统，研发多功能、智能化的高效土地精细平整装备；研发适于精准播种的作物品种，开发播种作业速度精确检测技术装置，研究精量播种和种肥同播技术与装备。重点研究基于北斗卫星定位系统的农田作业机械导航控制技术与装备，开发农用辅助导航监视系统和基于多传感器融合的农机调度系统。

（四）水肥药精准施用技术研究

围绕主要粮食作物、设施蔬菜和果树田间精准管理，研究精准施肥、精准灌溉、精准施药等智能控制关键技术与标准；研究基于作物长势的养分需求在线精准检测技术，开展生物肥、缓释肥、水溶肥等系列肥料智能化施用技术装备研制，集成创新水肥一体化技术与装备；研究对靶精准施药与农用植保无人机技术及装备，创建无人机在农业植保领域的应用模式；研究以鱼菜菌共生等典型设施蔬菜种植模式条件下的精准管理技术；研发实时传感系统和农田作业智能装备，建立生产环境空间信息数据管理系统。

（五）专用肥料和种业研发创新

发展精准农业，不仅需要有雄厚的技术支撑，而且还要有配套的品种和专用肥料。因此，要深入实施现代种业提升工程，加强种业创新基础理论和关键技术研发，加快培育一批适用于我省精准生产的专用肥料和品种。

（六）精准农业装备技术研究

提升我省精准农业装备水平，以引导精准农业机械智能化为导向，建立健全农机农艺融合机制，通过优化提升、研发智能农机装备，实现关键和薄弱生产环节精准农业技术突破。同时，注意引进国内外先进的智能机械，进一步提高农业机械装备水平，加快我省的精准农业实施步伐。围绕主要粮食作物、设施蔬菜和果树的丰产丰收，研究大田作物精准收获、精准测产和测产实时精准报送技术，研发采收环节典型机具作业过程智能监测技术装置，构建农机物联网服务平台。研究设施蔬菜和果园生产的小型智能移动装置，集成组装适合不同生产规模条件的套袋、采摘、分选、分级等智能化标准化技术与装备。

（七）精准农业技术模式示范

选择信息化水平比较高、机械化生产条件较好、有一定生产规模的地区，进行主要粮食作物、设施蔬菜、果树等精准作业技术的集成与应用，开展适合不同区域特点、不同生产规模的精准农业应用模式示范。建立主要粮食作物、设施蔬菜、果树、畜禽、水产等我省优势农业产业的精准生产系统的全程技术试验区、核心技术示范区和关键技术辐射推广区。通过典型示范，打造形成一批适合我省主要粮食作物、设施园艺、畜禽水产等产业特点的精准农业模式，如手工劳作式初级精准农业模式、现代化设施型精准农业模式、以分散农户为主的精准农业模式等。同时，要根据省情特点引进精准农业技术。精准农业不是一个固定不变的技术体系，要坚持引进与现有技术设备相结合，推进集成创新和引进消化吸收再创新，如以以色列、荷兰为代表的小型工厂化精准农业、新西兰的数字农业模式等，要因地制宜、循序渐进地提升精准农业水平。

四、我省精准农业发展面临的主要问题

（一）各类主体间协同创新机制不完善

精准农业技术创新与示范应用是系统工程，需要官产学研等协同推进。目前不同科研创新与应用主体间还缺乏比较成熟的协同创新机制，各自为战、重复研发的现象普遍存在，高效协同的创新团队相对缺乏，影响了精准农业技术

创新的针对性和实用性，示范应用没有达到预期效果。

（二）专业技术人才引进和培养力度不够

精准农业科技创新涵盖多个研究领域，需要从事研究应用的科技人才需要具备多方面专业知识。而目前我省既懂“三农”又懂精准农业技术的复合型人才比较缺乏，大专院校相应学科的设置和人才培养力度也不够，导致专业技术人才相对不足。

（三）有效的成果转化和推广应用模式缺乏

精准农业科研与产业有效对接的机制及成果快速转化的渠道还未建立，精准农业社会化服务体系不完善；精准农业智能化装备和大型机械成本较高，适合于农村的多功能、实用性和易用性的技术设备严重缺乏，应用范围不够广泛，大部分停留在典型示范阶段，加上受观念等因素影响，精准农业技术对农民增收的显示度不高。

（四）存在较多的共性制约因素

精准农业发展同时也面临一系列制约因素。一是成本因素，精准农业应用过程中会在农场产生额外的费用，被农民认为是过度消费，尤其是在以家庭为单位的生产模式和产品价格比较低的时候。二是农艺因素，在大多数情况下精准农业的快速发展受益于农艺水平的提高，但配套农艺技术缺乏，成为重要障碍。三是技术因素，国内精准农业技术设备大部分依靠国外进口，专用肥料和作物品种的开发也依赖国外。四是传统因素，我省地形条件复杂，农田类型多样，农业机械化技术水平、土地利用率、集约化程度、综合生产力等方面都与发达国家相比有较大差距，且在相当长时期内仍然是以农户为单位的小块耕作。五是条件因素，农村基础软硬件设施很不健全，难以满足精准农业的相关要求。农田有效灌溉面积不足，中低产田比例高，农村青壮年农民文化程度低。

五、进一步推进我省精准农业发展的建议

围绕深入贯彻落实中央和省委、省政府关于农业现代化发展的一系列文件要求，我省应当以农业发展的重大需求为导向，以实施新旧动能转换重大工程为契机，以攻克资源环境约束技术难题为重点，以实现农业生产全过程精准化控制为目标，通过创新机制、整合资源、组建创新团队，典型示范、梯次推进，依靠科技创新的“裂变”来促进我省精准农业的发展，进一步提高农业

生产效率，提升农产品质量，打造安全、绿色的精准生产模式，加快山东农业向高端高质高效发展和转型升级。为此，提出如下建议：

（一）做好顶层设计，创新金融支持政策和投入机制

应从全局高度出发，做好顶层设计，研究制定全省精准农业发展规划，健全财政投入稳定增长机制，坚持以政府投入为主体，并通过税收、价格政策引导社会资本投入精准农业科技创新。优化农机购置补贴政策，完善节水奖励和精准补贴机制。完善信贷支持政策，加大农业保险保障力度，对实行精准农业的大规模高标准农田、先进装备、设施农业贷款予以财政贴息支持。各地应因地制宜制定本地推进精准农业发展规划或实施方案，建立组织协调机制，探索将“农业灌溉用水总量基本稳定，化肥、农药使用量零增长，畜禽粪便、农作物秸秆、农膜资源化利用”等纳入绩效考核指标体系，鼓励各地进行精准农业科技创新和精准农业技术的推广利用。要充分发挥规划引领作用，引导各类市场主体团结协作，积极参与精准农业科技创新，优化资源配置，形成齐抓共推的强大合力。

（二）明确需求导向，组织开展精准农业关键领域创新

坚持市场主导，面向产业需求，突破重大关键技术和共性技术。一是建立完善农业科研立项制度和以产业需求为导向的科研立项机制，鼓励科技人员通过技术入股的形式，创办涉农科技型企业等生产经营主体。二是加强关键技术节点的衔接研究，推进产业链与创新链的整合。三是对接产业技术支撑体系。建立产业技术支撑研发体系，并与国家产业技术体系对接，实行产业配套、技术集成、市场运作相结合，建设农业产业链技术支撑。四是发展科技金融。积极完善金融资金支持精准农业科技创新的政策措施，探索社会资金投入创新的机制。五是围绕农业转型升级，运用跨界、融合、创新、共享的互联网思维，促进信息技术在精准农业各环节、各行业的应用。

（三）加强政策引导，不断完善科技创新管理机制

持续的投入、技术的进步、人才的储备是精准农业科技创新的不竭动力。一是要加强政府引导，强化精准农业科技创新与服务，促进科技成果转化；二是要加强协同创新，推进产学研、农科教紧密结合，探索科研与创新并重、创新创业一体化的科技创新管理机制，引导围绕精准农业创新体系建设开展科学研究、技术创新和市场应用。以科企联合研发为抓手，搭建科技创业孵化和技术交易等平台，加大精准农业领军人才和创新团队培育力度，提高科研效率和

效果。

（四）完善推广机制，支持精准农业技术的规模应用

精准农业科技创新的最终目的就是要将精准农业科技创新成果转化为实实在在的生产力。要强化政府引导和政策扶植力度，探索建立多元化的市场投入机制；构建手段先进、灵活高效的新型农民培育体系，加强精准农业人才培育，努力打造一支懂技术、会经营的新型职业农民队伍；加强宣传培训，推广精准农业发展的成功模式和典型经验，展示精准农业模式助农惠农的新成果，在基层营造了解、支持、应用精准农业技术的浓厚氛围；加强基层推广队伍建设，面向农户、地块、村、乡（镇）和县域等不同层次的用户，建立精准农业技术推广服务网络；鼓励种养大户、家庭农场大胆引进成熟的精准农业技术模式，不断创新完善，形成适合各自特点的新模式，不断提高精准农业生产水平。

（五）实施示范工程，打造精准农业科技创新示范平台

大力推动实施山东精准农业科技示范工程，发挥专家咨询和政府引领等作用，有效聚集创新要素和资源，建立协作攻关体系，选择龙头企业、农民合作组织、家庭农场等市场载体建立示范园区。发挥精准农业示范区引领作用，率先突破制约精准农业发展的体制机制障碍，率先实现基础设施完备化、技术应用集成化、生产经营集约化、生产方式绿色化、支持保护系统化，探索农业资源高效利用、生态修复保护、突出问题治理、循环农业发展等模式。在试验示范的基础上，首先将试验示范工作扩展到大型农场、家庭农场和小型农户，特别要注重在小型农户中推广实施精准农业的概念和方法，进一步探索规律和积累经验，分阶段地将精准农业技术及经验向全省推广。同时，配合特色小镇建设，大力提升我省精准农业的发展层次。

（山东省农业科学院孔庆富、阮怀军、崔太昌、封文杰、郑纪业、赵泉）

农业品牌化推动区域经济发展研究报告*

（2017年8月2日）

内容摘要： 本文阐述了农业品牌化的内涵及农业品牌化与推动区域经济转型升级、供给侧结构性改革、提升地方形象的协同关系；提出了“全域形象品牌”的概念；明确了实行梯次推进、抓好宣传营销、强化科技创新、做大做强龙头企业、形成品牌创建合力等加快山东农业品牌化发展的路径和策略。

农业品牌化建设是实现农业现代化的核心标志和现实途径。今年2月，《中共中央、国务院关于深入推进农业供给侧结构性改革加快培育农业农村发展新动能的若干意见》，明确提出“推进区域农产品公用品牌建设，支持地方以优势企业和行业协会为依托打造区域特色品牌，引入现代要素改造提升传统名优品牌”的要求。为了积极贯彻落实这一要求，农业部已将2017年确定为“农业品牌推进年”；山东省第十一次党代会也把推进农业品牌化建设列为实行新旧动能转换、加快农业现代化发展的重要举措，推进山东农业品牌化建设进入了新的发展阶段。

一、农业品牌化及其与区域经济发展的协同关系

（一）农业品牌化的内涵

农产品品牌化是农产品特色化、标准化、科技化的过程，凝聚着生产者的辛劳，管理者的智慧，营销者的情感，消费者的向往。狭义的农业品牌化就是农产品的品牌化，而广义的农业品牌化则是农业全区域、全品类、全产业链的品牌化，除农产品品牌化外，还包括农业投入品品牌化、农业服务的品牌化、

* 本文为山东省软科学项目（编号:2016RKA13002）研究成果。

休闲农业品牌化等。全域农业品牌化是一个系统工程，是将传统自然经济中的小农经济改造成现代农业市场经济中大规模商业性农业的过程，是农业经营面向市场提高溢价能力和竞争力的重要途径，是将自然优势、资源优势、产品优势转变成经济优势的重要途径，是农业规模化、标准化、产业化、科技化等落地的重要手段，是推动特色农业提升、区域经济发展的必然选择。加快农业品牌化建设，是实现山东农业大省向农业强省跨越的战略选择。

（二）农业品牌化与区域经济发展的协同关系

农业品牌化与特色优势产业提升。特色优势产业是农业品牌化的基础，农业品牌化有利于农业特色产业的规模化和农业产业的调整，有利于特色优势产业提升和加快区域农业经济的发展。农业产业的发展取决于它的市场竞争力，市场竞争力又取决于农业产业有无特色优势，农业产业特色优势最终又落实到农业品牌化上。各地经验证明，农业品牌化与特色优势产业提升是相互促进协调发展的关系，是提高市场竞争力的重要措施。

农业品牌化与农业供给侧结构性改革。农业供给侧结构性改革的关键是通过提升价值链来提高农业经济增长质量和效益，达到与需求侧相适应的水平。农业价值链是农产品的研发、生产、品牌、营销、回收等价值环节构成的一系列价值活动的过程。品牌是农业价值链升级的核心环节，是引领农业供给侧改革、改造提升传统动能的重要抓手。农业产业发展目前不同程度上存在供给侧与需求侧不相适应的问题，农业的发展也要由生产的导向转变为市场导向和消费导向，品牌是消费者选择农产品的一个标志性指标，也是对农业提供产品的认可度。农业品牌化对推进农业供给侧结构性改革发挥了重要作用。

农业品牌化与农产品质量安全。习近平总书记曾经指出“要加强品牌建设，积极争创名牌，用品牌保证人们对产品质量的信心”，深刻阐明了农业品牌化与农产品质量安全的关系。要实现农业品牌化必须抓好农业标准化建设，整合区域品牌农产品标准，做到质量有标准，过程有规范，销售有标志，市场有检测。企业、合作社通过创品牌，倒逼产品质量安全水平提升。农业品牌化被赋予了既规范生产经营，又引导消费需求的双重责任。加快推进农业品牌建设，可增加绿色农产品供给，是政府管控农产品质量安全的重要抓手，是提升农产品质量，建立消费者信誉，确保需求侧消费安全的重要途径。

农业品牌化与一二三产业融合发展。农业品牌化可以促进多类型的产业融合方式发展，对加快农业结构调整、促进农业产业链延伸、开发农业多种功能、发展农业新型业态、加快建立现代农业产业体系等具有多重作用。农业品牌化促进多元化的农村产业融合主体培育，促进产业链和农户利益联结模式的创新。实践证明，农业品牌化是促进一二三产业的融合发展的重要路径，加快农业发展新旧动能转换的重要抓手，既解决了生鲜农产品打造品牌难的问题，又延长了产业链，培育壮大农业“新六产”，能够有力的促进农业农村经济的发展，给农民带来巨大的经济效益。

农业品牌化与增强地方经济实力及形象提升。农业品牌化具有促进地方经济和政府实现农业管理目标的独特功能。地方经济的发展和政府对农业的管理目标是保障消费者健康、农民增收、提高农业整体发展水平。农产品区域公用品牌反映一个地方农产品在国内外的整体形象和认知水平，塑造农产品区域公用品牌，能够有效提高农业企业提供优质安全产品的自觉性和积极性。通过农业品牌化的推进，能够带动区域经济整体升级，有力促进地方经济的发展，同时也大大提升了地方形象。

二、农业品牌化的发展阶段与品牌架构模式

（一）农业品牌化的发展阶段

综合分析全国各地农业品牌发展的历程，我们认为农业品牌化的发展需要经过三个阶段：一是奠定农业品牌基础发展阶段。该阶段主要是实施农业产业化，通过规模化、标准化、科技化等提高产量和品质，重点发展农业产业化龙头企业、开展农产品基地建设和农产品流通体系建设。二是特色优势农产品品牌发展阶段。该阶段主要是增强品牌意识，开展农产品品牌建设，将特色优势农产品打造成地理标志品牌，采取特色优势农产品区域公用品牌 + 企业产品品牌的模式，实现特色优势产业品牌化，培育一批农产品企业产品品牌。三是全域农业品牌化发展阶段。该阶段通过创建全域形象品牌，引领区域产业品牌、企业产品品牌发展，做大做强品牌农业，培育一批知名农产品品牌，实现一二三产业融合发展，实现全域农业品牌化。

（二）农业品牌架构模式

母子品牌架构模式。农产品品牌与工业产品品牌不同，农产品具有鲜明的地域特色、文化特色等品牌元素，区域公用品牌是农产品的品牌特色。目前在特色优势农产品产业上，各地普遍采用“区域公用品牌 + 企业产品品牌”母子品牌架构。如烟台苹果、胶州大白菜、平邑金银花等品牌建设都采用了母子

品牌架构模式。

农产品全域形象品牌模式。在一个较大的区域，特色资源丰富，产业门类多，没有一个占绝对优势的产业能够代表整个区域的农产品，这种情况下如何打造强势区域公用品牌成为地方政府品牌创建的一个重要课题，我省进行了积极的实践探索。如山东省推出了“齐鲁灵秀地品牌农产品”省域农产品公用品牌；临沂市探索形成了包括“整体品牌形象、区域公用品牌、企业产品品牌”在内的“三牌同创”模式，推出了“产自临沂”农产品整体形象品牌；聊城市也推出了“聊·胜一筹”等市域农产品公用品牌。我们把这些全区域、全品类、全产业链的区域公用品牌称之为“全域形象品牌”。全域形象品牌在推进农业品牌化中具有重要作用。在提升特色优势农产品品牌方面，可在继承母子品牌架构的基础上发展为“全域形象品牌 + 区域产业品牌 + 企业产品品牌”的“三牌协同架构”模式。

三牌协同架构模式。“全域形象品牌 + 区域产业品牌 + 企业产品品牌”的三牌协同架构模式，是对传统母子品牌架构模式的创新和发展。在模式运行中，应合理定位全域形象品牌、区域产业品牌、企业产品品牌的作用，达到相互促进、共同提升的效果。全域形象品牌与区域产业品牌都是区域公用品牌，既有共同点，也有不同点。共同点是区域内共有的、统一的，能够为企业产品品牌做形象背书，不能单独作为产品商标使用，只能和企业产品商标共同使用；不同点在于，全域形象品牌具有引领作用，能够覆盖整个地域，可以在很大程度上代表地方形象；区域产业品牌主要作用是背书，只能覆盖本产业的部分区域，可促进地方形象提升。因此，对全域形象品牌与区域产业品牌进行功能区分、合理定位是非常必要的。全域形象品牌作为引领，区域产业品牌作为背书，而企业产品品牌是最重要的主体，全域形象品牌和区域产业品牌，都是通过产品品牌来创造效益，一切都应为产品品牌来服务，因此需要三种品牌相互促进、相互支撑。

三、加快推进山东农业品牌化的路径和策略

立足山东省农业品牌化发展的实际，针对当前存在的农业品牌龙头企业实力不够强、品牌农产品特色不够鲜明、整合传播的力度不够大、社会各方的协同度不够高的问题，加快山东省农业品牌化必须从以下几个方面发力。

（一）政府重视，梯次推进

品牌是推进农业产业转型升级、供给侧结构性改革、新旧动能转换的最好抓手，产业化、标准化、外向化、科技化等，最后都要通过品牌化来落地。应当进一步提高对农业品牌化重要性的认识，加大品牌战略的实施力度，把农业品牌化作为新旧动能转换重大工程的重要内容和率先实现农业现代化的重要举措来抓，真正做到省、市、县三级联动，政府、协会、企业三方联动，切实解决上头热、下面凉，政府热、企业凉的问题，让基层政府、龙头企业进入到农业品牌化战略中来，按照农业品牌化的发展阶段，循序渐进，梯次推进，制定切实可行的实施方案，采取有力措施认真抓好落实，积极稳妥推进农业品牌化进程。

（二）搞好顶层设计，提升农产品品牌价值

搞好顶层设计是价值提升的基础。“好客山东”做得非常好，在全国旅游行业树立了一个典范，主要就是顶层设计的好。从农产品品牌价值构建来看，品牌价值的内涵主要有品种、品质、品位三个方面，外在表现集中体现在LOGO（标识、标志、徽标）设计上。挖掘农产品品牌价值，搞好农产品品牌规划，需要专业的人来干专业的事，做好文化挖掘、LOGO设计、广告语确定、营销传播等，确保一经推出即能引起轰动。山东省农业资源丰富、文化资源丰富，形成了一大批独具特色的地理标志农产品，今后要在创造差异化、挖掘文化价值、品质管控、诚信经营方面下功夫，讲好“哪里种的、怎么种的、谁来种的”农产品品牌故事；注意整合同一区域相同产品的区域产业品牌，避免小而散，形不成规模，组织有关协会和企业集中力量培育区域产业特色优势品牌，打造有影响力的知名农产品区域公用品牌、知名农产品企业品牌，提升山东省农产品品牌在国内外的美誉度、知名度。

（三）推广“三牌协同”架构模式，优化区域公用品牌运营模式

充分发挥区域公用品牌作用，对于促进山东省农业品牌化建设具有重要意义。目前山东省除省里发布了“齐鲁灵秀地品牌农产品”整体形象品牌外，临沂、聊城、淄博、潍坊已相继发布了全市范围的全区域、全品类的农产品全域形象品牌，济宁、泰安等市也已聘请专业机构正在策划中。根据近几年实践和研究，我们认为实施“全域形象品牌+区域产业品牌+企业产品品牌”三牌协同架构模式，是当前加快农业品牌化发展的最佳模式。该模式区域范围适宜，便于运作，可较好发挥产地特色优势，有利于调动市、县区、企业积极

性。市级层面负责全域形象品牌打造，引领市域农业品牌化发展；县级层面负责区域产业品牌打造，支撑全域形象品牌提升，背书企业产品品牌创建；企业层面作为品牌建设的主体，负责产品品牌创建，在全域形象品牌、区域产业品牌的引领背书下加快发展。

（四）抓好品牌农产品宣传营销，提升农产品品牌影响力

山东省区域公用品牌虽然很多，但在整合方面力度不够，存在小而散的问题。比如临沂茶叶只有7万—8万亩的种植面积，仅农业部地理标志农产品登记的就有沂蒙绿茶、莒南绿茶、临沭绿茶、沂水高山绿茶4个，每个品牌规模体量都很少，缺少整合，哪个品牌都打不响；在传播方面，缺乏统筹规划，各地多为碎片化的广告宣传，没有将电视媒体、平面媒体、新媒体统筹进行协同宣传。要进一步加大整合传播的力度，重点做好本地的传播和外地主销城市的传播，传播与营销紧密结合起来。在品牌农产品的营销上，建立完善营销体系，实行线上线下统筹，大力发展新业态，做好专卖店、专柜，同城配送，会员制、电子商务等营销。

同时，适应社会生活发展的新变化，结合全域旅游和电子商务，注重加强农产品品牌公众场所的宣传推介力度，通过制作形象宣传片、品牌推介刊物、产品宣传册、农业观光采摘路线图、多功能展示屏等，在机场和车站、宾馆和旅游景点、政府办公大楼和各类文化服务场地进行广泛宣传，宣传的产品可以在线咨询、购买，提高品牌农产品的知名度，拓展品牌农产品的营销渠道。要规划建设全域形象品牌农产品社区连锁店，加强冷链保鲜等基础设施建设，搞好合理布局和管理，使之成为地方品牌农产品宣传推介的平台、仓储配送的平台、市场销售的平台。

（五）强化科技创新，为农业品牌化提供有力支撑

科技创新是农业品牌化的基本特征。大规模的应用现代农业科技成果是打造农产品知名品牌的动力和源泉。在农产品品牌化经营过程中，从种苗的培育到产品的生产，从农产品的加工、包装到销售，各个环节都需要相应的科技创新支持。

科技创新是农业品牌化的重要支撑。通过科技创新创造特色、提高品质、降低成本、树立诚信是提升农业企业品牌产品竞争力、价格竞争力、市场竞争力的有效途径。实施农业品牌化，必须建立科技投入、科技人才、科技平台、科技信息、科技产品“五位一体”品牌科技创新支撑体系。加强

特色品种资源的保护利用与新品种的培育，培育出既保留原有产品的优良特性，还能够在口感、营养等方面满足消费者与时俱进的需求的优良品种。加强农产品保鲜加工的研究，建立生鲜农产品物流保鲜技术体系，对传统农产品进行加工工艺改进注入现代元素，对初级农产品进行精深加工研究，开展主要农产品高值化加工与综合利用关键技术与示范，形成一批农产品价值提升的关键技术和特色产品，满足消费者多元化的需求，提高品牌农产品的附加值。加强农业标准化技术研究，制定特色农产品分等分级标准，提高农产品品质。加强农产品质量安全追溯技术研究，建立品牌透明的农产品质量安全追溯体系。

（六）加大农业品牌创建主体的扶持力度，做大做强龙头企业

从各地情况看，从事农产品产销的企业往往都是中小企业，经济实力比较差，创建农业品牌的龙头企业实力不够强。产品品牌或者说商品品牌是个薄弱环节，真正能够在全国叫得响的还很少。山东省的农产品区域公用品牌在2016年浙江大学CARD中国农业品牌研究中心开展的价值评估中进入百强的有20个，主要集中在果品、蔬菜、水产品等，应该说特色优势产业公用品牌建设成就是非常显著的，但在很多产业中具体产品的企业品牌、商品品牌真正知名度很高的还太少。如何做大做强品牌建设主体已成为当前加快农业品牌化的重大瓶颈问题，只有品牌建设主体做强了，产品品牌才能做强。省里应出台行之有效的措施，加大扶持力度，加强指导服务，切实帮助解决企业品牌创建过程中遇到的问题。

（七）政府、协会、企业协同，形成品牌创建合力

农业品牌化建设是一个系统工程，推进难度大，需要政府、协会、企业及社会各界的共同努力。当务之急是实施推进农业品牌化建设“三长工程”：即“政府行政首长、行业协会会长（或品牌运营公司董事长）和企业董事长”，三方缺一不可。作为政府，应发挥品牌建设的主导作用，发改、财政、质监、工商、科技、农业等部门各负其责，建立促进农业品牌化的政策体系，制定财政、金融扶持政策，完善科技创新服务体系，健全工作评价体系、诚信体系和奖惩体系，强化产业链营销体系建设，重视农业品牌人才的引进和培养，为农业品牌化发展保驾护航。作为行业协会，应发挥品牌建设的主办作用，要发挥行业组织、行业协调、行业服务、行业自律的职能，强化区域产业品牌建设，委托品牌运营公司来运作区域公用品牌，助力企业

产品品牌建设。作为企业，应发挥品牌建设的主体作用，董事长要有做百年企业的长远意识，把培创品牌作为自觉行动，舍得在品牌上投资，落实品牌策划、品质管控、营销推介等各环节工作，发扬工匠精神，久久为功，做大做强企业产品品牌。

（“农业品牌化推动区域经济发展研究”课题组周绪元、卢勇、解辉、孙伟、张永涛、周楷轩）

培植扶贫生产力是实现精准扶贫的有效途径*

（2017 年 11 月 30 日）

内容摘要：实现精准扶贫，关键靠发展生产力。本文在回顾我国扶贫工作发展历程的基础上，初步提出了“扶贫生产力”的概念；分析了扶贫工作不同阶段扶贫生产力要素培植的特点；并且围绕实现精准扶贫的需要，提出了培植扶贫生产力的对策措施，包括精准推进产业发展、建立扶贫生产力保障机制等，试图以新的视角为精准扶贫工作提供参考。

贫困是个相对的概念，只要一定范围的群体内收入存在较大差异，贫困现象就会现实地存在着，而扶贫的目的就是不断缩小收入差距的过程，缩小收入又取决于产出与市场供求情况，直接受生产力发展水平的影响。因此，不论从理论上还是从实际上来说，扶贫工作的过程就是不断提高生产力水平的过程；而提高扶贫生产力则是彻底消除贫困的有效途径。

一、我国扶贫工作的过程就是不断优化配置扶贫生产力要素的过程

我国扶贫工作的重点始终在农村，在经济、社会发展的不同阶段贫困有着不同的特点，确认贫困的方式、扶贫政策及扶贫方式也在不断地发生变化，但无论如何变化都是始终适应扶贫工作不同发展阶段的特点，推进扶贫生产力要素配置日益集中。

（一）扶贫工作初期阶段，扶贫资源主要集中用于连片贫困地区

我国开展大规模的扶贫工作是在 20 世纪 80 年代中期，当时，由于贫困地区规模较大，往往呈现老少边穷地区大面积连片贫困特点，为了提高扶贫生产

---

* 本文为山东省软科学项目（编号：2016RZB01007）的阶段性研究成果。

力要素的使用效率，自1986年开始，我国实施了以县为单位的扶贫工作总体部署，1988年确认了370个国家级贫困县，在1994年制定《国家八七扶贫攻坚计划》时又调整扩大为592个，70%的扶贫资金用于贫困县的建设。

（二）扶贫工作中期攻坚阶段，适时缩小扶贫资源的配置区间，扶贫重点转向贫困村庄

进入21世纪，随着我国贫困人口规模的不断减小，农村贫困人口分布呈现出“大分散、小集中”的新特点。贫困人口分布由向扶贫开发重点县区集中向更低层次的村级社区集中，2001年，国定贫困县的贫困人口占全国贫困人口比例下降到61.9%。针对新时期贫困的这一特点，2001年国家开始实施扶贫对象村级瞄准机制，在全国确认了14.81万个贫困村作为扶贫对象和扶贫工作的重点开展空间，进行农村扶贫综合开发，强调以村为单位调动农民参与的积极性。这些重点村占全国行政村总数的21%，分布在全国1861个县（区、市），覆盖了全国80%的农村贫困人口。

（三）扶贫工作后期阶段，扶贫资源趋向精准配置，开始逐步向贫困人口倾斜

进入21世纪，经过10多年的村级瞄准机制扶贫，扶贫资源得到充分利用，贫困人口进一步减少，贫困人口呈现出插花式的分布。针对这一状况，2013年11月3日，习近平总书记在湘西土家族苗族自治州调研扶贫攻坚时，提出“精准扶贫”理念，强调扶贫工作要“实事求是、因地制宜、分类指导、精准扶贫”，并指出“抓扶贫开发，既要整体联动、有共性的要求和措施，又要突出重点、加强对特困村和特困户的帮扶”。2013年12月，中共中央办公厅、国务院办公厅印发《关于创新机制扎实推进农村扶贫开发工作的意见》（中办发〔2013〕25号）部署当前和今后一个时期，扶贫开发工作思路，明确要求建立精准扶贫工作机制。特别是随着2015年11月中央扶贫开发工作会议的召开，标志着我国建立精准扶贫工作机制在全国正式启动实施，扶贫工作实现了由以贫困村为对象扶贫具体到以贫困户为对象扶贫，走上了精准扶贫之路。

扶贫工作不同阶段扶贫对象确认的瞄准范围的逐渐缩小，一方面说明我国贫困人口在减少，另一方面也说明，在扶贫工作中逐渐发现要将扶贫对象精准确定下来，才能有的放矢地充分利用扶贫资源。将帮扶对象最终精确到户可以明确致贫原因，以便通过扶贫资源实现生产力要素的科学、精准配置来形成与提高个别生产力达到精准脱贫。扶贫中既要给予无劳动能力贫困人口以直接的

经济扶贫——授之以鱼、雪中送炭，又要特别注重培育贫困人口自身的劳动能力、发展能力——授之以渔，用有限的扶贫资源有效形成扶贫生产力。精准了致贫原因就可以采取有针对性的措施，如通过市场挖掘确定劳动对象，通过技术培训提高劳动者的劳动能力，通过提供资金等增加其劳动资料的占有。总之，通过精准、科学的资源配置，使得生产力要素得到时间、空间、数量、质量上的充分协调与精准组合，从而提高生产力，实现脱贫目标。

二、培植扶贫生产力关键在于精准推进产业发展

产业是扶贫生产力的物质载体和实现形式，我国已经形成了以产业为依托，将贫困人口纳入产业链中，使之从产业发展经营中获利以摆脱贫困的方式。产业扶贫适应了经济学的基本原理，只有劳动投入到生产过程中才能创造出价值，也只有符合市场经济规律才能真正实现产业扶贫造血功能的效果。而要真正实现这一要求，选准产业发展之路，又关键在于精准选择扶贫产业项目，主要做到：产业项目的选定要立足当地的经济资源结合市场的需求确定；项目的运营模式要使有劳动能力的贫困人口能参与其中，提高其市场竞争能力；产业项目的产权要明晰，明晰产权可以使贫困人口能从扶贫资产中获得可持续收益。

（一）产业项目的选定要科学

产业项目的选定要立足农村资源的充分、合理利用。目前，农村的扶贫项目主要是种养业、加工业和乡村旅游，充分体现了对农村资源的利用。利用农村资源使其获得市场竞争能力才能实现造血式扶贫的目标。因此，项目的选定要做好以下工作。

1. 项目投资需要进行可行性研究。首先要收集大量、准确、可用的信息，保证信息充足、来源真实和时效性。在此基础上进行市场分析，主要对市场容量、价格、竞争力以及市场风险进行分析。一方面为项目建设规模和产品方案提供依据，同时为项目建成后的市场开拓打下基础。市场分析还要进行市场预测，要进行供需预测和价格预测。不同地区不同消费群体的消费水平、消费习惯、消费方式及其变化对产品供求的影响。预测国内现有的需求和出口需求量以及国内外现有的供应量及新增供应量，在此预测基础上根据市场结构、市场分布与区位特点、消费习惯、市场饱和度以及项目产品的性能、质量和价格的适应性等因素选择确定项目产品的目标市场，预测可能占有的市场份额。价格

预测要考虑项目产品国内外市场的供需情况，价格水平和变化趋势。项目的主要投入品国内市场的供需情况，价格水平和变化趋势；项目产品和主要投入品运输方式、运输距离及各种费用形成的项目成本对价格的影响；新技术新材料产品和新的替代产品对价格的影响等。进行项目的竞争力分析、风险分析，在营销策略研究基础上进行项目的财务评价和综合评价确定项目的备选方案，最终结合自身的条件选择最适合发展的项目进行投资。

2. 项目运行要做到产权明晰。产权明晰主要包括两层含义：一是财产归属关系是清晰的，即财产归谁所有；二是在产权实现过程中，各个不同权利主体的责权利是明晰的，以使各个不同权利主体之间的行为、关系得到规范。产权是一个权利束，包括所有权即指在法律范围内，产权主体把财产当作自己的专有物，排斥他人加以利用的权利；使用权指产权主体使用财产的权利；占有权指占有某物或某项财产的权利即在事实上或法律上控制某物或某项财产的权利；让渡权指以双方一致同意的价格把所有或部分上述权利转让给其他人的权利。产权分为私有产权、共有产权、国有产权和俱乐部产权。私有产权是指财产权利完全归属给个人行使，即个人完全拥有对经济物品多种用途进行选择的排他性权利，即完全受个人意志的支配。私有产权具有产权的一般特征，即排他性、可分离性、可分割性，私有产权可以有效降低交易费用。共有产权，是在共同体内每一成员都有权分离共同的权利，某个人对一种资源行使权利时，并不排斥他人对该资源行使同样的权利，具有非排他性、不可分割性、不可转让性。共有产权包括两种：社团产权和集体产权。社团产权，是每个人都可以利用它，但又不属于其中任何一个人；集体产权，对产权使用的决策是集体做出的。国有产权，理论上指这些权利由国家拥有，国家按照可接受的政治程序决定谁可以使用或不能使用这些权利。权利由国家选择的代理人——国企管理者行使。俱乐部产权是介于私有产权与共有产权之间的中间状态。一方面，俱乐部物品的产权由其成员共享，具有共有产权性质；另一方面，排除了成员之外的人的消费，又有私有产权性质。扶贫项目产权适用俱乐部产权，其产权由项目经营者及贫困人口共享，村内的其他成员排除在外。产权具有激励约束功能、外部性内在化的功能以及资源配置的功能。产权保护能避免资源的过度自由使用而减少社会的财富。财富的积累是经济发展的物质基础，产权保护能提升财产的价值，进而使人们获得积累财富的持续激励。因此，只有产权明晰才能使扶贫项目运营符合经济规律，实现项目的保值增值持续发展。

3. 项目运营要遵循市场规律。项目经营产出的产品只有通过市场才能获得价值实现。市场的基本特征是交换，而商品是交换行为的最基本的客体，市场是与它的客体同时产生的。商品的规律反映到市场经济中，形成了市场经济的内在机制，这些机制包括价格机制、供求机制、竞争机制、决策机制等。价格机制是市场机制中的基本机制。是指在竞争过程中，与供求相互联系、相互制约的市场价格的形成和运行机制。供求机制是市场机制的保证机制。在市场机制中，首先必须有供求机制，才能反映价格与供求关系的内在联系，才能保证价格机制的形成，保证市场机制的正常运行。竞争机制是市场机制的关键机制。在市场经济中，有竞争，才会促进社会进步、经济发展。价格机制又对竞争机制起着推动作用，价格涨落促进生产经营者开展各种竞争，推进产品创新、技术创新、管理创新，以取得更大利润。激励机制是市场机制的动力机制。企业生产经营要以利益为激励，推动企业开展竞争，讲求经济效益。风险机制是市场机制的基础机制。在市场经营中，任何企业在从事生产经营中都会面临着盈利、亏损和破产的风险。价格机制能影响风险机制，价格涨落能推动企业敢冒风险，去追逐利润。价格机制能影响激励机制，价格变动发出信号，激励企业决定生产经营的业务内容。由此可见，项目运营只有遵循市场规律才能获得经济效益。

（二）产业项目的经营模式要行之有效

有效的产业项目经营模式是使经营主体具有市场竞争力，同时也要保障合作各方的利益。项目的经营模式根据扶贫资金的投入、贫困人口的参与度不同而有所不同。

1. 贫困户自营。这种模式是通过财政扶贫资金及社会帮扶资金使贫困人口具备生产条件，立足贫困村地域、资源、产业特色，把贫困户纳入农业产业化经营链条，通过发展特色种养业带动一批、龙头企业带动一批、新型经营主体带动一批，指导、扶持贫困户大力发展特色产业，积极引导发展订单生产和农产品深精加工。

2. 村集体自营。此模式以扶贫专项基金为引领、以村集体用土地和基础设施入股为基础，以相关的公司投入的资金与养殖技术为支撑，合作创建开发有限公司，由村领导兼任公司董事长，发展特色养殖项目。通过产权变股权、资金变股金、村民变股民，实现村民与企业的双赢，带动了贫困户参与而脱贫致富。

3. 对外发包经营。这种模式是在扶贫资金形成扶贫资产的基础上，采取竞标的方式把扶贫资产发包给种养大户或合作社，招标结束后，乡镇人民政府或“村集体”与中标单位签订正式合同并分别存档管理。实现的收益优先用于贫困户脱贫，稳定脱贫后可用于发展壮大村集体经济。

4. 合作经营。合作经营的方式很多，各地结合实际进行合作经营的方式主要有：公司＋贫困户、合作社＋贫困户、公司＋基地＋农户、公司＋合作社＋贫困户（农户）、龙头企业＋专业合作社＋家庭农场＋农户。建议采用的经营模式是“公司＋合作社＋村集体”“公司＋合作社＋农户”或以这两种形式为基础衍化的模式。这两种形式能解决的核心问题是：能使村集体及农户参与到生产经营中来，因其自身的市场竞争能力有限所以需要企业的带动，因此，要与企业合作；能解决村集体（农户）与企业间不平等话语权的状况。与企业合作要协调各自的权责，但分散的农户，以及不具有专业知识的村集体很难与企业有平等的话语权，因此，农民专业合作社是解决此问题的有效方式，农民专业合作社可以起到企业与农户、村集体间在经营中的重要联结、协调作用，保证农户、村集体在经营中与企业平等的话语权，才能保证扶贫资产可持续获得收益。

总之，通过调整生产力的要素，对劳动者、劳动资料和劳动对象中阻碍生产力的提高要素进行调整，使得三要素有机结合形成强大的生产力，创造出更多的社会财富，实现脱贫目标。

三、培植扶贫生产力必须建立精准扶贫工作机制

为了充分发挥扶贫生产力作用，确实保证扶贫效果，必须建立起完善的精准扶贫工作管理、监督机制。

（一）建立精准的扶贫信息管理系统与平台

精准的扶贫信息管理系统需由两个主模块构成。一个是扶贫资源信息模块，一个是扶贫需求信息模块。这两个信息模块在信息平台上实现对接，信息公开、共享使得扶贫资源提供者与受扶者双方根据自身的条件与需求双向选择形成扶贫生产力，形成造血功能，最终实现脱贫。

1. 扶贫资源信息模块。包括：一是提供扶贫服务的政府各部门名单，明确各部门在扶贫中的职能及责任范围。二是提供扶贫的方式如：产业扶贫、补贴扶贫、教育扶贫等方式，发布各种扶贫方式的政策信息及扶贫项目信息等。

三是政府扶贫活动信息发布。除了发布定期集体组织学习、培训信息之外，该模块还应包括平时以线对点的管理服务信息、扶贫资源信息等。

2. 扶贫需求信息模块。包括：一是致贫原因模块，此模块包含了对贫困人口致贫原因的分类整理；二是贫困人口基本信息模块，此模块是对贫困人口自身条件的说明，包括贫困程度、文化水平、掌握的技术、特长、年龄等信息；三是贫困人口所在地的相关信息模块，此模块体现贫困人口所在地区的自然条件及经济发展情况等信息。

通过这两个模块的信息对接可以为政府及社会力量针对不同类型的贫困人口制定精准的扶贫方式提供依据，为政府协调帮扶方与受扶方的利益，开展扶贫活动提供信息。通过扶贫信息系统的动态管理、数据分析，制定切实可行的帮扶措施，建立扶贫项目库、扶贫专家库，通过实时监控和对讲技术，让贫困户与专家视频通话，随时接受专家指导，使帮扶措施和帮扶项目真正有效的执行下去，达到预期的目标和结果。通过以上信息管理，提高贫困户申请和选择扶贫方式的效率；在开展扶贫工作的过程中，任何需求都可以通过信息管理系统得以满足。

（二）建立精准、科学的扶贫管理绩效考核体系

脱贫目标的实现是扶贫提供者与扶贫需求者共同作用的结果。因此，扶贫管理绩效考核既要考核扶贫提供者的绩效，也要考核扶贫需求者的绩效。

1. 扶贫提供者的绩效考核。主要包括：一是扶贫方式是否合理、有效。对扶贫对象的贫困程度以及致贫原因的识别结合当地发展现状以及扶贫对象的自身特点，确定适宜的扶贫方式。二是扶贫资源分配是否公正、有效。应做到扶贫资源直接到户，扶贫方式精准，保证扶贫资源使用效果。三是扶贫服务提供是否充足、有效。利用扶贫信息管理系统提供的扶贫需求实时信息及满足情况评定。

2. 扶贫需求者的绩效考核。主要包括：一是扶贫资源利用效率的考核。扶贫需求者获得扶贫资源的满足度、对各项扶贫服务使用情况以及对获得的扶贫资源的使用方向是否合理。二是扶贫效果的考核。考核扶贫需求者对扶贫方式利用是否有效，通过扶贫实施后较之前人均收入增长情况、返贫的可能性方面去评价。

（三）建立完善的监督体系

完善的监督体系包括对扶贫资金从形成到使用的全过程监督，也包括对扶

贫资金配置部门与扶贫资金获得单位和个人的“立体式”监督。

1. 严格政府审计。为了提高政府审计效果，应采取上级政府对下级政府扶贫管理部门进行审计，而不是同级政府对扶贫管理部门的审计。上级政府相关管理部门对下级政府所管辖的扶贫资金使用单位和个人的监督。

2. 建立公开的社会公众网上监督制度。社会公众的监督既包括对政府的监督也包括对贫困户的监督。一是监督各级政府对扶贫资源配置是否合规、合理；各级政府服务部门对扶贫需求者的扶贫需求满足情况等。二是监督贫困户对获得的扶贫资源是否按扶贫方式使用、使用的效果等。

扶贫工作通过以上制度安排建立起完善的信息系统和有效的控制机制，可以将各种扶贫资源融合在一起形成更强的扶贫生产力，从而创造出更多的社会财富，彻底实现脱贫目标。

（山东农业大学董雪艳、吴金波）

关于依靠科技创新推进我省智慧农业发展的建议

（2018 年 9 月 3 日）

内容摘要：近日，省政府办公厅出台了《关于加快全省智慧农业发展的意见》。软科学办组织相关人员，结合软科学项目研究，通过实地考察、召开座谈会、查阅文件资料、征集意见建议等多种形式，了解智慧农业技术应用和发展现状，分析存在的问题和制约因素，提出了依靠科技创新支撑和引领我省智慧农业发展的建议措施。

一、发展智慧农业的意义及制约因素

鼠标一点，就能实时查看大棚蔬菜生长情况；激光整地，把土地耕耘得如同水面一样；智能农机，施肥收获自动完成；导航定位，使土地管理规划连上“大数据”；上网下单，让优质农产品销往千家万户……智慧农业是云计算、传感网、3S 等多种信息技术在农业中综合、全面的应用，实现更完备的信息化基础支撑、更透彻的农业信息感知、更集中的数据资源、更广泛的互联互通、更深入的智能控制、更贴心的公众服务。智慧农业与现代生物技术、种植技术等高新技术融合于一体，在农业产前、产中、产后全方位地引入智慧化的思想和技术应用，可实现精准化种养、可视化管理、智能化决策。智慧农业能够将农业生产者、消费者的理念及农业组织体系结构进行彻底的改变，使得农业的生产、经营规模扩大，生产效益不断提高，从而提升农业竞争力，实现农业的可持续发展。智慧农业作为集保护生态、发展生产为一体的农业生产模式，通过对农业精细化管理，达到合理利用农业资源、减少污染、改善生态环境，既保护好青山绿水，又实现产品绿色安全优质。大力发展智慧农业，对于推进我省现代农业新旧动能转换、实施乡村振兴战略、打造绿色生态农业产业、建设世界水平现代高效农业具有重要意义。

我省发展智慧农业是大势所趋，各地结合本地特色产业进行了有益探索和实践。随着信息技术和农业现代化的快速发展，尤其是土地集约化经营带来的规模化生产模式转变，各类新型生产经营主体对于新技术、新模式的需求强烈。但由于多方面原因，我省智慧农业发展还存在不少问题，在技术水平、思想观念和机制制度等方面都面临着诸多问题和挑战，主要表现在：

1. 关键核心技术和装备不足

整体来看，智慧农业中许多相关应用技术还有待突破和攻关，技术融合的深度和利用效率等还有待进一步提升。在农业信息传感方面，缺乏价格低、运行稳定的传感器，用于农业生态环境和动植物生长监测的传感设备种类不全，功能不完善，精确度和灵敏度不高；农业自动化管控方面，远程控制系统的自动化程度不高，关键设备的技术成熟度还较低，国外成套技术设备昂贵，国产设备技术水平存在一定差距；农业智能化决策方面，还未建立起完整的适合我省农业条件的动植物生长的数字化模型，且缺乏统一的标准，使计算机分析缺乏参照。

2. 智慧农业人才队伍不足

作为知识和技术密集型产业，智慧农业需要大量的高端复合型技术人才、高素质职业农民以及强大的人力资源储备。目前来看，智慧农业各类人才相对缺乏，尤其是农业生产经营管理和信息化复合型人才最为缺乏，有关高校和职业院校也缺乏与智慧农业发展相匹配的专业学科和研究机构。另外，智慧农业要使用大量现代化设备，必须有大批具有较高信息素养的职业农民参与建设。目前我省从事农业生产的农民年龄较大，文化水平普遍较低，所受到的科学知识培训不多，甚至有些农民还没有新型农业和智慧农业的理念，这些都是制约我省智慧农业发展的因素。

3. 发展模式还不能适应市场需求

目前，主要是依靠政府牵头组织和搭建，自上而下地进行示范应用，但未来智慧农业若要在全省农业中进行大面积推广必需引入市场机制，吸引更多企业参与建设运营。目前我省涉及智慧农业的企业发展项目不多，并且这些项目的市场盈利状况并不是很好，市场开发力度明显不足。因此，一方面依靠政府的政策引导和财政支持，更重要的是需要引入市场机制，吸引企业参与，形成科学有效的商业运营模式，从而促进我省智慧农业可持续良性发展。

二、依靠科技创新发展我省智慧农业的建议

智慧农业一个显著的特点是技术含量高，需要强有力的科技创新支撑和引领。为了进一步贯彻落实《中共中央国务院关于实施乡村振兴战略的意见》《关于加快全省智慧农业发展的意见》等部署要求，充分发挥科技创新在智慧农业发展中的重要作用，提出建议如下：

1. 突出需求导向，组织关键技术领域协同创新

坚持市场主导，面向产业需求，组织产学研各类力量，开展协同创新和科技攻关，着力解决智慧农业共性关键技术问题。启动实施智慧农业科技专项，重点支持农业物联网技术、农业精准作业技术、数字农业技术等重点研究方向，突破一批技术瓶颈，构建以农业物联网与智能控制、农业精准作业装备与机器人、农业大数据与云服务等为代表的智慧农业技术体系。针对现阶段我省农业产业存在的突出问题，选择优势特色产业为突破口，重点围绕现代农场产品供给过程中的环境调控、水肥营养、病虫植保以及采后商品化处理等环节，研发生产管理和流通过程急需的智能化信息装备，推动智慧农业关键技术在各环节的深度应用，实现精准调控、按需施用、自动测报、智能作业。通过集成应用和重点示范，建立信息化技术为支撑、智能化装备为载体、精准化作业为特征的高效精准生产模式，选择重点优势特色产业打造全省智慧农业示范样板。

2. 实施示范工程，分阶段推进智慧农业发展

推动实施山东智慧农业科技示范工程，在黄三角国家农高区建立智慧农业园区。发挥专家咨询和政府引领等作用，有效聚集创新要素和资源，建立协作攻关体系，要突出重点，将已有试点示范区和农业发展园区中的龙头企业、实力较强的农业合作社、家庭农场等作为智慧农业发展的主体，发挥其试点示范效应，以点带面，稳步发展。逐步引入社会资本参与，发挥智慧农业示范区引领作用，率先突破制约智慧农业发展的体制机制障碍，率先实现基础设施完备化、技术应用集成化、生产经营集约化、生产方式绿色化、支持保护系统化，探索农业资源高效利用、生态修复保护、突出问题治理、循环农业发展等模式。在试验示范的基础上，首先将试验示范工作扩展到大型农场、家庭农场和小型农户，特别要注重在小型农户中实施智慧农业的概念和方法，进一步探索规律和积累经验，分阶段地将智慧农业技术及经验向全省推广。

3. 加大培训力度，组建和培养智慧农业人才队伍

加大智慧农业领军人才和创新团队培育力度，提高科研效率和效果。推动构建手段先进、灵活高效的新型农民培育体系，加强智慧农业人才培育，努力打造一支懂技术、会经营的新型职业农民队伍；加强宣传培训，推广智慧农业建设的成功模式和典型经验，展示智慧农业模式助农惠农的新成果，在基层营造了解、支持、应用智慧农业技术的浓厚氛围；加强基层推广队伍建设，面向不同层次的用户，建立智慧农业技术推广服务网络；鼓励种养大户、家庭农场大胆引进成熟的智慧农业技术模式，不断创新完善，形成适合各自特点的新模式，不断提高智慧农业发展水平。

4. 营造舆论氛围，提升智慧农业认知水平

当前，世界各国将推进农业信息化和智慧农业作为实现现代高效农业创新发展的重要动能，在前沿技术研发、数据开放共享、人才培养等方面进行了前瞻性部署。美国、欧洲和日本等国家和地区抓住数字革命的机遇，纷纷出台了战略规划，将信息技术广泛应用于整个农业生产活动和经济环境，加快推进智慧农业发展，极大地提高了农业国际竞争力。我国 2014 年开始提出和普及“智慧农业”以来，智慧农业研究应用呈现多层次化、多系统化发展，各地区纷纷抢抓发展机遇，智慧农业发展呈现出方兴未艾、一日千里、你追我赶的发展态势。要确保我省农业继续走在全国前列，必须加快发展智慧农业。应通过多种渠道积极营造舆论环境，推动全省科技部门形成重视智慧农业发展的高度认识，要使大家充分认识到科技创新对于智慧农业发展的重要支撑和引领作用。

三、我省智慧农业科技创新建议项目清单

1. 智慧农业基础核心技术与标准研究

重点突破作物生理型智能传感技术、机器学习与智能识别技术、自主无人控制技术、精准作业平台技术等；以设施化生产重点，研究提出基于规模化农场尺度的传感器布局规范、农场前端设备技术规范、农场环境评价规范、农场信息采集与处理规范等团体、地方或行业标准。

2. 智慧农业生产环节智能化装备研发

针对现代农场生产中的环境、营养、植保等环节，巩固和深化我省在环境精准调控技术方面已有的相关研究基础，形成系列化的成熟产品，以合理成本

解决光、温、气等重要环境因子的智能调控问题；加强水肥需求规律研究，研制新一代智能型水肥一体化精量施用系统；研制靶标害虫自动识别与测报系统、病虫害图像定点采集与在线诊断系统、轮式或轨道式植保机器人系统等一批实用性强、成果适中、可复制能推广的智能化装备和物化产品。

3. 智慧农业流通环节智能化装备研发

针对农产品采后商品化处理及流通过程中的采收、分级、包装、库管、在途等节点，研究农产品糖度、班疤、病变、大小、颜色等在线识别与智能精选分级技术，面向特定产品，应用人工智能、RFID 等技术自主研制或引进试制一批专用机器人系统，实现各节点间的自动化流水精准作业和实时信息采集，建立适应现代农场需求的采后精准作业平台。

4. 智慧农业技术装备集成与全链条规模化应用示范

对生产、经营、管理各流程进行优化再造，将研发的现代农场系列化信息系统和智能装备等进行有机集成，建立智慧农业云平台，实现链式突破和效率提升。在省内选择典型园区、企业或合作社，进行智能化信息装备、业务流程再造和各环节人员培训，良好对接产前供应商和产后销售商，实现全链条的信息化应用模式，建立智慧农业示范样板。

（山东省软科学办公室庞增东）

七、评价指标篇

灰霾条件下山东省能源效率测算及提升对策研究*

（2016 年 11 月 29 日）

内容摘要：本课题构建不可分性的 NH-DEA 模型，全面考虑氮氧化物、SO_2和烟粉尘等环境约束，精确测算了 2010—2014 年山东省各市的能源效率和节能减排潜力，通过 Tobit 模型对影响能源效率的因素分析发现，煤炭占比较大的能源结构对能源效率具有显著的副作用，而产业结构和政府影响力对能源效率具有较为显著的正影响。在此基础上给出了能源效率提升与节能减排的对策建议。

一、山东省能源效率测算及分析

能源是人类生产与生活的基础，也是社会进步与发展的重要保障。作为能源大省的山东省，随着城市化进程的加速、能源消耗总量的不断攀升，环境污染日益加剧，故如何科学地测算与认清能源效率状况，将对制定合理的能源政策具有重要意义。

这里的能源效率指的是在资本、劳动力和化石能源投入下，考虑经济产出和环境约束（氮氧化物、SO_2和烟粉尘排放等）的全要素能源环境效率。

1. 能源效率测算模型

由于能源燃烧和氮氧化物、SO_2、烟粉尘排放之间的不可分性，应采用能够处理投入与产出之间不可分性的 NH-DEA 模型，具体表述为：

---

* 本文为山东省软科学研究项目（编号:2015RKE27019）的研究成果。

$$\text{Min}\frac{1-\frac{1}{m}\left(\sum_{i=1}^{m_1}\frac{S_i^{F-}}{x_{io}^{F}}+m_2(1-\theta)+\sum_{i=1}^{m_2}\frac{S_i^{BF-}}{x_{io}^{BF}}\right)}{1+\frac{1}{l}\left(\sum_{r=1}^{l_1}\frac{S_r^{FG+}}{y_{ro}^{FG}}+\sum_{r=1}^{l_2}\frac{S_r^{FB+}}{y_{ro}^{FB}}+(l_3+l_4)\ (1-\theta)+\sum_{r=1}^{l_3}\frac{S_r^{BFG+}}{y_{ro}^{BFG}}+\sum_{r=1}^{l_4}\frac{S_r^{BFB+}}{y_{ro}^{BFB}}\right)}$$

$$s.t.\begin{cases}x_0^F=X^F\lambda+s^{F-}\\ \theta x_0^{BF}=X^{BF}\lambda+s^{BF-}\\ y_0^{FG}=Y^{FG}\lambda-s^{FG+}\\ y_0^{FB}=Y^{FB}\lambda+s^{FB+}\\ \theta y_0^{BFG}=Y^{BFG}\lambda-s^{BFG+}\\ \theta y_0^{BFB}=X^{BFB}\lambda+s^{BFB+}\\ m=m_1+m_2\\ l=l_1+l_2+l_3+l_4\\ s^{F-}\geqslant 0,\ s^{BF-}\geqslant 0,\ s^{FG+}\geqslant 0,\ s^{FB+}\geqslant 0,\ s^{BFG+}\geqslant 0,\ s^{BFB+}\geqslant 0,\ \lambda\geqslant 0,\ 0\leqslant\theta\leqslant 1\end{cases}$$

其中，s^{F-}，s^{BF-}，s^{FG+}，s^{FB+}，s^{BFG+}，s^{BFB+}分别代表投入产出的松弛变量；θ是不可分投入产出变量的缩减系数，从表达式中可以看出不可分的非期望产出减少的同时，不可分的期望产出也会按比例减少。但在实际问题中，并不希望任何的期望产出会减少，因此需在约束中添加以下两个限制条件，以使模型更加可靠：

（1）$\sum_{r=1}^{l_1}y_r^{FG}+\sum_{r=1}^{l_3}y_r^{BFG}=\sum_{r=1}^{l1}y_{ro}^{FG}+\sum_{r=1}^{l3}y_{ro}^{BFG}$

（2）$y_r^{FG}\leqslant(1+\delta)\ y_{ro}^{FG}$

其中，式（1）表示维持期望产出的数量保持不减少，式（2）中δ是可分期望产出的膨胀上限，膨胀上限需要从外部获得，考虑到当前山东省的 GDP 增速，膨胀上限设定为 10%。

2. 山东省各市能源效率测算实证分析

（1）变量选择

模型变量的选取是以山东省各市 2010—2014 年的投入产出指标为模板，投入变量包含资本存量、人力资本以及能源消费量三个指标，其中资本存量、人力资本是可分投入，能源消费量是不可分投入。投入变量需采用“永续盘存法”来估算山东省 17 市的资本存量，计算公式为 $K_{it}=I_{it}+\ (1-\delta_{it})\ K_{it-1}$（$i$为城市，$t$为时期，$I$为当年固定资产投资额，$\delta$为固定资产折旧率，这里取值为9.6%）。人力资本为各市按城乡分的年底就业人员数，能源消费量通过各市万元GDP能耗折算得到，投入变量初始数据全部来自《山东省统计年鉴》（2011—2015），固定资产投资额已利用固定资产投资价格指数进行不变价处理（以2010为基期）。而产出变量则选取各市GDP作为期望产出指标，并利用生产总值指数以2010年为基期作不变价处理，选择NO_X、SO_2和烟粉尘作为能源消费的非期望产出指标。由于各市并未单独统计NO_X的排放量，因此将全省NO_X的排放量按照各市民用汽车拥有量的比重计算各市的NO_X排放量。SO_2和烟粉尘数据来自《山东省统计年鉴》（2011—2015）。

（2）能源效率测算结果分析

根据山东省17市标准化的投入产出面板数据，运用DEA-solver pro5.0软件对NH-DEA模型进行求解，得到山东省17市2010—2014年灰霾条件下的能源效率值，整理结果如表1所示：

表1　　2010—2014年山东省各市能源效率值

地区	2010年	2011年	2012年	2013年	2014年	均值
济南市	0.98	0.86	1	1	1	0.97
青岛市	1	1	1	1	1	1
淄博市	1	1	1	1	0.75	0.95
枣庄市	0.41	0.43	0.42	0.43	0.44	0.43
东营市	1	1	1	1	1	1
烟台市	0.75	0.70	0.68	0.69	0.74	0.71
潍坊市	0.42	0.41	0.42	0.44	0.45	0.43
济宁市	0.47	0.47	0.47	0.47	0.47	0.47
泰安市	0.50	0.48	0.48	0.50	0.51	0.50
威海市	0.74	0.67	0.68	0.69	0.74	0.70
日照市	0.33	0.33	0.33	0.35	0.35	0.34
莱芜市	0.34	0.34	0.32	0.30	0.31	0.32
临沂市	0.44	0.43	0.42	0.43	0.41	0.43
德州市	0.40	0.42	0.43	0.45	0.44	0.43
聊城市	0.45	0.48	0.48	0.48	0.46	0.47
滨州市	0.47	0.50	0.49	0.48	0.45	0.48
菏泽市	0.63	1	1	1	1	0.93
全省	0.61	0.62	0.62	0.63	0.62	0.62

从表1中可以看到，2010—2014年都处于能源效率前沿面上的城市只有青岛和东营两个城市，其能源效率值都为1，济南、淄博和菏泽三市部分年份在前沿面上。

通过对山东省各市的能源效率分析，2010—2014年平均能源效率较高的城市有青岛、东营、济南、淄博和菏泽五个城市；能源效率较低的城市有枣庄、潍坊、济宁、日照、莱芜、临沂、德州、聊城和滨州，其能源效率值都在0.5以下。从全省范围来看，山东省的整体能源效率并不高，仅达到0.62，能源损耗达0.38。从区域来看，半岛地区超过全省能源效率平均水平的有青岛、东营、烟台、威海4市，潍坊和日照的能源效率低于平均水平；鲁中地区的济南、淄博的能源效率高于平均水平，泰安、莱芜的能源效率在平均水平之下；鲁南地区只有菏泽的能源效率较高，其他3市（济宁、枣庄、临沂）都低于平均水平；鲁西北3市（德州、聊城、滨州）都不及全省的能源效率平均水平。由此可知，山东省半岛和鲁中地区的能源效率较高，而鲁南和鲁西北的能源效率较低。

（3）能源效率的相对性及污染物密度分析

从以上的分析中可以看到，尽管山东省整体能源效率并不高，但是有些市的能源效率较高，如济南和淄博两市，虽然能源效率高但此地区经常发生严重灰霾，这是由能源效率的相对性引起的。能源效率高仅是说明在消耗相同数量的能源情形下，排放的污染物较少，如果该地区消耗的能源绝对量很大，那仍然会排放大量的污染物。因此，灰霾污染是能源效率的相对性和能源消费的绝对量共同引起的。计算各市的污染物密度能够帮助说明这一点，因此本文计算了山东省17市的污染物密度，如表2所示：

表2　　2014年山东省各市污染物密度

地区	SO_2（万吨）	NO_X（万吨）	Dust（万吨）	土地面积（万平方千米）	污染物密度（吨/千米^2）
济南市	9.7	15.6	10.6	0.8	44.0
青岛市	9.1	19.5	4.6	1.1	29.4
淄博市	19.1	8.1	9.2	0.6	61.0
枣庄市	6.8	4.7	3.8	0.5	33.5
东营市	5.0	6.0	0.9	0.8	14.5

续表

地 区	SO_2	NO_X	Dust	土地面积	污染物密度
	（万吨）	（万吨）	（万吨）	（万平方千米）	（吨/千米^2）
烟台市	8.5	13.1	4.4	1.4	18.8
潍坊市	13.3	19.1	7.8	1.6	25.0
济宁市	12.7	9.4	8.9	1.1	27.4
泰安市	7.5	5.7	3.4	0.8	21.5
威海市	4.3	6.0	1.7	0.6	20.6
日照市	5.8	4.5	11.5	0.5	40.6
莱芜市	6.8	2.0	15.6	0.2	108.7
临沂市	10.7	16.1	14.1	1.7	23.8
德州市	7.8	7.9	4.7	1.0	19.8
聊城市	8.3	7.4	2.3	0.9	20.1
滨州市	14.4	6.8	9.8	1.0	32.1
菏泽市	9.1	6.8	7.5	1.2	19.1
全 省	159.0	158.7	120.8	15.9	27.6

计算方法：污染物密度 =（SO_2、NO_X、烟粉尘排放量之和）/土地面积

2014 年污染物密度超过省平均水平的城市就有 7 个。其中济南、青岛、淄博都是能源效率较高的地区，然而它们也是山东省能源消费量最高的地区，因此在能源消耗中排放了大量的 NO_X、SO_2 和烟粉尘等污染物，遇到静稳、逆温气候等天气条件，这些地区就很容易产生严重的灰霾污染。总体而言，山东省各市之所以灰霾天气频繁，根本原因是能源消费对外排放了过量的灰霾污染物，超过了山东省的环境容量和环境的最大自净能力，因此，节能减排是灰霾治理的必经之路。

二、山东省各市节能减排潜力分析

能源效率的测算可以直观反映能源利用的效率以及能源损耗情况，而节能减排潜力的测算，则能有效反应节能减排空间的大小。通过对山东省各市的能源效率进行计算，可了解各市能源投入的节约潜力和污染物的减排潜力，结果如表 3 至表 7 所示：

表 3　　2010—2014 年山东省各市能源节约潜力

地 区	2010 年	2011 年	2012 年	2013 年	2014 年
济南市	-3.0	-1.6	0	0	0
青岛市	0	0	0	0	0
淄博市	0	0	0	0	39.3
枣庄市	54.0	53.6	53.2	52.4	51.8
东营市	0	0	0	0	0
烟台市	-0.2	-0.2	-0.1	-0.2	-1.3
潍坊市	31.2	31.2	30.9	30.1	29.0
济宁市	43.1	42.4	42.0	41	41.2
泰安市	35.7	35.6	35.5	34.7	33.6
威海市	8.9	8.9	9.0	8.4	6.7
日照市	68.0	68.0	68.1	68.0	66.8
莱芜市	78.9	78.9	78.8	78.8	78.7
临沂市	29.9	29.9	29.9	29.8	28.3
德州市	38.0	38.0	38.1	37.4	36.4
聊城市	44.7	44.4	44.4	44.3	44.6
滨州市	38.3	37.4	37.4	37.1	38.2
菏泽市	-8.0	0	0	0	0
全 省	23.8	24.2	24.1	23.8	27.1

表 4　　2010—2014 年山东省各市 SO_2 减排潜力

地 区	2010 年	2011 年	2012 年	2013 年	2014 年
济南市	-51.6	-16.9	0	0	0
青岛市	0	0	0	0	0
淄博市	0	0	0	0	66.1
枣庄市	47.3	62.3	64.0	60.0	61.4
东营市	0	0	0	0	0
烟台市	-43.2	-11.1	-2.8	-10.7	-6.6
潍坊市	19.5	47.3	48.1	45.4	45.2
济宁市	37.0	63.0	63.9	64.3	69.2
泰安市	19.0	44.4	44.9	39.5	39.7

续表

地 区	2010 年	2011 年	2012 年	2013 年	2014 年
威海市	-18.9	4.7	1.0	-0.7	0.5
日照市	39.7	60.6	60.8	60.8	58.7
莱芜市	71.8	84.3	86.0	84.8	89.5
临沂市	20.6	48.2	49.8	51.9	66.6
德州市	54.0	54.4	53.9	52.4	51.2
聊城市	47.8	64.8	63.3	66.9	64.7
滨州市	33.4	59.3	58.3	60.1	78.6
菏泽市	18.9	0	0	0	0
全 省	16.3	31.8	33.6	32.8	44.9

表 5　　2010—2014 年山东省各市 NO_X 减排潜力

地区	2010 年	2011 年	2012 年	2013 年	2014 年
济南市	18.2	18.1	0	0	0
青岛市	0	0	0	0	0
淄博市	0	0	0	0	-30.6
枣庄市	28.6	25.5	27.5	22.8	15.7
东营市	0	0	0	0	0
烟台市	17.1	18.3	18.1	19.3	16.0
潍坊市	57.9	53.0	57.6	56.2	54.2
济宁市	21.0	15.2	15.5	15.5	10.6
泰安市	3.6	1.5	2.7	3.0	4.5
威海市	13.1	17.7	17.0	16.1	13.1
日照市	31.5	31.2	32.5	33.3	36.7
莱芜市	35.0	33.6	36.3	37.1	22.2
临沂市	53.5	54.4	57.4	58.3	52.2
德州市	38.4	37.0	38.9	38.4	41.6
聊城市	42.6	33.9	31.5	26.9	30.7
滨州市	37.0	30.3	34.0	33.3	33.3
菏泽市	48.8	0	0	0	0
全 省	27.1	23.0	23.0	22.6	19.6

表 6　　2010—2014 年山东省各市烟粉尘减排潜力

地 区	2010 年	2011 年	2012 年	2013 年	2014 年
济南市	36.1	57.3	0	0	0
青岛市	0	0	0	0	0
淄博市	0	0	0	0	26.0
枣庄市	89.5	80.1	81.7	79.7	80.0
东营市	0	0	0	0	0
烟台市	60.4	65.0	68.8	69.3	61.9
潍坊市	79.8	78.4	79.1	77.1	83.2
济宁市	73.2	74.2	77.9	80.4	77.9
泰安市	79.5	76.6	76.5	72.7	75.9
威海市	55.3	60.6	61.9	67.1	53.2
日照市	79.0	89.2	90.3	90.1	96.2
莱芜市	94.8	97.4	97.8	98.0	97.7
临沂市	84.1	83.2	84.6	86.3	87.2
德州市	87.4	76.6	78.5	76.9	85.4
聊城市	82.1	52.7	52.0	49.6	53.2
滨州市	73.9	67.2	67.7	71.4	91.3
菏泽市	22.9	0	0	0	0
全 省	61.4	58.4	55.1	55.5	64.4

表 7　　2010—2014 年山东省各市平均节能减排潜力

地 区	节能潜力（%）		减排潜力（%）	
	能源	SO_2	NO_X	烟粉尘
济南市	-1	-12	7.9	21.7
青岛市	0	0	0	0
淄博市	6.8	12.3	-5.3	7.1
枣庄市	53	59	24.5	82.6
东营市	0	0	0	0
烟台市	-0.4	-15.1	17.8	65.3
潍坊市	30.5	41.9	55.9	79.9
济宁市	42	60	15.8	77.3

续表

地 区	节能潜力（%）		减排潜力（%）	
	能源	SO_2	NO_X	烟粉尘
泰安市	35.1	37.9	3	76.4
威海市	8.4	-3	15.4	59.9
日照市	67.8	56.7	33	92.1
莱芜市	78.8	83.7	33.2	97.5
临沂市	29.6	48.1	55.1	85.6
德州市	37.6	53.3	38.8	82.1
聊城市	44.5	61.9	33.8	61.1
滨州市	37.7	61.1	33.6	80.9
菏泽市	-1.6	3	11.4	2.2
全 省	24.5	32	23.2	59.6

对表3至表7的数据进行分类分析，具体如下：

从能源节约潜力来看，除了济南、青岛、东营、烟台和菏泽5个能源效率较高的城市，其余各市均有较大的节能潜力。若其余各市的能源效率能达到前沿面，枣庄、日照和莱芜三市这5年能够减少一半以上的能源消费。从全省范围来看，山东省5年累计节能潜力为5.16亿吨标准煤，占到全省能源消费总量的24.6%，也就是说如果各市都能提高能源效率到达前沿面，山东全省将能节省近四分之一的能源消耗，这将能大大减少石化能源的消耗，减少灰霾污染物的排放。

从污染物减排潜力来看，除了济南、烟台、威海3个城市以外，其余各市都有较大的SO_2减排空间，枣庄、济宁、莱芜、聊城和滨州的减排潜力都超过了60%，全省累计能够减少SO_2排放达到277万吨，几乎是2014年SO_2排放量的两倍。NO_X减排方面，枣庄、日照和莱芜3市的潜力较大，都超过了50%，全省累计能够减少NO_X排放达到242万吨，是2014年NO_X排放量的1.5倍左右。烟粉尘是3种污染物中减排潜力最大的，减排潜力超过70%的就有枣庄、潍坊、济宁、泰安、日照、莱芜、临沂、德州和滨州9个城市，全省烟粉尘的减排潜力超过230万吨，占排放总量的58.4%。由此可以看到，如果各市能源效率达到前沿面，山东省能够减少巨大的污染物排放量，将能有效地减少灰霾污染。

三、能源效率影响因素分析

由前述分析可知，山东省各市的能源效率相差较大，整体能源效率不高。因此，探明能源效率的影响因素，有助于各市提高能源效率，减少灰霾污染。

1. Tobit 模型分析

由于因变量是受限因变量，数据存在被截断的情况，若采用 OLS 估计参数可能有偏和不一致。Tobit 模型是处理受限因变量的一种较好的方法，因此，这里采用 Tobit 模型比较合适。Tobit 模型构建如下：

$$Y_i^* = X'_i\beta + \varepsilon_i \quad i = 1,\ 2,\ \text{L},\ n$$

当给出解释变量一个数量指标界限值 c 时，数据就可能被截断，此时上式可写为：

$$Y_i = \begin{cases} Y_i^* & Y_i^* > c \\ c & Y_i^* \leqslant c \end{cases}$$

假设模型误差项服从 N（0，σ^2）分布，即 $\varepsilon_i \sim N$（0，σ^2），则 Tobit 模型可以表述为：

$$Y_i = \begin{cases} X'_i\beta + \varepsilon_i & \text{当 } X'_i\beta + \varepsilon_i > 0 \\ 0 & \text{其他} \end{cases}$$

对上式采用极大似然法进行估计，就可以得到未知参数 β、σ^2 的值。

2. 变量选择

在总结已有研究的基础上，影响能源效率的自变量选取如下：

能源结构（*ES*）：能源结构体现了一个地区对不同能源的依赖程度，考虑到多年来山东省煤炭消费量均居全国第一，且山东省火力发电的比重占到 90%，煤炭是火力发电的重要燃料，因此这里选用煤炭和焦炭占各市能源消费总量的比重作为能源结构衡量指标。

技术进步（*TP*）：R&D 经费支出体现了一个地区科技投入的力度，能在一定程度上衡量其技术进步水平，这里用 R&D 经费投入强度（与地区 GDP 的比值）作为各市的技术进步衡量指标。

产业结构（*IS*）：2013 年山东省第二产业比重仍超过 50%，且第二产业能源消耗占到能源消费总量的 70% 以上，因此这里选择各市第二产业的产值与地区 GDP 的比值作为产业结构指标。

政府影响力（GI）：财政支出是政府干预经济的重要手段，因此政府影响力可以用地区财政支出占地区 GDP 的比重来衡量。

基于以上变量选择，回归模型构建如下：

$$E_{i,t}=\beta_0+\beta_1 ES_{i,t}+\beta_2 TP_{i,t}+\beta_3 IS_{i,t}+\beta_4 GI_{i,t}+\mu_{i,t} \qquad EE_{i,t}\in(0,1)$$

其中：$E_{i,t}$为各因变量，$\mu_{i,t}$为随机误差项，i 为地区，t 为时期。数据来源于各市统计年鉴（2011—2014）。

3. 实证结果分析

利用 Stata 12.0 软件进行 Tobit 模型拟合分析，结果如表 8 所示：

表 8　　Tobit 模型运行结果

EE	coefficient
ES	-1.18***
TP	3.45
IS	0.91*
GI	1.81*
_cons	0.56*
Prob > chi^2	0
LR chi^2	38.76

注：***、**、*分别代表在 5%、10%、15% 的显著性水平下显著。

由以上运行结果看到，能源结构对各市的能源效率具有明显的副作用，即煤炭所占能源结构比重上升，能源效率会显著下降。因此，各市要采取措施改变过度依赖煤炭的现状，积极调整能源结构，加速降低煤炭消费比重。产业结构和政府影响力对能源效率具有正向促进作用。各地区应在《山东省区域性大气污染物综合排放标准》和《大气污染防治规划》的要求下，实施更严格的大气污染物排放标准，积极淘汰技术落后的生产工艺、设备，严格控制钢铁、水泥等“两高”行业的产能，优化产业结构，降低污染物的排放。同时政府应完善财税补贴政策，引导各地区能源结构升级、产业结构调整优化，从而提高能源效率，减轻灰霾污染的压力。

四、对策建议

通过对山东省各市的能源效率和节能减排潜力进行测算与评估，并运用

Tobit 模型分析了影响能源效率的影响因素，为灰霾污染物的去除提供了方向，具体的对策建议如下：

1. 能源效率提升对策建议

（1）能源结构调整迫在眉睫。研究结果显示，降低以煤炭为主的能源结构是提升能源效率最有效的方式。山东省煤炭消费量多年全国第一，火电占比仍接近 90%，过度依赖煤炭给大气污染带来了巨大的压力。为调整山东省能源结构，需要严格实行煤炭消费总量控制政策、加快“外电入鲁”步伐；加大热电联供、淘汰低效燃煤小锅炉；加大新能源应用力度，推进风能和天然气使用，并安全发展核电。争取到 2020 年，能源结构中煤炭占比低于 50%。

（2）升级产业结构，打造节能环保装备产业集群。产业结构升级对能源效率提升具有正作用，应加快山东省产业结构升级。以莱芜为例，在钢铁去产能的大背景下，莱芜市可凭借当前的工业基础，大力发展节能环保装备制造业。节能环保装备制造业近年来发展迅速，2015 年节能环保装备制造业总产值已达 5600 亿元。此外，2016 年 10 月，财政部发布 1.17 万亿第三批 PPP 示范项目，该项目将释放巨大的环保设备需求。因此，山东省应在已有节能环保装备制造优势的基础上，进一步加快节能环保装备产业集群建设，提高技术水平，促进产业结构升级，增加节能环保装备供给。

（3）增加环保投入，强化政府引导。政府财政支出对能源效率提升也有正作用。因此，政府应加大清洁能源研发投入，包括风能和核电等清洁能源；同时完善财税补贴政策，引导地方优化产业升级，如发展环保装备产业和新能源汽车产业。考虑到电动汽车面临着充电桩基础设施不足及废旧电池污染大等问题，可考虑和日本车企合作，发展更为清洁的氢燃料汽车（日本本田、丰田等公司经过多年的研究，氢燃料汽车已趋向成熟）。

2. 节能减排对策建议

（1）加快减少大气污染物排放。短期内山东省倚重煤炭作为主要能源的情况不会改变，因此，淘汰分散燃煤小锅炉，提高煤炭燃烧效率，是节能减排的重要手段。同时，日照、莱芜、德州、聊城和滨州等市 SO_2 减排潜力巨大，要全面推进火电、钢铁和石化行业的 SO_2 总量控制治理；潍坊、临沂等市则要重点加强火电、水泥、机动车行业的氮氧化物防治；山东省各市烟粉尘的减排潜力都较大，因此要强化火电、水泥、钢铁和建筑施工等烟粉尘的治理。

（2）构建工厂能耗实时监控系统。以新建工业厂房为切入点，建立基于实际能耗数据的节能管理和过程控制体系，并用于厂房全生命周期过程，包括招标、设计、建造、验收与运行管理等各个阶段。具体思路是：在招商引资阶段，由企业方承诺能耗总量上限，政府部门参考该行业耗能指标审批备案；在厂房建成运行后，实行厂房耗能实时监控，并对超额用电部分征收高价能源使用费，督促企业进行节能管理和监控。

（3）以创新和共享经济发展理念为指导，发展共享型非机动交通。汽车尾气排放了大量的氮氧化物，应在2017年底前彻底淘汰黄标车的基础上，大力发展非机动交通。在城市区域，腾出更多空间给予非机动交通，提高非机动交通的速度、安全性和舒适性，增强其吸引力。“摩拜单车”和“ofo”两家共享单车初创企业已经做出了示范。共享单车逐渐被人们熟知和喜爱，并有可能引领环保出行的潮流。商业化运营共享单车服务带来更高的效率和用户体验，现在国内共享单车市场格局未定，结合未来共享经济外延不断扩大，因此政府可考虑成立本地共享非机动车互联网企业（未来可扩展到私家车等），将当前政府主导的公共自行车服务交给企业来做，结余的财政资金用于激励共享单车企业做大做强，提升非机动车的用户体验，减少私家车出行和尾气排放。

（4）坚持政府推动，大力发展绿色循环经济。《中国制造2025》指出，发展循环经济，提高资源回收利用效率，构建绿色制造体系。山东省应在钢铁、电力、化工、煤炭等工业领域全面推行绿色制造生产方式，实施清洁生产，促进源头减量。同时鼓励绿色产业集群发展，实施园区循环化改造，能源梯级利用、水资源循环利用等举措，构建绿色循环工业体系。在绿色产业集群建设中，要着重加强物理信息系统及“互联网+”的建设和应用，推动工业的数字化生产，扶持海尔、红领等龙头企业做大做强，打造中国的“安贝格”数字工厂（德国工业4.0示范企业），全力推进智能制造建设，打造一个千亿级别的智慧型绿色循环经济产业集群，从而实现工业制造资源节约，降本增效。

（山东大学管理学院孟庆春、黄伟东等）

进一步完善山东省科技计划项目绩效评价方式研究*

(2017年11月17日)

内容摘要：为了更好地评价和发挥科技项目在经济发展特别是新旧动能转换中的重要作用，本项研究以“十二五”山东省科技计划项目为基础，对进一步完善科技计划项目绩效评价问题进行了探讨，着重从科技计划项目取得的成果、成果转化应用、人才培养、应用前景等五个方面提出了山东省科技计划项目绩效评价指标体系的构建设想，并从建立专家信用评价机制、自评和他评相结合、采用基本信任分配函数提取专家评价信息、先个体融合后群体融合等方面提出了完善山东省科技计划项目绩效评价的建议。

科技计划项目是由政府部门组织制定并在一定时间内完成的科学技术研究开发活动，是科技创新的重要载体，而科技创新则是经济发展特别是新旧动能转换的根本动力和主要支撑。为了促进山东省科技计划项目更好地适应实施创新驱动战略和新旧动能转换的需要，研究和制定科学合理的科技计划项目评价方式方法具有重要的意义。为此，根据山东省科技主管部门的部署和要求，我们承担了2016年山东省软科学重大研究项目——“山东省科技计划项目绩效评价研究”，主要是以“十二五”期间我省实施的包括自然科学基金、自主创新及成果转化专项、农业科技成果转化专项、重点研发计划等在内的科技计划项目为基础，围绕如何进一步完善山东省科技计划项目绩效评价问题进行了研究，着重从科技计划项目取得的成果、成果转化应用、人才培养、应用前景等五个方面提出了山东省科技计划项目绩效评价指标体系的构建设想，并从建立

* 本文为山东省软科学项目(编号:2016RZRE29001)的研究成果。

专家信用评价机制、自评和他评相结合、采用基本信任分配函数提取专家评价信息、先个体融合后群体融合等方面提出了完善山东省科技计划项目绩效评价的建议。现将主要研究情况报告如下。

一、“十二五”以来山东省科技计划项目取得突出绩效

“十二五”期间，山东省科技计划项目注重与国家科技计划对接、强化科技创新平台等载体建设、注重产学研合作、突出人才导向、侧重知识产权培育等特点，项目经费重点用于资助科技服务业，智慧农业、生态农业、绿色农业，公益性民生科技以及海洋科技等领域，推荐立项数量维持稳定，平均资助强度逐年提高，推动山东省科技创新综合实力进一步增强。特别是 2015 年，山东省科技创新工作成绩显著，全社会研究与试验发展（R&D）经费支出占生产总值比重达到 2.27%，比“十一五”末提高 0.55 个百分点；发明专利授权量和每万人发明专利拥有量分别达到 16881 件和 4.9 件，是“十一五”末的 5.1 倍和 4.95 倍；登记技术合同 2.06 万项，成交额 339.74 亿元，是“十一五”末的 3.1 倍；科技创新平台建设取得可喜成绩，青岛海洋科学与技术国家实验室获批建设并正式启用，企业国家重点实验室和国家工程技术研究中心分别达到 17 家和 36 家，数量居全国前列；全省源头创新能力大幅提升，农业科技、海洋科技继续保持领先优势，区域创新综合能力连续五年保持在全国第六位。作为“十三五”的开局之年的 2016 年，更是采取集中支持重点研发领域的办法，推荐立项项目 452 项，总经费 8232 万元，与 2015 年相比，立项数虽有所下降，但平均资助强度却明显提高，突出体现出了注重支持公益性、社会性研究开发，侧重支持高校、科研机构与企业联合开展行业关键技术攻关，强化科技创新平台建设，突出园区等载体建设等特点，对推进经济文化强省建设，特别是实行新旧动能转换起到了重要的科技支撑作用。

二、科技计划项目绩效评价方式方法仍需创新

山东省科技计划项目取得了突出成绩，现行的科技计划项目绩效评价的方式方法仍需要进一步创新和完善。应该说，经过多年的实践探索，目前山东省科技计划项目已经形成了一套较为行之有效的评价体系和评价方法。如：《山东省自主创新及成果转化专项验收意见》强调自主创新项目成果的转化情况，其绩效评价主要从成果形式及水平、获奖情况、研发人数、标志性技术、经济

社会效益、知识产权产出、人才培养、平台建设、产业区域辐射带动作用、自身能力提升等多方面进行；《山东省自然科学杰出青年基金管理暂行办法》中规定获资助者结题时需在论文、专著、人才项目以及科技获奖方面达到事先设定的目标，绩效评价重点在项目、论文、专著等科研成果方面；《山东省农业良种工程绩效考评办法》从科研业绩、课题组组织管理、财政资金使用管理共三个方面对农业良种工程项目进行绩效评价，规定课题组绩效得分 = 科研业绩 ×50% + 组织管理 ×25% + 资金使用 ×25%，其中的科研业绩采取目标任务与定量打分相结合的方式进行评价；这些科技计划项目绩效评价的方式方法的突出特点是适应了不同类型科技计划项目的实际情况，在一定程度上适应了科技计划项目绩效评价的需要，是目前国内通常采用的评价形式和方法。但是，这些评价方式方法在评价指标选取上也存在着较大的差异且尚未形成统一规范，在评价方法上侧重于依赖专家的主观评价。特别是在绩效评价方法方面，现行办法中都有一个隐含假设——被邀请参与评价的专家是“全知全能”的，即对每一个项目都充分了解并有能力给出完备的且完全正确的评价信息。然而，受专业领域、知识经验、认知能力等内在因素的限制以及时间、精力、报酬等外在因素的影响，很可能导致专家给出的评价结果并不完全科学，尤其是当面对数量较多的、领域各异的待评价项目时，很难保证每位专家对任何一个项目的评价结果都是完全科学的，因此，应当在充分吸取其优点的基础上，进一步加以创新和完善。

三、关于进一步完善山东省科技计划项目绩效评价方式方法的设想

针对现行科技计划项目绩效评价的方式方法，本项研究拟从以下四个方面提出初步的改进设想，以供参考。

（一）关于改进科技计划项目绩效评价机理的设想

为了解决上述科技计划项目绩效评价机理方面中存在的问题，本项研究在构建绩效评价指标体系的基础上，以待评价项目为对象，从建立评审专家信用评价机制、自评和他评相结合、考虑指标权重与专家可靠性影响、先个体融合后群体融合等方面提出以下山东省科技计划项目的绩效评价机理设想，以图理顺科技计划项目绩效评价的逻辑思路和技术路线。具体如图 1 所示。

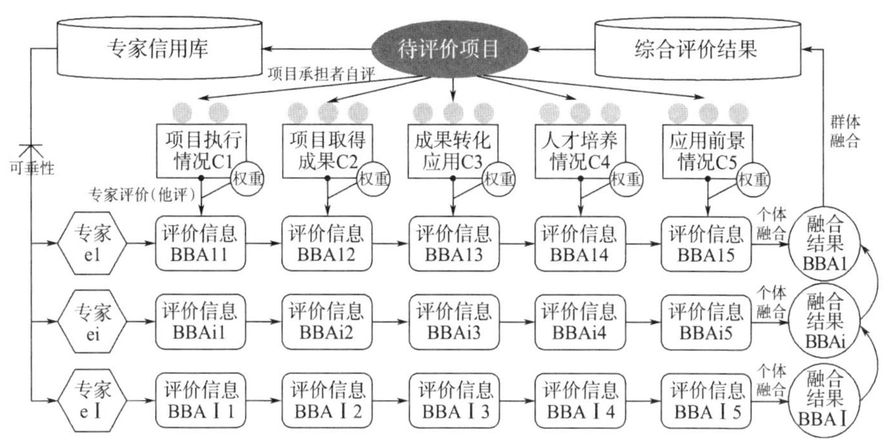

图 1　山东省科技计划项目绩效评价机理

（二）关于改进山东省科技计划项目绩效评价指标的设想

选择指标要遵循系统性、导向性、可操作性、数据易获性等原则。其中：系统性是指设置的评价指标要从不同视角全面而综合地反映科技计划项目绩效的表现情况；导向性是指评价指标应有利于激励科技计划项目产出与政策导向相符的研究成果；可操作性是指评价指标应简单明了、内涵清晰并易于开展评价；数据易获性是指评价指标能够在一定程度上对项目绩效进行定量评价。遵循上述指标识别原则，在借鉴国内外相关研究成果的基础上，从项目执行情况、项目取得成果、成果转化应用、人才培养情况、应用前景情况进行山东省科技计划项目绩效评价指标体系的设计，具体如表 1 所示。

导向性原则不仅可以体现在绩效评价指标选择上，而且还可以体现在指标权重上——通过对与政策导向相符程度高、影响程度大的指标赋予较大的权重，反之则应对指标赋予较小的权重。需要注意的是，所设置的绩效评价指标之间可能并非相互独立而是存在着相互关联影响的关系，按照复杂系统中的理论观点，这种关联影响关系及相互影响程度会决定着绩效评价指标权重的大小。考虑到网络分析法是在层次分析法的基础上提出的一种比较排序方法，能够基于两两比较的思想对具有内部依存性和反馈效应的复杂网络结构进行分析，并通过构建超矩阵、加权超矩阵、极限加权超矩阵来确定评价指标终极权重，故可以基于网络分析法确定山东省科技计划项目绩效评价指标的权重（理想权重），详见表 1 中括号中的数字。

表 1 山东省科技计划项目绩效评价指标体系

一级指标	二级指标	指标解释
项目执行情况 C_1	按计划执行情况 c_{11}（0.6）	项目结题时是否达到申报书及合同书中确立的研究目的、目标，项目的研究质量及创新情况
	研究目标完成情况 c_{12}（1.0）	项目结题时标成果的完成率 =（已取得的成果数/目标成果数）×100%
项目取得成果 C_2	获奖情况 c_{21}（0.6）	项目中相关成果获得国家级、省部级以及其他奖项的数量及相关情况
	论文与专著 c_{22}（0.5）	项目中产出的论文，出版的专著、编著、论文集等著作的数量及质量
	学术报告等 c_{23}（0.5）	项目参与人因项目或项目成果在国内外学术会议上做学术报告的次数及质量
成果转化应用 C_3	专利/标准/软著 c_{31}（1.0）	项目中取得的专利，建立的新标准以及取得的软件著作权的相关情况
	技术转让/技术许可 c_{32}（0.4）	合法地向他人转让项目中取得的科技成果或许可他人使用项目中取得的科技成果的相关情况
	作价投资/经济效益 c_{33}（0.2）	合法地以项目中取得的科技成果折算股份或者出资比例进行作价投资或取得经济收益的相关情况
人才培养情况 C_4	中青年学术带头人 c_{41}（0.9）	项目相关人员因项目入选国家级人才计划、省部级人才计划、成为单位学术学科带头人的人数及相关情况
	出站博士后/毕业博士 c_{42}（0.3）	项目在对学科内博士后/博士的培养方面贡献情况、出站博士后/毕业博士的人数以及因项目参加国内外学术会议的次数和人数
	毕业硕士 c_{43}（0.4）	项目在对学科内硕士的培养方面贡献情况、毕业硕士的人数以及因项目参加国内外学术会议的次数和人数
应用前景情况 C_5	应用于学术研究 c_{51}（0.9）	项目成果对促进或深化相关领域学术研究发展的贡献程度
	应用于经济发展 c_{52}（0.5）	项目成果对促进经济发展的贡献程度
	应用于社会建设 c_{53}（0.2）	项目成果对促进社会建设的贡献程度

（三）关于改进山东省科技计划项目绩效评价专家选择与管理的设想

山东省科技计划项目一般会邀请相关专业领域的3—5位专家进行绩效评

价，评审专家可能来源于高校、科研院所、政府机关、企业等部门，工作性质、经验积累等方面的差异使得各类专家都有着各自所擅长的领域，能够对科技计划项目在相应指标上的绩效表现进行科学评价。如：高校、科研院所的专家对其所研究领域的知识掌握比较扎实，更加了解该领域以及其相关领域的研究现状、重点研究方向、有价值的问题，他们很可能对项目取得的成果水平做出精准评价；政府机关专家掌握的信息更具全局性，更加了解国家以及山东省的相关政策，清楚经济社会的整体形势，清楚哪些研究成果能对经济发展和社会建设可能起到推动作用，他们很可能对项目的应用前景做出精准评价；企业专家更加看重项目研究成果能否在生产实践中得到应用，能否带来经济效益，他们对市场迫切需要的技术、专利、软件著作等具有更加敏锐的洞察力，也更可能对成果转化应用做出精准判断。从不同领域选择评审专家，有利于对山东省科技计划项目绩效做出全面、科学的评价。

建立评审专家信用评价机制。评审专家在研究方向、专业技术水平、评审态度与原则上的差异导致了不同专家对科技计划项目绩效评价结果的可靠性并不相同。相关管理部门可以记录专家历次评价信息，定期分析专家对科技计划项目绩效评价结果的准确程度，建立评审专家信用库。基于所建立的专家信用库，科技管理部门一方面可以对评审专家评价信息的可靠性进行判断并在评价信息融合过程中予以反映，另一方面也可以对评审专家的资格进行审查和管理，对可靠性低的专家进行弱化处理，如减少项目评审次数、降低专家身份、从专家库中剔除等，对可靠性高的专家进行强化处理，如增加项目评审次数、升级专家身份、增加评审费用等。

评审专家可靠性可以根据历史评价信息确定。评审专家的可靠性是指专家对科技计划项目绩效评价问题给出无误评价结果的能力或可能性。考虑到专家对山东省科技计划项目绩效评价的结果分为建议结题和不建议结题两种，在两种结果中都可能会存在建议结果与实际结果不符的情况。若设 YT 表示建议结题并实际已结题的项目数，YF 为专家建议结题而实际未结题的项目数，NT 为不建议结题但实际已结题的项目数，NF 为不建议结题且实际未结题的项目数，则上述参数之间的关系可以由表 2 所示的混淆矩阵予以表示。基于混淆矩阵可以按式（1）计算专家的可靠性。

表 2　　混淆矩阵

类别	实际结题	实际未结题
建议结题	YT	YF
不建议结题	NT	NF

$$r = \frac{YT + NF}{YT + YF + NT + NF} \tag{1}$$

（四）关于改进山东省科技计划项目绩效评价信息提取和融合的设想

建议采用自评和他评相结合的方式进行项目绩效评价。因为项目承担者对项目最为了解，最有能力对项目成果在各项二级绩效评价指标上的表现进行说明，其自评结果能为专家评价（他评）提供决策参考，所以本文建议对山东省科技计划项目的绩效评价可以采用自评与他评相结合的方式。自评体现在由项目承担者在结题报告中对项目在各项二级指标上的表现进行说明，他评体现在根据自评结果由专家对项目在各项一级指标上的表现进行评价。之所以将他评设置在一级指标上进行，一方面是为便于专家根据不同情况在特定方面做出整体判断（如项目目标是要发表 4 篇论文且其中 1 篇论文获奖，而实际是发表了 3 篇论文且 3 篇论文均获奖，这说明 3 篇论文均为高水平论文，若仅让专家在二级指标上进行评价，则显然在论文著作方面没达到要求，但综合论文著作和获奖两个方面来看则整体上达到了要求，故整体判断对解决此类问题非常关键），另一方面也能大幅度减少专家的工作量。

建议采用基本信任分配函数提取专家对项目绩效的评价信息。专家在对项目在不同一级绩效指标上的表现进行评价时可能会给出完备程度不同的评价信息。如：在极其理想的情况下，专家可能对项目在所有指标的绩效表现做出完备的评价；在极其不理想情况下，专家可能对项目在所有指标上的绩效表现做不出任何的评价；而大多数情况下，专家很可能对与自身专业领域相关性高的指标做出完备的评价，对相关性一般的指标做出比较完备的评价，对相关性低的指标做出不完备的评价。为了描述专家对山东省科技计划项目绩效评价的真实判断信息，建议采用证据理论中的基本信任分配函数提取专家给出的决策信息。不妨设用于评价科技项目在特定指标上绩效表现的等级标度集合为 Θ = {优秀（E），良好（G），一般（A），较差（P），很差（W）}，若专家对项目绩效在某一指标上的表现评价为 50% 的可能是优秀、30% 的可能是良好、20% 的可能是不知道，则采用基本信任分配函数可表示为 B = {（E，0.5），

(G，0.3)，(Θ，0.2)}；若专家的评价是优秀，则可表示为 B = {(E，1.0)}；若专家完全做不出评价，则可表示为 B = {(Θ，1.0)}。可见，基本信任分配函数能够提取专家的真实判断信息。需要说明的是，用于开展评价的等级标度可视管理部门要求结果的精度而定，如要求精度较高，则可以采用五级、七级、九级标度；若要求精度较低，则可以采用两级、三级标度。

在融合专家评价信息时要考虑指标权重和专家可靠性的影响。指标权重反映的是一个指标相对于另一个指标的重要程度，具有相对性和主观性，在对项目在不同绩效指标上的评价信息进行融合时需考虑指标权重的影响。可靠性是专家对科技计划项目绩效评价问题给出无误评价结果的能力或可能性，具有绝对性和客观性，在对不同专家评价信息进行融合时需要考虑专家可靠性的影响。为了反映上述两方面影响，建议采用先个体融合后群体融合的次序对所有评价专家在各项评价指标上的信息进行融合。其中，个体融合是以专家个体为对象，遵循补偿性融合策略，利用 ER 折扣和 ER 融合规则对专家在不同指标上的评价信息进行融合，群体融合是以专家群体为对象，遵循非补偿性融合策略，利用 Shafer 折扣和 Dempster 规则对个体融合的结果进行再融合。上述评价信息融合的计算过程较为复杂，建议开发专业的决策支持系统辅助评审专家和管理部门进行绩效评价，以此提高评价效率、保证评价效果。

需要指出和说明的是，本项研究提出的上述进一步完善山东省科技计划项目绩效评价的设想，借鉴了包括国家自然科学基金、国家社科基金绩效评价等在内的国内外相关研究成果，能够较为系统全面地反映科技计划项目取得的绩效情况。专家信用库的设立有利于规范专家在绩效评价过程中的行为，有利于对山东省科技计划项目的绩效做出公正客观的评价。采用基本信任分配函数作为专家评价的决策信息提取方式，能够充分反映专家的真实判断，规避传统评价中容易出现的胡乱打分情形。采用证据理论中的折扣原理和证据合成规则对专家给出的评价信息进行个体融合和群体融合，能够反映专家可靠性和指标权重对绩效评价结果的影响，有利于得到科学有效的评价结果。需要说明的是，因为山东省科技计划项目的类型众多，各类项目的侧重点可能存在不同，所以本项研究建议的指标权重可以作为权重设置的一般性参考，而在操作过程中，管理部门可以结合实际情况对建议指标权重予以一定程度的调整。完善科技计划项目绩效评价需要一个循序渐进的过程，相信在科技管理部门的密切关注和共同努力下，山东省科技计划项目的绩效评价工作会越做越好，为山东省科技创新工作适应创新驱动战略和新旧动能转换要求做出更加突出的贡献。

（中国海洋大学杜元伟、王素素、杨宁）

山东省自然科学基金绩效评估指标体系的构建与应用研究*

（2017 年 12 月 8 日）

内容摘要：随着山东省自然科学基金（以下简称“省基金”）资助规模的快速增长，在促进基础科学研究、助推科技创新和新旧动能转换作用越来越大的同时，其资金使用绩效越来越引起社会的广泛关注。本课题在借鉴国际国内普遍做法的基础上，围绕省基金绩效评估指标体系的构建及其尝试应用进行了专题研究，并提出了基于绩效评估优化省基金资助与管理的政策建议。

省基金作为山东省支持基础科学研究的主要资助渠道，近几年资助规模快速增长，2016 年已达 2 亿元，比“十二五”之初的 2011 年增长 300%，对基础科学研究发展起到了重要的促进作用，也为助推科技创新支撑新旧动能转换储备了强有力的后劲。与此同时，其资金使用绩效越来越广受社会关注。如何构建系统科学的绩效评估指标体系，建立基于绩效评估的省基金资助管理优化机制，已成为省基金发挥更大投资效益、更好促进基础科学发展的迫切需要。

一、省基金绩效评估指标体系的构建

从省基金在省基础研究体系中的定位出发，在比较分析国内外科学基金绩效评估实践经验的基础上，我们根据对依托单位调研材料和问卷调查数据的分析，着重从战略绩效、管理绩效、项目资助绩效等三个层面识别绩效要素，确立关键指标，提出了如下构建省基金绩效评估的指标体系。

---

* 本文为山东省软科学项目（编号:2015RZB01015）的研究成果。

（一）战略绩效

战略绩效反映省基金宏观层面绩效，是省基金在战略定位、目标、规划等方面发挥作用的体现。从相关政策文本和调研资料看，省基金的战略绩效主要是指其在推进区域科技发展、促进人才队伍建设、推动区域经济社会发展和提升区域创新体系开放水平四个方面做出的贡献或产生的影响，构成了战略绩效评估层面的四个一级指标：

一是推动区域科技发展指标。主要包括推进基础研究投入、对接国家科技计划、推进学科发展等三个二级指标。其中，推进基础研究投入主要体现在受资助者后续获得各类资助计划经费数；对接国家科技计划主要表征为省基金资助学科布局与国家自然科学基金的匹配度和衔接度。

二是促进人才队伍建设指标。该指标是省基金的核心战略任务之一，主要包括稳定和壮大科技人才队伍、促进和引导高层次青年人才成长、培养和造就学科学术带头人等三个二级指标。

三是推动区域经济社会发展指标。旨在从整体上评估省基金“重点资助支持区域经济社会发展的应用基础研究”在资助布局方面的体现程度，主要包括资助学科领域与产业发展的关联度、研究课题与经济社会发展的关联度等两个二级指标。

四是提升区域创新体系开放水平指标。用以评估省基金在促进省内外单位和科研人员合作交流方面的作用，根据抽样调查结果，主要包括促进产学研合作、促进学术合作与交流等两个二级指标。

（二）管理绩效

管理绩效反映基金中间层面绩效，是基金管理部门（单位）在资助及支持政策、制度、措施制定、组织管理实施等方面的效果。由于基金一般由基金管理委员会和依托单位共同承担基金的管理工作，因此管理绩效包括省基金委管理绩效和依托单位管理绩效两个一级指标：

一是省基金委管理绩效指标。主要包括资助政策的科学合理性和管理机制的公平有效性两个二级指标。由于管理绩效是典型的过程型绩效，主要体现为相关利益主体对管理过程的认知和评价，因此资助政策的科学合理性主要表征为依托单位和项目负责人对资助工具和申报条件设置科学性、资助率和资助强度合理性等方面的评价；管理机制的公平有效性则体现为依托单位和项目负责人对项目评审管理公平性、中期检查和结题管理有效性、管理信息系统有效性的评价。

二是依托单位管理绩效指标。包括组织项目申请的有效性、支持保障项目研究的有效性两个二级指标。从依托单位调研材料看，其在基金管理中的职责主要体现在两个方面，即动员组织科研人员申请项目和支持保障项目按进度实施研究计划。

（三）项目资助绩效

项目资助绩效表征基金微观层面绩效，是指基金资助项目产出的直接成果及其应用、获奖情况等。在遵循项目资助绩效评估通用框架的基础上，凸显质量导向，设计标志性成果、科技成果、成果应用、成果获奖等四个一级指标：

一是标志性成果指标。是指基金项目产出的高质量高水平成果，一般以产出系列成果（高水平论文、研究报告、国际国内领先的发明专利、高层次人才及科研团队成长等）的项目为单位进行遴选。标志性成果须至少符合以下标准之一：具有重大理论创新；面向省乃至国家重大战略需求，具有重要的支撑或引领作用；产生了良好的人才效应，形成了具有协同攻关能力且相对稳定的科研团队。

二是科技成果指标。在遵循基础研究成果评价通用框架和省基金结题标准的基础上，凸显质量导向，选取高水平论文、发明专利两个二级指标，通过分析其总量和投入产出率进行评估。

三是成果应用指标。借鉴河北省自然科学基金委开展的绩效评估研究结论，选取论文被引、延伸获得其他科技计划项目、进入企业应用成果等三个二级指标。

四是成果获奖指标。从省基金的定位出发，其资助产出的成果以争取获得国家级和省部级奖励为主，兼顾国际奖励，因此选取国际与国家级奖励、省部级奖励作为成果获奖的两个二级指标。

综上所述，省基金绩效评估指标体系由 3 个评估层面、10 个一级指标、22 个二级指标和一系列评估关键点构成，具体如表 1 所示：

表 1　　山东省自然科学基金绩效评估指标体系

评估层	一级指标	二级指标
战略绩效	推进区域科技发展（0.25）	推进基础研究投入（0.4）
		对接国家科技计划（0.35）
		推进学科发展（0.25）

续表

评估层	一级指标	二级指标
战略绩效	促进人才队伍建设（0.4）	稳定和壮大科技人才队伍（0.2）
		促进和引导高层次青年人才成长（0.5）
		培养和造就学科学术带头人（0.3）
	推动区域经济社会发展（0.15）	资助学科领域与产业发展的关联度（0.75）
		研究课题与经济社会发展的关联度（0.25）
	提升区域创新体系开放水平（0.2）	促进产学研合作（0.7）
		促进学术合作与交流（0.3）
管理绩效	省基金委管理绩效（0.6）	资助政策的科学合理性（0.5）
		管理机制的公平有效性（0.5）
	依托单位管理绩效（0.4）	组织项目申请的有效性（0.5）
		支持保障项目研究的有效性（0.5）
项目资助绩效	标志性成果（0.3）	标志性项目（1）
	科技成果（0.3）	高水平论文（0.6）
		发明专利（0.4）
	成果应用（0.2）	论文被引（0.3）
		延伸获得其他科技计划项目（0.4）
		进入企业应用成果（0.3）
	成果获奖（0.2）	国际与国家级奖励（0.5）
		省部级奖励（0.5）

注：各指标后的括号内为利用层次分析法计算的指标权重，进行了四舍五入处理。

二、尝试性使用指标体系评估省基金绩效的分析结果

为了充分验证上述指标体系构建的科学性、合理性和可行性，我们面向依托单位和项目负责人广泛征求意见进行了检验与修正，并尝试运用这套指标体系，以获取的“十二五”期间的数据对省基金绩效进行了初步的实证分析，取得了可供参考的评估结果，具体包括以下三个方面的主要结论。

（一）省基金在促进重点学科对接国家科技计划方面取得良好成效

应用指标体系对省基金、国家自然科学基金、省内单位获国家自然科学基金项目的资助学科布局进行分析，省基金重点资助的医学、工程与材料科学、生命科学、化学、信息等学科，与国家自然科学基金资助布局的平均匹配度（匹配度的计算方式：每个年度该学科在国家自然科学基金资助总项数或经费数中的占比/该

学科在省基金中的资助占比，大于100%的更换分子分母进行标准化）超过90%，平均衔接度（衔接度的计算方式：该学科在下一年度山东省单位获取国家自然科学基金资助总项数或经费数中的占比/该学科在当年度省基金资助中的占比，大于100%的更换分子分母进行标准化）超过76%，特别是与山东省产业发展关系密切的工程与材料科学、化学、生命科学等学科与国家自然科学基金的匹配度和衔接度很高。而对接国家科技计划的资助布局也进一步强化了省基金的“种子基金”作用，对2011年、2012年立项项目的结题数据进行分析，后续共申请成功其他科技计划项目841项，其中“973计划”项目18项、“863计划”项目6项、国家自然科学基金项目569项，其他省级以上（含）项目248项。

（二）省基金在吸引青年人才从事基础研究、壮大科技人才队伍等方面取得突出成效

近年来，省基金进一步细化各类项目的重点资助对象，强化各类项目的相互衔接，在实现对不同年龄、不同阶段科技人才全链条资助的同时，着力加强省基金对科技人才队伍发展壮大的推动作用。特别是2014年省基金改革后，当年申报总量增幅超过70%，35岁以下科技人员申报量增长117%，30岁以下科技人员增幅达320%，体现了省基金在吸引青年人才、壮大科技人才队伍方面的突出贡献。如图1所示，省基金已基本形成以打造人才培养链为主要目标的资助工具体系，在推动我省基础研究人才梯队成长方面助力明显。

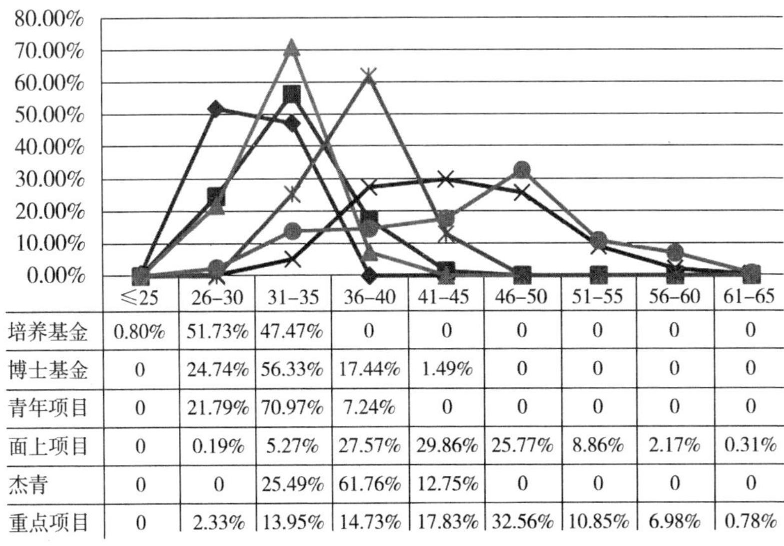

	≤25	26-30	31-35	36-40	41-45	46-50	51-55	56-60	61-65
培养基金	0.80%	51.73%	47.47%	0	0	0	0	0	0
博士基金	0	24.74%	56.33%	17.44%	1.49%	0	0	0	0
青年项目	0	21.79%	70.97%	7.24%	0	0	0	0	0
面上项目	0	0.19%	5.27%	27.57%	29.86%	25.77%	8.86%	2.17%	0.31%
杰青	0	0	25.49%	61.76%	12.75%	0	0	0	0
重点项目	0	2.33%	13.95%	14.73%	17.83%	32.56%	10.85%	6.98%	0.78%

图1　各种类型项目受资助者的年龄分布情况

（三）省基金委的资助工具和管理机制得到利益相关主体的广泛认可

根据依托单位的调研材料，除在结题管理方面提出部分建议外，90%以上的单位对省基金资助工具与申报条件设置、管理机制有效性等表示满意。对依托单位和项目负责人的抽样调查也得到近似结果，超过90%的依托单位和面上、重点、青年、杰青项目负责人表示省基金各类项目的申报条件设置非常合理或比较合理，超过96%的单位和负责人对基金管理机制的规范性和总体效率表示非常满意或满意。

三、基于绩效评估优化省基金资助与管理的政策建议

在研究探索省基金绩效评估指标体系构建问题的过程中，我们也发现在基金管理与使用方面也有一些值得进一步重视和强化的问题，解决好这些问题，对于加强和创新省基金的管理，使之在提高资金使用效益、更好地推进科技创新和新旧动能转换等方面具有重要意义。为此，提出如下对策建议：

（一）基于绩效评估构建多层联动的基金管理机制

一是基于资助布局的比较评估，进一步深化与国家层次资助计划的衔接联动。通过构建有效的评估与监控体系，及时评价省基金与国家层次基础研究计划在资助学科、人才（年龄、职称）等方面的衔接程度，根据评价结果动态调整省基金的资助布局，支持优势学科、单位和人才进入国家层面竞争。依托绩效评估数据资料的收集处理，积极了解国家基础研究重点方向的资助动态和管理体制改革的最新进展，推动省基金与国家层次资助计划的“接力”机制向纵深方向发展，强化省基金的“种子基金”定位。

二是基于绩效沟通与反馈机制，进一步强化与各市科技管理部门和依托单位的衔接联动。整合当前省基金与各市科技管理部门和依托单位的沟通渠道，完善绩效数据上报和绩效评估结果反馈的流程机制，实现信息共享、定期对话。通过绩效评估和意见征询，发挥省基金对各市和依托单位基础研究的引导作用，调动各市科技管理部门和依托单位参与基础研究资助管理的积极性和主动性；创新省基金合作运行机制，联合设立省市基础研究支持计划，引导依托单位制定项目申请动员、经费配套奖励、支持保障项目研究等制度措施，建立省、市、科研主体联合支持区域基础研究的三级联动体系。

三是基于产学研合作绩效评估，进一步加强对企业从事基础研究的政策引导。将产学研合作纳入省基金绩效评估范围，提高企业参与、承担区域基础研

究的比重。一方面加强对企业参与课题情况的评估分析，鼓励高校、科研机构与企业合作申请基金项目，吸纳企业人员加入课题研究，促进理论研究与企业发展实际需求相结合，发挥企业在项目研究成果转化中的重要作用；另一方面面向企业发布绩效评估报告，引导企业主动开展基础性前沿性创新研究，发掘基础研究对企业可持续发展的支撑作用，推动企业加大对基础研究的经费投入比例，增强企业源头创新和开发核心技术的能力。

（二）强化绩效评估对基金资助布局的导向作用

一是基于资助学科学术前沿性和产业关联度评估，加大对区域优势及特色学科的支持力度。通过对山东省单位获取国家层面资助计划的学科布局分析，追踪国际国内基础研究学科热点和学术前沿，识别省基金需重点资助的优势和特色学科，提高对海洋科学、工程与材料科学、药学等学科的资助规模，促进新兴交叉学科特色化成长，进一步增强区域优势学科和特色学科在国家层面的竞争力。立足于资助学科布局与山东省产业发展规划的关联度评估，识别与区域产业结构调整和经济社会发展密切相关的学科领域，不断提高对应用基础研究尤其是产业导向型基础研究的资助力度，增强山东特色优势产业的科技含量和竞争力，助推战略性高技术领域研发实现重大突破，带动区域产业结构优化升级和战略性新兴产业发展。

二是基于省内单位获国家和区域基础研究资助的比较评估，动态调控资源在基础研究主体间的分配。在有效对接国家科技计划资助学科布局的前提下，统筹兼顾，突出重点，与国家层面资助计划互为补充，引导形成阶梯递进的分层竞争机制。鼓励支持优势基础研究主体参与更高层次研究计划的竞争，重点资助科研能力突出但资源获取不足的基础研究单位与人才，发掘培育具备科研潜力的基础研究主体，力求实现有限资源的最优化配置。

三是基于受资助者职称和年龄布局的分类评价，持续加强对应用基础研究人才的全链条资助。通过分析省基金各类项目资助对象的年龄分布和职称分布，明晰各类项目的重点资助对象，以实现对应用基础研究人才的全链条资助为目标，优化调整省基金的资助对象。充分发挥培养基金、博士基金、青年基金在扩展区域科技人才储备和吸引凝聚青年人才从事基础研究的重要作用，优先支持科研潜力大的青年科技人才加快发展；突出强调杰出青年基金、省属优青基金、面上项目在引导促进高层次创新型人才组建团队和科技领军人才培养中的重要作用，着力推动人才链、创新链高位对接，为加快实施创新驱动发展战略和新旧动能转换重大工程提供强有力的人才支撑。

（三）发挥绩效评估对基金开放发展的促进作用

一是加强对省基金促进学术合作交流作用的评估，引导科研主体进行开放式创新。以推动省基金开放发展的理念构建绩效评估指标体系，将合作研究成果和举办参加学术会议等纳为绩效评估的关键点，引导科研人员依托基金项目跨学科、跨领域、跨单位开展协同创新，鼓励项目研究人员举办学术研讨会和参加国际国内高水平学术会议，通过持续的合作交流产出更多高质量的标志性成果。依据绩效评估结果调整资助政策，优先支持具有实质合作成效的科研团队开展基础研究，逐步加大各类项目经费中用于学术合作交流的比例，不断提高我省基础研究的对外开放水平。

二是将延揽国际国内优秀人才纳入省基金绩效评估的关键点，提升我省基础研究学术话语权。坚持“走出去”和“引进来”相结合，以绩效评估为抓手，加强对省基金项目团队组建的政策引导，鼓励吸纳国际国内相关领域专家加入课题研究，产出高水平高质量的协同创新成果；推动山东省基础研究主体与国内外知名大学、研究机构建立长期稳定的合作交流机制，通过持续的学术交流与科研协作，对外展示山东省基础研究的优势与特色，增强山东省在国家基础研究体系中的学术话语权和影响力。

三是建立绩效评估报告的定期发布机制，依托基金品牌效应汇聚区域优势资源。面向省基金的利益相关者公开绩效评估报告，在接受社会监督的同时，强化品牌营销意识，通过广泛宣传基金标志性成果在推动科学技术创新、产业优化升级和经济社会发展方面的重大作用，增强社会对基础研究重要性的认知；吸纳社会资本投入，引导区域优势资源汇聚，探索科研资源共享机制，围绕区域产业发展重点领域和科技前沿重点方向，创新基金资助机制，整合优势科研主体实施联合资助，打造省基金资助工作新格局。

（山东财经大学李贞副教授、张体勤教授）

评价科技创新发展，科技进步贡献率“独木难撑”

（2018 年 11 月 8 日）

内容摘要：“科技兴则民族兴，科技强则国家强。”习近平总书记指出，在我国经济发展新常态的历史起点上，把科技创新摆在国家发展全局更加重要的位置，吹响建设世界科技强国的号角。就山东省而言，在大力推进新旧动能转换背景下，充分发挥科技创新的支持作用，让科技进步成为经济社会发展的重要驱动力量，传统的工业大省山东省才能迎来产业发展的新局面，迈出经济文化强省建设的新步伐。因此，科学评价山东省区域科技创新能力，剖析其优势与劣势，揭示科技创新支撑经济创新发展发展所发挥的作用，对于实现以科技创新支撑山东省高质量发展具有重要意义。

山东省“十三五”科技创新发展规划中给出科技进步贡献率、全社会 R&D 经费支出占 GDP 比重、每万名就业人员中研发人员数等 9 项科技创新发展主要指标。其中科技进步贡献率是唯一经过分析和测度的反映科技进步作用的一项综合指标，它表征的是广义技术进步对经济增长的贡献份额，即扣除资本和劳动后科技等因素对经济增长的贡献率。科技进步贡献率常用的测算方法是索洛余值法，从整体看，索洛余值法把复杂经济问题高度概括并简化处理，计算比较简单，实用性强，能够定量衡量产出增长中由技术进步形成的增长比例，表征科技发展对经济社会的支撑引领作用，反映经济发展方式的转变成效，但是不可忽视的是其在实际测算、应用过程中存在一定的局限性。

首先，科技进步贡献率的横向比较没有实际意义，它更适合一个国家或地区的纵向比较。一是因为科技进步贡献率是在增量而非总量中考察技术进步所发挥的作用。科技、经济和社会均相对发达的地区，增量本身较小，由此计算的科技进步贡献率数值便可能较小，事实上，出现了有测算结果显示中国西部地区的科技进步贡献率比中部地区还高的情况；二是因为测算的结果差别较大。不同学者在测算时对科技进步的内涵界定不同，测算的生产函数不同，模型假设前提不同，数据收集和处理方法不一等诸多原因，导致测算结论不一致。根据大量文献分析研究后，即使相同阶段的科技进步贡献率，有时会差出10—15个百分点不止，而目前很难有一套统一的标准，让各具特色的行业和地区都采用同一种算法；其次，刨除资本、劳动力增长因素外，剩余的影响经济社会发展的因素较为复杂，但是索洛余值法将其全部归于科技进步对经济增长的作用，不考虑技术进步因素的不确定性及其他因素的影响，这样的处理不尽合理；最后，研究开发、工业设计、员工培训、市场营销等无形资产在GDP核算时均作为中间投入被扣除，不计入资本账户，因此，采用经典的索洛模型测算时实际上忽视了科技进步的重要部分——无形资本对经济增长的贡献，从而低估了科技进步对经济增长的作用。更多地，要引入无形资本，其数据获取在现有的科技统计调查制度下也存在一些难度。

在国内区域创新建设不断被推向新的历史高度的情况下，鉴于科技进步贡献率在测算和应用过程中的局限性，仅依靠这一指标已无法科学全面地评价区域科技创新能力，为了更加科学地认识和判断区域创新能力发展的水平和阶段，利用创新发展指数来评价区域创新能力的方法应引起政府主管部门足够的重视。事实上，国内外对创新指数进行了广泛的研究，产生了一些公认的创新度量标准，如欧洲创新记分牌、全球创新指数、全球竞争力指数、硅谷指数等。在国内，中国科学技术发展战略研究院自2011年以来已连续发布7期《国家创新指数报告》，国家创新指数排名已成为判断我国创新型国家建设进程的重要指标之一，被正式列入《“十三五”国家科技创新规划》总体发展目标，提出到2020年我国国家综合创新能力世界排名进入前15位。上海市统计局推出了“上海市科教兴市指标体系”，包括环境创新指数、张江创新指数等，其中张江创新指数是于2005年正式推出的代表上海科技创新水平的评价指数。北京中关村创新指数主要综合描述北京市高新技术产业发展状况。

创新发展指数是通过制定多种创新能力或竞争力的评价指标体系，并且利用这些体系对特定区域进行全方位、多角度的衡量，得到该区域在科技创新各个层面的表现。以《国家创新指数报告》为例，构建了包括创新资源、知识创造、企业创新、创新绩效和创新环境5个方面、30项基础指标的国家创新指数指标体系，不仅得到中国在世界的创新能力定位，更清晰地区分领先指标、潜力指标和相对落后指标，以此便于对科技创新工作进行更加有针对性地部署。此外，区域创新评价过程中建立的评价指标体系可以对不同地区进行纵向和横向的比较，以剖析各区域开展创新活动的实际情况，尽管各地区的发展水平和社会文化存在较大差距，但跨地区的相互比较是十分有意义的。因此，创新发展指数是一个国家或地区科技管理体制的重要考核评价指标，对于扩大科技创新的社会影响力、提升公众对创新驱动发展的认知参与度、增强政府创新治理效能具有积极意义，因此，建议山东省科技厅将创新发展指数列为科技创新发展重要的指标之一，在山东省（市）范围内广泛开展创新发展指数的计算、评价和研究工作，以更好地推动创新驱动发展战略落实，更好地发挥科技创新对新旧动能转换的支撑作用，发挥科技引领创新实现高质量发展。对此，关于如何科学编制山东省（市）创新发展指数及开展相关评价提出如下几条建议：

一、创新发展指数应具有较强的成长性

框架体系是一个不断积累、逐步完善的过程，在山东省科技创新支撑新旧动能转换的大背景下，科学编制体现新常态下山东科技创新发展特点的创新发展指数报告。既反映不同时期全省创新驱动发展和科技进步整体水平，又突出创新驱动发展实效，兼顾区域协调发展问题，深度反映创新驱动发展结构性问题，进一步提升科技创新工作的显示度和公众认知度，并将其延伸至各地市层面。

二、创新指数应提升区域可比性

山东省（市）创新发展指数的编制和评价是一项系统性强、时效性长、覆盖面广的工作。省级层面应主动对接国家标准，市级层面应符合省级标准，结合山东省（市）实际搭建覆盖创新链条的指标评价体系，保证选取的指标、算法具有统一性与可比性，以便及时监测山东省参与全国科技竞争的程度及各省市明确自身在山东省的科技创新定位。

三、创新发展指数报告应紧扣科技管理工作

评价指标应与区域科技管理、科技规划制定、科技发展目标密切联系。发展评价指标体系应囊括各地区科技规划和发展目标的主要指标，通过指标的趋

势和走向可以敏感地反映出各地区在科技创新的主要方面的水平和进步、不足和变化。特别是在和排序相邻地区的比较中，能够具体明确指出与提升或落后关联的因果联系。

四、形成山东省科技创新发展指数年度报告并实时发布

为保障山东省科技创新指数构建工作的顺利开展，建议依托省内已有一定研究基础的单位，建立长期、持续的指数跟踪研究工作团队，并给予稳定的经费保障支持。力争每年发布创新发展指数报告，并不断修改和完善。将创新发展指数纳入山东省新旧动能转换考核的指标体系中，提高科技支撑作用的科学性和准确性。

（山东省科技发展战略研究所贾永飞、朱青、白全民）

山东省科技项目第三方评价机制建设对策研究*

内容摘要：科学技术评价机制建设是科技管理工作的重要组成部分，是推动国家科技事业持续健康发展，促进科技资源优化配置，提高科技管理水平的重要手段和保障。本文通过分析山东省科技评价机制现状及存在的主要问题，在借鉴吸收国内外先进做法的基础上，对我省建立科技项目第三方评价机制提出对策建议。

一、加强科技评价机制建设是国际国内的普遍趋势

在新一轮科技革命和产业变革正在孕育兴起的时代，世界主要发达国家都十分重视建立完善的科技评价机制。美、英、德等主要科技国家通过探索和发展，普遍形成了比较成熟的第三方科技评价的理念和方法。这些国家在科技评价方面的明显特点是政府一般不是评估验收的直接组织者，而是资助或者出资者。这种科技评估方式，以评估机构的“独立性”保证了评估工作的客观性和公正性，能够提供更为客观的评估结果。

我国自20世纪90年代开始将科技评价手段引入科技宏观管理环节，各地方政府、科技主管部门、科技评价机构也在国家政策指导下，在开展科技第三方评价方面做出了有益尝试。如走在全国前列的广东省和上海市，在科技评价机制建设方面创造了许多值得重视的经验，主要表现在以下方面：一是重视制度建设。如广东省早在1999年就印发了《广东省科技成果评价办法（试行）》，对全省的科技评价工作予以规范指导。二是建有科技评估行业自治组织。如广东省成立的广东省科技评估协会，上海市科学技术协会设立的科技评价工作委员会。二者均制定了相对完备的制度体系，推动各项工作正常运转。

* 本文为软科学研究计划重点项目（编号：2017RZB23003）研究成果。

三是建立了有效的科技评价机构管理机制。各评价机构需通过审查才可开展科技评价工作，并需要定期参加资格复审。四是在科技评估领域推行标准化。如广东省发布了地方标准《科技计划项目立项评审服务规范》，用以规范和统一广东省的科技计划项目立项评审服务。

二、新形势下山东省科技评价机制建设亟待加强

自我国开始建立科技评估制度以来，山东省就积极加以探索，已经逐步建立和形成了适合本省实际的科技评价工作机制，科技评估机构的数量也达到了一定规模，并具有了科技评估行业自治组织的雏形，积累了一定的经验，取得了较好的进展。

但是，在实施新旧动能转换和创新驱动发展战略的背景下，科技创新工作对科技评价机制建设提出了更高的要求，需要建立体系更完备、运行更有效的科技“第三方评价”机制。与这种高要求相比较，我省现行科技评价机制仍有不足之处，一是科技评价制度仍不健全，工作运转缺少依据；二是评价主体的“独立性”远没有得到充分发挥，在形式上已经是“第三方”的评价机构仍难以进行实质上的“独立评估”；三是缺少行业自治组织及相应的管理制度。总之，现阶段我省的第三方科技评价体系的建立虽然已具备较好的基础，但仍处于起步阶段，亟待采取有效措施加以建设和完善。

三、对山东省加强科技第三方评价机制建设的对策建议

在探讨如何建立、完善科技项目第三方评价机制以前，首先应厘清“第三方评估”所涉及的几个概念与实质的问题：

其一，“第三方评估”与“独立评估”的关系。“第三方评估”概念的提出，是要确保评估的独立、客观和公正。即，评估的主体（专业评估机构或者评估专家组）与评估发起方（如计划管理方）以及被评对象（如计划执行方）无工作上的利益关系，评估可以站在第三方立场上，独立、客观、公正地发表意见。如此来看，“第三方评估”只是表象，而其真正实质是要进行不受外界干扰的“独立评估”。

其二，“内部评估”和“外部评估”的关系。根据不同目的，评估活动大体上可分为两类：一类是内部评估，另一类是外部评估。内部评估，主要是指管理者以改善内部管理、提高效率为目的评估活动。外部评估，主要是指上级

主管或立法机关，以问责和向公众交账为目的评估活动。调查显示，无论在国内还是国外，目前开展的评估活动大都属于内部评估。在美国，70%以上为内部评估，外部评估约为30%。从评估机构设置来看，很多国家在政府部门系统内部都设立了管理评估或独立的评估机构，这些机构开展的评估，大都是以系统内部的评估活动为主。在科技领域，真正以问责和交账为目的的外部评估案例仅限于个别。

其三，注意确保内部评估的“第三方”独立性。内部评估可以分为两种情况：第一种是管理系统内部自己建立的专业评估机构，它与评估委托者和被评对象虽然在同系统内，但并无工作上的利害关系，可以站在第三方立场上独立发表意见。这个机构或者由它搭建的评估专家组可以称作“同体第三方”。另一种情况是，虽然是内部评估，如科技部把评估就交给了管理系统外的机构进行，既避免内部系统存在的权利层级压力，又可以向最高决策者负责。这可称作“异体第三方”。在这两种情况下，评估都不违背第三方独立性的原则。

其四，避免追求形式上的“第三方”评估。考虑到我国现实体制下公共管理领域评估本身就受到各种条件的约束，在制定相关政策措施时，应避免过分追求形式上的、概念化的“第三方”，应更多采用“独立评估”的概念，从而与国际评估理念接轨。

综上所述，实行“第三方评估”并不是最终目标，其实质是要进行“独立评估”。要做到这一点，形式上的机构独立是很重要的一方面，但更为重要的是要建立并完善各项保障措施，能保证评估过程和评估结果的“独立”性。

基于以上观点，根据当前科技创新工作形势的需要，结合山东省实际，借鉴国内外先进做法，对加强山东省科技项目第三方评价机制建设提出以下建议：

（一）强化制度建设，推动科技第三方评价政策落实到位

一是以国家政策为基础，出台我省适用的科技项目第三方评价实施细则等类似制度文件。明确科技项目评价各方责任、科技项目评价的作用与地位等相应事项，推动第三方评价政策的落地实施。二是借鉴省内外先进经验，整合已有的科技评价标准和评价规范，从第三方科技评价机构的资质建设、评价操作规程、评价服务质量保证、评价结果的使用等方面制定完备的标准体系，规范科技项目第三方评价工作的各个事项和环节。三是针对科研项目的不同类型、科研工作的不同阶段、科技评价的不同目的等设立不同的评价指标体系，实行

科学评价。四是注重科技评估工作的透明性，建立科技评估信息反馈机制，将评估信息反馈给被评估对象并在规定范围内公开，接受各方面监督。

（二）培育评价机构，促进第三方科技评价的市场化发展

一是整合我省高校、科研院所科技资源，打造具有独立性、专业性和公正性，能在全国具有较高知名度的第三方科技评价机构。并以点带面，促进全省第三方科技评价市场的繁荣发展。二是加强科技评价人员的职业化建设，培养一批既了解科技评价机制又具备一定专业知识背景的科技评价专业服务人员。

（三）加强行业管理，充分发挥第三方评价的独立性和公正性

无论何种评价机构，都应保证其能独立地开展评估工作，并进行有效管理。一是成立行业协会等类似组织加强自治，制定行业工作规则和管理制度，维持行业秩序。二是实行第三方评价机构资质认定和行业准入制度，在加强评价机构管理的同时，提升评价机构的权威性和可信性。三是对评价主体建立问责制度和诚信评价体系，对弄虚作假行为追究责任，对于信誉度差的机构和专家，采取措施予以警示，从而确保科技评价质量。

（四）借助信息科技，实现科技三方评价工作的信息化管理

落实有关文件提出的“互联网＋科技创新服务”理念，探索建立集政府、研究机构、第三方评价机构、企业等各方服务于一体的产学研协同创新服务平台，并将科技评价专家和科技评价从业人员纳入平台进行统一管理。一方面能通过信息化手段促进科技项目管理特别是科技评价管理；另一方面通过服务平台进行各项工作的信息公开，保证科研项目立项及执行各个环节的公平透明。

综上所述，科技项目第三方评价机制的建设健全，需要科技管理部门、相关学协会、科技评价机构等相关方，在国家政策引导下，从制度建设、行业规范、机构培育等各方面共同发力来完成。

（山东省标准化研究院、山东火炬科技服务有限公司）

（课题组成员：赵红红、原静、朱本行、蒋善玉、杨扬、李锐、王艳慧、文珊、王莹莹）

始终坚持把科技创新作为引领经济社会发展的第一动力*

——山东科技改革发展四十年的基本经验

内容摘要： 本文以回顾山东省改革开放四十年科技发展为主线，从科技体制改革、服务经济社会发展、关键共性技术研发创新、科技成果转化、对外科技合作与交流、创新型人才队伍建设六个维度，全面、系统地总结回顾了山东省科技改革的政策措施和基本经验，以及在促进山东省经济社会发展中取得的显著成绩。对于进一步深化我省科技体制改革，服务新旧动能转换“十大工程”，促进经济科技和文化强省建设，具有重要的借鉴和指导意义。

改革开放四十年来，山东省委、省政府始终坚持把科技创新作为引领经济社会发展的第一动力，坚定不移地贯彻落实“科技第一生产力”方针和党中央、国务院关于科技改革创新的一系列重大战略部署，从山东实际出发，不断实践探索具有山东特色的改革发展之路，先后实施了科教兴鲁、创新型省份建设、创新驱动战略和新旧动能转换重大工程等发展战略，推进山东科技在服务经济社会发展全局中不断取得辉煌成就。

山东省取得的重要科技创新成果数量由 1978 年的 652 项增加到 2017 年的 2537 项，增加近 3 倍。山东省获得国家科学技术奖的数量，多年位列全国各省前列，其中 1995—2017 年，获得国家级科技成果奖励共 696 项，其中包括国家技术发明奖 113 项，国家自然科学奖 14 项，国家科技进步奖 569 项。回顾山东省 40 年来科技改革发展取得辉煌成就的根本原因和基本经验，最突出

* 本文为软科学研究计划重点项目“山东省改革开放四十周年科技改革发展的回顾与前瞻”（项目编号：2018RZB01174）研究成果。

的特点就是始终坚持和生动地实践证明了习近平总书记在党的十九大报告中提出的“创新是引领发展的第一动力”的科学论断。

一、始终坚持把科技体制改革作为促进科技改革发展的主要手段

40年来，山东始终把科技体制改革作为推进科技创新发展的一条主线：1987—1988年，根据1985年3月《中共中央关于科技体制改革的决定》，山东省委、省政府对山东省的科技体制改革作了全面的部署，先后发布了《关于深化科技体制改革的试行规定》《关于放活科研机构和科研人员的决定》等一系列文件，围绕逐步建立起与经济紧密结合、充满生机和活力的科技新体制，从改革研究机构拨款制度、促进科技成果商品化、调整科学技术系统的组织结构、改革农业科学技术体制、合理部署科学研究的纵深配置、扩大研究机构自主权、对外开放和改革科学技术人员管理制度等方面，全面启动了山东省的科技体制改革，并且不断推向深入。

2004—2010年，为了积极推进省属科研机构改革工作，山东省出台了《深化省属科研机构改革的意见》，并结合省属事业单位改革，对科研机构进行了分类管理，激发了科研机构的创新活力。2011—2015年，以贯彻国务院《深化科技体制改革加快国家创新体系建设的意见》为重点。以创新体制机制为核心，继续推进科研院所改革，主要实施了完善科研院所长负责制、探索建立理事会管理制度、建立法人治理结构、全面实行聘用制和岗位管理的科技管理制度等改革措施。2016年以来，山东省政府出台了《关于深化科技体制改革加快创新发展的实施意见》，推进科技体制进入深水区改革攻坚阶段，以制度创新促进科技创新，在构建科技管理新机制，建立和完善科技决策及论证机制、科研项目管理机制、省级财政科技资金分类机制等方面都取得了显著的进展。

二、始终坚持把服务经济社会发展作为促进科技改革发展的根本目的

改革开放40年来，山东省始终把服务经济社会发展作为科技改革发展的主要目的。早在1988年，山东省就提出和实施了科教兴鲁战略，并逐步形成了科技兴工、科技兴农、科技兴海、科技兴社和高新技术“四兴一高”的总体思路和工作部署，是全国最早提出科教兴省战略的省份。2006年以来，贯彻落实党中央、国务院关于建设创新型国家的战略部署，山东省制定了《中长期科学和技术发展规划纲要（2006—2020年）》，确立了建设创新型省份的

总目标，由此山东省进入了一个依靠自主创新建设创新型省份，引领经济社会又好又快发展的新阶段。2015 年，为认真落实《中共中央　国务院关于深化体制机制改革加快实施创新驱动发展战略的若干意见》，山东省委、省政府出台了《关于深入实施创新驱动发展战略的意见》，围绕强化科技创新和科技成果转化从而促进经济转型升级、提质增效制定了新的政策措施。特别是 2016 年以来，根据中央要求，山东省在率先实行新旧动能转换、实施新旧动能转换重大工程的过程中，更是把科技创新作为坚强支撑，放在了具有决定性意义的核心地位。在 2018 年 1 月国务院批复的《山东新旧动能转换综合试验区建设总体方案》、2 月省政府发布的《山东省新旧动能转换重大工程实施规划》、6 月省委、省政府出台的《关于推进新旧动能转换重大工程的实施意见》以及山东省科技主管部门出台的《科技创新支持新旧动能转换的若干措施》中，都突出强调要坚持创新是引领发展的第一动力，深入实施创新驱动发展战略，完善创新创业制度体系，强化创新创业载体建设，提高创新资源配置水平，推动经济增长动力加快向创新驱动转换。并在强化企业创新主体地位、加快重大创新平台建设、打造区域创新发展载体和健全科技成果转化机制等方面采取了一系列具有突破意义的具体措施，科技创新已经成为推动山东省新旧动能转换的根本驱动力量。

三、始终坚持把关键共性技术研发创新作为科技改革发展的主攻方向

关键共性技术的研发是科技创新的重要任务，是直接服务经济社会发展的技术手段，因此，改革开放 40 年来，山东省始终坚持把关键共性技术的研发创新作为科技服务经济社会发展的主攻方向，确保其在不同的发展时期都取得重要的进展。“九五”期间，山东省围绕工业、农业、社会发展、海洋开发、高新技术及产业发展中遇到的关键共性技术难题，组织实施涉及基础性研究、高新技术研究开发及产业化，取得明显成效。完成改造提升传统产业所必需的关键共性技术科技计划项目千余项，年产生直接经济效益上千亿元，高新技术产业增加值占工业增加值的比重由“八五”末的 2. 3% 增加到 12. 5% ，全社会科技进步在经济增长中的贡献率达到 50% 左右。“十五”期间，山东科技发展的重点是加强具有自主知识产权和关系经济建设大局的高技术基础研究，并逐步培植高新技术新兴产业、运用高新技术改造提升传统产业、建设高新技术产业开发区。重点加强电子信息技术、生物技术、新材料技术三大领域的创新带

动海洋工程、环保技术、机电一体化技术、农业高新技术产业的发展，加快建设山东半岛高新技术产业、鲁南星火产业带、沿黄特色农业产业带、沿海健康养殖产业带等产业带，推动了经济持续快速健康发展。2004 年全省规模以上高新技术产业实现产值 4672.3 亿元，年均增长 27%，占规模以上工业总产值的 21.9%。“十一五”期间，山东省关键技术研究主要涵盖资源与环境、新能源技术、农业高新技术、海洋技术、社会发展、电子信息技术、生物技术与创新药物、新材料技术与产业发展、先进制造技术、综合交叉学科与管理科学等领域。自主创新能力明显提高，支撑引领经济社会发展的作用进一步加强。2010 年，全省规模以上高新技术产业产值 3.16 万亿元，占规模以上工业总产值的 35.2%。“十二五”期间，重点发展战略新兴产业和经济社会发展的关键技术，主要包括电子信息、新材料、先进制造、新能源与高效节能、化工及建材、农业高技术、新农村建设技术、资源与节约型社会科技支撑体系建设、人口与健康、公共安全、生物技术、城镇发展与其他社会事业、海洋技术等。2015 年，山东省规模以上高新技术产业实现产值 4.77 万亿元，占规模以上工业总产值的 32.51%。“十三五”期间，适应山东省《新旧动能转换综合试验区建设总体方案》中提出的发展新一代信息技术、高端装备、新能源新材料、现代海洋、医养健康等五大新兴产业和培育高端化工、现代高效农业、文化创意、精品旅游、现代金融服务等五大优势产业要求，进一步加强了海洋科学、农业科学、材料科学和生物医学等领域的基础研究，并超前部署智能制造、机器人、纳米技术、深海技术、基因编辑技术、生物 4D 打印等新兴技术，为开辟新的产业发展方向，培育新的经济增长点创造了良好的关键共性技术基础。2017 年，山东省规模以上高新技术产业实现产值 5.21 万亿元，同比增长 17.08%，占规模以上工业总产值比重为 34.96%。

四、始终坚持把加速科技成果转化作为促进科技改革发展的直接手段

科技成果只有转化为现实的生产力，才能使科技创新真正成为引领经济社会发展的第一动力。因此，改革开放 40 年来，山东省始终把加速科技成果转化作为科技改革发展的难点和重点问题予以高度重视。除上述综合性重大科技创新文件和措施外，各个时期都通过立法手段或者出台专门性文件，突出加强科技成果的孵化与转化，不断完善科技成果转化和产业化的政策体系、渠道平台以及转移转化的模式。其中主要包括 2001 年 10 月山东省第九届人民代表大

会常务委员会第二十三次会议通过的《山东省促进科技成果转化条例》、2012年12月省政府出台的《关于加快科技成果转化提高企业自主创新能力的意见（试行）》、2017年12月山东省十二届人大常委会第三十三次会议重新修订的《山东省促进科技成果转化条例》等，特别是2018年1月，为适应实施新旧动能转换重大工程的需要，山东省政府办公厅发布了《关于进一步促进科技成果转移转化的实施意见》，对加速山东省的科技成果转化工作进行了全方位的部署，明确提出了八个方面的重大措施：一是建立健全科技成果有效供给体系；二是建立健全科技成果信息汇交与发布体；三是建立健全科技成果转移转化市场化服务体系；四是建立健全促进科技成果转化协同体系；五是建立健全科技成果转化平台载体体系；六是建立健全科技成果转移转化人才支撑体系；七是建立健全加速科技成果转化政策支持体系；八是建立健全科技成果转移转化政策保障体系，具体涉及27条具体政策。多年来，山东省加速科技成果转化的努力取得了丰硕的成果，涌现出一大批科技成果转化的重大案例，如：浪潮集团研究开发的浪潮云大数据技术平台，已在全国普遍推广；山东农业大学余松烈院士完成的“冬小麦精播高产栽培的理论与实践”成果，被农业部确定为“九五”“十五”推广的十大农业技术之一，仅到2005年就在全国累计推广3.2亿亩，获得经济效益达152.5亿元；2015年海信自主研发成功的Hi-View Pro画质引擎芯片，是中国第一颗自主研发的SOC级超高清画质引擎芯片，也是国家“核高基”高端通用芯片产业化、国产化战略的又一重大标志性成果，入围全球三强，搭载Hi-View Pro画质引擎芯片的海信MU7000系列ULED超画质电视在全球67个国家联动上市。据有关统计，仅2017年山东省完成技术合同登记25947项，成交额达541.61亿元，同比分别增长16.56%和28.88%；2018年上半年，全省登记技术合同7806项，成交额达174.21亿元，同比分别增长26.21%和66%。

五、始终坚持把对外科技合作与交流作为促进科技改革发展的必由之路

国际科技合作与交流是整个改革开放事业的重要一环，也是经济全球化和新技术革命背景下的必然趋势，更是促进中国科技事业迅速赶超世界先进水平、加快实现现代化的必由之路。改革开放40年来，山东省按照国家关于国际科技合作与交流的整体部署，充分发挥自身优势，根据不同阶段科技创新以

及整个经济社会发展的实际需要，确定合作的内容、伙伴和重点，积极在更大范围、更广领域和更高层次上参与国际科技合作与交流，对全面提高山东省科技创新水平，不断增强服务经济社会发展的能力起到了至关重要的作用。改革开放初期到2004年，主要是以引进关键设备与引进软件技术相结合，组织实施了国际科技合作计划，加强了与日本、韩国和独联体等国家的合作，建设了一批国际科技合作服务平台和国际科技合作基地。2006—2015年期间，合作的重点放在了促进集群主动与国内外优质创新资源链接；鼓励集群企业瞄准世界前沿技术，通过人才引进、技术引进、合作研发、委托研发、建立联合研发中心、专利交叉许可等方式开展国内外创新合作，有重点地建设了国际技术转移机构和国际科技合作基地。2016年以来，适应对接“一带一路”倡议、实施新旧动能转换重大工程和打造对外开放新高度的需要，山东省的对外科技合作与交流进入了全面深入发展的新阶段。一是积极融入了国家“一带一路”对外开放战略新格局。在国家互联互通交流机制和双边、多边科技合作协定框架下，着力与沿线国家的政府部门、科研机构、著名大学和企业开展高层次、多形式、宽领域的科技合作。二是主动参与了政府间合作框架下的国际科技合作交流活动。鼓励高校、科研单位、科技园区和企业在政府间科技合作联委会等机制下开展国际科技交流与合作，提升合作层次与水平。三是发挥了国际科技合作提升区域创新能力的重要作用。主要包括：“引进来”，突破重大关键技术瓶颈。围绕战略性新兴产业发展与传统产业转型升级的重大技术需求，支持高校、科研单位、企业与国外相关机构开展科技合作，通过委托研发、合作研究、联合开发等形式，实现重大关键技术突破。“走出去”，借力海外优势创新资源。鼓励有条件的科技园区和企业“走出去”，在海外特别是科技创新资源密集的发达国家，通过自建、并购、合作共建等多种方式建立研发中心或科技企业孵化器，面向海外配置科技资源，跟踪国际科技发展前沿，提升科技创新能力，增强产业国际竞争力。四是探索高层次科技人才引进、交流的新路径。实施灵活的人才引进、交流方式。紧紧抓住国际间科技人才加快流动的机遇，引导高校、科研机构和企业采用柔性人才引进方式，面向全球吸引和集聚高层次科技创新人才。鼓励持有外国人永久居留证的外籍高层次人才在山东省创办科技型企业，开展创新活动。推进山东省国际科技合作与交流取得了前所未有的重要进展。在人才引进方面。“十二五”期间，山东省共实施各类引智项目3650项，引进外国专家13万人次，派员出国（境）培训8056人次，建立国家和省级引智成果示范基地72家，国家级引智试验区2个，131人入选中国政府“友谊奖”和省政府“齐鲁友谊奖”。在科技引财方面。截至2017年，山东省高新技术产品进出口额达到293.7亿美元，接受35个国家（地区）外商直接投资合同项目1477个，合同外商投资金额达到211.5亿美元。在科技合作平台建设方面。培育了“中以”科技转移平台、“中乌”科技创新研讨会等科技合作品牌，突破了空间电子枪轻量化集成设计等关键核心技术，建成我国首个空间焊接地面模拟试验平台，共建了“中乌”超宽禁带半导体联合研发中心、中集巴顿焊接技术研究中心等平台，为关键技术突破提供支撑。在创新科技合作模式方面。在全国率先成立“丝绸之路”高科技园区联盟，吸纳俄罗斯等12个国家的48家高新技术园区和科研机构加入联盟，面向“一带一路”沿线国家高科技园区开展双向技术转移。

六、始终坚持把创新型人才队伍建设作为促进科技改革发展的核心举措

人才是第一资源，没有创新型人才，就无法建设创新型省份，更难以建设创新型国家。40年来，山东省的科技改革与发展始终把科技人才队伍建设摆在首位，并且随着改革进程的不断深入，认识越来越高，措施越来越实，效果越来越好。从改革开放之初到20世纪末，山东省密集出台了多项关于人才队伍建设的文件，其中主要包括《关于进一步落实知识分子政策的通知》（1980年）、《关于进一步贯彻知识分子政策的若干规定》（1984年）、《关于进一步放活科研机构和科技人员的若干规定》（1988年）、《引进海外人才智力和国外留学人员的政策规定》（1992年）等，这一时期的政策主要是围绕落实知识分子政策，培养和引进人才，鼓励其献身四化建设；进入21世纪之后，山东省进一步加大了人才工作的力度，相继出台了《关于鼓励技术作为生产要素参与收益分配的若干规定》（2002年）、《关于实施人才强省战略进一步加强人才工作的意见》（2004年）、《科技人才推进计划实施方案》（2014年）等文件，以政策机制创新为动力，围绕由人口大省转化为人才资源强省，建设规模宏大、结构合理、素质优良的人才队伍。特别是山东省实施新旧动能转换重大工程以来，山东省委、省政府专门出台了《关于做好人才支撑新旧动能转换工作的意见》（2018年），充分发挥人才对新旧动能转换的支撑引领作用，为加快山东由大到强战略性转变，实现创新发展、持续发展、领先发展提供坚强

的人才保障和智力支持。并且制定了一批具体的配套政策措施，包括《支持青年科技人才创新的若干举措》等，对积极构建青年科技人才创新创造良好机制以及吸引高层次人才在加快新旧动能转换、建设创新型省份中发挥重要作用起到了重要的作用。目前，山东省的创新型人才体系已经基本形成，已经形成了一支宏大的科技人才队伍。截至 2017 年底，山东共有在鲁两院院士 49 位，其中近五年新增 11 人，平均年龄 57.8 岁，有更多优秀的中青年专家当选。“万人计划”专家和入选科技部“创新人才推进计划”分别达到 113 人和 163 人，国家杰出青年基金获得者 72 人，研究与试验发展（R&D）人员达到 13358 人，山东高校科技队伍发展到 59585 人，为实施创新驱动战略和新旧动能转换重大工程奠定了坚实的人才基础。

（主要完成人：帅相志、聂炳华、迟萍萍、张威）

八、对外合作篇

“一带一路”倡议与山东省对外开放研究*

（2017 年 3 月 20 日）

内容摘要：对济南、威海、烟台、临沂等 11 座城市的 110 家外贸型企业的调研表明，许多企业与东亚、中亚、欧洲国家的业务往来较多，55% 的企业已经开展或正在协商开展与“一带一路”相关的合作。企业“走出去”面临汇率、社会环境及安全、法律等投资风险，以及资金和人才短缺、文化差异等问题。鉴于此，完善政策支持，就成为企业参与“一带一路”倡议的重要保障。

随着“一带一路”倡议的实施，山东与沿线各国的经贸合作日益深化，全省实际使用来自“一带一路”沿线国家和地区的外资规模增长较快，对沿线国家的投资规模也不断增大。对济南、威海、烟台、临沂等城市 110 家外贸型企业的调研显示，越来越多的山东企业正以各种方式“走出去”，涉及的领域也在不断拓展。

一、企业参与“一带一路”倡议的发展状况

被调研的 110 家企业中，股份有限公司有 67 家，有限责任公司有 35 家，国有企业有 27 家。其中，国内上市的企业有 56 家，未上市的企业有 48 家；此外，有 3 家香港上市的企业、2 家同时在国内和香港上市的企业、1 家同时在香港和新加坡上市的企业。

从产业分布看，第二产业企业最多，有 69 家，其中制造业企业最多，有 63 家；第三产业企业有 30 家，其中，批发和零售企业有 13 家；第一产业企业为 11 家，其中 7 家为威海市的远洋渔业企业，这源于全省八成、全国两成

---

* 本文为山东省软科学研究项目（项目编号：2015RZE27001）的研究成果。

的远洋渔船在威海，威海与渔业相关的大企业较多。

被调研企业与东亚、中亚、欧洲国家的业务往来较多，除韩国、印度、新加坡、俄罗斯，排在前10位的国家还有日本、印度尼西亚、泰国、德国、越南、土耳其、巴基斯坦、英国、法国。业务性质方面，贸易类业务居多，其次是投资类业务。

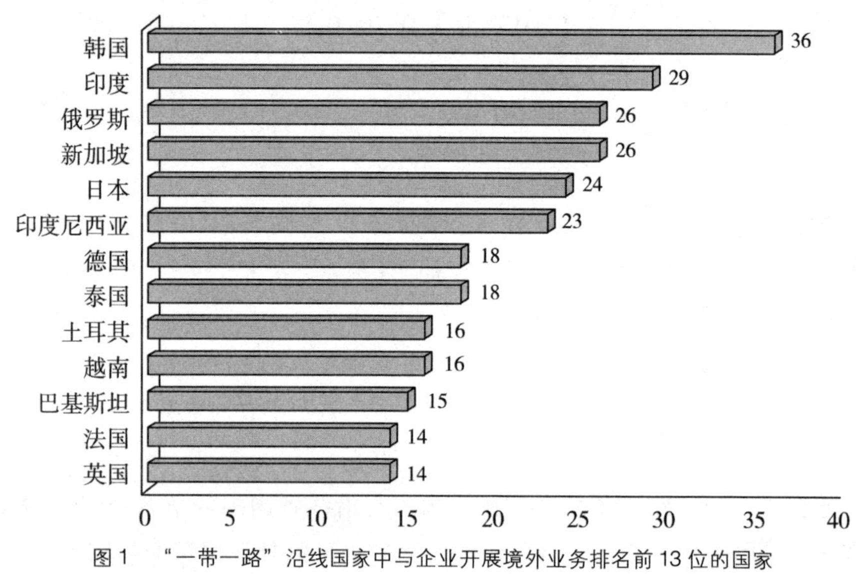

图1 “一带一路”沿线国家中与企业开展境外业务排名前13位的国家

（一）企业对“一带一路”倡议的认知与参与

企业对“一带一路”倡议有一定了解。有55家被调研企业对“一带一路”倡议是比较了解的，15家企业很了解，两项合计比重为68.63%，说明超过2/3的企业了解“一带一路”倡议。28家企业对“一带一路”倡议了解不深，有4家企业完全不了解。国企和央企，以及一些早期在国际市场发展较好的企业，对“一带一路”的政策解读有自身优势；一些民营中小企业，对“一带一路”的认知存在一定局限性。

表1　　企业对“一带一路”倡议的了解程度

了解程度	很了解	比较了解	不太了解	完全不了解	合计
数量（家）	15	55	28	4	102
所占比重（%）	14.71%	53.92%	27.45%	3.92%	100.00%

注：该问项有102家企业做出回答。

“一带一路”倡议对企业有一定吸引力。有24家被调研企业已经开展或正在协商开展与“一带一路”相关的合作，32家企业计划参与，合计比重为55%。但也有38.38%（38家）的企业没有计划参与到“一带一路”倡议中来（见图2）。

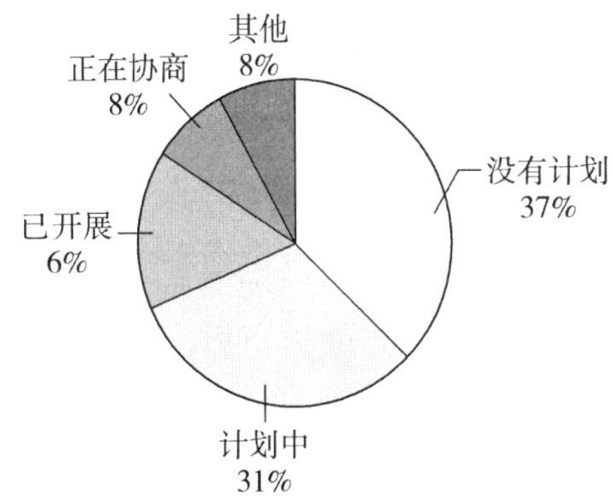

图2　企业与“一带一路”相关的合作状况

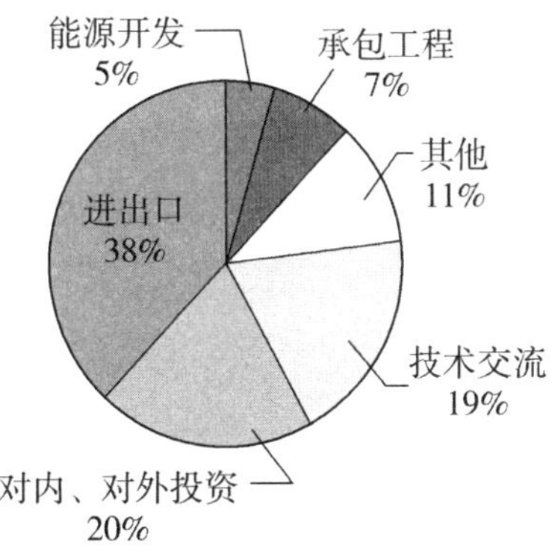

图3“一带一路”倡议促进企业发展的领域

“一带一路”倡议对企业进出口业务影响较大。被调研企业认为国家提出的“一带一路”倡议对公司发展最有影响的领域是进出口业务、对内对外投资，分别占比38%和20%；其次是技术交流、工程承包，占比19%、7%。从受影响行业分布来看特征基本与企业受影响领域分布相似，对不同行业来说，进出口和对内外投资仍然是“一带一路”倡议影响的最大领域（见图3）。

“一带一路”倡议促进企业产品出口、扩大企业对外投资。38%的被调研企业认为“一带一路”倡议为企业发展带来的机遇是积极开拓沿线国家市场，扩大产品出口；23%的企业认为“一带一路”倡议带来的机遇是扩大了企业的对外直接投资；11%的企业则认为是其能对接工程实施，参与“一带一路”基础设施建设；仅有9%的企业认为“一带一路”能促进能源资源合作。这一结果与被调查企业所属行业性质也有关，因为大部分被调查企业属制造业，从事能源开采的企业很少。

企业参与“一带一路”合作的核心竞争力是海外市场和创新能力。对核心竞争力因素的排名显示，企业认为参与“一带一路”倡议的核心竞争力首先是产品具有广阔的海外市场；其次是企业创新能力强和具备研究、开发和营销等优势；再次是企业拥有区位资源优势、文化理念优势、行业集聚优势；最后是企业拥有国际知名品牌和核心技术（见图4）。

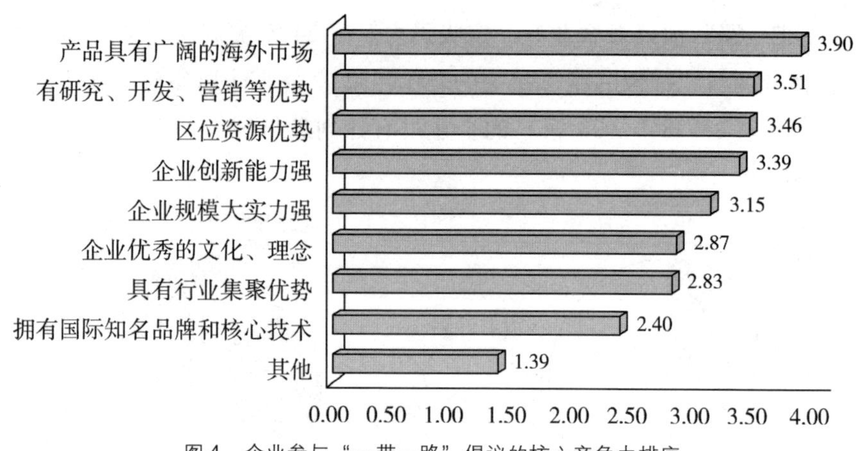

图4 企业参与“一带一路”倡议的核心竞争力排序

（二）企业“走出去”的发展态势

山东作为沿海经济大省，得开放优势和地域优势，企业“走出去”时间早、业务涉及国家多，这为其融入“一带一路”倡议奠定了基础。

在被调研且提供相关数据的100家企业中，四成企业境外业务收入占比大于10%。境外业务收入占总营业收入的比例在10%以下的企业有60家，境外业务收入占总营业收入的比例在10%—30%的企业有11家，在30%—50%的企业有12家，在50%以上的企业有17家（见图5）。

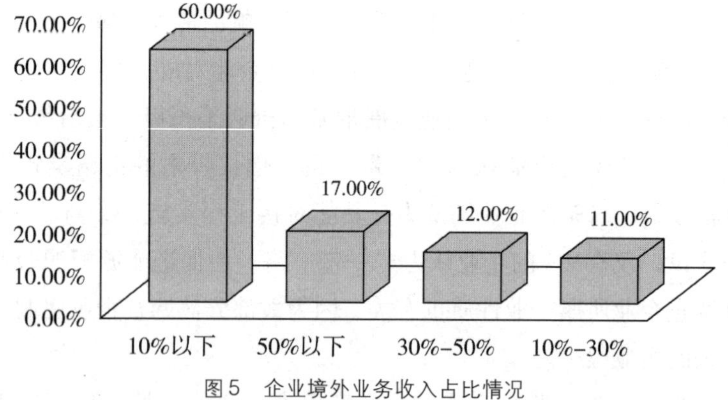

图5 企业境外业务收入占比情况

企业开拓境外产品市场的主要方式是进出口业务。企业进行境外产品市场开拓的方式多种多样，49%的企业通过进出口业务的方式开拓境外产品市场，21%和18%的企业主要通过建立海外营销机构和建立海外生产加工基地进行境外产品市场的开拓；还有10%的技术性企业采取建立海外研发中心的方式，有2%的企业采取其他方式开拓境外产品市场。

企业开拓境外资本市场的方式多种多样。企业开拓境外资本市场的方式有海外资产并购、跨国并购、品牌入股、购买股票基金、特许加盟与连锁经营等，分别占比10%、8%、6%、3%和3%；有16%的企业认为公司资金充足，不需要境外融资；有54%的企业是通过其他方式来开拓境外资本市场的。

与“一带一路”沿线国家经贸交流的主要方式是进出口贸易。企业与“一带一路”沿线国家经贸交流的方式多种多样，其中进出口贸易是最主要的方式，占比达37.06%；其次是对外贸易投资、开办展览会、进行境内外产业园区的建设等，占比依次为18.18%、17.48%、9.79%；还有签订备忘录以及其他相关方式，占比分别达3.5%、7.69%（见图6）。

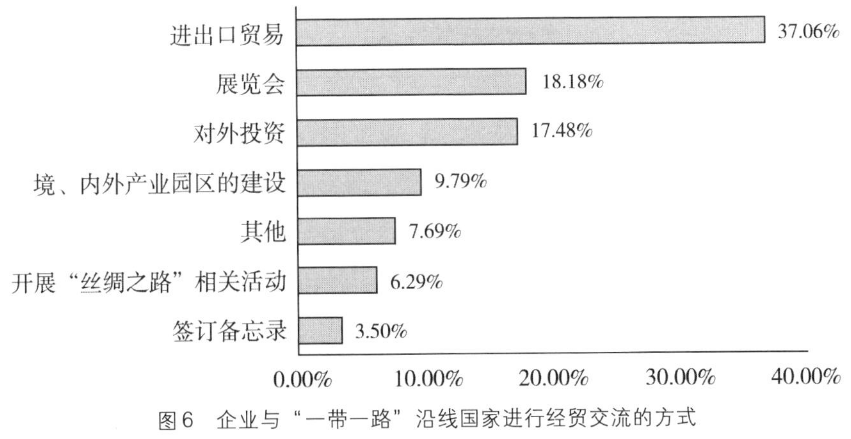

图6　企业与“一带一路”沿线国家进行经贸交流的方式

（三）企业“走出去”的问题及面临的风险

首先，“一带一路”沿线国家多达67个，其法律法规、税收规定等特点各异、差异巨大，与国内相关规定也有很大不同，甚至某些方面的法律规范仍处于空白缺失状态。其次，东道国政府既是规则的制定者，又是合同的参与者，扮演了“裁判员和运动员”的双重角色，国内企业明显处于不利的地位。再次，许多沿线国家不是世界贸易组织成员，这些国家有关法律、政策不受世贸组织关于国际贸易仲裁制度的约束。最后，有些国家也不是《纽约公约》的缔约国也不承认和执行外国仲裁裁决。这一切使得我国企业在“走出去”的过程中面临诸多风险。

企业与“一带一路”沿线国家开展经贸交流的主要问题是双方认可并执行的法律规范不同。法律规范不同成为企业“走出去”面临的最主要的问题，所占比例为19.5%。其次是企业投资经验缺乏，占比达18.5%。再次是不同国家之间的文化差异造成的经贸交流障碍，占比达16.5%。最后，信息不对称、某些交流对象所在地政治环境不稳定、境内外市场相对隔离也是客观存在的问题，占比分别为13.5%、13.78%、9.50%（见图7）。

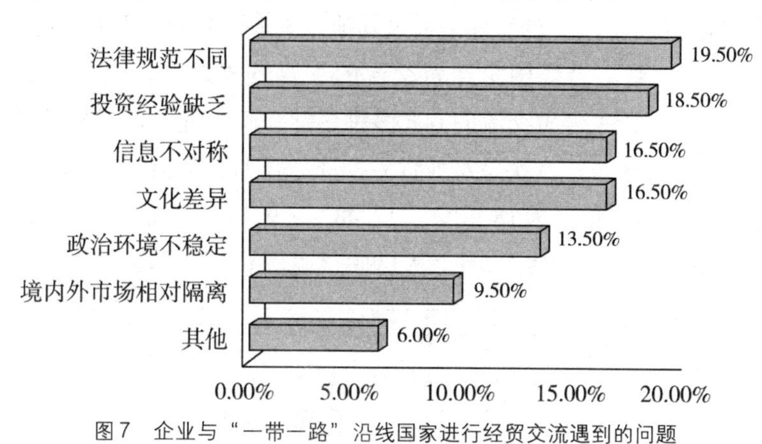

图7　企业与“一带一路”沿线国家进行经贸交流遇到的问题

“走出去”的文化阻碍主要是不了解当地的法规风俗。企业“走出去”存在的文化阻碍主要有不了解当地的法规风俗、雇佣员工与企业文化不和、忽略了项目实施过程中的文化因素，分别占比达30.00%、20.77%、16.15%，表现最突出的就是不了解当地的法规风俗。其次，与中国文化冲突、与东道国政府冲突的文化阻碍也是企业“走出去”不可忽视的文化阻碍，分别占比为13.08%、3.85%。此外，还存在着约占16.15%的其他文化障碍（见图8）。

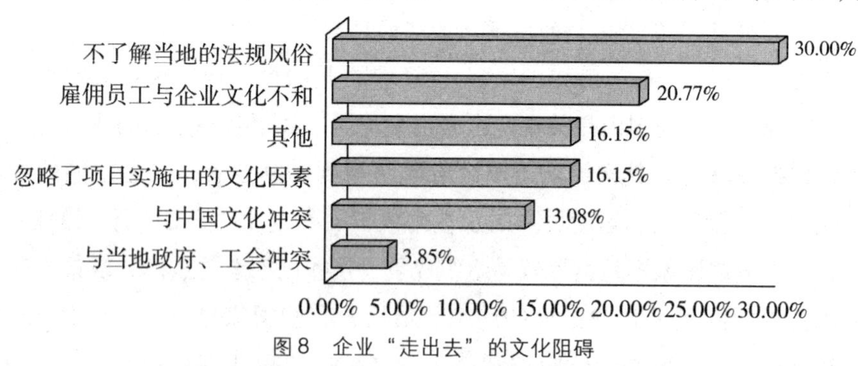

图8　企业“走出去”的文化阻碍

“走出去”融入当地文化的策略主要是聘请当地公关公司、会计师等。企业采取了一系列融入东道国文化的策略，包括聘请东道国公关公司、会计师、律师等以及研究当地的法规、风俗，分别占比达22.39%、21.39%。其次，与东道国政府和工会良好沟通、参与当地公益事业和文化交流活动、以本土文化阐释企业文化理念等也是企业“走出去”融入当地文化的重要策略，分别占比15.42%、12.44%、11.94%。有的企业也采取了编写外派员工手册以及其他策略，占比9.45%、6.97%（见图9）。

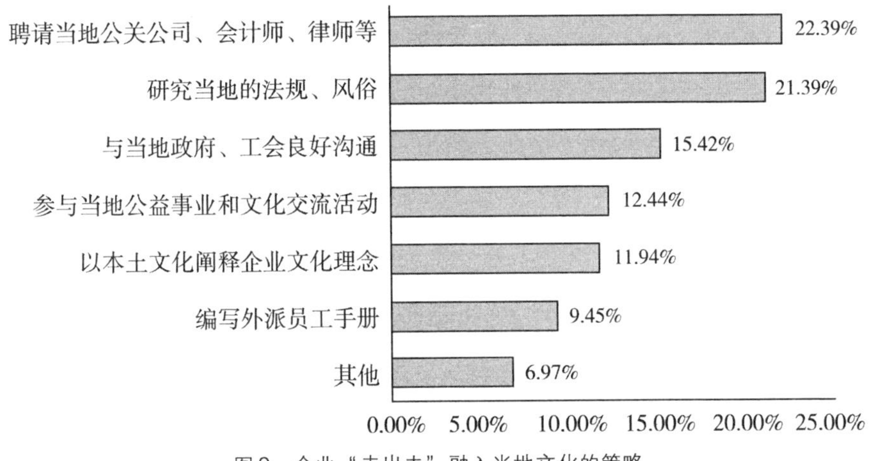

图9　企业“走出去”融入当地文化的策略

“走出去”的主要风险是汇率风险、政治风险和法律风险。企业“走出去”的主要投资风险有汇率风险、社会环境及安全风险、法律风险，分别占比达25.54%、22.83%、19.02%。其次，政治风险、自然条件风险占比分别为16.03%、9.78%，也是企业“走出去”过程中不可忽视的重要风险（见图10）。

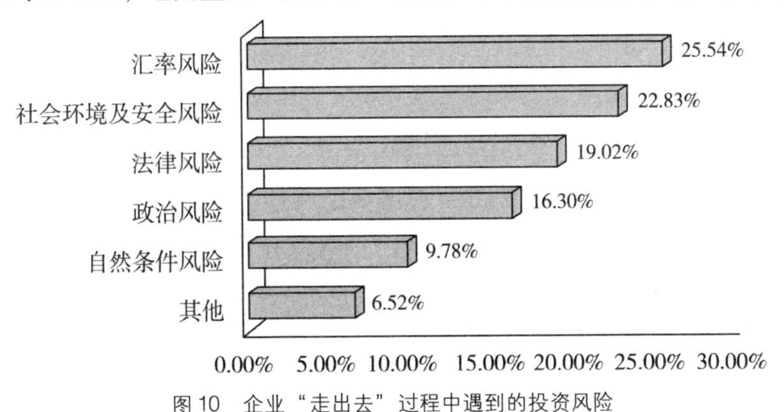

图10　企业“走出去”过程中遇到的投资风险

规避投资风险的措施主要是向信保、商业保险公司投保。面对发生概率相对较高的投资风险，企业也采取了一系列的规避措施。企业规避风险的措施排在第一位的是向信保、商业保险公司投保，占比高达32.19%。依次是选择社会政局稳定的国家、选择与中国有友好外交关系的国家，占比分别为27.47%、

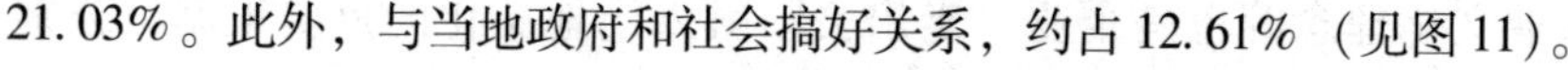

21.03%。此外，与当地政府和社会搞好关系，约占12.61%（见图11）。

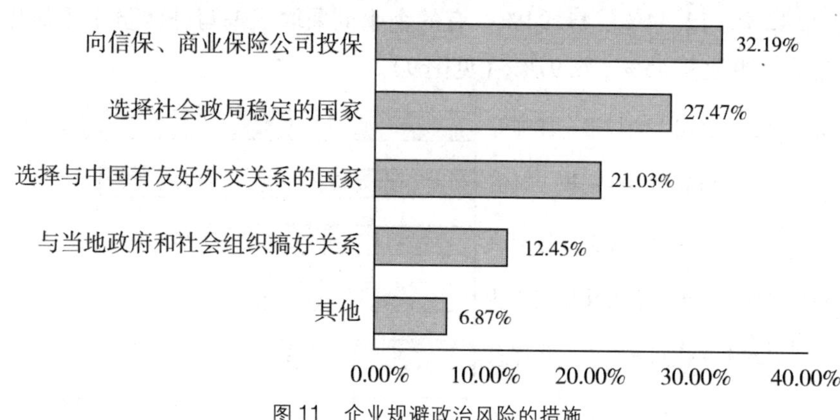

图11　企业规避政治风险的措施

人才短缺是制约企业走出去发展的瓶颈问题。为了保护本国就业，一般国家都会限制外国人在本国工作，并对外国企业设定了本国人和外国人的用工比。通常在企业创业之初，所需人员数量较少，加之当地技术人才和管理人才比较缺乏、招聘困难，因此很难达到当地政府的用工规定。人才短缺成为制约企业走出去发展的瓶颈，尤其是符合国家"一带一路"需求的专业技术和管理复合型人才尤为缺乏。大多数企业对外派人员采取了海内外培养模式，但是培养语言沟通无误、对产品技术了解、商业沟通能力强、具备海外价值观的高素质人才需要花费企业3—5年的时间，培养周期过长。

（四）企业"走出去"过程中对齐鲁文化作用的认知与行动

齐鲁文化形成于漫长的历史长河中，带有浓郁的中华传统气息，同时保留了鲜明的地域特色。"厚道鲁商"品牌建设将提升山东企业的软实力，不仅有利于国内竞争，而且助力其海外投资和对外贸易。

企业对齐鲁文化的作用有较强认知。近七成的企业认为齐鲁文化对企业"走出去"比较有帮助。认为齐鲁文化对企业"走出去"完全没有帮助的企业只有2家，占比3.30%。这表明山东企业对全球化中文化的作用基本有明确的认知。

企业对"厚道鲁商"倡树活动认知不足但参与意愿强。有效调研样本显示，对山东多个部门组织的"厚道鲁商"行动，45.1%的企业"已经关注"和"准备关注"，已经参与"厚道鲁商"倡树行动和"有意向正在计划参与"的企业占比38.98%，企业对"厚道鲁商"倡树行动虽然参与度有限，但参与意愿较强。

企业全面践行“厚道鲁商”四个榜单。“厚道鲁商”包括“守法诚信经营”“人本和谐管理”“履行社会责任”“创新企业文化”四个榜单，其中最受关注的是“守法诚信经营”。调研企业对四个榜单全方位地关注践行，在四个方面分别占比33.33%、19.57%、26.09%、21.01%。守法诚信经营是企业生存发展的基石，占比相对较高。这种排序结果说明，文化要发挥积极作用，必须保证其社会法律底线，最基本的也就是最重要的，其次是企业管理方式和社会责任承担，最后才是推动实现创新。

企业认为建立诚信奖惩分明的机制最重要。对“厚道鲁商”倡树行动打造文化品牌采用的文化品牌网络平台、定期发布的鲁商品牌和鲁商人物、建立守信联奖、失信联惩的长效机制、定期发布企业形象榜单等机制，企业更认可“守信联奖、失信联惩的长效机制”的效用，27.68%的调研企业认为建立奖惩分明的平台是主要有效机制，打造企业的诚信品牌与守信理念至关重要；其次是建立“文化品牌网络平台”机制，占比25.89%，对企业起到一定的激励作用；此外，有效机制还有“企业形象榜发布机制”，“定期发布鲁商品牌和鲁商人物”等，分别占比23.21%、22.32%，可以在一定程度上促进企业建立诚实守信的良好形象（见图12）。

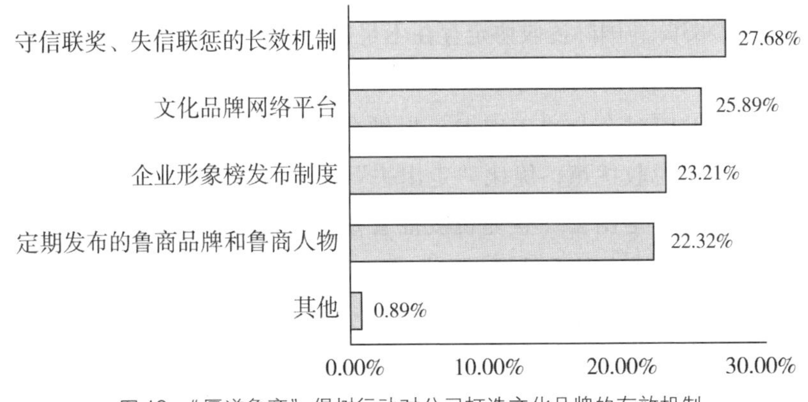

图12 “厚道鲁商”倡树行动对公司打造文化品牌的有效机制

（五）企业“走出去”中的政府助力

国家针对“走出去”的企业采取了一系列的优惠政策，尤其是在税收方面。

“走出去”享受到的国家税收优惠政策。受惠面最广的两大国家税收优惠政策是出口退税、企业境外投资的税后抵免，占比分别达 26. 83% 、19. 51% 。高新技术和石油企业的所得税优惠、增值税税收优惠也为“走出去”企业带来巨大的助力，占比分别为 12. 20% 、10. 57% 。居民企业境外注册的认定及税收优惠，企业的部分经营活动免征营业税也是国家助力企业“走出去”的相关举措，占比 7. 32% （见图 13）。

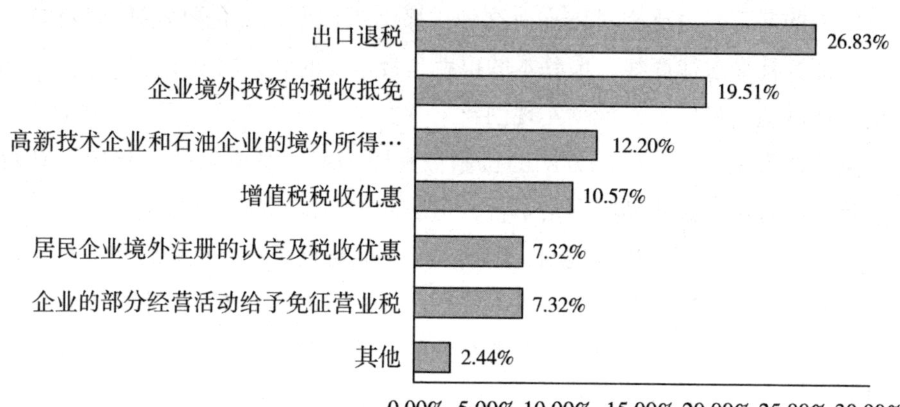

图 13　企业“走出去”享受到的国家税收优惠政策

国家支持企业“走出去”的税收政策存在的问题。最主要的问题有税收优惠政策导向性不强，形式单一、税收征管方面也存在一系列的问题，占比达 26. 09% 、22. 83% 。国际税收协定存在不足，税收维权服务方面存在问题，存在重复纳税的问题，分别占比为 16. 30% 、14. 13% 、14. 13% （见图 14）。

企业希望政府对企业“走出去”提供全方位的帮助。企业希望政府助力排在第一位的是税收优惠，优化“走出去”企业的税收服务、完善避免重复征税制度、增强“走出去”企业税收征管效率、加快维权服务的进程以及其他一系列的改革要求。其次是提供资金支持，再次是提供金融政策支持、提供法律支持、建立风险防范体系等。企业还希望能提供培训讲座及其他帮助，提升其应对能力，加强“走出去”的实力（见图 15）。

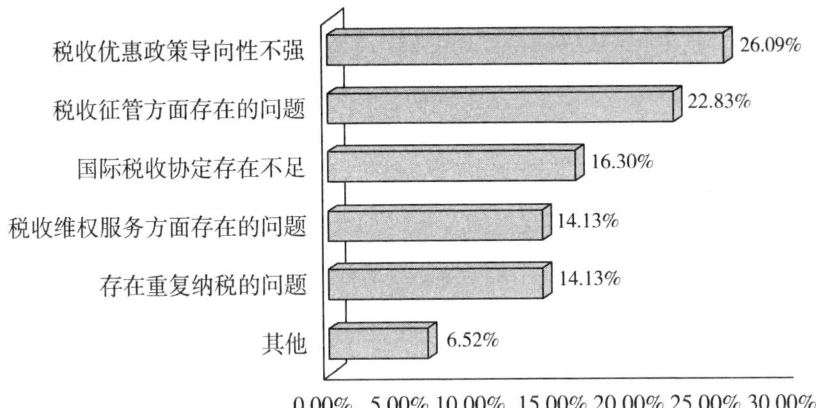

图 14 企业认为国家支持企业“走出去”的税收政策存在的问题

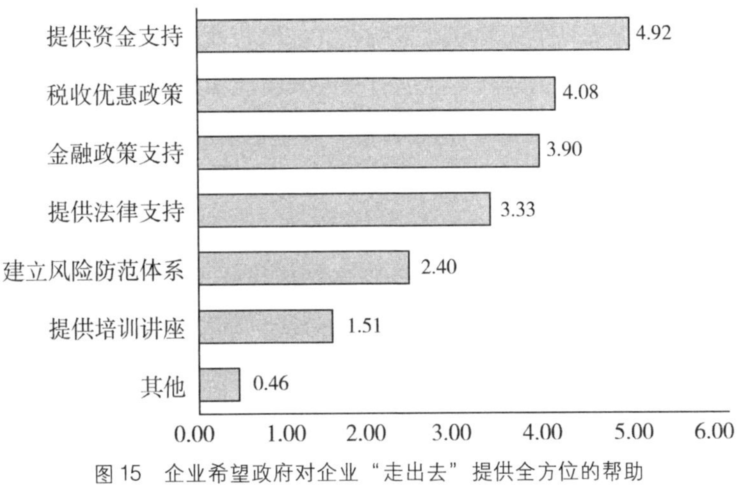

图 15 企业希望政府对企业“走出去”提供全方位的帮助

二、促进山东企业进一步融入“一带一路”的政策建议

针对山东企业“走出去”面临的问题和风险，完善政策支持，助推其进一步融入“一带一路”倡议成为相关决策部门亟待解决的重要议题。

（一）科学规划政府引导机制

成立全省“一带一路”建设领导小组，指导、协调规划的制定、对接和实施。各地市设立“一带一路”建设的综合管理办公室，协调、管理、服务“一带一路”相关业务。组建山东“一带一路”智库平台，并与国家有关智库和沿途各国智库建立合作关系，开展专项研究，编制《山东参与“一带一路”倡议规划和政策解读》，让企业了解“一带一路”的规划和基本政策，有针对性地在沿线国家进行贸易和投资。

（二）建立行业协调机制

围绕境外资源开发、境外生产基地、工程承包等项目打造省级综合发展平台，从企业的角度看，该平台至少应该实现三个方面的功能。

一是在市场开发方面实现抱团合作，加大联合出海力度。通过综合发展平台引导和鼓励山东企业通过组成联营体或采用分包合作等方式共同走出去，实现企业之间的优势互补，力避内部同质竞争。可以让富有海外经营经验和能力的窗口型企业为龙头，以各种合作方式整合优势资源，带动生产性企业走出国门，最大限度地实现商务和技术力量、产品之间的高度融合，逐步构建起前有市场开发，后有物资、技术、金融等配套支持的紧密合作体系。

二是在物资保障环节实现联合采购，并鼓励企业更多使用国产设备。将同行业企业组织起来在省内进行定点联合采购，既能保证物资设备的质量，又能降低采购成本。海关可就企业“走出去”设备的国产化率进行统计，对采购国产设备比重较高的公司进行表彰或奖励，促进国产装备业的整体发展，促进企业的国际市场开拓。

三是加强出口市场管理，引导企业建立良好的出口市场秩序。“一带一路”倡议下的对外贸易已经发展到一个新阶段，不能再简单地以数量取胜和为出口创汇，而是要以质取胜，提高国际市场综合竞争力。树立联合自强、互利共赢的意识，实现更高程度的整合与组织协调，共同参与国际市场竞争。

（三）构建管理服务支持体系

建立政府主导的对外投资国别地区项目库，为希望对外投资的企业提供及时且有价值的信息；成立全省对外直接投资专门机构（中介机构），全面提供各国别地区的政治、经济等投资环境，当地外商投资条件，当地投资程序、政策法规、合同形式及其他基础信息，提供介绍合作伙伴、合作项目、协助反倾销和倾销调查等直接贸易促进服务；由政府资助，由相关机构（包括中介机构）对境外投资企业立项建议书和可行性研究报告提供技术层面的帮助；建立山东省境外投资企业商会，各境外企业通过该商会就信息、资金、项目价格、设备人员等进行协调，互通信息，对“走出去”企业的成功和失败案例进行介绍，分析其经验和教训。通过这一系列措施减少企业获取国际信息的成本，减少其投资风险。

（四）优化科技金融支持机制

资金匮乏是许多企业在“走出去”的过程中面临的最大问题，尤其是海外研发项目投资规模大、回收周期长，没有资金支持将寸步难行。这就需要构建促进科技创新资源与金融资源的有效对接机制。科技层面，探索金融资本与国家科技计划项目结合的有效方式与途径，形成科技创新项目贷款的推荐机制，支持相关企业进行海外研发项目；指导地方科技部门建立“走出去”的科技型企业数据库，与金融机构开展投融资需求对接。金融系统针对省内“走出去”科技型企业建立信用等级评价体系，对信用等级评价高的企业提高流动贷款额度。支持鼓励符合条件的科技型企业在境内外资本市场发行股票、债券、资产证券化产品，帮助企业借力海外资本市场，为海外发展融资。

（五）完善科技税收协同管理体系

构建科技资源和税收部门的协同管理体系。科技层面，探索税收优惠与科技研发项目互动发展的方式与路径，鼓励企业注重研发投入，通过技术创新，增强其在国际市场的话语权。改进研究开发费用加计扣除税收优惠政策，首先是对那些虽然规模小、达不到技术和工艺领先的产品，但对企业来说具有重要创新价值的项目，给予一定的税收优惠。并且应对可抵扣的各项研发费用给出进一步的明确解释说明，加大企业研发税收优惠享受的力度，形成科技研发项目优惠税收机制。再次，指导地方科技部门建立中小企业研发数据库，与税务机构开展研发加计扣除政策对接。税务机构应优化“走出去”企业的税收服务，完善避免重复征税制度，提高企业税收征管效率，加快维权服务的进程，帮助企业了解国家税收优惠政策和国际税收协定，使税收优惠更多地惠及“走出去”的企业。

（六）提高企业文化软实力

发挥儒家文化作用，使其成为山东融入“一带一路”发展的文化纽带。挖掘鲁商文化支持创新和开放的现代价值，推动山东企业文化走向世界。首先，应积极引导企业努力参与“厚道鲁商”品牌三级联创活动，让更多的企业了解并参与到“厚道鲁商”倡树活动中来。让“厚道鲁商”成为在海内外具有广泛影响力并得到“一带一路”沿线国家认可的文化品牌，形成山东企业“走出去”的软实力。其次，进一步完善“厚道鲁商”的科技评价机制。开放“厚道鲁商”信息渠道，将公众监督整合进评价机制，既可增加“厚道鲁商”的可信性，又可扩大“厚道鲁商”的影响力。

（七）建立人力资源支撑体系

从国家层面加大与“一带一路”沿线国家的谈判力度，促成相关国家在人员准入方面放宽限制，为企业管理和技术人员进出当地市场提供便利。

设立“一带一路”人才基金，依托省内相关院校和专业，在教育资源上向国际化人才培养方向倾斜，首先，尽快设立一批服务于“一带一路”倡议的特色选修课程，开设东南亚国家经济、中亚国家经济、独联体国家经济等针对性强的国别经济课程。其次，把国别经济课与外语学习结合起来。以多种方式培养更多管理能力和技术专业强、语言沟通好、适应“一带一路”发展的复合型人才。

（八）构建风险预警机制

当前，中国在“一带一路”沿线国家的投资，基本上是以海外基础工程建设为主要途径，基础建设存在着投入大、周期长、不确定因素较多等问题。在一些比较落后的区域，铁路、港口等基础建设实际上很难在短时期内见到效益，甚至将在很长一段时期内面临亏损运营的局面。尤其是在一些政局不稳的国家和地区，需要政府提供相应的主权担保服务。

构建金融风险预警机制。设计分散风险的金融工具，在银行与担保机构之间建立利益共享、风险共担的机制，共同设立境外风险基金或以其他形式对遭受重大损失的山东企业实施帮助，加大境外投资安全等各方面风险管控的支援力度。

建立山东企业海外安保服务体系。由于近年来中方人员和资产在海外屡遭重大损失，在行业内，许多大型国企的海外项目安保预算至少要占到项目总费用的1%—2%。可借鉴利用央企成熟的安保体系和反恐培训基地，为省内中小企业外派人员提供反恐培训。建立山东企业海外安保服务体系，利用山东优秀的退伍兵资源和大学毕业生，组建一支高素质的山东企业海外安保队伍，快速应对各种环境和形式，高效率、高质量地保证安保对象的要求，提高安保职业化水准，保护“走出去”企业人员的人身安全。

（九）搭建鲁日韩和东北亚合作框架

中国自贸区发展战略和“一带一路”建设的推进，凸显山东企业借助“一带一路”和自贸区战略的双重优势，创新山东企业融入“一带一路”建设的发展模式，提高山东企业参与“一带一路”倡议的成效。以中韩自贸协定为切入点，对接韩国欧亚战略，纳入鲁日韩和东北亚大合作框架的范畴，推动山东企业与“一带一路”沿线国家和地区在更多领域、更高层次上开展经贸往来，提升山东开放型经济发展水平、促进山东经济转型升级。

（山东大学课题组刘文）

山东参与“一带一路”沿线国家经贸合作的现状与对策研究*

（2017 年 6 月 29 日）

内容摘要：自中央提出“一带一路”倡议以来，我省被确定为国家“一带一路”规划海上战略支点和新亚欧大陆桥经济走廊沿线重点地区，将重点打造东西南北全向开放的重要门户和桥头堡。在“一带一路”倡议下，探讨山东对外经贸合作的现状、问题和对策，对山东加强与“一带一路”国家的全面和持续经贸合作具有重要的现实意义。

一、山东参与“一带一路”沿线国家的经贸合作现状及存在的问题

山东省与“一带一路”沿线国家经贸合作的重点主要集中在现代农业领域、加工制造业领域、能源开发领域和服务业领域。

（一）现代农业领域

虽然“一带一路”沿线国家大部分国家都有一定的农业基础，但是发展差别比较大。比如中亚地区多是以传统农业为主的国家，而东南亚的新加坡农业的占比就非常低。山东省与这些国家在农业方面进行了多方面的合作，主要是在不断完善双方或多方信息互通交流的同时，建设了一批大型、通用的农业信息数据库，比如潍坊的“东南亚畜禽交易所”。同时，加强了政府、企业、相关协会的互动，打造多元化的协作平台，举办产品展销会等，比如“寿光的蔬菜博览会”等，但目前对合作潜力的挖掘还不够充分。

（二）加工制造业领域

加工制造业是山东省参与“一带一路”经贸合作的重点。一是采取了鼓

* 本文为山东省软科学项目（编号:2016RZC36001）的研究成果。

励山东的大中型加工制造业走出去的一系列措施，同时带动了上下游的相关企业走出去。比如，青岛推出了“青建+”模式，即利用青建集团在海外的经营经验和广泛的市场分布，带动相关的中小企业走出去。二是推动了过剩产能的转移。通过在东盟、东南亚等国家建设经济产业园区、加工制造园区、出口加工园区等境外经贸园区的建设合作，引导山东省劳动密集型、资源消耗型、易受贸易壁垒限制的纺织服装、橡胶轮胎等产业向低劳动力成本、原材料丰富国家转移，但也存在着走出去的力度不够且形式单一等主要问题。

（三）能源开发领域

“一带一路”沿线国家能源比较丰富，比如中亚、西亚等，东南亚、南亚的原材料资源等比较丰富，这就推动了山东省与这些地区在石油、煤炭、电力、林业、橡胶、渔业等资源方面的合作开发。比如重点推动山东省与东南亚、南亚等地区的电力合作，与泰国、柬埔寨等的橡胶合作，与印尼等国家的矿产开发合作，同时，带动相关工程建设、开采技术装备等产业的发展。同时，推动青岛、烟台、日照、威海等港口城市与相关国家的港口建设及中转贸易、物流产业、海洋产业等的发展。存在的主要问题是缺乏有效合作，成效不够显著。

（四）服务业领域

一是金融、保险服务业。山东省参与“一带一路”的建设，也带动了省内金融、保险等服务业的发展。目前，青岛设立10只“海丝”系列基金，总规模近900亿，还建立跨境担保联动机制，为企业提供融资助力。同时，由于“一带一路”沿线国家投资、贸易风险比较大，所以，双方的经贸合作也带动了保险企业的发展。而且，金融、保险企业在为企业提供资金、风险保障的同时，也加速了自身“走出去”的步伐。二是物流业。青岛、烟台、威海、日照、临沂等都在积极建设港口信息网络和航运物流平台，努力成为国际转口贸易综合枢纽，比如青岛新辟22条班轮航线，其中10条对接东南亚等“一带一路”沿线国家，此外，青岛港先后与缅甸皎漂港、巴基斯坦瓜达尔港、柬埔寨西哈努克港等签署合作协议。“临沂港”（无水港）与青岛港实现了出口业务直通，可为出口商品提供报关、报检、货代、查验等“一站式”服务。三是文化、旅游方面的合作。“一带一路”沿线的东南亚、中亚、西亚等地区都设有孔子学院，同时，以“好客山东”等为主题，发展与“一带一路”沿线国家的旅游产业合作，增加了彼此在文化、旅游等方面的认可度。山东作为文化大省如何进一步推进与“一带一路”国家的文化沟通与融合从而带动经贸发展还是当前面临的重要问题。

二、山东参与“一带一路”沿线国家经贸合作的对策

（一）关于我省政府宏观层面应当采取的综合配套措施

1. 做好省际协调。一是建立省际战略协同的思维。产业定位与转型升级需要各省份明确本省份比较优势，避免产业定位雷同、区位优势不明显。二是建立省际“一带一路”发展路径联动机制。省际“一带一路”发展路径联动机制在互联互通基础上，应主要做好制度、技术、人才和产业园区等四方面联动。

2. 贸易投资便利化措施。一是深化政策沟通，增强互信互利；二是推进基础设施建设，促进互联互通；三是加强贸易投资便利化的机制化与能力建设；四是营造良好的贸易投资环境。

3. 加强信息服务平台建设。一是搭建基于信息个性化需求的“一带一路”信息服务子平台群。二是加强“一带一路”信息服务平台建设和应用宣传。山东省“一带一路”信息服务平台应重内涵建设，与此同时，面向省内相关市场主体进行广泛的宣传工作。三是平台建设要进行整体规划，确定信息发布功能的阶段性，明确针对的区域重点，对具体区域使用“特定语言+英语”的呈现方式，确保信息传播的效果。

4. 加强经贸合作人才培养。随着“一带一路”倡议的实施，单一的英语人才已经不能够满足我国对外经贸交流的需要，属于“一带一路”沿线地带国家的官方语言有40余种之多，但我国目前高校开设的外语专业只涉及其中的20多种，这远远不能够满足当下我国经济发展对多语种复合应用型人才的需求；因此需要采取有效措施大力发展“英语+小语种”的语言教育，来应对“一带一路”给我国当前语言教育提出的新要求。“一带一路”国家与山东的合作也存在着同样的问题，要注重加强与合作国家地区在专门相关人才培养下的合作，整合国内外、省内外优质教育资源，通过高校、职业教育机构等多种方式，利用在校生培养和企业人才培养等多种形式建立“一带一路”人才培养和储备基地。根据山东参与“一带一路”建设所涉及的国家地区以及合作领域，有针对性地规划和培养“专业知识+外语技能+文化素养”一体化的复合、应用型人才，使之服务于“一带一路”建设的需要。

5. 加强金融合作支持。“一带一路”沿线国家大部分属于经济上升期的发展中国家，无论是其国内面临的工业化、城镇化发展规划，还是“一带一路”构想下大型基础设施、产业和产能合作等建设任务，都涉及一大批具有重要经济社会效益的项目。这些项目资金投入大、运作周期长，单纯依靠沿线国家财政投入难以满足巨大资金缺口。商业金融机构因其逐利的天然属性，往往缺乏主动介入的意愿和能力。企业因顾虑项目风险高、回报慢，若无有效融资保障和风险分担机制，也可能止步不前。因此，推动山东参与“一带一路”建设需要有相应的融资机制安排，在建设机制上，发挥亚洲基础设施投资银行、丝路基金和世界银行、亚洲开发银行等国际性金融机构作用，通过创新性的融资，动员更多国家更大程度地参与“一带一路”基建，支持山东参与“一带一路”行动付诸实现。

6. 建设山东智库体系。跨国智库间的合作已成为影响世界政治、经济、文化和社会进步的重要因素。要充分发挥山东智库体系对“一带一路”倡议构想实施的决策咨询作用，挖掘山东智库在“一带一路”经贸合作中的对外功能。山东各类智库不但要发现问题并探索解决问题的办法，还要宣传并开展公共外交，应当走出去深入进行调查研究，大力加强与“一带一路”国家的智库交流，让“一带一路”国家了解山东，让山东的实业界了解“一带一路”国家。要充分发挥智库的专业研究能力及对政府和公众的影响力，促进各国政策沟通、民心相通，为共建“一带一路”奠定坚实的民意基础。山东需要与各国对应层次的智库通过合作研究、学术交流等多种形式，促进沿线国家对共建“一带一路”的内涵、目标、任务等方面的进一步理解和认同；凝聚各国智库力量，开展政策性、前瞻性研究，为沿线国家政府建言献策，增进国家间政策沟通，推动各方将共商、共建、共享原则落到实处；需要加强与各国对应智库交流，相互了解各自国家的发展意图和愿望，准确把握各方利益的结合点，共同寻找互利共赢的途径；需要以智库交往带动人文交流，增进彼此互信，凝聚广泛共识。

（二）关于我省企业微观层面应当采取的配套措施

1. 构筑企业核心竞争力。山东企业参与“一带一路”经贸合作，一方面要根据国家宏观政策导向，结合“一带一路”发展战略和建设规划，建设好基础设施项目，发挥产能优势，扩大国家影响力；另一方面积极适应“一带一路”沿线不同国家政治、社会、文化、市场环境的显著差异和国际竞争环境，企业要有一套行之有效的组织机构和管理制度，实现规范化管理和运营，形成并维护自身的竞争优势，打造具有较强适应能力的跨国企业。

2. 抱团走出去。在参与“一带一路”经贸合作的初期，山东企业应抱团出海形成合力，推动省内产业集聚区整体走出去，在增强企业海外发展的竞争力和生存能力的同时，也可化解单打独斗所带来的风险。首先是以国企带动民企。山东企业走出去最好国企先行，民企随后跟进，以减少投资风险。例如以国企的大型基建项目为先导，民企的制造业项目随后跟进，从而形成“国企搭台、民企唱戏”的共进格局。其次是以大企业带动中小企业的模式。大型企业走出去，其他服务、配套企业相应跟进，形成产业集聚区或创建产业园区。

3. 山东企业走出去的安全保障。强化企业安全风险意识，山东企业需尽快补足跨国经营中安全保障“短板”，借鉴国内外跨国公司经验，设立负责安全保障的主管职位，充实企业内部相关机制和资源投入，建立跨国安保、风险管理方面的“标准操作规程”；山东企业不仅要深入评估安全风险，还要善于与影响安全风险的各类行为体打交道，包括增强与本地和跨国非政府组织的沟通能力；山东企业在当地应重视建立“信息获取网络”和“政策影响力网络”，挖掘有助于提升自身安全保障的本地资源，有意识地锻造抗风险能力和安全危机后的再生能力；山东企业还要积极支持民间组织在“一带一路”沿线国家的活动，在民间组织和企业之间建立“小旋转门”制度，培养和储备相关人才，培育具有海外行动能力的中国民事安保力量；同时，在“一带一路”建设中，山东企业与美欧等国企业开展联合投资项目，从而促使各方共担安全风险。

课题负责人：周忠高（山东省社会科学界联合会副主席）
课题执笔人：方慧（山东财经大学教授、博士生导师）

九、社会发展篇

新媒体时代政府职能部门对网络舆情的管控策略

——以科技舆情为例

（2018年10月15日）

内容摘要：随着科技发展的日新月异，新媒体应用的普及，公众对于重大科技进展、重要科技政策、突发科技新闻事件等的关注程度也越来越高，科技舆情引导也随之进入新的发展阶段。能否有效预防和妥善处理网络舆情危机对政府形象的冲击，是提高科技行政部门公信力、建设现代政府机关的需要，也是掌握舆论话语权的需要。本文通过分析新时代科技舆情的特征和传播的主要方式，提出科技职能部门处置科技舆情事件的多元协同策略，对破解当前舆情引导的难题，推进系统内舆情工作的健康有序发展，具有重要现实意义。

当前，中国正处于社会转型发展的关键期，伴随着社会文化和媒介形态的发展变迁，社会舆论环境发生着深刻的变化，做好舆情引导工作“事关全党全国各族人民凝聚力和向心力，事关党和国家前途命运”。习近平总书记在党的十九大报告中明确指出：“坚持正确舆论导向，高度重视传播手段建设和创新”。舆情工作与科技工作联系紧密，善于把握互联网新媒体的特点，针对科技工作中关注重点或可能产生的负面信息，正确引导并积极应对处置，是提高科技行政部门公信力、建设现代政府机关的需要，也是掌握舆论话语权的需要。本文通过分析新时代科技舆情的特征和传播的主要方式，提出科技职能部门处置科技舆情事件的多元协同策略，对破解当前舆情引导的难题，推进系统内舆情工作的健康有序发展，具有重要现实意义。

一、科技舆情生成与传播的新变化与新特征

随着日新月异的科技发展、新媒体应用的普及，公众对于重大科技进展、

重要科技政策、突发科技新闻事件等的关注程度也越来越高，科技舆情引导也随之进入新的发展阶段。突出表现在：新媒体舆情发展的特性与传统的新闻宣传体制、舆情引导理念与方式存在鲜明对比，舆情更多呈现负面情绪，更能挑动网民的兴奋点和关注点，且往往呈现真相还未发布，谣言已在路上，甚至真相和谣言互相搏斗的场景。此外，相较于社会事件引发的舆情事件，科技舆情的形态也正发生根本变化，传统的舆情监测和反馈机制已跟不上瞬间引爆的“全民话题”，政府管理部门所习惯的事情发酵一段时间再通过主流媒体进行舆情引导的方法屡屡跑不过网络，甚至经常造成倒逼回应。因此，准确把握新媒体时代科技舆情的新变化与新特征成为科技厅系统做好舆情引导工作的基础条件。

（一）新媒体时代科技舆情生成的主要特征

1. 传播主体更加多元

新媒体时代掌握话语权的不仅仅是报纸、电视电台和网络，微博、微信、新闻客户端、H5 等的强势崛起，使我国移动互联网成为全球最热的“掌上舆论场”，每个微博、微信、头条号账号都是一个“发声筒”，其粉丝数量甚至不亚于一家媒体，有的网络大 V 的粉丝数上亿，有的微信公众号阅读量动辄就是10 万 + 。在此情形下，为了吸引眼球，赚取流量，一些营销号往往忽视信息的积极正面的内容，偏重于渲染负面的信息，甚至予以夸大，成为负面事件和负面消息的超级秀场，形成“坏消息综合征”①。由此，舆情场中不再是简单的一种声音、一种腔调、一种想法，如果应对不力就会加剧政府公信力危机。以“美国商务部宣布对中兴进行制裁事件”为例，初期舆情多关注核心技术自主化和“卡脖子”技术。随后，微信公号“智谷趋势”推送《砸向中国芯片研发的万亿经费都去哪了?》将舆情引向另一方向，“汉芯一号造假事件”“中国科协调查显示国内科研经费仅 40% 用于项目”等又一次挑动公众的神经，迅速被腾讯网、搜狐网、新浪网、凤凰网等媒体纷纷进行转载报道，对科技管理部门而言，这已经是不可忽视的科技舆情，需要进行监测评估，甚至引导。

2. 舆情导向更加集中

新媒体时代每个人都可能成为传播源，而且当一群观点近似、认知相同的人同时表示对某个热点的关注，很容易形成一个舆情场，尽管还不是社会热点，但因指向明确、人群固定，很可能在一定范围呈现众生喧哗的传播景观，

---

① 翟彬．我国微博政治参与研究[J]．湖南社会科学，2011(6)：9－12.

共同体思维是这类新媒体舆情的主征。2017 年 4 月，有媒体披露国际期刊《肿瘤生物学》将 107 篇中国作者论文集中撤稿，引发社会广泛关注。有学者认为，《肿瘤生物学》是“掠夺性期刊”，应将其列入黑名单，另一观点认为，应对涉事的学者全面排查，严肃处理。2017 年 7 月，科技部等五部门联合召开新闻发布会公布处理结果，对 107 篇论文涉及的 521 名作者进行了处理。因政府在面对科研诚信问题时，采取了积极、公开、果断的措施，在新闻发布后社会评价积极正面。这起科技新媒体舆情的主要特点就是讨论集中在科技界，其背后所指是近年来一直为人诟病的科研失信和学术不端。

3. 传播速度更加迅疾

首先，移动互联时代，信息传播的速度远超以前，全时传播的特征更加明显，舆情热点事件不再受时间、空间的限制。公共突发事件后，以网站、微博、微信为代表的新媒体通常会在第一时间广泛传播，给政府的即时回应造成巨大的时间压力；其次，发布经过调查确证的权威信息往往需要过程，中间的时间差，为不实报道和各种猜测传闻产生空间，同时导致的群情激奋会给政府造成很大压力，甚至引发信任危机；再次，新媒体的全时传播也形成了全天候的舆情监督力量，促使传统的权力导向的舆情监督转向全媒体的社会监督。以 2015 年“8·12 天津滨海新区爆炸事故”为例，围绕爆炸物和爆炸原因的确定，公众、媒体、官方展开了探究真相的赛跑，尽管当地政府定时举行新闻发布会，但因透露的信息局限，引发了一些猜测和谣言，特别是危化品氢化钠的处理成为舆情关注的焦点，引发了持续的讨论。

4. 传播内容更加碎片

近年来，因断章取义和信息碎片化传播导致的科技舆情事件不在少数。为了吸引眼球，新媒体多在标题上搞“擦边”，内容上搞似是而非，这就导致许多本应真实的内容被分裂和分段化。同时，碎片化的信息传播方式往往导致语言和思维的碎片化，传播时间的碎片化。不明真相的公众往往会受情绪的挑动而陷入非理性的口水战中，这种非理性的讨论、沟通和互动中的误解、曲解不可避免，新媒体用户经常陷入意义缺失、无价值的围观、聒噪和喧闹的争论之中①。以《60%用于开会出差万亿科研经费去向何处》为例，中国科协在

---

① 赵春丽、付捷. 新媒体时代政府舆论引导能力体系结构初探[J]. 湖北社会科学，2013(11):27-31.

2004年公开出版的《全国科技工作者状况调查报告》的“直接用于科研项目的资金比例”部分，原文为：“调查结果显示，从全国来说，资金用于项目本身的比例在40%左右。”并未提及“科研经费流失”的相关内容，但经过多次碎片化传播，这一数据被广泛引用，成为每年全国两会的必然热点，虽经多次澄清仍被引用至今，官方不得不一次次辟谣。

（二）新媒体时代的科技舆情传播特征

1. 受众人群具有垂直性特征

通常而言，科技舆情与一般的社会舆情最大的区别在于受众人群具有先垂直再网状传播的特征①，仍以美国商务部宣布对中兴进行制裁的事件为例，关注的人群初期主要以半导体专业人士和相关企业为主，但随着话题被引导到“缺芯”“卡脖子”上后，引发了广大公众受制于人的恐慌，进而形成全民大讨论。

2. 传播方式具有互动性

新媒体具有的即时性、互动性特征，使原有的新闻传播形式发生根本改变，当一个话题成为热点或公共话题时，极易引发线上和线下的大讨论，当一个话题被反复传播、转发后，又生成新的热点和文章。有观点指出，“我们的能力在大幅增加，这种能力包括分享的能力、与他人互相合作的能力、采取集体行动的能力，所有这些能力都来自传统机构和组织的框架之外”。这些都使科技舆情传播由口口相传改为语言和思想的交锋②。

3. 传播内容具有煽动性

随着创新驱动发展成为国家战略，科学技术的发展水平日益成为综合国力的具体体现，公众对于从“站起来”到“强起来”民族自豪感的渴望更加强烈，科研人员、科学家的社会地位和公众关注度显著提高，公众对科学知识的需求日趋旺盛，以上都影响到新媒体内容生产者的价值取向，于是科技舆情更多体现为失实、夸大。比如，“星巴克咖啡含丙烯酰胺致癌”的文章经发布后迅速被刷屏，就是生产者抓住了公众的注意力作的营销文章。

---

① 熊忠辉、程刚．微信的传播模式及其对舆论生态的影响[J]．新闻战线，2015(5)：48－50.

② 孙静、汤书昆．论新媒体时代大众传媒社会控制功能的失调与重建[J]．青海社会科学，2012(6)：154－158.

二、科技舆情多元协同管控机制建设路径

2016年，国务院办公厅印发了《关于在政务公开工作中进一步做好政务舆情回应的通知》，《通知》提出了明确具体的要求，对涉及特别重大、重大突发事件的政务舆情，要快速反应、及时发声，最迟应在24小时内举行新闻发布会，对其他政务舆情应在48小时内予以回应，并根据工作进展情况，持续发布权威信息。回应政务舆情，必须彻底摒弃“自己不说别人说、政府不说百姓说、媒体不说网民说、国内不说境外说”的做法。对于科技系统而言，“舆情回应”同样是不可回避的问题，遇到问题不发声，都会使政府的公信力受到公众的“拷问”。不可否认，当前，我国科技舆情管控处于探索阶段，普遍面临着舆情管控与调节机制不健全、社会督查体系不够完善、科技的法规管控体系还未完全构建、部门间协同意识淡薄、部门联动体系还未建立等问题。特别是科技舆情管控参与主体的分化和网络性督查中存在的漏洞，都严重制约着科技舆情事件的处置力度和效率，进而影响网络空间秩序和社会整体稳定与和谐。因此，主张通过多主体参与、多功能整合的方式实现对科技舆情事件的多元共治，实现良好的协作效应。需要强调的是建立科技舆情多元协同管控机制是由理论模式转向实战模式的关键，因此，科技舆情多元协同管控应立足山东省情，多元协同管控机制的重要环节应包括舆情管控的目标设定、策略规划、过程督查、结果检测和条件保障等方面。我们认为，科技舆情多元协同管控机制的构建关键在以下方面：

（一）建立科技舆情多元协同管控“强关系机制”

在科技舆情多元协同管控中，各参与主体的关系协调是保障机制有效运行的关键，建立关系机制显得十分必要。此处的“关系机制”是在科技舆情管控的参与主体之间建立的相互平等、相互依赖、相互协作，又保持各自独立的关系机制，该机制的建立是各参与主体之间互动与协同的前提条件，也是将科技舆情多元协同管控理论转化为具体实践的基础条件。虽然当前关于舆情管控的法律法规通过明确维护科技安全主体责任来维护网络环境的安全与稳定，并指出政府部门对科技管控应负的明确责任，但是这些规定对科技舆情多元协同管控机制而言并不完全适用。我们所倡导的科技舆情多元协同管控是基于“多元”的有效“协同”，重点在管控，即通过协同实现科技舆情的研判、引导与规制。因此科技舆情多元协同管控首要的是明确各参与主体的合理性与角

色定位，并基于此加强彼此间的关联，建立起有效的关系机制，以强化参与主体间的相互配合与相互依存关系，从而构建起针对科技舆情多元协同管控的“强关系”，而非当前的“弱关系”。

（二）建立科技舆情多元协同管控“互动沟通机制”

科技舆情多元协同管控机制在运行过程中离不开互动，如果没有有效的互动，何谈协同。所谓互动机制，就是在上述明确各参与主体间的关系机制后，通过建立有效的沟通渠道、协调渠道和合作渠道，形成的互动机制，互动的目的是保障各参与主体在协同管控科技舆情中能保持持续的、有效的沟通。首先，需要指出的是沟通渠道建立是基于各参与主体的信息资源共享，共享程度决定着互动的时效性，所以需要突出强调的是，共享是对真实的、时效的信息的共同分享；其次，基于互动机制的“协调”才是有效的协同，协调渠道中有必要对信息资源共享做出明确规定，使得各参与主体在舆情事件处置中能有效地分享信息资源，保障舆情引导的时效性和针对性；再次，合作渠道需要针对科技舆情各参与主体在管控行为上进行规制，该渠道的建立，突出强调参与主体在管控行为上执行力和默契度。综上所述，沟通渠道、协调渠道和合作渠道的建立都是为了促进科技舆情管控中各参与主体的互动关系，通过各参与主体在信息资源上的共享和整合，让互动变得更有效和有针对性。近年来，很多地方政府不断尝试利用新媒体进行沟通互动以引导舆情。比如设立领导与民众互动专区，邀请领导与公众在线访谈等，都对及时回应不实传言和网络谣言起到了积极作用。利用新媒体可以实现与网友的实时沟通，同时，热点问题一旦具有倾向性，可以通过进行舆情监测来梳理公众关心的焦点，有针对性地做好回应。由此提升科技舆情多元协同管控的长效性，并且可以较好地规避因沟通不畅造成的冲突与矛盾，减少科技舆情引导失误率，有利于渐进式地实现科技舆情多元协同管控机制的长效运行。

（三）建立科技舆情多元协同管控“督查机制”

督查是对科技舆情多元协同管控机制有效运营的重要保障，保障机制的建立有利于强化这种保障。由此可见，督查在科技舆情多元协同管控体系中具有不可替代的重要价值，督查旨在对舆情管控中各参与主体进行规范与约束，以确保强关系机制、互动沟通机制、合作共赢机制和主体责任机制得到有效落实，为实现科技舆情多元协同管控有效性、针对性和高效性提供保障。需要指出的是，此处的督查是科技舆情管控中各参与主体间的相互督查，一般包含政府机关督查、意见领袖督查、网络媒介督查、社会团体督查和一般网民督查。具体而言：第一，政府机关是科技舆情管控的主体，政府督查的重点是对在科技舆情管控中各参与主体行为的督查，目的是通过公权力的使用（即以督查的形式），保障科技舆情管控中各参与主体行为的规范与有序，也是落实舆情的多元协同管控机制的重要保障措施；第二，意见领袖的督查重在对网络信息的真伪进行辨别，并通过意见领袖在网络传播环境中的影响力，使受众免受错误信息的影响，截断不良信息、负面信息的蔓延，鼓励意见领袖更多地传播正面的、客观的、真实的信息，有利于营造风清气正的网络舆论环境；第三，科技舆情多元协同管控机制总“网络”是舆情生成和环境，网络媒介也是舆情管控的重要责任主体，网络媒介督查主要是发挥其网络信息传播的强大优势，对各参与主体进行督查，督查的重点在发挥自身优势的基础上对不良网络信息进行阻断；第四，网民和社会团体的督查有别于以上督查方式，其督查的重点是基于其网络使用者的身份，对不良网络舆论进行及时有效的举报，并对上述督查主体的行为进行监督。以上督查行为构成的督查机制是科技舆情多元协同管控机制运行的重要后盾。

（四）建立科技舆情多元协同管控“互利共赢机制”

当前，科技舆情管控的总要目标是优化网络舆论环境，维护社会稳定和国家网络安全，并保护舆情事件相关机构、组织或个人的人身权、财产权、名誉权等合法利益。我们所主张的多元协同管控机制的重点在管控，但是不能因此而忽略各参与主体的利益，所以在舆情引导中实现各参与主体间的互利共赢有利于调动各方的参与积极性。最大的互利共赢的目标是通过多元参与实现时对科技舆情事件的有效管控，舆情事件的合理处置对参与各方都是有利的，结果是互利共赢的。除此之外，在科技舆情多元协同管控机制中，互利共赢不是简单地满足各参与主体的要求，还需要重点处理好公共权益和主体利益之间的关系，既要维护好公共权益，也要保障各参与主体的自身利益。简言之，就是满足各方利益诉求，在实现公共权益的基础上促使各主体利益实现最大化，同时在维护主体利益的基础上实现公共利益的持久与稳定。

（五）建立科技舆情多元主体协同管控“涉事责任机制”

机制是建立在责任的基础之上的，科技舆情多元协同管控的责任机制，就是在权利与义务平衡基础上的责任与担当，突出“担当”意识。因此，建立涉事主体的责任机制就是要求在舆情管控中对管控结果承担相应后果。根据当前的科技舆情管控实践，缺乏责任意识是重要问题之一，山东省也不例外。优化科技舆情管控方式是舆情事件相关主体共同的责任，特别是作为公共利益代言方的政府机构，无论科技舆情事件因何、因谁而发生，并产生何等严重负面影响，当地政府都负有不可推卸的主体责任，也是事件后果的最终承担者。所以，政府机构作为公共权力的重要执行者，对科技舆情事件管控后果负有重要主体责任。不可否认，在科技舆情管控过程中，仍存在责任不清、责任推诿等情况，缺乏必要的责任意识，必然导致事件处置的低效率与低质量。因此，主张通过涉事主体责任追究制度，规范科技舆情多元协同管控机制各参与主体的责任，并采取必要的问责制度，目的是让参与主体认识到舆情管控不是哪个部门自己的事情。逃避责任导致的后果，必须做出承担，而且是共同承担，并且在责任机制中增加自我检查环节，总结科技舆情事件处置中的不当行为，并及时反馈给其他参与主体，在多元协同机制下做出整体性调整与转向。

三、科技舆情多元协管控数据平台的搭建

如上所述，科技舆情管控策略重在机制的构建，是科技舆情多元协同管控机制的制度基础。除此以外，通过舆情数据平台的搭建，让技术和技术平台在舆情管控中发挥作用是重要的技术路径选择。具体而言，通过运用大数据思维，挖掘大数据在科技舆情事件监测与研判过程中的重要价值，科学地研判科技舆情事件的发展态势，为舆情事件的处置提供有价值的数据支撑，有利于减少舆情事件处置的偏差与失误。这是大数据技术带给科技舆情管控的重要机遇，“数据管控”为科技舆情管控提供重要的支撑价值体现，具体而言，舆情管控数据平台的具体内容如下：

第一，基于协同共同建立科技舆情数据共享平台。科技舆情多元协同管控的总要目标是实现协同效应和共赢效果，这是单个参与主体所无法实现的目标。要实现协同，就需要各参与主体主动地将数据资源实现一体化共享，并呈现在大数据共享平台上，特别是核心数据。这样一方面有利于提高科技舆情数据共享平台的质量和数据应用价值，另一方面也使得原本零散的信息资源汇集到一起，实现数据资源的聚合效应；

第二，基于协同共同建立科技舆情数据解析平台。科技舆情事件的预测与趋势研判离不开对数据的分析，数据分析的结果又会影响舆情引导策略的制定和舆情事件的发展态势。其对信息资源的利用与分析更加科学精准，特别是对

聚合的“全数据”的分析，其分析结果更加客观准确。因此要获得“全数据”，就需要基于协同共同建立科技舆情数据解析平台，这也是实现多元协同管控和多元舆情数据解析的必然要求，是“数据管控”的必然趋势；

第三，基于协同共同建立科技舆情数据使用平台。科技舆情数据服务于舆情管控，关键在参与管控的个体通过共建实现对数据的共享与公用。在协同中有利于综合使用数据，并从数据中获知各参与主体之间的联系。数据的公用也有利于实现数据分析的整体性和结果的一致性，这是通过数据协同实现管控协同的重要过程。

网络舆情危机处理与政府形象塑造分析

（2018年10月20日）

内容摘要： 网络媒体的发展，给政府形象带来巨大的挑战。国内外实践充分证明，能否有效预防和妥善处理网络舆情危机对政府形象的冲击，是对执政党、政府的重大考验，事关社会政治稳定的大局。因此，应从建立政府网络新闻发言人制度、打造网络舆情监测平台、完善政府信息公开制度、提升自身网络媒介素质、完善公民利益表达机制、落实责任追究制等方面主着手，提高政府部门应对网络舆情危机的能力，维护良好的政府形象。

网络媒体的发展，给政府形象带来巨大的挑战。近年来，类似天津滨海新区爆炸事件、青年魏则西之死、于欢辱母杀人案等一系列网络事件层出不穷，这些事件除了彰显目前网络媒介中民众自觉参与社会治理的强大力量外，也凸显出部分政府部门面对网络舆论监督不能及时疏导民意，不能公开、透明执政的脆弱的网络从政心理现象。能否有效预防和妥善处理网络舆情危机对政府形象的冲击，是对执政党、政府的重大考验，事关社会政治稳定的大局。党和政府一直重视和关注此类问题，习近平总书记强调，做好网上舆论工作是一项长期任务。因此，对网络时代政府形象问题进行研究符合社会现实的需求，能为政府的健康运行提供一个良好的参考。

一、网络媒体对政府形象的影响

政府形象是政府这一巨型组织系统在运作中即在自身的行为与活动中产生出来的总体表现与客观效应，以及公众对这种总体表现与客观效应所作的较为稳定与公认的评价。政府形象包括两个方面：一方面是政府组织系统作为有内在结构功能与行为活动的体系在运行中所产生出来的客观的总体效应；另一方面是政府所服务的社会公众在对政府组织系统的客观总体效应进行评价时所产生出来的综合印象。

在新时代，网络对政府形象来说是一把双刃剑，其灵活性、快捷性等性质决定了网络传播在提升政府形象中应大有可为。但是也正是这些原因，使得网络给维护政府形象带来新的挑战。

（一）网络能够为政府形象的维护和提升提供一个良好的渠道和工具

网络媒介的开放性、超链接性，决定了网络信息能跨越地区和国界，为不同国家、不同地区及不同品位的受众提供所需的各种信息；其交互性决定了政府能从网络中了解到社情民意，并通过互动加强与公众的联系，树立自己良好的形象；其多媒体的性质决定受众能从网络中全面了解政府的相关信息。在网络时代，电子政务系统的开发与运用减少了传统行政管理过程中的非增值环节，降低了行政成本，也为公众带来了方便与快捷。政府部门也可以通过网络在线和公众进行交流，拉近与公众的距离，树立良好的形象。

（二）网络的特性给政府形象的维护和提升带来多方面的压力

首先，网络可能会导致恶意推断效应。一些人把社会上对党和政府不利的传言和谣言当成事实加以传播，对政府出台的政策进行负面解读，政府越承诺群众越怀疑，干部越辟谣群众越传谣，给政府形象带来巨大的负面影响。其次，网络蕴含的污点放大效应会“抹黑”政府的整体形象。网络媒体利用个别党员干部或极少数政府工作人员偶发的违法犯罪行为，或者利用某一地区某一领域的负面新闻，将个别的局部的缺点和问题，放大成某一地区或某个行业的群体性普遍行为，借以丑化党和政府的整体形象。最后，网络带来明显的优点倍比效应，“弱化”我们的制度优势。这对“社会主义制度优越性”形成挑战，为错误观点散播提供可乘之机，引起群众思想混乱。尤其是现在部分不负责任的人在各种论坛发表不利于党和政府稳定发展的言论，影响非常恶劣。

二、政府网络舆论危机出现的原因

（一）部分政府部门的不当作为和不作为是政府形象危机的根本原因

当前，我们正处于“管理型政府”向“服务型政府”的转变中，政府的执政观念、执法手段落后导致基层治理的脱节，公共权力还缺乏有效的监督和约束。经过改革开放以来四十年的发展，中国社会正从封闭的计划经济向开放包容的市场经济体制转变，公民社会正在兴起，公民的民主法治意识不断提高。面对这种形势，旧的执政理念和手段与当前倡导的法治、民主、公平执政理念不相适应。网络时代，缺乏政府形象意识，习惯于“当官做老爷”是使形象危机事件变成真正危险事件的思想根源。

（二）政府垄断决策信息，缺乏与公众的沟通交流

部分政府部门出于自身部门利益的考虑，对政务公开心存恐惧，一般来说不会主动与公众交流和沟通。随着公众生活水平、受教育水平的提高以及社会变迁带动的社会分化、流动和公民意识的增强，公众开始审视自己在政治体制中的地位，开始以“公民”的身份参与到公共决策中来，而这与政府的封闭性形成了强烈的对立。对于网络舆论来说，正常的沟通渠道不畅，公民长期积累的政治诉求更容易转移到网络上来，一旦负面的网络舆论急剧地聚合，就可能造成政府形象的危机。

（三）政府的回应机制建设滞后，舆情应对能力不足

由于缺乏相应的信息回应交流机制，在一些地方，一旦出现事关群众安危和民众利益的事件，有些地方的领导第一反应就是“捂”“压”“盖”。殊不知在信息化社会，任何事件都是捂不住的，只会让社会公众觉得政府心里有鬼，让真相变得扑朔迷离，并给满天飞的谣言创造滋生的土壤。在民众之间，由于个人知识体系、专业技能的不同，民众之间的信息占有和交流在客观上存在着巨大的阻力；而相对于此，政府在信息疏导沟通方面具有无可替代的作用。如果政府在信息互动方面存在问题，不能及时回应社会关切，或者放任事件发展而不作为，将会使得小事变大甚至演变成危机，威胁社会安定。

（四）部分领导干部对网络舆情处置不当，存在“网络焦虑心理”

在改革开放新形势下，领导干部承担着十分繁重的任务，心理压力也随之加重。从总体上看，各级领导干部的心理是健康的，但也有少数领导干部因为心理负担过重而出现焦虑、暴躁、抑郁等问题，甚至有个别人心理严重失调，导致种种问题的出现。当前，网络舆论监督已成为行政监督中非常有效的一种方式，对一些领导干部贪污腐败行为起到曝光和警示的作用。但部分领导干部还不能正确对待网络监督，缺乏应对网络监督的能力，渐渐患上网络恐惧症，谨小慎微、如履薄冰，甚至出现某种程度上的“恐惧感”：拖延应对、虚情应对、仓促应对、蛮横应对。随着信息网络的飞速发展，“网络焦虑心理”已成为一种新病。

三、政府形象维护的策略分析

由于网络议程可能随时被提出，网上舆论不断在网民的参与下聚合生成，因而政府形象的维护和管理是实时的、动态的。政府要在及时掌握舆情的基础上，针对不同情况采用科学方法，对政府形象进行有效管理。

（一）建立和完善政府网络新闻发言人制度，及时、准确、公开、透明地发布信息

政府网络新闻发言人的首要作用是传播政府的公共信息，回应网民对政府行为的质疑。政府网络新闻发言人作为政府与网民沟通的桥梁，及时回应来自网络的各类质疑和诉求，推动了网民与政府的良性互动。网络新闻发言人由于充分地利用了现代传播手段和规律以及互联网技术反应迅速的优势，确实比一般的新闻发言人可以更好地了解民意、把握舆论。

因此，应完善各部门新闻发布制度，形成权威、畅通的信息发布渠道。如发生舆情突发事件，联席会议领导小组办公室迅速拟定新闻发布内容的初稿，送组织部审批后，经联席会议领导小组审定后，按照统一的口径，选择合适的时机发布，让正面信息先声夺人，为网民提供权威声音，营造有利舆论。按照“及时、准确、公开、透明”的原则，不论是舆情初步形成，还是网络舆论已成热点，都主动澄清事实真相，争取网民理解支持。

根据舆情信息的特点和舆情等级，建立不同层次的发言人制度。一是在厅局级部门设立新闻发言人，主要授权对一些重大突发事件、敏感问题对外发布信息；二是设立突发事件新闻发言人。在遇到突发性网上舆论风暴时，由党委政府确定新闻发言人，授权及时对外发布权威信息，公布事件真相，接受媒体采访，防止多头接受采访而导致信息口径不一、相互矛盾；三是设立“网络发言人”。在各职能部门建立“网络发言人”制度，代表本地区、本单位及时回复网上的意见疑问，与网民在线沟通交流，疏通网民的情绪。“网络发言人”主要通过政府网上的“网络问政”来回复网民的诉求，通过公众参与度高的相关网络平台，如：新浪微博、微信、百度贴吧等，回复涉及本地区、本单位的相关信息。

（二）建立网络舆情监测平台完善预警、监测研判机制，做好预防和处理工作

网上舆情监测应重点做好十个方面的监测：一是涉官信息，二是涉腐信

息，三是仇富信息，四是涉警信息，五是涉弱信息，六是涉政信息，七是涉死信息，八是移民信息，九是环保信息，十是突发事件信息。建立统一的网上舆情研判机构，对来自各方面的舆情信息进行处理、甄别、研判。具备条件的部门应专门成立网上舆情研判信息中心，作为处理舆情信息的中枢机构。其职责是：对各方面汇集来的舆情进行汇总处理，甄别筛选；负责编发舆情信息；对各类舆情进行研判，提出某个舆情的基本走势判断；发出舆情预警，为领导决策提供参考；与网上舆情监测单位协调沟通，提出网上舆论引导的应对措施；组织网上“意见领袖”针对网上热点问题发帖、回应；制定网上舆情分类级别等。

对可能引发重大舆情的突发事件、热点敏感问题，要及时搜集掌握有关真实信息，做好应对处置准备，增强工作前瞻性和时效性。发现重大舆情后，应立即向主管领导报告，最迟不得超过1小时，同时向有关部门通报。应急处置过程中，要及时续报事件处置进展和可能衍生的新情况。紧急情况下，可电话口头报告突发事件信息，并在30分钟内报送书面信息。在重大舆情应急处置过程中，要及时续报有关情况。

（三）进一步完善政府信息公开制度，树立透明政府形象，推进政务公开，加快网络政府建设

在现代信息社会，在公民素质不断提升的时代，政府部门及党员领导干部必须丢弃封建迂腐的“民可使由之，不可使知之”的观念。我们有理由相信，只要通过正常的途径发布正确的信息，谣言就会不攻自破。同样，在形象危机事件中，政府只要及时、准确地发布信息，掌握社会舆论的主动权，引导公众正确行使监督权，培养公民参与政治的法治理性，就会避免因谣言的散布而引发社会混乱。在树立透明政府形象方面，我们可以做很多工作，如进一步建立健全新闻发言人制度，完善政府网站建设，让政府网站真正发挥沟通社情民意的作用，而不是仅仅流于形式，充分发挥主流新闻媒体的作用，及时、准确地澄清事实真相等。

（四）公职人员尤其是党员领导干部应“善待、善用、善管”网络媒体，提升自身网络媒介素质

领导干部作为公众人物，其一言一行、道德品质，甚至私人生活都会成为社会的焦点，受到广大网民的关注，成为网络舆论的中心、网络监督的焦点。这就要求领导干部不仅要主动上网，关注网络，而且要积极主动地接受网络的

监督，让在网络监督下工作成为一种习惯；不仅要在日常工作中树立威信，在网络中也要有一个良好的形象，有一定的权威，把加强“执网能力”作为加强“执政能力”的一部分，以此促进领导干部在网络舆论中的重要领导作用，引导网络舆论健康发展。

网络媒介素养提升方式有很多，主要有以下几种方式：第一种方式，加强专门培训。对领导干部的网络媒介能力培训，可以通过各级党校、行政学院的学习加强培训，也可以对其开办专门的培训班，由新闻院校的专家、教授和一线新闻工作者以及在新闻发布工作中表现出色的新闻发言人等传授经验。第二种方式，借鉴外国政治家网络媒介经验。如在遭遇突发事件时，善于“危机管理”，尽量在第一时间发布新闻，赢得话语权，先入为主，掌握主导权；积极与网络社区的“网络意见领袖”沟通，通过舆论监督和沟通对话，帮助网民理解现代社会公共治理的复杂性，缓解释放民众中的某些不满情绪；发挥信息优势，有节奏地抛出系统化的专业信息，有力地引导舆论等。

（五）增设新的诉求通道，完善公民利益表达机制

在我国经济转轨、社会转型、各种社会矛盾错综复杂的特殊时期，传统诉求通道已经不能满足人们的要求，网络则提供了一条新兴的诉求通道。畅通的利益诉求通道即使不能帮助人们解决各类问题，但也不会使之石沉大海。在这一新兴诉求通道下，民意得以汇聚，公众可以完全表达自己的利益诉求，政府则借助此载体完善自身的电子政务建设，除了发布讯息、公布统计数据，还应搭建与网民良性互动的平台，让网民参与到政策制定中来。在新的利益诉求通道下，公民在追求和维护个人利益或公共利益时，政府可以广泛听取群众的意见和建议，正确把握民意，一方面可以保障公民的利益表达，另一方面可以有效减弱政府与公民之间的矛盾。

（六）完善责任制，建立健全领导负责制和责任追究制

舆情应急处置工作实行行政领导负责制和责任追究制。要建立舆情应对工作责任制，明确责任领导，明确责任人员，完善登记制度，严格责任追究。对在舆情突发事件应急处置工作中做出突出贡献的单位或个人，要给予表彰奖励；对因工作不力、责任心不强，网络监控出现遗漏时段和监控盲区，延误应对时机的，追究相关领导和直接责任人责任；对因机制不畅、重视不够、应对不及时，造成不良影响和严重后果的，追究有关责任人的责任；对玩忽职守、不听指挥，导致舆论引导不力、突发事件处置不及时，造成消极影响和严重后

果的，视情节轻重追究领导者的责任；构成犯罪的，依法追究其刑事责任；对违反工作纪律，蓄意封锁或隐瞒不报舆情突发事件，造成事态失控，产生重大消极影响和严重后果的，追究有关责任人的责任；对新闻媒体擅自发布与事态发展及处置情况不相符的信息，或报道不真实情况的，视情节轻重和造成的后果，依纪依法对其负责人、直接责任人给予党政纪处分，触犯刑律的移交司法机关惩处。

总之，在网络群体性事件所引起的失衡中，政府要敏锐把握网民和社会群体的心理变化，防止心理危机的扩散和转化。政府部门应将网络平台视为了解民意的快捷渠道，利用网络在一定范围内进行对话，在公共决策中广泛吸纳网民意见，平衡各方利益，构建以人为本的快速反应策略，以人为本的危机沟通策略，以人为本的网民恐惧管理策略，以人为本的心理应对策略，以人为本的危机教育策略，把以人为本的理念切实贯彻到网络群体性事件的应对中。政府应转变对网群事件的态度，采取积极、主动的应对策略，营造一个公平正义的社会环境，构建畅通的诉求通道，减少乃至消除网络舆情危机的发生，维护好政府在人民心中的良好形象。

大数据分析在社会信用体系建设与高效政府治理中的对策研究

（2018 年 11 月 8 日）

内容摘要：山东省计算中心信息化战略标准研究团队，通过总结国内外大数据分析在社会信用体系建设和高效政府治理中的经验做法，同时调研分析山东省社会信用体系建设及大数据在支持社会信用体系建设和高效政府治理的现状与问题，提出山东省基于大数据分析的社会信用体系建设与政府治理的发展模型和对策建议，为有关部门决策提供支撑依据。

党的十八届三中全会首次明确提出了要推进国家治理体系和治理能力现代化。要实现国家治理现代化，就必须全面推进政府治理现代化。2014 年 6 月 14 日，国务院印发《社会信用体系建设规划纲要（2014—2020 年）》，明确到 2020 年建立社会信用基础性法律法规和标准体系，基本建成以信用信息资源共享为基础的覆盖全社会的征信系统。标志我国信用体系建设和政府治理能力提升进入了新阶段。

大数据为社会信用体系建设和政府治理能力的提升带来了发展机遇。建设高效全面的社会信用体系需要充分发挥大数据的作用，以信用大数据建设为抓手加快推进体制机制创新，解决信用制度缺失、信用信息部门分割、数据标准不统一、市场监管不完善等问题。同时，通过让海量、动态、多样的数据有效集成为有价值的信息资源，推动政府转变管理理念和治理模式，进而加快治理体系和治理能力现代化，同时通过将海量信息进行数据挖掘，精细管理与分析，促进政府治理决策的精细与科学。

一、社会信用体系建设和高效政府治理的现状及问题

（一）社会信用体系建设现状及问题

（1）顶层设计

国家陆续颁行了多部规范性文件。如，《社会信用体系建设规划纲要（2014—2020 年）》《关于全面加强电子商务领域诚信建设的指导意见》等都强调了社会信用体系建设的重要性。党的十八届三中、四中、五中全会都对社会信用体系建设做出重要指示。

（2）体系建设

政务诚信方面，政务信息公开的内容和程度得到进一步细化，越来越具备可操作性，政府公开工作成效显著；商务诚信方面，全国企业信用信息公示系统由国家工商总局部署实施；社会诚信方面，全国社会组织统一信用代码证书于 2016 年 1 月首次由民政部发出；司法诚信方面，目前已有 200 多家银行业金融机构接入最高人民法院网络巡检控制系统。

（3）存在问题

虽然中国社会信用体系建设有一定起步，但依然存在很多问题促使矛盾生成。如涉及全社会范围的征信系统没有形成，社会主体诚信缺失严重，信用市场服务体系尚不发达等。本研究归纳总结了社会信用体系建设主要问题，如下图所示。

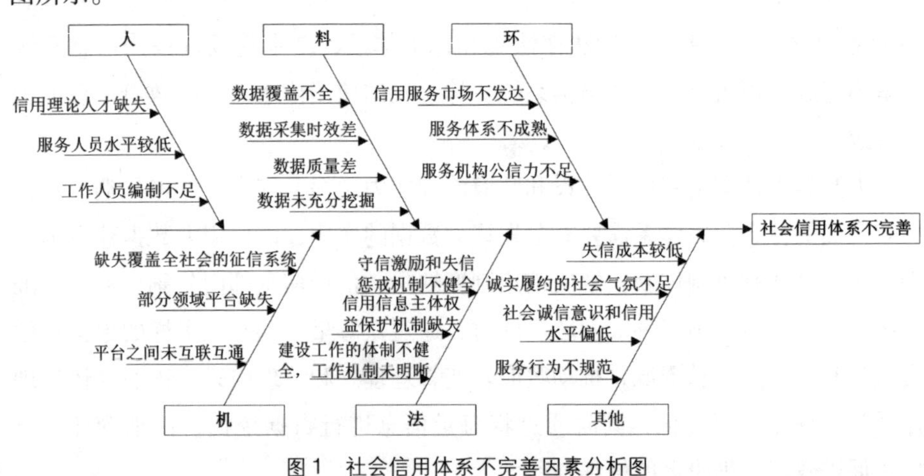

图 1　社会信用体系不完善因素分析图

由此可见，完善社会信用体系会涉及两个层面，即图 1 中平台建设与互联

互通（机）、数据的采集处理（料），包括数据的 ETL。目前已有很多部门意识到该问题，且正在努力改善。如所有商业银行、财务公司、资产管理公司和一些小额贷款公司等都接入了央行征信系统，一些保险公司的信用保险业务也开始接入，所有类型的放贷机构几乎都包含在内。因此，如何基于如此大量数据，获取更有价值的信用信息便成为一个主要问题。

（二）高效政府治理的现状及问题

高效政府治理主要是指政府部门通过转变新的治理观念和模式，优化和革新政府治理技术、机制等，提高政府治理的效率和能力。

（1）顶层设计

物质生活水平的提高，人们对于参与社会治理的期望与政府治理水平之间存在较大落差催生了社会矛盾的出现。在此背景之下，高效、服务型政府成为我国政府工作的首要目标。习近平总书记在主持中共中央政治局第三十七次集体学习时强调，坚持依法治国和以德治国相结合，推进国家治理体系和治理能力现代化。十九大报告提出要建立共建共治共享的社会治理格局。

（2）政府治理

政府治理现代化取得了一定成绩，如地方政府服务意识增强，公共服务能力不断增强，地方政府法治及法制建设逐步趋于规范等。提升政府治理能力需要从长计议，虽然我国在政府治理中取得了一些成绩，但目前仍存在一些问题，主要包括：成本高、效率低下普遍存在于地方政府治理；人员的服务质量观念相对薄弱；政府信息很多情况下是保密的，公开程度较低；不能充分有效利用政务信息资源；民众参与程度不足。

（3）信用建设视角下的政府治理问题提炼

总结提炼不同学者的论点及当前实际面临的问题，影响高效政府治理的因素如下图所示：

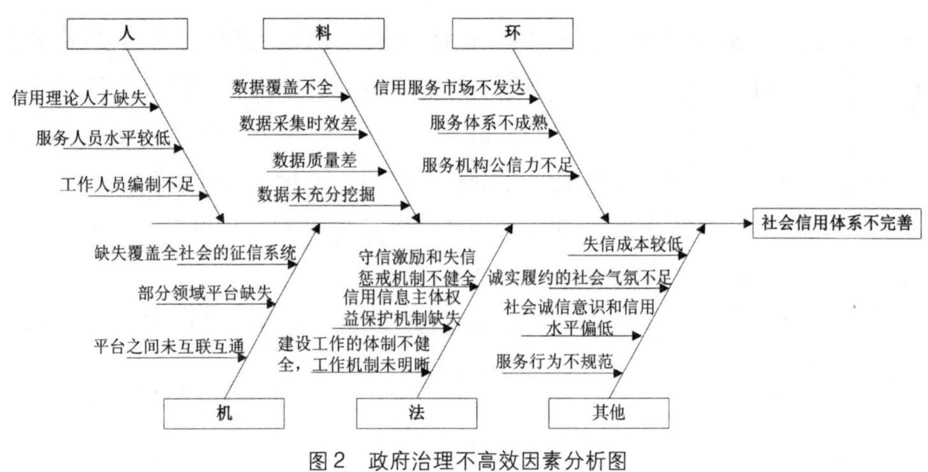

图 2　政府治理不高效因素分析图

从图 2 可知，促进政府治理现代化即要从数据采集、处理及信息资源的有效利用进行考虑，还要从政府机制、服务人员、治理成本、民众参与等进行考虑。

二、大数据支持山东省社会信用体系建设和政府治理的现状及问题

针对社会信用体系建设和高效政府治理的现状及问题，本研究对山东省政务大数据的应用情况进行了实地调研。

（一）调研的现状

（1）政务信息系统整合共享方面。山东省 78 个省直部门，588 个部门所属二级单位共确定有 60 余个部门专网、100 余个机房、150 余个电子邮件地址，800 个专用业务系统。山东省已叫停各市、各部门云服务投资。网络会议和视频监控系统已确定与省委政法委、省公安厅“雪亮”工程、“天网”工程统筹部署。完成首批政府网站整合迁移。山东省基本完成省政府门户网站与山东政务服务网、政府信息公开网的融合。建设完成省统一的政务服务用户认证中心。编制下发《政务信息系统整合共享应用试点实施方案》。目前，中小微企业融资需求、潍坊昌乐教师资格认定两项试点展示已通过国家发改委首轮筛选。

（2）政务信息资源共享开放方面。山东省已完成省直 65 个部门（单位）、17 市及所属县市区的政务信息资源目录编制工作，省、市、县（市、区）三级共编制目录信息 42 万多条。山东省已完成省级共享交换平台与国家平台的

联通，已完成省市平台互通和省直部门接入工作，全省县级以上（含）政务服务大厅实现与省市共享交换平台的联通。山东省公共数据开放网已正式上线，涵盖 20 个主题、1000 个目录、1460 个数据服务接口，共计 2.53 亿条数据。

（3）业务协同体系发展方面。山东省积极推动电子公文交换平台与各市、省直部门办公软件对接。推动非涉密办公业务的移动应用，完成移动办公服务平台基础线路、平台搭建工作。

（二）存在的问题

通过调研山东省政务信息系统与资源的共享整合情况，分析山东省利用大数据分析技术推动社会信用体系建设、高效政府治理的工作，发现仍然存在很多问题，包括：

（1）山东省公共服务云支撑保障能力薄弱。现有省公共服务云仍存在服务层级不高、资源调配困难和安全隐患较多等问题。

（2）山东省电子政务外网承载能力有限。山东省电子政务外网公共服务域在国家和省级层面缺少顶层设计和有效监管。

（3）数据资源协调难度依然很大。国家部委数据资源、提供时间、申请流程难以保障。个别省直部门对资源共享、数据开放认知程度较差，配合不够有力。

三、国内外经验及启示

大数据分析为新兴技术，在利用大数据技术进行具体行业与领域的应用中，国内外都在积极探索及利用大数据进行信用体系建设及政府治理。

（一）国外经验

（1）美国社会信用体系

美国政府早在 19 世纪 30 年代就开始建立社会信用体系，经过一个多世纪的发展，已经形成了较为成熟的市场主体、完备的法律体系、权威的中介机构和有效的监管体系。美国采用市场驱动型模式建设社会信用体系，由第三方征信机构负责采集、加工个人和企业的信用信息，如公民的信用额度、银行开户记录等信息，为信息使用者提供服务，征信机构在整个过程中赚取利润。随着大数据技术的发展，大数据在数据处理与分析发掘中的作用越来越大，特别是这种模式中政府与征信机构相互独立，征信服务被商业化，由第三方征信机构全权负责信用信息数据的采集、加工与应用，在提供商业化的产品过程中大数据的作用至关重要。在美国，信用交易普遍存在，加上社会主体强烈的信用意识，个人和企业一旦信用记录出现瑕疵，其生活和发展将会受到很大限制。失信记录会在法律规定的时限内被保存和传播，以至于失信者在经济中的失信行为会被扩散到社会生活的各个方面，按《公平信用法》规定，破产记录被保存10年，偷漏税和刑事诉讼记录等其他信息的保存期限则为7年。失信者会受到严厉惩罚，而守信者则会受益很大。

（2）英国高效社会治理

英国政府将大数据应用到社会治理各个领域，有效提高治理效率，节约管理成本。在农业领域，2013年制定“农业技术战略”，在大数据技术的指导下，精准农业种植取得重大成功并进行推广；在医疗领域，成立了“李嘉诚卫生信息与发现中心”，将大数据技术与医药研究融合，大大降低了医药研发成本，并且成效显著。

（3）国外经验总结

国外利用大数据技术进行社会信用体系建设的经验，主要为完备的法律体系、权威的中介机构和有效的监管体系或国家强制建立内部统一信息共享交换平台。利用大数据技术进行政府治理的经验，主要是分析已获取的海量数据，利用大数据技术实现在某些领域的具体应用。

（二）国内经验

（1）贵州社会信用体系

贵州省以横向联通、纵向贯通为原则，采用“多元归集，一库管理，互联共享”的信息归集共享模式，充分利用大数据、云计算技术，建设了国家企业信用信息公示系统（贵州）。截至目前，开通三级国家机关系统用户2659个，为省级共享部门开通了50个系统用户，实现了部门间和层级间涉企信息的共享交换；与此同时，厘清了“云上贵州”平台、行业信息系统等平台之间的涉企信息归集关系，通过数据接口可以互联共享涉企信息，使得企业信用信息“通”的问题得到有效解决。

（2）上海高效社会治理

上海建设了交通信息综合平台，通过分析获取的实时交通信息可以准确把握路况，从而采取有效措施，来缓解交通拥堵。与此同时，黄浦区社区治理数据库的建立，从民众利益出发，真正为民办事，实现了政府治理精细化、服务精准化，提高了政府服务效率和水平。

（3）国内经验总结

国内利用大数据技术进行社会信用体系建设主要由政府主导，出台相应政策法规，并搭建统一平台，并同步开发标准数据接口，实现多部门信息的互联互通、共享交换、实时采集。利用大数据技术进行政府治理也是由政府主导，建立统一的标准信息数据库并基于数据库，建立统一的应用系统，实现政务信息资源的标准统一及有效监管。

（三）经验启示

利用大数据技术进行社会信用体系建设与高效政府治理，其实质即利用信息化技术推动某些领域的快速发展。在利用信息化技术过程中，需要从其涉及的信息技术应用、信息资源、信息网络、信息技术和产业、信息化人才、信息化法规政策和标准规范 6 个要素进行设计，将其构成有机的统一整体。从数据角度考虑，其包括数据的采集，数据的分析与处理，数据的挖掘与分析，数据的呈现，数据的审计、治理与控制，数据的持续改进等。整体而言，这些经验离不开基础的网络支撑，完善的数据收集渠道，良好的系统协同机制，统一的数据标准，有效的信息监管及政府的有力推动等。

四、山东省开展大数据分析助力社会信用体系建设与高效政府治理的对策建议

（一）对策模型

本研究从发现问题—分析问题—解决问题这一思路出发，提出针对山东省的对策模型，如图 3 所示。

统筹建设省级电子政务云，提高政务云平台支撑保障能力；统筹建设电子政务外网与内网，扩大网络覆盖范围，推动并规范基层政务部门接入；加强政务信息资源的统筹管理与共享交换，加强推进业务系统的协同应用；建立统一的数据标准、有效的监管以及政府的强力推动等。

从社会信用体系建设、高效政府治理存在的主要问题发现，除去技术因素、政府支持、标准支撑外，还存在服务人员、产业及制度约束，因此还需要从体制、智力等方面进行保障。

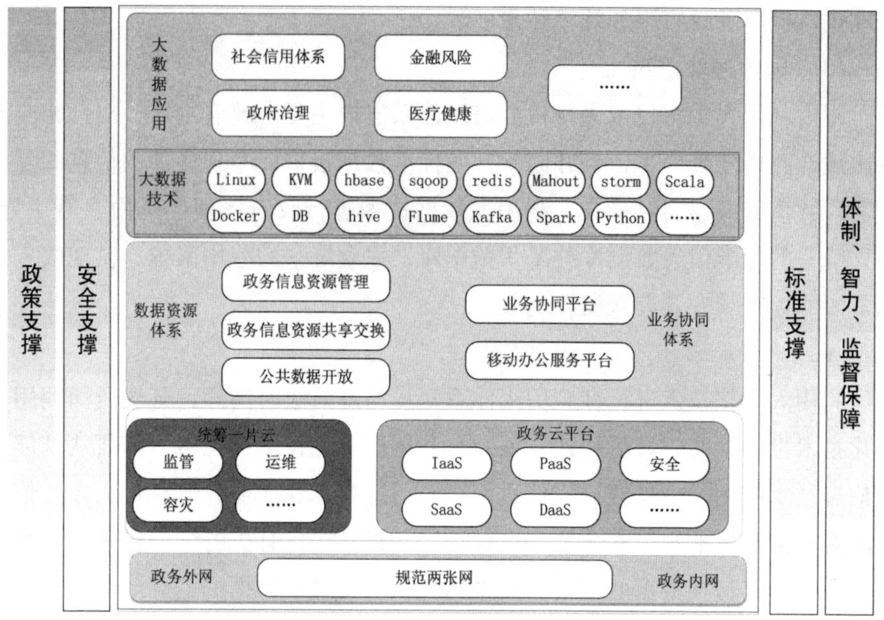

图3　大数据分析助力山东省社会信用体系建设与高效政府治理的对策模型

（二）对策建议

（1）政策支撑

加强与国家、省重大决策和工作部署的衔接，优化顶层设计，完成电子政务和大数据发展有关规划调整完善和现有政策文件清理工作；进一步健全电子政务、大数据发展有关政策法规体系。加强政务信息资源和大数据采集、共享、使用的安全保障工作；加强统一政务信息平台安全防护。

（2）体制、机制保障

成立承担电子政务、政务服务管理、大数据发展等职责的专项小组；完善电子政务项目归口管理，建立并实行省级电子政务建设和运维全口径备案制度；着眼于建设数字政府、智慧政府，完成全省电子政务和大数据发展中长期规划编制；制定出台电子政务和大数据专业人才引进、培养和使用等制度措施。

充分发挥高校、科研院所和企业专家等高层次人才的作用，加强与国内外重要智库资源和技术先进第三方的合作；进一步优化电子政务、大数据等方面专业人才引进、培养和使用机制，对特殊岗位、急需人才采取聘任制、项目制等形式给予保障。

（3）技术支撑

积极推动全省统一的政务云建设；尽快健全完善电子政务基础网络；深入推动数据资源共享开放；深入推进业务协同体系建设。着力完善电子政务建设和应用的地方标准规范，注重数据和通用业务标准的统一；研究制定政务活动中使用电子签名的具体标准；加强现有成熟标准规范在电子政务中的运用。

（4）第三方监督保障

将信息资源整合与大数据应用列入省政府重点督查内容，建立考核评价体系，发挥统计执法监督、专家评价、媒体监督和第三方评估作用；推进政务信息资源共享风险评估，完善个人隐私保护措施。

关于我国养老机构分类管理法律制度研究*

内容摘要： 为了积极推进我国养老服务事业规范化、法治化，国家民政部门公布了国家标准《养老机构等级划分与评定》（征求意见稿），公开向公众广泛征求建议与观点。适应这一要求，本文结合我国养老服务事业发展实际，着重从“养老机构分类标准划分”“不同类型养老机构的服务评估体系的构建”和“强化养老机构法律保障”三个方面谈了看法和建议。

为了深入贯彻落实习近平总书记2016年12月主持召开中央财经领导小组第十四次会议时提出的关于“加快建立全国统一的服务质量标准和评价体系，加强养老机构服务质量监管”的要求，积极适应我国严峻的老龄化形势，全方位推进新时代养老服务工作，2018年9月，国家民政部门公布了国家标准《养老机构等级划分与评定》（征求意见稿），公开向公众广泛征求建议与观点。此项标准的拟定为养老机构的分级分类管理明确了评价的依据，同时为建立养老服务组织征信系统创造了有利条件。上述标准是对现已实施的《养老机构服务质量基本规范》的延伸与深化，两者相互补充。后者明确了养老机构服务品质的基本标准，而前者则明确了分界线，即在后者的基础上，对养老机构予以合理地评价和分类分级，引导养老机构能够参考此标准，不断地完善和优化自身，从而深入改善我国养老机构的整体服务质量。并且，借助于全方位地考察与评价，面向公众披露各类发生特大安全责任事故、从事非法金融活动、欺诈虐待老人的养老服务机构，提升养老机构经营的公开性，尽早建立其覆盖全国的养老机构征信体系。因此，这一国家标准的即将出台，是推进我国养老事业发展规范化、法治化的一个重要里程碑。这里，本文着重结合我国养

* 本文为软科学研究计划重点项目（编号：2018RKB01019）研究成果。

老工作的实际情况谈一点理解和建议。

目前，我国养老服务事业取得良好的进展，特别是养老服务体系建设的经费投入达到了历史新高，但是现阶段的养老服务仍旧存在着明显的供需冲突，这是由于养老机构的管理机制模糊且运作效率低下造成的。对于养老机构服务管理的标准，诸如配套保障标准的设置、服务的详细开展规范以及完善制度建设等工作均比较落后。所以，面向养老机构采取分类监管的机制能够切实提升其日常运营与管理的效率。特别是伴随着养老机构创建许可机制的废除，在尝试与研究新管理模式的过程中遇到了诸多的阻力。明确《养老机构等级划分与评定》的统一依据以及等级评估工作的各项指导方针，是缓解各地养老服务体系发展失衡、城乡发展差异过大的关键，也是化解养老服务发展阻力的必备措施，同时为养老机构服务质量的改善提供了具体且可行的实践方案，提升了民政管理体系监管工作的规范性，全方位贯彻对养老机构的事前引导、事中管控和事后问责工作。

人口老龄化不断提升对养老服务机构运作的规范性、专业性与丰富性要求越来越高。分类监管便为养老服务机构的发展提供体制基础。目前，养老服务机构在经营与管理方面仍旧遇到了诸多亟待化解的阻力，诸如敬老院和私营养老组织的老人入住率低，公办养老院的经营效率不高，缺乏能够实现服务功能的社区养老服务机构，养老院及其入住老年人的权责模糊，养老服务与管理人员的专业素养不高，医疗与养老结合难度大等。站在管理层面分析，登记难度大且后续的监管不到位是养老服务机构目前所存在的最为重要的难题。而养老机构分类管理机制则是化解上述障碍的切入点。分类管理能够帮助政府机关明确监管路线，有助于养老机构提升经营管理的规范度、专业度与丰富度。

一、关于“养老机构分类标准”的划分

本文从养老服务组织的供需主体两个方面出发，按照养老机构的营利属性、创建主体以及服务功能三项标准加以归类。

（一）依据功能内容及服务对象分类：养老院、护理院、老年公寓

1. 公益类组织主要面向全社会的老人供应基本的养老服务。医疗和教育共同决定着公众的身心健康，决定着社会经济发展的走向。《国家基本公共服务体系“十二五”规划》明确提出，我国需满足公民基础的养老诉求，对于一些条件允许的地方还可发放基础养老服务津贴，重点关注贫困户以及丧失部分或全部生活自理能力的、超过六十五岁的城乡公民，清晰界定了政府对老年

弱势人群的养老义务。

2. 非公益性组织所推出的各种市场化的服务。并非全部的养老服务组织均属于公益性机构，这主要是因为我国的发展现状而导致的，老龄化水平的迅速提高使得养老需求激增，增加了政府的服务压力，并且国家目前单一的服务方式无法充分满足当下越发丰富的养老需求。党的十八届三中全会所公布的《关于全面深化改革若干重大问题的决定》中将“发挥市场在资源分配与整合中的主导权”指明了日后改革的路线。机构养老服务市场也是这样，必须大力支持企业等市场主体主动加入养老服务机构的建立、经营与管理过程中去。因为经济效益是市场运作的核心目的，因此此类养老服务组织必然属于营利机构。

（二）依据养老机构的创建主体分类：公办机构、民办公助、民办机构

1. 公办机构所推出的基本养老公共服务。新公共服务学说认为，政府务必要开始服务型的改革工作，政府改革同样需坚持“小政府大社会”的思路，公办养老机构是基础养老服务的提供者，势必扮演着十分关键的角色。

2. 民营公助组织具有公益性质，具备机构养老的基础公共服务职能。此类养老机构即为由国家给予其场地、经费和设备等方面的帮助，并包含税收和水电煤等方面的支持。因为获得了国家的帮助，使用了政府资源，所以此类养老机构必然表现出公益特质，是一种公益类养老组织。《民办非企业单位登记管理暂行条例》和各地政府所出台的相关规定中，均为民营公益养老院出台了相应的补助政策规定。

3. 民营养老院则是盈利类组织，其创办方均为非国家政府的各种机构或个体，通常在工商部门注册备案，遵守市场运作规范，自负盈亏，此类养老院的趋利性决定着其必然属于非公益性机构。

（三）依据养老机构的营利性质分类：公益性、非公益性

1. 养老院为生活可自理或需轻度照料的老年群体创造集体生活环境，同时配备基本的服务设施条件。此类组织主要适用于生活能够自理或需他人给予适当照看的老年群体。经过调查与实地走访，笔者发现，具备自理能力的老年群体往往对养老机构的服务质量、生活条件和服务设施均存在着一定的要求，所以养老机构的等级与类型应力求多样化，从而迎合老年人丰富的养老需求，由此便需发挥市场的功能。民办养老院则能够利用更为完善的设施条件与更为优质的服务以赢得老年用户的青睐和认可。

2. 养护院为丧失中度和重度自理能力的老年全体给予医疗与养护相融合的服务。养护院为生活自理能力部分或全部丧失的老年群体创造医疗、康复、居住、保健和护理等方面的服务条件，此类服务还涉及各种特殊护理项目。山东省《养老机构等级划分》明确了机构评估的具体指标。值得一提的是，有别于卫生部门下设的护理院，护理院属于医院，具备诊疗能力，但是养护院属于养老场所，仅仅具备集中养老与居住的功能。

3. 老年公寓则主要针对生活可自理且具备一定经济基础的老年人，为其创造部分或充分独立的家庭式生活场所，所有栋均配备比较健全的基本服务设施，适用于生活可自理且具备经济基础的老年群体。老年公寓施行的是养老地产开发的模式，由老年人自行购入或租用居住房屋或公用设施，并长期使用。日本将此类组织定义为“有料老年公寓”，此类养老组织是在地产行业步入发展成熟期之后所出现的，是一种中高级养老组织，具备类似于私有商品的属性，带有盈利目的，通常是由私有企业在遵守市场的相关规范前提下进行经营与管理。但是有别于普通的地产开发项目，老年公寓因为大多面向老年群体提供服务，所以各种服务与设施的设计与购置必须充分满足老年群体的实际需求与特征，应由政府展开全面地管理与监督。

二、关于“不同类型养老机构的服务评估体系”的构建

建立养老组织的服务评价指标并展开全面地考评是国家监管养老组织的有力举措。养老机构评价指标的设计必须力求公共指标和特殊指标的协调一致。

（一）确保公益性养老服务组织设施条件配置的标准性与一致性

公益性养老组织所推出的服务均为基础养老服务，主要面向弱势老年人群，公平是其养老服务必须遵循的首要原则，换而言之，需面向其中居住的所有老年人提供统一的养老服务设施条件，因此公益性养老服务组织的设施建设需坚持标准化的原则。标准可借鉴养老院设施的基础评估指标，诸如上海市《养老机构设施与服务要求》内有关设施建设的规定。

（二）明确公益性养老组织的分级服务指标

针对公益性养老组织的服务评价应实行分级评估指标，包含了常规护理、预防保健、清洁卫生、运作管理、社交娱乐以及老年人对服务的认可度等标准，按照服务能力设置为一级、二级、三级共计三个等级。借助于对服务档次的区分和认定，能够引导众多的公益性养老院展开适当地市场竞争，同时可以

为老年人挑选养老院给予适当的参考，并且为国家的各项监管工作的开展提供根据，实现了和问责、补贴政策的充分融合。

（三）设置适用于盈利类养老组织的服务设施等级评定指标

对于盈利类养老组织，因为其充分遵守市场化的运作模式，所以可根据酒店的评级标准，推动盈利养老组织市场竞争的有序开展，并且确保老年人养老服务的多元化需求。此种星级养老院评级模式现已在诸如北京、河北、天津等地区开始逐步推广，然而区别在于，上述地方的评级模式是针对各种养老服务组织而施行的。对此，笔者提出此种星级评估机制并不适用于公益类养老组织，因为其具有公益属性，提议应仅面向盈利性养老组织采取此项机制，坚持市场优胜劣汰的规律，允许养老院结合自身的发展现状自行决定是否参与。

三、关于“强化养老机构法律保障”的建议

（一）保障不同类型养老机构的法律权益，是构建服务评估体系的基础

维护养老机构法人财产权，涵盖了财产所有权及其相关的知识产权、财产权和债权。传统意义上的财产权，是一种最为理想的个人权利，属于一种具有代表性的绝对权，与人格权一样，无法被掠夺或侵犯，具有与生俱来的神圣属性，和生命权、自由权和反压迫权一样重要。诸如企业化的养老组织，其对股东所提供的资金、赠予的财产和经营利润，具有法人财产权，同时需以自身所有财产对外履行业务。股东身为养老机构的投资方，可获得其实际投资份额相应的利润，同时可借助于设置企业规章制度等方式参与各种重要决策的制定或管理层的筛选过程，同时有权借助于股权转让等形式主动退出。对民营公益类养老机构法人的财产权给予充分地保障和监管，是构建养老院分类监管机制的关键难题。大多数西方公众将必须遵循“无分配原则”视作公益机构最为突出的特质，即为禁止机构的管理者获得经营利润，禁止对净利润进行分配，全部的累计利润将由公益类机构保管，仅可以用作开展内部规章制度所限定的服务工作。构建法人财产机制的核心目的是对投资方、主办方、政府以及民非机构等权利人的行为进行规范，同时合理预测其行为，清晰界定相应的权责，从而维护民营资本的正当财产利益，推动民非机构的长远发展。结合我国现状，各地政府的各种支持优惠政策均未对公益类养老组织创办人的经营利润分配诉求给出明确的规定或解释，这显然违背了法人财产权。同时，结合最高院所公开的历史指导性判例可知，司法实践现已彻底坚持捐赠法人原则，创立人不具

备公益类养老组织的财产收益权，所有权更是无从谈起。所以，对于公益类养老组织的各类资产的使用必须遵守相关的规章制度，严禁申请者、捐赠者或负责人占用。在养老机构经营过程中，严禁创办人抽逃出资或占用运转资金。公益养老机构的内部资产管理必须坚持安全、高效和合法的原则。特别是应对公益类养老机构的违规关联交易行为加以规范，关联交易源自《公司法》，涵盖了两重关系：首先是关联方和企业两者的联系；其次是使得企业利益转移的各种潜在联系，换而言之即是关联方和企业两者并未进行直接的交易，然而仍旧存在可能使企业利益发生转移的各种行为或合约，属于一种间接交易关系。养老组织需坚持公开、合法和公平的原则和相关利益主体进行交易，严禁侵犯养老组织的法人财产权。诚然，按照《慈善法》和《公益事业捐赠法》的相关条令，公益类养老组织创办人的投入可享受税前抵扣优惠政策。

（二）完善养老机构内部规章制度，是强化养老机构法律保障的配套条件

经营类养老组织需遵守《公司法》等相关法规，设置企业的规章制度，详细确定组织构架的设置方式、主要职责与决议章程，组建董事会、监事会等内部机构，健全组织构架。公益类养老组织需要严格遵守事业单位或公共服务体系等相关的法规内容，组建理事会同时健全监管机制。为了提升养老机构的长期运作实力，充分规避退出风险，笔者认为需借鉴《民办教育促进法》的相关内容，在会计年度完结之时，从养老组织全年新增的净资产或全年净收益中，抽取适当的金额作为发展经费，负责养老组织日常的建设、维护以及设施的换代或购置等工作。并且，需增强外界的监管力度，构建一致的质量标准与评估体系，健全信用奖惩政策。

（山东女子学院李娜）

山东省养老产业发展的问题与对策研究*

内容摘要： 养老产业发展面临前所未有的机遇，但我省养老产业尚处于发展初期，存在着多元化养老保障体系尚未建成，缺乏行业标准与监管，养老服务与产品供给不足，养老产业间信息整合度低，养老人才支撑不足，老年人应对障碍等多方面的问题。本文着重针对上述问题提出了一系列促进我省养老产业发展的对策建议。

我国已进入老龄化快速发展的阶段，截至2017年，全国60岁以上老年人口达到2.41亿，占总人口的17.3%。山东省人口老龄化形势更为严峻，据省统计局数据显示，截至2017年，60岁及以上人口为2137.3万，占全省总人口的21.4%，高于全国平均水平4.1个百分点，推进养老产业发展十分迫切。所谓养老产业就是为老年人提供服务和产品的行业，具体来说，它是指以老年人为目标客户群，为老年人提供设施、特殊商品、服务，满足老年人特殊需要的产业。加快发展养老产业已经成为积极应对老龄化社会的必然选择。

一、山东养老产业发展面临良好机遇条件

（一）国家和省高度重视养老产业的发展

2012年以来，我国先后出台了《关于加快发展养老服务业的若干意见》《“十三五”国家老龄事业发展和养老体系建设规划》等70多项政策文件，初步建立形成了我国的养老政策法规体系。2018年11月，在全国老龄工作委员会全体会议上，国务院副总理、全国老龄委主任孙春兰强调，要坚持以习近平

* 本文为软科学研究计划重点项目（编号：2017RZB14002）研究成果。

新时代中国特色社会主义思想为指导，认真贯彻党中央、国务院应对人口老龄化的各项部署，全面加强新时代老龄工作，努力让老年人老有所养、生活幸福、健康长寿。特别是在同月召开的国务院常务会议上，李克强总理突出强调进一步发展养老产业、推进医养结合，提高老有所养质量。山东省委、省政府也高度重视养老产业的发展，2017 年 8 月省政府发布的《“十三五”山东省老龄事业发展和养老体系建设规划》明确提出“发展养老服务业和老龄产业”。为山东省加快养老产业发展提供了良好的政策环境。

（二）养老产业市场潜力巨大

据国家发展改革委预测：到 2020 年和 2030 年我国养老产业市场规模分别达到 8 万亿和 22 万亿，对 GDP 的拉动作用将分别达到 6 个百分点和 8 个百分点。而在 2018 年 7 月出台的“山东省医养健康产业发展规划”中也预测：到 2020 年，产业增加值达到 8300 亿元。可以形成包括老年人衣食住行用医娱学等物质、精神文化多方面构成的产业链，涉及医疗服务、健康教育与管理、健康养老、生物医药、医疗器械与装备、中医中药、体育健身、健康旅游、健康食品和健康大数据等“十大业态”。此外，随着国家和省政策对养老产业的全方位支持，养老金融、养老地产、老年旅游、医养结合等养老产业必然迅猛发展，推动经济发展的巨大潜力日渐显现。养老服务市场化、产业化、社会化进程加快，养老服务业成为新的经济增长点，养老服务市场潜力巨大。

（三）养老产业发展已有一定基础

山东省属经济大省，产业体系完备，综合实力强，自然环境优美，区位优势明显，孝德文化底蕴深厚，为进一步发展老龄事业和建设养老体系提供了有力支撑。养老产业发展也已取得显著成效，已经建成“两台一网”（山东养老管理平台、山东养老服务平台、山东养老服务信息网）；社会资本参与养老产业形成一些亮点，例如临沂凯旋医养产业集团初步形成了以居家养老为基础、社区养老为主体、机构养老为补充的社会化养老服务体系，催生了“公建民营、医养结合、智慧养老、体系建设”的山东临沂“凯旋模式”。再如，聊城市鲁西老年护养院创建了“医·养·康·护结合”的特色，为老年人提供全面系统的居住养老、医疗保障、康复保健等特色化服务，为山东省的养老产业发展提供了良好的基础条件和经验示范。

二、山东养老产业发展面临的困难与挑战

（一）多元化社会养老保险体系亟待完善

养老保险制度是一个“三支柱”的体系，第一支柱是基本养老保险，第二支柱为企业年金和职业年金，第三支柱则是个人储蓄型养老保险和商业养老保险。从目前国内省内情况看，第一支柱占全部养老金的比重高达 80% 左右，二三支柱现在只占 20% 左右。养老保障制度相对单一，基本养老保险占比过多，导致老年人购买力明显不足。调研显示，近七成人养老财务准备不足。随着老龄化形势的不断加剧，养老保障负担日益加重，政府和企业都感到养老保障方面的支出压力正在显著加大。

（二）缺乏行业标准与监管

近年来，国家虽然出台了 70 多个与养老相关的指导性文件，山东省也相继出台一系列加快养老产业发展的意见。但是，无论是国家还是地方层面的指导意见，往往比较宏观，缺乏实际操作中的细节支撑。例如，2014 年国家发布了《关于加强养老服务标准化工作的指导意见》，山东省出台落实文件，并明确指出加紧完善包括养老服务基础通用标准、服务技能、服务机构管理、居家养老服务、社区养老服务、老年产品用品标准等在内的养老服务标准体系。然而至今为止，许多标准尚未发布。养老产业监管也比较薄弱，尚未形成自觉自律的、覆盖面广的长效监管机制。养老产业之间还缺乏有效的组织协调，在实践过程中，众多养老服务机构自成一派，缺乏有效沟通，导致养老服务质量参差不齐，无法进行有效评价，还存在着对整个养老服务市场监管不到位的现象。

（三）养老服务与产品供给不足

养老服务供给不足：大部分城乡社区养老服务设施不足，有限的养老院、日间照护中心等服务设施综合利用率较低，服务覆盖区域和服务人群有限，服务内容单一，社会化专业水平不高，总体上与老年人日益增长的需求存在较大差距。目前养老服务市场存在数量不足、结构错位、质量有待提高等问题，特别是养老服务供给不足和大量养老床位空置之间的结构性矛盾突出。有需要的人得不到，有供给的没人要，这说明供给没有以需求为导向。

养老产品供给不足：随着智慧养老的发展，一些智能化养老高科技产品例如穿戴式监测设备、护理机器人等进入市场，但是目前存在种类少、价格高、

性能不稳定或有待完善等问题。针对老年人的生活用品和保健品等，也存在种类少、以次充好、价格虚高等现象。

（四）养老产业信息整合度较低

山东省在养老信息平台建设方面，虽然已建成了以山东省养老管理平台、养老服务平台和养老服务信息网为支撑的“两台一网”养老信息化系统，养老信息化建设取得了阶段性成效。然而，无论是互联网+养老，还是互联网+健康等养老产业发展都离不开信息传递、大数据等软硬件的无缝对接。目前养老产业间共享的信息系统的大数据共享平台尚未建立，存在着分布分散、不成系统、互不链接的状态，集约效能没有得到有效发挥。在信息化高速发展的现代，信息化建设的短缺是养老产业发展的一大问题和阻碍。

（五）养老人才支撑不足

养老产业的发展，对工作人员的素质提出了更高的要求，需要具备医护知识和信息技术的复合型人才。当前养老行业中，既缺乏具备老年人医疗、护理、康复、心理与精神、营养学等专业知识的人才，又缺乏信息技术人才、高素质的管理与服务人才。当前从事养老产业或传统养老服务的工作人员，大多是非专业性人员，年龄较大，薪酬待遇低，流动性较高，难以保证养老服务质量。此外，大专院校毕业生一般不愿投身养老服务事业。养老行业巨大的人才缺口成为养老产业发展的瓶颈。我省十多所院校开设养老服务与管理专业，普遍存在招生难的问题。由于养老就业市场尚不成熟，待遇职称体系等机制尚未建成，导致专业吸引力不强。各地承担养老护理员培训项目的机构普遍存在招生难的问题。

（六）老年人获取信息存在障碍

老年人对养老产业的知晓率低。老年人作为养老产业的主体人群，其社会参与度会对养老产业的发展产生极为重要的影响。老年人学习能力差，不愿意接受新生事物，抗拒高科技智能化产品，对社区医疗保健服务利用率不够，有病不治不说等。分析原因，一是老年人对信息的获取能力较差，没有条件或足够的机会接触养老产业的发展信息；二是养老知识或信息供给不足，宣传不到位；三是怕花钱，怕成为子女的累赘，购买力不足等。

三、推进山东省养老产业服务发展的对策建议

（一）建立多层次养老保障体系，大力发展个人养老保险

近年来，我国已逐渐形成了以国家为主体的基本养老保险制度，以企业为主体的年金体系，分别成为养老的第一和第二支柱。构建多层次养老保障体系急需发展个人养老的“第三支柱”（个人储蓄型养老保险和商业养老保险），目前条件已经成熟，以个人为主体的自愿性商业养老体系初见规模，而且发展空间巨大，并有望通过市场化行为，为完善养老保障体系带来长期资金来源。如美国自1974年颁布《雇员退休收入保障法》，第三支柱IRA（个人退休账户）计划出台以来，40余年间，美国个人储蓄率由约15%降至不足6%。与此同时，第三支柱养老金资产已是当年GDP的1.5倍，国民实现了由储蓄养老到投资养老的转变。IRA作为美国养老金体系的第三支柱，在个人退休储蓄中发挥了非常重要的作用。这种方式可以为我们提供借鉴。

（二）制定养老产业标准体系，加强监管

完善养老服务与产品的各类标准。认真贯彻执行国家有关标准，结合实际制定地方标准体系，把养老产业标准纳入“山东标准”建设重点，完善养老服务与产品的标准体系，制定和实施老年人服务需求评估、服务规范、服务满意度测评、服务质量监管、等级评定、养老服务安全管理等标准。积极推进养老服务与产品的标准化、规范化建设，加强对养老产业的监管。通过加强与养老产业有关法规的督导检查，切实维护老年人权益；加大养老服务与产品的监管力度，不断提高养老服务与产品的质量；建立覆盖养老服务行业法人、从业人员和服务对象的行业信用体系，引入第三方征信机构，参与养老行业信用建设和信用监管。

（三）全面放开养老服务市场，提高养老服务与产品的质量

全面放开养老服务市场。2018年是养老服务市场全面放开的关键年，从中央到地方都将引导社会资本加大对养老服务市场的投入。对于养老服务市场的全面放开，可以从三个方面理解：一是对民营、外资等社会资本放开，降低准入门槛、精简审批手续；二是对社会力量参与公办养老机构改革放开，运用独资、合资、合作、联营、参股、租赁等方式，将政府办机构占比减至50%以下；三是对地处偏远群体、经济困难群体、重度失能群体等特殊群体重点放开，通过政府补贴引导供给。提高养老服务与产品质量。一是构建科学合理、

符合需求的养老服务模式；二是突出养老服务项目、产品和功能的多元化、价格上的平民化、养老机制的长远化发展；三是建立健全社区居家养老服务的市场化运作机制，必须整合企业、团体、家庭、个人等社会各界力量，包括老年人群体的自身参与；四是运用互联网、大数据、云平台等创新技术建立系统服务与互动平台，为广大老年群体提供新型的智慧养老解决方案；五是共享发展，大力推进居家养老服务均等化。在对失能、失智、空巢、独居等特殊困难老年人予以重点关顾的基础上，按照基本公共服务均等化的要求推进社区居家养老服务适度普惠。

（四）加快养老产业的人才培养

养老产业的发展，人才是关键。养老产业人才包括生活照顾类、医疗护理类、技术服务类、科技研发类、机构管理与教育培训类等多方面人才。当前各类人才缺口很大，因此应采取有效措施加大对养老产业相关人才的培养：一是鼓励高校开设养老相关专业；二是通过社会机构培训各类养老产业人才；三是借鉴境外地区的人才培养经验。台湾辅英科技大学开设的高龄与长期照顾事业系，其办学经验可为培养养老护理与管理人才提供借鉴。

（五）加强老年人的综合培训

随着互联网+时代的发展，出行打车、移动支付、网络购物、移动挂号、查阅检验结果等现象日益普遍。加强老年人培训是养老服务项目之一。一是鼓励和帮助老年人学会利用互联网、智能手机、智能护理人、微博、微信、QQ等设备或平台获取健康数据或健康生活服务；二是加强对老年人的专业化培训，帮助有意愿的老年人接受岗位技能培训或农村实用技术培训，开展老年人信息技术和智能设备的使用培训，以及医疗保健、养生、营养、心理保健等培训，增强老年人的自我保健能力；三是加强老年人力资源开发，深入开展“乐龄工程”和“银龄行动”，鼓励老年人参与基层社会治理。推动用工单位与聘用的老年人签订协议，支持老年人才自主创业，支持老年专家、学者和各类专业人员参与科技开发和应用、咨询服务、生产经营活动。

（六）加强老年人相关产业的发展

一是发展老年医疗保健业，为老年人提供医疗保健药品和医护器械的相关产品，例如药品、保健品、医疗器具、健身器材、康复器材、老年人常用的辅助医疗设备、疗养休养、住院陪床伺候等产品的生产与服务。二是着力发展老年住宅业。美国对老年公寓（房地产）业进行改造，分期将旧建筑推倒重建，但保留花园和绿地，改造为老年人提供建筑设施的产业，如老年公寓、托老所、护理医院、敬老院等。三是发展老年家政生活服务与生活用品业，使老年人生活更为便利。在产品研发、丰富产品种类、拓展销售渠道等方面加大投入，为老年人提供诸如手杖、服装鞋帽、饮食、餐具、防滑器具、放大镜、助听器、拐杖、轮椅、成人尿布以及其他方便老人的专用品。四是老年文化娱乐业，满足老有所乐的需求。开发老年棋牌、报刊、听读、球类、老年大学的项目。细分老年人的各种教育需求，开拓老龄教育文化产业。丰富老年人精神文化生活，发展老年教育，繁荣老年文化，推进老年人精神关爱服务。

（山东第一医科大学护理学院刘化侠、武江华、邓岚、王亚男、赵琳琳、袁迎迎）

后 记

1985年山东省开始实施软科学研究计划以来，特别是1987年5月根据省委、省政府决定成立山东省软科学办公室以来，山东软科学研究工作始终紧紧围绕全省改革开放特别是科技经济发展中的重大问题开展研究，取得了一大批软科学研究成果，为服务省委、省政府和有关部门不同时期的民主化、科学化、法制化决策提供了有力的智力支撑，发挥了独特的作用，做出了重要贡献。

2014年4月，省科技厅创办《软科学研究》内部刊物（鲁办简备字B18号），至2019年1月共刊登53篇软科学研究成果。2015年，省软科学办公室编印内刊《软科学快报》5篇（其中3篇发表在《软科学研究》）。为总结、宣传和推广软科学研究成果，记录历史，我们将53篇软科学成果和2篇快报成果计55篇汇编成册，形成了这本《软科学研究》（2014.4—2019.1），内容涵盖成果转化、区域发展、新旧动能转换、企业与产业、科技金融、乡村振兴、评价指标、对外合作、社会发展等多个重大决策和实践领域，不仅集中展示了近几年来山东省软科学研究履行决策服务职能所取得的主要成果和重要成就，而且体现了广大软科学研究工作者服务重大决策的探索精神和辛勤汗水。当前，山东省正处于由大到强战略性转变关键时期，软科学研究工作面临着新的机遇与挑战。因此，可以说，本书的公开出版，是山东软科学事业发展史上的一件具有重要意义的大事，对于进一步推进山东软科学研究在全面深化改革新时期更好地服务决策将起到积极的作用。

本书的出版得到山东省科技厅领导的高度重视和热情支持，省科技厅党组书记、厅长唐波同志欣然担任编委会主任，并亲自作序，对山东省软科学研究工作给予了充分肯定，并对新时期软科学研究如何进一步服务好省委、省政府重大决策提出了明确的要求和殷切的期待；资深软科学研究专家、山东省人民政府研究室原巡视员聂炳华同志对本书的成果和编辑工作做了许多有益的工作；山东人民出版社也为本书能够及时出版给予了重要的支持。借此机会，我们对所有参与、关心、支持本书出版和软科学事业发展的领导、专家和学者以及已收入此书的成果完成单位和个人致以崇高的敬意和真诚的感谢！

由于编者水平有限，尽管付出了很大努力，但书中难免存在不妥之处，恳请各位专家和读者批评指正。

编者

2019 年 2 月